广东省水稻玉米新品种试验
——2020年度广东省水稻玉米区试品种报告

广东省农业技术推广中心 编

中国农业出版社
北京

图书在版编目（CIP）数据

广东省水稻玉米新品种试验：2020 年度广东省水稻玉米区试品种报告 / 广东省农业技术推广中心编 . —北京：中国农业出版社，2022.1
ISBN 978-7-109-29554-4

Ⅰ. ①广⋯　Ⅱ. ①广⋯　Ⅲ. ①玉米-品种试验-试验报告-广东- 2020②水稻-品种试验-试验报告-广东- 2020　Ⅳ. ①S513.037②S511.037

中国版本图书馆 CIP 数据核字（2022）第 100152 号

中国农业出版社出版
地址：北京市朝阳区麦子店街 18 号楼
邮编：100125
责任编辑：魏兆猛　文字编辑：姚　谰
版式设计：王　晨　责任校对：刘丽香
印刷：中农印务有限公司
版次：2022 年 1 月第 1 版
印次：2022 年 1 月北京第 1 次印刷
发行：新华书店北京发行所
开本：787mm×1092mm　1/16
印张：17
字数：405 千字
定价：100.00 元

《广东省水稻玉米新品种试验——
2020 年度广东省水稻玉米区试品种报告》
编 委 会

前言

FOREWORD

根据《广东省农作物品种试验办法》的有关规定，2020 年度广东省主要农作物早造（春植）、晚造（秋植）品种试验顺利开展。为鉴定评价新选育主要农作物品种在广东省各生态区的丰产性、适应性、稳定性、抗性、品质及其他重要特征特性的表现，为广东省品种审定提供科学依据，本书将广东省主要农作物的试验情况进行详细描述并做出结论分析。

本文主要介绍 2020 年广东省主要农作物品种试验组织开展情况，包括早造常规中迟熟水稻、早造常规迟熟水稻、早造杂交中早熟水稻、早造杂交中迟熟水稻、早造杂交迟熟水稻、早造特用稻，晚造常规感温中熟水稻、晚造常规感温迟熟水稻、晚造香稻、晚造杂交感温中熟水稻、晚造杂交感温迟熟水稻、晚造杂交弱感光水稻、晚造特用稻、粤北单季稻，春植甜玉米、春植糯玉米、春植普通玉米以及秋植甜玉米，共 18 个类型。来自广州、南雄、梅州、清远、佛山、云浮、韶关、乐昌、英德、河源、罗定、肇庆、潮州、惠州、揭阳、江门、阳江、高州、茂名、雷州等 20 个市（县、区）的 32 个农业科研、良种繁育、种子管理和种子企业单位承担试验。2020 年度广东省主要农作物品种试验在广东省农作物品种审定委员会的悉心指导下，在有关市（县、区）种子管理部门的大力支持下，经过各承试单位的共同努力，圆满完成了全年的试验任务，取得显著成效。

经过对试验资料的分析总结和区域试验（以下简称区试）年会讨论，合美秀占等品种经过两年区试和一年生产试验，顺利完成了试验程序，推荐省品种审定；黄广绿占等品种经过一年区试表现突出，2021 年继续区试并同步进行生产试验。

试验内容包括多点试验和特性鉴定两部分。多点试验着重评价参试品种的生物学特性、丰产性、稳产性、适应性及其他重要农艺性状表现；特性鉴定即由专业机构鉴定参试品种的抗病性、抗逆性和品质等重要特性表现。由广东省农业科学院植物保护研究所鉴定参试水稻品种的抗病性（稻瘟病、白叶枯病），由广东省农业科学院作物研究所鉴定参试玉米品种的抗病性（纹枯病、茎腐病、大斑病、小斑病等），华南农业大学农学院采用人工气候室模拟鉴定复试水稻品种的耐寒性，由农业农村部稻米及制品质量监督检验测试中心（杭州）鉴定稻米品质，华南农业大学农学院采用气相质谱联用仪测定香稻品种的2-乙酰-1-吡咯啉（2-AP）含量。在试验管理方面，为确保试验的公正性，2020年度继续实施统一供种、统一编号，试验全程封闭管理。为了提高试验管理的规范化水平和工作效率，广东省农业技术推广中心会同广东省农作物品种审定委员会定期开展品种试验考察，对区试、生产试验、抗性鉴定进行现场考评，并及时召开品种试验总结会议。为加强对试验的监督检查和对品种有更全面的了解，广东省农业技术推广中心组织相关专家对试验的实施情况和品种的表现情况进行现场考察，对试验人员进行多种形式的技术培训。为提高试验管理的规范化水平和工作效率，2020年度全面应用"广东省农作物品种试验数据管理平台"，基本实现试验数据网上填报。在试验评价方面，广东省农业技术推广中心依据《广东省农作物品种试验办法》，以及试验实地考察情况、各试验点工作台账记录，对试验及鉴定结果的可靠性、有效性、准确性进行分析评估，确保试验质量。在品种评价方面，为科学、公正、及时地审定和评定农作物品种，依据新出台的《广东省农业农村厅农作物品种审定与评定办法》，按照高产稳产、绿色优质、特殊类型对参试品种进行分类评价，选拔出符合绿色发展需要、市场潜力较大的优良品种，及时向广大农户发布，引导农户种植优良品种。农作物品种试验对于进一步优化广东省农作物品种结构和品质、增强农产品市场竞争力、满足农业现代化对种业发展的新要求、促进农业供给侧结构改革具有十分重要的意义。

　　本书按类型、熟期及分组概述了试验基本情况，着重分析了参试品种的丰产性、适应性、稳产性、抗病性、抗逆性、稻米品质及其他重要性状表现，对各参试品种逐一进行综合评述。现将2020年广东省区域试验数据结果进行汇编，供各地参考。

　　由于试验、鉴定年份与地点的局限性，本试验、鉴定结果不一定完全准确表达品种的全面情况，各地在引种时应根据实际情况进一步做好试验、鉴定工作。同时，由于汇编内容比较多，疏漏之处在所难免，敬请读者批评指正。

编　者

2021年3月

目录

C O N T E N T S

前言

第一章 广东省 2020 年早造常规水稻品种区域试验总结

一、试验概况

（一）参试品种

2020 年早造安排参试的新品种 29 个，复试品种 14 个，参试品种共 43 个（不含对照）。试验分中迟熟组、迟熟组（A 组、B 组）、特用稻组。中迟熟组有 10 个品种，以玉香油占（CK）作对照；迟熟组有 22 个品种，分 2 个小组，均以合丰丝苗（CK）作对照；特用稻组有 11 个品种，以粤红宝（CK）作对照（表 1-1）。

表 1-1 参试品种

序号	中迟熟组	迟熟组（A 组）	迟熟组（B 组）	特用稻组
1	七华占 2 号（复试）	华航 69 号（复试）	禅早广占	莹两优红 3（复试）
2	合美秀占（复试）	五禾丝苗 2 号（复试）	丰晶占 7 号	三红占（复试）
3	粤珠占	黄广粤占（复试）	广源占 151 号	禾花占 1 号（复试）
4	清农占	南新油占 2 号（复试）	中深 2 号	南两优黑 1 号（复试）
5	莉农占	南广占 3 号（复试）	黄广泰占	粤糯 2 号
6	凤立丝苗 2 号	新黄油占（复试）	南秀美占	黄广黑占
7	黄广绿占	粤珍丝苗（复试）	南惠 1 号	贡糯 1 号
8	合莉早占	中政华占 833（复试）	黄广粳占	合红占
9	黄粤莉占	白粤丝苗	南桂新占	软红占
10	华航 75 号	华航 78 号	中政华占 699	玉晶两优红晶占
11	玉香油占（CK）	野源占 2 号	奇新丝苗	华航红香糯
12		合丰丝苗（CK）	合丰丝苗（CK）	粤红宝（CK）

生产试验有 17 个品种（含 3 个对照种），中迟熟组有 3 个，迟熟组有 9 个，特用稻组有 5 个。

（二）承试单位

1. 中迟熟组

承试单位 15 个，分别是高州市良种繁育场、梅州市农林科学院粮油研究所、龙川县农业科学研究所、韶关市农业科技推广中心、潮州市农业科技发展中心、南雄市农业科学研究所、清远市农业科技推广服务中心、罗定市农业发展中心、湛江市农业科学研究院、惠来县农业科学研究所、阳江市农业科学研究所、广州市农业科学研究院、江门市新会区农业农村综合服务中心、惠州市农业科学研究所、肇庆市农业科学研究所。

2. 迟熟组（A 组、B 组）

承试单位 12 个，分别是高州市良种繁育场、龙川县农业科学研究所、潮州市农业科技发展中心、清远市农业科技推广服务中心、罗定市农业发展中心、湛江市农业科学研究院、惠来县农业科学研究所、阳江市农业科学研究所、广州市农业科学研究院、江门市新会区农业农村综合服务中心、惠州市农业科学研究所、肇庆市农业科学研究所。

3. 特用稻组

承试单位 5 个，分别是潮州市农业科技发展中心、湛江市农业科学研究院、阳江市农业科学研究所、江门市新会区农业农村综合服务中心、肇庆市农业科学研究所。

4. 生产试验

中迟熟组生产试验承试单位 9 个，由广东天之源农业科技有限公司、茂名市农业良种示范推广中心、雷州市农业技术推广中心、潮州市潮安区农业工作总站、乐昌市农业科学研究所、江门市新会区农业农村综合服务中心、云浮市农业科学及技术推广中心、韶关市农业科技推广中心、惠州市农业科学研究所承担。

迟熟组生产试验承试单位 8 个，由广东天之源农业科技有限公司、茂名市农业良种示范推广中心、雷州市农技中心、潮州市潮安区农业工作总站、乐昌市农业科学研究所、江门市新会区农业农村综合服务中心、云浮市农业科学及技术推广中心、惠州市农业科学研究所承担。

特用稻组生产试验承试单位 5 个，由潮州市农业科技发展中心、湛江市农业科学研究院、阳江市农业科学研究所、江门市新会区农业农村综合服务中心、肇庆市农业科学研究所承担。

（三）试验方法

各试点统一按《广东省农作物品种试验办法》进行试验和记载。区域试验采用随机区组排列，小区面积 0.02 亩*，长方形，3 次重复，同组试验安排在同一田块进行，统一种植规格。生产试验采用大区随机排列，不设重复，大区面积不少于 0.5 亩。栽培管理按当地的生产水平进行，试验期间防虫不防病，在各个生育阶段对品种的生长特征、经济性状进行田间调查记载和室内考种。区域试验产量联合方差分析采用试点效应随机模型，品种间差异多重比较采用最小显著差数法（LSD 法），品种动态稳产性分析采用 Shukla 互作方差分解法。

---

　　* 亩为非法定计量单位，15 亩＝1 公顷。——编者注

（四）米质分析

稻米品质检验委托农业农村部稻米及制品质量监督检验测试中心依据《食用稻品种品质》（NY/T 593—2013）（以下简称"部标"）进行鉴定。样品为当造收获的种子。由江门市新会区农业农村综合服务中心采集，经广东省农业技术推广中心统一编号标识后提供。

（五）抗性鉴定

参试品种的稻瘟病和白叶枯病抗性由广东省农业科学院植物保护研究所进行鉴定。样品由广东省农业技术推广中心统一编号标识。采用人工接菌与病区自然诱发相结合法进行鉴定。

（六）耐寒鉴定

复试品种耐寒性委托华南农业大学农学院采用人工气候室模拟鉴定。样品由广东省农业技术推广中心统一编号标识。

二、试验结果

（一）产量

对产量进行联合方差分析表明，各组品种间 F 值均达极显著水平，说明各组品种间产量存在极显著差异（表 1-2 至表 1-5）。

表 1-2 中迟熟组产量方差分析

变异来源	df	SS	MS	F 值
地点内区组	30	3.261 0	0.108 7	1.307 3
地点	14	293.628 8	20.973 5	23.328 6**
品种	10	129.424 5	12.942 4	14.395 8**
品种×地点	140	125.866 4	0.899 0	10.812 8**
试验误差	300	24.943 9	0.083 1	—
总变异	494	577.124 6	—	—

注：df 表示自由度，SS 表示离差平方和，MS 表示均方；** 表示差异极显著。下同。

表 1-3 迟熟组（A 组）产量方差分析

变异来源	df	SS	MS	F 值
地点内区组	24	0.948 2	0.039 5	0.563 1
地点	11	300.290 7	27.299 2	32.780 3**
品种	11	79.614 0	7.237 6	8.690 8**
品种×地点	121	100.767 7	0.832 8	11.870 2**
试验误差	264	18.521 8	0.070 2	—
总变异	431	500.142 5	—	—

表 1-4　迟熟组（B组）产量方差分析

变异来源	df	SS	MS	F 值
地点内区组	24	1.365 0	0.056 9	0.847 4
地点	11	512.276 8	46.570 6	50.238 4**
品种	11	102.000 7	9.272 8	10.003 1**
品种×地点	121	112.166 0	0.927 0	13.811 7**
试验误差	264	17.718 7	0.067 1	—
总变异	431	745.527 2	—	—

表 1-5　特用稻组产量方差分析

变异来源	df	SS	MS	F 值
地点内区组	10	0.812 5	0.081 2	1.197 9
地点	4	175.922 2	43.980 5	21.743 0**
品种	11	111.253 1	10.113 9	5.000 1**
品种×地点	44	89.000 8	2.022 7	29.823 8**
试验误差	110	7.460 5	0.067 8	—
总变异	179	384.449 1	—	—

1. 中迟熟组

该组品种亩产量为 422.80～514.97 千克，对照种玉香油占（CK）亩产量为 465.30 千克。除七华占 2 号（复试）、合莉早占、莉农占、华航 75 号比对照种减产 0.99%、1.46%、4.32%、9.13% 外，其余品种均比对照种增产，增产达极显著水平的有 4 个。增幅名列前三位的黄广绿占、粤珠占、清农占分别比对照种增产 10.67%、7.02%、7.01%（表 1-6、表 1-7）。

表 1-6　中迟熟组参试品种产量情况

品　种	小区平均产量（千克）	折合平均亩产量（千克）	较 CK 变化百分比（%）	较组平均变化百分比（%）	差异显著性 0.05	差异显著性 0.01	产量名次	比 CK 增产试点比例（%）	日产量（千克）
黄广绿占	10.299 3	514.97	10.67	8.79	a	A	1	80.00	3.99
粤珠占	9.959 1	497.96	7.02	5.20	ab	AB	2	93.33	3.86
清农占	9.958 0	497.90	7.01	5.19	ab	AB	3	86.67	3.86
黄粤莉占	9.859 3	492.97	5.95	4.14	b	ABC	4	66.67	3.88
凤立丝苗 2 号	9.618 7	480.93	3.36	1.60	bc	BCD	5	73.33	3.73
合美秀占（复试）	9.394 2	469.71	0.95	−0.77	cd	CDE	6	46.67	3.67
玉香油占（CK）	9.306 0	465.30	—	−1.70	cd	DE	7	—	3.64
七华占 2 号（复试）	9.213 8	460.69	−0.99	−2.68	de	DE	8	40.00	3.63
合莉早占	9.170 0	458.50	−1.46	−3.14	de	DE	9	33.33	3.61
莉农占	8.903 6	445.18	−4.32	−5.95	e	EF	10	26.67	3.45
华航 75 号	8.456 0	422.80	−9.13	−10.68	f	F	11	20.00	3.28

注：小写字母表示各品种在 0.05 水平差异显著，大写字母表示各品种在 0.01 水平差异显著。下同。

表 1-7　中迟熟组各品种产量 Shukla 方差及其显著性检验（F 测验）

品　　　种	Shukla 方差	df	F 值	P 值	互作方差	品种均值（千克）	Shukla 变异系数（%）	差异显著性 0.05	差异显著性 0.01
黄粤莉占	0.533 9	14	19.264 2	0	0.037 3	9.859 3	7.411 2	a	A
黄广绿占	0.490 2	14	17.686 8	0	0.025 3	10.299 3	6.797 9	ab	A
七华占 2 号（复试）	0.354 9	14	12.804 2	0	0.020 4	9.213 8	6.465 5	abc	A
莉农占	0.308 2	14	11.119 4	0	0.021 8	8.903 6	6.235 0	abc	A
华航 75 号	0.294 0	14	10.606 7	0	0.015 9	8.456 0	6.411 9	abc	A
玉香油占（CK）	0.287 9	14	10.388 8	0	0.020 8	9.306 0	5.766 1	abc	A
合美秀占（复试）	0.256 2	14	9.245 1	0	0.018 6	9.394 2	5.388 4	abc	A
清农占	0.208 2	14	7.511 0	0	0.013 6	9.958 0	4.581 8	bc	A
合莉早占	0.199 4	14	7.195 5	0	0.014 2	9.170 0	4.869 9	bc	A
粤珠占	0.190 2	14	6.861 6	0	0.013 1	9.959 1	4.378 8	c	A
凤立丝苗 2 号	0.173 4	14	6.257 7	0	0.012 6	9.618 7	4.329 7	c	A

注：Bartlett 卡方检验 $P=0.430\ 30$，各品种的稳定性差异不显著。

2. 迟熟组（A 组）

该组品种亩产量为 444.32～513.99 千克，对照种合丰丝苗（CK）亩产量 444.32 千克。该组所有参试品种均比对照种增产，增产达极显著水平的有 5 个，剩余品种增产达显著水平的有 2 个。增幅名列前三位的南新油占 2 号（复试）、黄广粤占（复试）、新黄油占（复试）分别比对照种增产 15.68%、14.79%、11.03%（表 1-8、表 1-9）。

表 1-8　迟熟组（A 组）参试品种产量情况

品　　　种	小区平均产量（千克）	折合平均亩产量（千克）	较 CK 变化百分比（%）	较组平均变化百分比（%）	差异显著性 0.05	差异显著性 0.01	产量名次	比 CK 增产试点比例（%）	日产量（千克）
南新油占 2 号（复试）	10.279 7	513.99	15.68	8.65	a	A	1	100.00	3.95
黄广粤占（复试）	10.200 8	510.04	14.79	7.81	a	A	2	100.00	3.95
新黄油占（复试）	9.866 4	493.32	11.03	4.28	ab	AB	3	100.00	3.82
华航 69 号（复试）	9.503 6	475.18	6.95	0.44	bc	BC	4	66.67	3.68
南广占 3 号（复试）	9.465 3	473.26	6.51	0.04	bc	BC	5	91.67	3.67
粤珍丝苗（复试）	9.407 8	470.39	5.87	−0.57	cd	BCD	6	83.33	3.59
白粤丝苗	9.405 8	470.29	5.85	−0.59	cd	BCD	7	75.00	3.67
中政华占 833（复试）	9.277 2	463.86	4.40	−1.95	cde	CD	8	41.67	3.60
野源占 2 号	9.213 3	460.67	3.68	−2.62	cde	CD	9	50.00	3.57
华航 78 号	9.034 2	451.71	1.66	−4.52	de	CD	10	58.33	3.50
五禾丝苗 2 号（复试）	8.998 1	449.90	1.26	−4.90	de	CD	11	41.67	3.49
合丰丝苗（CK）	8.886 4	444.32	—	−6.08	e	D	12	—	3.44

表 1-9　迟熟组（A 组）各品种产量 Shukla 方差及其显著性检验（F 测验）

品　　种	Shukla 方差	df	F 值	P 值	互作方差	品种均值（千克）	Shukla 变异系数（%）	差异显著性 0.05	差异显著性 0.01
合丰丝苗（CK）	0.617 3	11	26.397 0	0	0.038 7	8.886 4	8.841 6	a	A
华航 69 号（复试）	0.447 1	11	19.119 0	0	0.026 0	9.503 6	7.035 9	ab	AB
中政华占 833（复试）	0.381 9	11	16.328 4	0	0.029 6	9.277 2	6.660 9	ab	ABC
白粤丝苗	0.322 1	11	13.771 1	0	0.029 9	9.405 8	6.033 4	abc	ABC
南广占 3 号（复试）	0.316 4	11	13.531 3	0	0.020 2	9.465 3	5.943 1	abc	ABC
五禾丝苗 2 号（复试）	0.303 6	11	12.980 3	0	0.023 1	8.998 1	6.123 1	abcd	ABC
华航 78 号	0.221 2	11	9.458 0	0	0.020 8	9.034 2	5.205 8	abcde	ABC
南新油占 2 号（复试）	0.207 9	11	8.888 1	0	0.019 6	10.279 7	4.435 1	bcde	ABC
黄广粤占（复试）	0.175 3	11	7.495 8	0	0.013 3	10.200 8	4.104 4	bcde	ABC
粤珍丝苗（复试）	0.128 7	11	5.501 2	0	0.003 4	9.407 8	3.812 6	cde	BC
野源占 2 号	0.110 5	11	4.723 9	0	0.010 6	9.213 3	3.607 5	de	BC
新黄油占（复试）	0.099 3	11	4.248 2	0	0.006 5	9.866 4	3.194 6	e	C

注：Bartlett 卡方检验 $P=0.060\ 46$，各品种的稳定性差异不显著。

3. 迟熟组（B 组）

该组品种亩产量为 443.49～527.99 千克，对照种合丰丝苗（CK）亩产量 443.49 千克。该组所有参试品种均比对照种增产，增产达极显著水平的有 5 个，剩余品种增产达显著水平的有 1 个。增幅名列前三位的黄广粳占、南秀美占、南惠 1 号分别比对照增产 19.05%、12.61%、10.16%（表 1-10、表 1-11）。

表 1-10　迟熟组（B 组）参试品种产量情况

品　　种	小区平均产量（千克）	折合平均亩产量（千克）	较 CK 变化百分比（%）	较组平均变化百分比（%）	差异显著性 0.05	差异显著性 0.01	产量名次	比 CK 增产试点比例（%）	日产量（千克）
黄广粳占	10.559 7	527.99	19.05	11.74	a	A	1	100.00	4.06
南秀美占	9.988 6	499.43	12.61	5.70	b	AB	2	91.67	3.84
南惠 1 号	9.771 1	488.56	10.16	3.40	bc	B	3	91.67	3.76
南桂新占	9.718 3	485.92	9.57	2.84	bc	BC	4	83.33	3.77
广源占 151 号	9.670 3	483.51	9.02	2.33	bc	BC	5	91.67	3.75
中深 2 号	9.457 2	472.86	6.62	0.08	cd	BCD	6	91.67	3.67
奇新丝苗	9.172 8	458.64	3.42	−2.93	de	CD	7	50.00	3.56
禅早广占	9.168 9	458.44	3.37	−2.98	de	CD	8	58.33	3.58
黄广泰占	9.072 2	453.61	2.28	−4.00	de	D	9	50.00	3.52
中政华占 699	9.007 2	450.36	1.55	−4.69	e	D	10	50.00	3.49
丰晶占 7 号	8.943 3	447.17	0.83	−5.36	e	D	11	50.00	3.47
合丰丝苗（CK）	8.869 7	443.49	—	−6.14	e	D	12	—	3.44

表 1-11 迟熟组（B组）各品种产量 Shukla 方差及其显著性检验（F 测验）

品　　种	Shukla 方差	df	F 值	P 值	互作方差	品种均值（千克）	Shukla 变异系数（%）	差异显著性	
								0.05	0.01
合丰丝苗（CK）	0.567 8	11	25.381 4	0	0.046 4	8.869 7	8.495 7	a	A
丰晶占 7 号	0.554 0	11	24.763 1	0	0.047 7	8.943 3	8.322 5	a	A
黄广泰占	0.384 9	11	17.203 5	0	0.035 4	9.072 2	6.838 3	ab	AB
南惠 1 号	0.364 7	11	16.303 6	0	0.032 2	9.771 1	6.180 9	ab	AB
广源占 151 号	0.310 7	11	13.887 1	0	0.028 7	9.670 3	5.763 9	ab	AB
南秀美占	0.271 6	11	12.140 4	0	0.013 9	9.988 6	5.217 5	abc	AB
南桂新占	0.258 2	11	11.539 5	0	0.023 9	9.718 3	5.228 2	abc	AB
禅早广占	0.254 6	11	11.381 7	0	0.020 8	9.168 9	5.503 5	abc	AB
黄广粳占	0.251 5	11	11.242 5	0	0.021 2	10.559 7	4.749 3	abc	AB
奇新丝苗	0.224 6	11	10.035 4	0	0.014 2	9.172 8	5.165 6	abc	AB
中政华占 699	0.166 0	11	7.420 6	0	0.006 7	9.007 2	4.523 6	bc	AB
中深 2 号	0.099 4	11	4.442 0	0	0.009 3	9.457 2	3.333 3	c	B

注：Bartlett 卡方检验 P＝0.280 53，各品种的稳定性差异不显著。

4. 特用稻组

该组品种亩产量为 355.73～477.00 千克，对照种粤红宝（CK）亩产量 417.13 千克。除贡糯 1 号、华航红香糯、软红占、黄广黑占比对照种减产 8.73%、12.59%、14.10%、14.72% 外，其余品种均比对照种增产，增产达显著水平的有 1 个。增幅名列前三位的莹两优红 3（复试）、粤糯 2 号、玉晶两优红晶占分别比对照增产 14.35%、10.18%、7.85%（表 1-12、表 1-13）。

表 1-12 特用稻组参试品种产量情况

品　　种	小区平均产量（千克）	折合平均亩产量（千克）	较 CK 变化百分比（%）	较组平均变化百分比（%）	差异显著性		产量名次	比 CK 增产试点比例（%）	日产量（千克）
					0.05	0.01			
莹两优红 3（复试）	9.540 0	477.00	14.35	14.99	a	A	1	80.00	3.82
粤糯 2 号	9.192 0	459.60	10.18	10.79	ab	A	2	80.00	3.65
玉晶两优红晶占	8.997 3	449.87	7.85	8.45	ab	AB	3	100.00	3.54
三红占（复试）	8.830 0	441.50	5.84	6.43	ab	AB	4	60.00	3.50
南两优黑 1 号（复试）	8.597 3	429.87	3.05	3.63	abc	ABC	5	60.00	3.41
合红占	8.516 0	425.80	2.08	2.65	abc	ABCD	6	60.00	3.30
禾花占 1 号（复试）	8.354 7	417.73	0.14	0.70	bc	ABCDE	7	40.00	3.26
粤红宝（CK）	8.342 7	417.13	—	0.56	bc	ABCDE	8	—	3.28
贡糯 1 号	7.614 7	380.73	−8.73	−8.22	cd	BCDE	9	40.00	3.05
华航红香糯	7.292 0	364.60	−12.59	−12.11	d	CDE	10	40.00	2.85
软红占	7.166 0	358.30	−14.10	−13.63	d	DE	11	0.00	2.80
黄广黑占	7.114 7	355.73	−14.72	−14.25	d	E	12	20.00	2.76

表 1-13　特用稻组各品种产量 Shukla 方差及其显著性检验（F 测验）

品　　种	Shukla 方差	df	F 值	P 值	互作方差	品种均值（千克）	Shukla 变异系数（%）	差异显著性 0.05	差异显著性 0.01
黄广黑占	2.252 5	4	99.632 8	0	0.364 0	7.114 7	21.094 8	a	A
华航红香糯	1.139 8	4	50.418 1	0	0.116 6	7.292 0	14.641 1	ab	A
粤糯 2 号	1.009 1	4	44.635 2	0	0.246 0	9.192 0	10.928 4	ab	A
软红占	0.984 2	4	43.533 9	0	0.261 3	7.166 0	13.844 1	ab	A
莹两优红 3（复试）	0.854 6	4	37.803 0	0	0.194 5	9.540 0	9.690 4	abc	A
粤红宝（CK）	0.364 8	4	16.137 0	0	0.004 2	8.342 7	7.239 9	abc	AB
三红占（复试）	0.363 6	4	16.081 9	0	0.101 5	8.830 0	6.828 7	abc	AB
贡糯 1 号	0.327 7	4	14.494 0	0	0.033 8	7.614 7	7.517 6	bc	AB
玉晶两优红晶占	0.308 8	4	13.659 0	0	0.012 2	8.997 3	6.176 2	bc	AB
合红占	0.295 1	4	13.054 0	0	0.078 7	8.516 0	6.379 4	bc	AB
禾花占 1 号（复试）	0.148 9	4	6.586 3	0.000 1	0.040 7	8.354 7	4.618 7	cd	AB
南两优黑 1 号（复试）	0.041 8	4	1.849 6	0.124 5	—	8.597 3	2.378 5	d	B

注：Bartlett 卡方检验 P＝0.040 08，各品种的稳定性差异显著。

（二）米质

早造常规水稻品种各组稻米米质检测结果见表 1-14 至表 1-17。

表 1-14　中迟熟组稻米米质检测结果

品　　种	部标等级	糙米率（%）	整精米率（%）	垩白度（%）	透明度（级）	碱消值（级）	胶稠度（毫米）	直链淀粉（干基）（%）	粒型（长宽比）
七华占 2 号（复试）	2	80.8	61.6	0.6	2	6.7	71	16.8	3.0
合美秀占（复试）	—	80.8	54.3	0.8	2	7.0	44	27.1	3.1
粤珠占	2	79.4	56.8	0	2	6.7	76	14.4	3.0
清农占	2	80.9	56.9	0.4	2	6.8	70	15.8	3.2
莉农占	2	80.7	59.8	0.8	2	6.8	74	15.4	3.0
凤立丝苗 2 号	2	80.5	56.2	0.3	2	6.8	74	16.2	3.1
黄广绿占	3	80.1	53.0	0.3	2	6.7	75	15.5	3.2
合莉早占	2	80.5	61.4	0.1	2	6.9	73	16.0	3.0
黄粤莉占	3	81.0	54.9	0.2	2	7.0	73	15.4	3.3
华航 75 号	3	78.0	56.6	0.1	2	6.8	66	14.5	3.3
玉香油占（CK）	—	80.6	50.7	0.3	2	7.0	65	26.8	3.2

注：—表示未达到优质食用稻品种标准。下同。

表 1-15　迟熟组（A 组）稻米米质检测结果

品　　种	部标等级	糙米率（%）	整精米率（%）	垩白度（%）	透明度（级）	碱消值（级）	胶稠度（毫米）	直链淀粉（干基）（%）	粒型（长宽比）
华航 69 号（复试）	2	80.6	55.2	0.3	2	6.7	78	16.1	3.2
五禾丝苗 2 号（复试）	3	78.2	52.8	0.5	1	6.7	78	15.6	3.2
黄广粤占（复试）	—	78.5	51.9	0.2	2	6.6	74	15.2	3.0
南新油占 2 号（复试）	3	79.4	52.8	0.5	2	6.8	76	15.6	2.9
南广占 3 号（复试）	3	78.0	56.0	0.4	2	6.7	74	15.4	3.3
新黄油占（复试）	2	79.2	58.9	0.8	2	6.7	72	15.9	3.2
粤珍丝苗（复试）	3	77.7	56.1	0.1	2	6.8	78	15.8	3.2
中政华占 833（复试）	3	78.9	57.8	0.9	2	7.0	76	15.7	3.4
白粤丝苗	2	79.8	64.2	0.3	2	6.7	76	15.3	3.0
华航 78 号	2	79.7	57.2	0.3	2	6.8	72	16.1	3.4
野源占 2 号	3	78.1	56.2	0.1	2	6.8	74	15.3	3.2
合丰丝苗（CK）	—	77.0	44.9	2.8	2	6.7	66	23.7	3.3

表 1-16　迟熟组（B 组）稻米米质检测结果

品　　种	部标等级	糙米率（%）	整精米率（%）	垩白度（%）	透明度（级）	碱消值（级）	胶稠度（毫米）	直链淀粉（干基）（%）	粒型（长宽比）
禅早广占	3	79.0	52.5	0.3	2	6.8	70	16.6	3.2
丰晶占 7 号	—	79.8	55.1	1.3	2	7.0	54	26.9	3.2
广源占 151 号	—	76.8	39.9	0.4	1	6.8	66	16.3	3.4
中深 2 号	—	75.1	45.6	0.4	2	6.7	74	16.4	3.2
黄广泰占	2	79.4	59.7	0.6	2	6.8	72	15.8	3.1
南秀美占	3	78.5	53.1	0.2	2	6.7	66	16.3	2.9
南惠 1 号	3	78.4	54.5	0.1	2	6.8	62	16.5	3.1
黄广粳占	—	80.6	47.0	0.2	2	7.0	63	27.2	2.8
南桂新占	3	79.7	54.2	0.4	2	6.8	77	16.6	3.0
中政华占 699	2	79.5	58.7	0.2	2	6.9	76	15.4	3.4
奇新丝苗	2	79.5	57.3	0.2	2	7.0	69	16.9	3.4
合丰丝苗（CK）	—	77.0	44.9	2.8	2	6.7	66	23.7	3.3

表 1-17　特用稻组稻米米质检测结果

品　　种	部标等级	糙米率（%）	整精米率（%）	垩白度（%）	透明度（级）	碱消值（级）	胶稠度（毫米）	直链淀粉（干基）（%）	粒型（长宽比）
莹两优红 3（复试）	—	81.2	52.7	0.9	3	6.5	62	16.0	3.2
三红占（复试）	2	80.8	61.3	0.1	2	6.8	64	17.0	3.2
禾花占 1 号（复试）	3	78.2	54.1	0.6	2	6.8	54	15.4	3.2

（续）

品　　种	部标等级	糙米率（%）	整精米率（%）	垩白度（%）	透明度（级）	碱消值（级）	胶稠度（毫米）	直链淀粉（干基）（%）	粒型（长宽比）
南两优黑 1 号（复试）	—	78.7	56.2	0.8	3	7.0	60	15.2	3.3
粤糯 2 号	—	81.2	63.8	—	—	3.0	100	3.4	2.6
黄广黑占	—	79.5	25.8	0.2	2	5.3	86	28.6	3.2
贡糯 1 号	—	80.1	63.3	—	—	6.7	100	2.9	3.2
合红占	—	80.0	50.8	0.2	1	7.0	39	25.5	3.1
软红占	—	79.2	51.8	0.8	3	6.7	61	15.4	3.2
玉晶两优红晶占	3	78.8	56.1	0.5	2	6.7	59	13.9	3.4
华航红香糯	—	78.2	57.3	—	—	6.3	92	3.2	2.2
粤红宝（CK）	—	77.9	50.5	0.2	2	7.0	66	14.9	3.4

1. 复试品种

根据两年鉴定结果，按米质从优原则*，七华占 2 号（复试）、华航 69 号（复试）、新黄油占（复试）、三红占（复试）达到部标 2 级，五禾丝苗 2 号（复试）、南新油占 2 号（复试）、南广占 3 号（复试）、粤珍丝苗（复试）、中政华占 833（复试）、禾花占 1 号（复试）达到部标 3 级，其余复试品种均未达到优质食用稻品种标准。

2. 新参试品种

首次鉴定结果，粤珠占、清农占、莉农占、凤立丝苗 2 号、合莉早占、白粤丝苗、华航 78 号、黄广泰占、中政华占 699、奇新丝苗达到部标 2 级，黄广绿占、黄粤莉占、华航 75 号、野源占 2 号、禅早广占、南秀美占、南惠 1 号、南桂新占、玉晶两优红晶占达到部标 3 级，其余品种均未达到优质食用稻品种标准。

（三）抗病性

早造常规水稻各组品种抗病性鉴定结果见表 1-18 至表 1-21。

表 1-18　中迟熟组品种抗病性鉴定结果

品　　种	稻瘟病				白叶枯病	
	总抗性频率（%）	叶、穗瘟病级（级）			综合评价	IX 型菌（级）	抗性评价
		叶瘟	穗瘟	单点穗瘟最高级			
七华占 2 号（复试）	88.2	1.0	2.0	3	抗	7	感
合美秀占（复试）	76.5	1.5	4.0	7	中感	9	高感
粤珠占	88.2	1.3	2.0	3	抗	7	感

* 根据 2019 年和 2020 年试验数据，取较优一年数据作为该品种最终米质结果，本书仅展示 2020 年试验数据。下同。

（续）

品　　种	稻瘟病					白叶枯病	
	总抗性频率（％）	叶、穗瘟病级（级）			综合评价	IX 型菌（级）	抗性评价
		叶瘟	穗瘟	单点穗瘟最高级			
清农占	82.4	1.3	2.0	3	抗	7	感
莉农占	88.2	1.3	2.0	3	抗	7	感
凤立丝苗 2 号	88.2	1.3	4.5	7	中抗	5	中感
黄广绿占	94.1	1.3	3.5	7	抗	5	中感
合莉早占	82.4	1.0	2.5	3	抗	7	感
黄粤莉占	88.2	1.3	2.5	3	抗	5	中感
华航 75 号	88.2	1.0	2.5	5	抗	7	感
玉香油占（CK）	41.2	1.8	6.0	7	感	7	感

注：试验数据为从化、阳江、信宜、龙川、韶关病圃 2020 年早造病圃病级平均数；抗性水平由大到小排列为高抗（0 级）、抗（1～2 级）、中抗（3～4 级）、中感（5 级）、感（6～7 级）、高感（8～9 级）。下同。

表 1-19　迟熟组（A 组）品种抗病性鉴定结果

品　　种	稻瘟病					白叶枯病	
	总抗性频率（％）	叶、穗瘟病级（级）			综合评价	IX 型菌（级）	抗性评价
		叶瘟	穗瘟	单点穗瘟最高级			
华航 69 号（复试）	94.1	1.3	2.0	3	高抗	7	感
五禾丝苗 2 号（复试）	94.1.0	1.8	1.0	1	高抗	7	感
黄广粤占（复试）	94.1	1.0	2.0	3	高抗	7	感
南新油占 2 号（复试）	88.2	1.0	1.0	1	抗	5	中感
南广占 3 号（复试）	88.2	1.0	2.0	3	抗	5	中感
新黄油占（复试）	94.1	1.3	2.5	3	高抗	7	感
粤珍丝苗（复试）	88.2	1.3	3.0	7	抗	7	感
中政华占 833（复试）	88.2	1.8	2.5	3	抗	7	感
白粤丝苗	100.0	1.0	1.5	3	高抗	1	抗
华航 78 号	76.5	2.5	5.0	7	中感	7	感
野源占 2 号	88.2	1.5	2.5	3	抗	7	感
合丰丝苗（CK）	70.6	3.0	6.0	7	感	7	感

表 1-20　迟熟组（B 组）品种抗病性鉴定结果

品　　种	稻瘟病					白叶枯病	
	总抗性频率（％）	叶、穗瘟病级（级）			综合评价	IX 型菌（级）	抗性评价
		叶瘟	穗瘟	单点穗瘟最高级			
禅早广占	58.8	3.0	6.5	7	感	7	感
丰晶占 7 号	94.1	1.3	2.0	3	高抗	7	感

（续）

品　　　种	稻瘟病					白叶枯病	
	总抗性频率（%）	叶、穗瘟病级（级）			综合评价	IX型菌（级）	抗性评价
		叶瘟	穗瘟	单点穗瘟最高级			
广源占151号	94.1	1.0	1.5	3	高抗	7	感
中深2号	88.2	1.0	1.5	3	抗	7	感
黄广泰占	94.1	1.5	1.0	1	高抗	7	感
南秀美占	88.2	1.0	1.0	1	抗	5	中感
南惠1号	82.4	1.3	1.5	3	抗	7	感
黄广粳占	76.5	1.3	2.0	3	抗	7	感
南桂新占	94.1	1.0	2.0	3	高抗	7	感
中政华占699	94.1	1.5	1.0	1	高抗	7	感
奇新丝苗	82.4	1.0	2.0	3	抗	7	感
合丰丝苗（CK）	70.6	3.0	6.0	7	感	7	感

表1-21　特用稻组品种抗病性鉴定结果

品　　　种	稻瘟病					白叶枯病	
	总抗性频率（%）	叶、穗瘟病级（级）			综合评价	IX型菌（级）	抗性评价
		叶瘟	穗瘟	单点穗瘟最高级			
莹两优红3（复试）	88.2	2.8	5.0	7	中抗	7	感
三红占（复试）	82.4	1.0	2.5	3	抗	7	感
禾花占1号（复试）	76.5	1.0	1.3	3	抗	9	高感
南两优黑1号（复试）	82.4	1.5	2.0	3	抗	9	高感
粤糯2号	82.4	1.3	3.5	7	抗	7	感
黄广黑占	41.2	2.8	3.5	7	中感	7	感
贡糯1号	76.5	1.0	2.5	3	抗	7	感
合红占	82.4	1.3	3.0	5	抗	7	感
软红占	17.6	4.0	8.0	9	高感	7	感
玉晶两优红晶占	94.1	1.3	4.5	7	中抗	9	高感
华航红香糯	52.9	2.5	3.5	9	中感	7	感
粤红宝（CK）	94.1	1.0	4.0	7	中抗	9	高感

1. 稻瘟病抗性

（1）复试品种　根据两年鉴定结果，按抗病性从差原则[1]，五禾丝苗2号（复试）、黄广粤占（复试）稻瘟病抗性为高抗，七华占2号（复试）、华航69号、南新油占2号

---

[1]　根据2019年和2020年试验数据，取较差一年数据作为该品种最终抗病性结果，本书仅展示2020年试验数据。下同。

（复试）、南广占 3 号（复试）、新黄油占、粤珍丝苗（复试）、中政华占 833（复试）、三红占（复试）、禾花占 1 号（复试）、南两优黑 1 号为抗，莹两优红 3（复试）为中抗，合美秀占（复试）为中感。

（2）新参试品种 首次鉴定结果，白粤丝苗、丰晶占 7 号、广源占 151 号、黄广泰占、南桂新占、中政华占 699 稻瘟病抗性为高抗，粤珠占、清农占、莉农占、黄广绿占、合莉早占、黄粤莉占、华航 75 号、野源占 2 号、中深 2 号、南秀美占、南惠 1 号、黄广粳占、奇新丝苗、粤糯 2 号、贡糯 1 号、合红占为抗，凤立丝苗 2 号、玉晶两优红晶占为中抗，华航 78 号、黄广黑占、华航红香糯为中感，软红占为高感。

2. 白叶枯病抗性

（1）复试品种 根据两年鉴定结果，按抗病性从差原则，南新油占 2 号（复试）、南广占 3 号（复试）白叶枯病抗性为中感，七华占 2 号（复试）、华航 69 号（复试）、五禾丝苗 2 号（复试）、黄广粤占（复试）、新黄油占（复试）、粤珍丝苗（复试）、中政华占 833（复试）、三红占（复试）、莹两优红 3（复试）为感，合美秀占（复试）、禾花占 1 号（复试）、南两优黑 1 号（复试）为高感。

（2）新参试品种 凤立丝苗 2 号、黄广绿占、黄粤莉占、南秀美占白叶枯病抗性为中感，玉晶两优红晶占为高感，其余品种均为感。

（四）耐寒性

人工气候室模拟耐寒性鉴定结果见表 1-22。七华占 2 号（复试）、合美秀占（复试）、华航 69 号（复试）、五禾丝苗 2 号（复试）、黄广粤占（复试）、南广占 3 号（复试）、中政华占 833（复试）耐寒性为中强，南新油占 2 号（复试）、新黄油占（复试）、粤珍丝苗（复试）、莹两优红 3（复试）、三红占（复试）、禾花占 1 号（复试）、南两优黑 1 号（复试）为中。

表 1-22 耐寒性鉴定结果

品 种	孕穗期低温结实率降低值（百分点）	开花期低温结实率降低值（百分点）	孕穗期耐寒性	开花期耐寒性
七华占 2 号（复试）	−6.9	−9.3	中强	中强
合美秀占（复试）	−5.2	−6.1	中强	中强
玉香油占（CK）	−12.6	−17.3	中	中
华航 69 号（复试）	−6.6	−7.2	中强	中强
五禾丝苗 2 号（复试）	−7.3	−8.6	中强	中强
黄广粤占（复试）	−5.4	−7.5	中强	中强
南新油占 2 号（复试）	−13.8	−17.5	中	中
南广占 3 号（复试）	−7.4	−6.3	中强	中强
新黄油占（复试）	−9.2	−10.8	中强	中

（续）

品　　　种	孕穗期低温结实率降低值（百分点）	开花期低温结实率降低值（百分点）	孕穗期耐寒性	开花期耐寒性
粤珍丝苗（复试）	−13.5	−16.7	中	中
中政华占 833（复试）	−6.8	−7.4	中强	中强
合丰丝苗（CK）	−11.2	−15.5	中	中
莹两优红 3（复试）	−12.2	−14.1	中	中
三红占（复试）	−4.8	−6.0	中	中强
禾花占 1 号（复试）	−8.9	−11.3	中强	中
南两优黑 1 号（复试）	−13.3	−12.1	中	中
粤红宝（CK）	−11.6	−13.7	中	中

注：孕穗期耐寒性和开花期耐寒性不同的，按耐寒性从差原则表示。下同。

（五）主要农艺性状

早造常规水稻各组品种主要农艺性状见表 1-23 至表 1-26。

三、品种评述[*]

（一）复试品种

1. 中迟熟组

（1）合美秀占（复试）　全生育期 124～128 天，与对照种玉香油占（CK）相当。株型中集，分蘖力中弱，株高适中，抗倒力强，耐寒性中强。株高 98.0～103.5 厘米，亩有效穗数 17.0 万～18.5 万穗，穗长 21.9～22.1 厘米，每穗总粒数 127～128 粒，结实率 87.8％～88.5％，千粒重 24.2～24.3 克。中感稻瘟病，全群抗性频率 76.5％～92.9％，病圃鉴定叶瘟 1.2～1.5 级、穗瘟 3.4～4.0 级（单点最高 7 级）；高感白叶枯病（Ⅳ型菌 5 级、Ⅴ型菌 9 级、Ⅸ型菌 9 级）。米质鉴定未达部标优质等级，整精米率 45.8％～54.3％，垩白度 0.3％～0.8％，透明度 2.0 级，碱消值 6.5～7.0 级，胶稠度 44～66 毫米，直链淀粉 26.1％～27.1％，粒型（长宽比）3.0～3.1。2019 年早造参加省区试，平均亩产量为 422.43 千克，比对照种玉香油占（CK）减产 3.31％，减产未达显著水平。2020 年早造参加省区试，平均亩产量为 469.71 千克，比对照种玉香油占（CK）增产 0.95％，增产未达显著水平。2020 年早造生产试验平均亩产量 474.95 千克，比对照种玉香油占（CK）增产 3.85％，日产量 3.41～3.67 千克。

该品种经过两年区试和一年生产试验，产量与对照相当，米质未达部标优质等级，中感稻瘟病，高感白叶枯病，耐寒性中强。建议粤北以外稻作区早、晚造种植。栽培上特别注意防治稻瘟病和白叶枯病。推荐省品种审定。

---

[*] 综合 2019 年和 2020 年试验数据进行品种评述。下同。

表 1-23 中迟熟组品种主要农艺性状综合表

品种	全生育期（天）	基本苗数（万苗/亩）	最高苗数（万苗/亩）	分蘖率（%）	有效穗数（万穗/亩）	成穗率（%）	株高（厘米）	穗长（厘米）	总粒数（粒/穗）	实粒数（粒/穗）	结实率（%）	千粒重（克）	抗倒情况（试点数）（个） 直	斜	倒
七华占 2 号（复试）	127	7.5	31.0	361.5	18.2	59.9	111.4	21.3	135	118	87.2	22.8	15	0	0
合美秀占（复试）	128	7.1	28.7	337.2	18.5	65.5	103.5	22.1	128	114	88.5	24.3	15	0	0
粤珠占	129	7.1	32.9	411.9	18.3	56.3	105.4	21.5	138	125	90.6	22.9	15	0	0
清农占	129	7.1	33.6	424.9	18.8	56.7	106.4	21.4	149	130	87.1	21.9	15	0	0
莉农占	129	6.9	31.2	404.7	17.9	58.3	103.1	22.5	125	110	88.2	24.5	15	0	0
凤立丝苗 2 号	129	7.5	31.0	375.1	17.3	56.8	113.2	21.9	144	125	86.6	23.5	15	0	0
黄广绿占	129	6.9	31.8	405.5	18.6	59.0	113.4	22.3	141	121	85.7	23.8	14	1	0
合莉早占	127	6.2	31.1	451.3	18.8	62.4	107.7	22.0	122	109	89.3	23.9	14	1	0
黄粤莉占	127	6.8	30.6	403.1	17.5	58.3	115.8	23.1	142	124	87.7	23.7	14	1	0
华航 75 号	129	7.3	34.5	441.3	19.1	55.8	106.5	23.6	132	115	87.2	20.9	15	0	0
玉香油占（CK）	128	6.9	31.3	398.8	17.5	56.1	113.1	21.8	147	128	87.2	21.7	15	0	0

表 1-24 迟熟组（A 组）品种主要农艺性状综合表

品种	全生育期（天）	基本苗数（万苗/亩）	最高苗数（万苗/亩）	分蘖率（%）	有效穗数（万穗/亩）	成穗率（%）	株高（厘米）	穗长（厘米）	总粒数（粒/穗）	实粒数（粒/穗）	结实率（%）	千粒重（克）	抗倒情况（试点数）（个） 直	斜	倒
华航 69 号（复试）	129	7.0	32.3	387.2	18.0	56.0	117.3	22.1	134	117	87.3	24.3	12	0	0
五禾丝苗 2 号（复试）	129	6.8	32.6	406.1	18.3	56.8	111.2	22.7	134	120	89.3	22.4	12	0	0
黄广粤占（复试）	129	6.3	32.6	436.0	18.1	55.8	113.5	21.5	142	126	88.7	24.9	12	0	0
南新油占 2 号（复试）	130	6.6	30.4	397.3	17.0	56.5	114.8	21.9	146	125	85.3	24.5	12	0	0
南广占 3 号（复试）	129	6.4	31.4	434.6	18.3	58.6	109.4	21.3	145	122	84.3	22.7	12	0	0
新黄油占	129	6.4	31.0	417.0	19.4	63.1	107.7	20.0	137	123	89.3	20.9	12	0	0

（续）

品种	全生育期（天）	基本苗数（万苗/亩）	最高苗数（万苗/亩）	分蘖率（%）	有效穗数（万穗/亩）	成穗率（%）	株高（厘米）	穗长（厘米）	总粒数（粒/穗）	实粒数（粒/穗）	结实率（%）	千粒重（克）	抗倒情况（试点数）（个）直	斜	倒
粤珍丝苗（复试）	131	6.5	36.4	492.9	20.8	57.6	109.6	21.1	120	105	86.9	23.7	12	0	0
中政华占833（复试）	129	6.8	31.7	422.8	17.6	56.3	119.0	22.8	139	124	89.0	22.2	11	1	0
白粤丝苗	128	6.7	34.3	443.5	18.5	54.5	104.0	20.5	135	121	89.6	22.9	12	0	0
华航78号	129	6.7	32.8	419.6	18.2	56.3	110.0	23.8	123	109	88.9	23.9	12	0	0
野源占2号	129	7.1	35.3	435.0	19.2	54.9	106.1	22.1	136	119	87.3	20.4	11	1	0
合丰丝苗（CK）	129	6.4	31.7	416.6	16.8	54.1	116.7	23.8	138	116	83.9	24.5	11	1	0

表 1-25 迟熟组（B组）品种主要农艺性状综合表

品种	全生育期（天）	基本苗数（万苗/亩）	最高苗数（万苗/亩）	分蘖率（%）	有效穗数（万穗/亩）	成穗率（%）	株高（厘米）	穗长（厘米）	总粒数（粒/穗）	实粒数（粒/穗）	结实率（%）	千粒重（克）	抗倒情况（试点数）（个）直	斜	倒
禅早广占	128	7.0	33.2	410.2	18.6	56.9	119.5	23.3	129	112	86.3	23.4	12	0	0
丰晶占7号	129	7.1	33.7	413.3	18.8	56.4	111.9	21.0	136	112	81.6	22.2	12	0	0
广源占151号	129	7.1	33.2	400.6	18.1	54.9	113.7	23.6	143	125	86.8	24.4	12	0	0
中深2号	129	6.8	34.0	433.1	19.2	57.3	111.0	21.7	137	118	86.3	21.3	12	0	0
黄广泰占	129	6.6	30.8	397.5	16.7	55.0	110.5	21.1	143	120	84.2	24.8	12	0	0
南秀美占	130	6.4	29.7	385.6	16.4	55.9	117.8	22.1	156	131	83.7	25.0	12	0	0
南惠1号	130	6.7	31.5	390.7	18.3	59.1	113.7	21.0	141	120	85.4	23.6	12	0	0
黄广粳占	130	6.9	28.8	346.9	17.0	59.8	126.9	23.3	152	130	85.4	25.7	12	0	0
南桂新占	129	6.3	29.0	375.4	17.1	59.4	112.7	21.6	136	117	85.6	25.4	12	0	0
中政华占699	129	6.9	32.3	397.3	17.6	55.1	116.5	22.8	139	124	88.9	22.6	12	0	0
奇新丝苗	129	7.2	33.7	402.5	17.2	51.6	117.9	23.3	153	131	85.5	21.8	11	1	0
合丰丝苗（CK）	129	6.5	32.1	436.8	17.2	53.6	117.0	23.5	135	113	83.0	24.7	11	1	0

表 1-26 特用稻组品种主要农艺性状综合表

品 种	全生育期（天）	基本苗数（万苗/亩）	最高苗数（万苗/亩）	分蘖率（%）	有效穗数（万穗/亩）	成穗率（%）	株高（厘米）	穗长（厘米）	总粒数（粒/穗）	实粒数（粒/穗）	结实率（%）	千粒重（克）	抗倒情况（试点数）（个）直	斜	倒
莹两优红 3（复试）	125	6.4	35.3	474.1	18.0	51.8	114.9	21.8	134	117	87.3	24.8	4	1	0
三红占（复试）	126	6.6	33.6	457.5	18.8	57.0	109.2	21.1	123	108	87.7	23.4	5	0	0
禾花占 1 号（复试）	128	6.4	31.3	430.2	18.9	61.5	103.5	19.2	136	114	84.2	21.0	5	0	0
南两优黑 1 号（复试）	126	6.1	31.5	439.1	17.5	55.9	112.3	22.2	134	117	86.9	22.8	5	0	0
粤糯 2 号	126	6.0	28.5	399.5	17.3	61.4	117.1	20.5	137	125	91.8	22.9	5	0	0
黄广黑占	129	6.3	26.8	338.6	15.7	58.9	116.8	22.3	129	114	87.2	23.0	4	1	0
贡糯 1 号	125	6.5	32.2	431.2	16.1	51.3	121.6	21.3	138	124	90.0	21.0	5	0	0
合红占	129	6.4	28.7	382.3	15.3	53.5	113.9	23.4	141	123	87.4	24.9	5	0	0
软红占	128	6.1	37.6	575.0	20.4	55.6	113.7	19.3	116	101	86.4	22.0	4	1	0
玉晶两优红晶占	127	6.4	32.9	462.9	17.6	54.4	113.4	24.7	152	130	85.4	21.2	4	1	0
华航红香糯	128	6.4	31.6	417.5	17.1	54.7	115.3	23.5	135	113	83.2	21.0	5	0	0
粤红宝（CK）	127	7.1	29.5	358.7	17.7	60.6	110.0	22.4	149	134	88.4	19.7	4	0	1

（2）七华占2号（复试） 全生育期123～127天，比对照种玉香油占（CK）短1天。株型中集，分蘖力中等，株高适中，抗倒力强，耐寒性中强。株高106.7～111.4厘米，亩有效穗数17.3万～18.2万穗，穗长21.3～21.4厘米，每穗总粒数135～137粒，结实率87.2%～87.5%，千粒重22.2～22.8克。抗稻瘟病，全群抗性频率88.2%～100.0%，病圃鉴定叶瘟1.0～2.8级、穗瘟2.0～3.0级（单点最高5级）；感白叶枯病（Ⅳ型菌5级、Ⅴ型菌7级、Ⅸ型菌7级）。米质鉴定达部标优质2级，整精米率39.1%～61.6%，垩白度0.5%～0.6%，透明度2.0级，碱消值6.5～6.7级，胶稠度71～76毫米，直链淀粉16.8%～17.7%，粒型（长宽比）2.8～3.0。2019年早造参加省区试，平均亩产量430.27千克，比对照种玉香油占（CK）减产1.52%，减产未达显著水平。2020年早造参加省区试，平均亩产量为460.69千克，比对照种玉香油占（CK）减产0.99%，减产未达显著水平。2020年早造生产试验平均亩产量93.59千克，比对照种玉香油占（CK）增产7.92%，日产量3.50～3.63千克。

该品种经过两年区试和一年生产试验，产量与对照相当，米质达部标优质2级，抗稻瘟病，感白叶枯病，耐寒性中强。建议粤北以外稻作区早、晚造种植。栽培上注意防治白叶枯病。推荐省品种审定。

2. 迟熟组（A组）

（1）南新油占2号（复试） 全生育期128～130天，比对照种合丰丝苗（CK）长1天。株型中集，分蘖力中等，株高适中，抗倒性强，耐寒性中等。株高107.5～114.8厘米，亩有效穗数15.8万～17.0万穗，穗长21.9～22.4厘米，每穗总粒数146～160粒，结实率81.1%～85.3%，千粒重24.3～24.5克。抗稻瘟病，全群抗性频率85.7%～88.2%，病圃鉴定叶瘟1.0～1.4级、穗瘟1.0～2.6级（单点最高3级）；中感白叶枯病（Ⅳ型菌5级、Ⅴ型菌5级、Ⅸ型菌5级）。米质鉴定达部标优质3级，整精米率47.4%～52.8%，垩白度0.3%～0.5%，透明度1.0～2.0级，碱消值6.5～6.8级，胶稠度76～80毫米，直链淀粉15.5%～15.6%，粒型（长宽比）2.9。2019年早造参加省区试，平均亩产量为472.86千克，比对照种合丰丝苗（CK）增产7.83%，增产达极显著水平。2020年早造参加省区试，平均亩产量为513.99千克，比对照种合丰丝苗（CK）增产15.68%，增产达极显著水平。2020年早造生产试验平均亩产量528.69千克，比对照种合丰丝苗（CK）增产13.57%，日产量3.69～3.95千克。

该品种经过两年区试和一年生产试验，丰产性好，米质达部标优质3级，抗稻瘟病，中感白叶枯病，耐寒性中等。建议粤北以外稻作区早、晚造种植。栽培上注意防治白叶枯病。推荐省品种审定。

（2）黄广粤占（复试） 全生育期126～129天，与对照种合丰丝苗（CK）相当。株型中集，分蘖力中等，株高适中，抗倒力强，耐寒性中强。株高104.9～113.5厘米，亩有效穗数16.1万～18.1万穗，穗长21.5～22.0厘米，每穗总粒数142～149粒，结实率85.7%～88.7%，千粒重24.9～25.0克。高抗稻瘟病，全群抗性频率92.9%～94.1%，病圃鉴定叶瘟1.0～1.4级、穗瘟2.0～2.2级（单点最高5级）；感白叶枯病（Ⅳ型菌5级、Ⅴ型菌7级、Ⅸ型菌7级）。米质鉴定未达部标优质等级，整精米率46.2%～51.9%，垩白度0.2%～0.7%，透明度1.0～2.0级，碱消值6.5～6.6级，胶稠度74～82毫米，直链淀粉15.2%～15.3%，粒型（长宽比）2.9～3.0。2019年早造参加省区试，平均亩产量为477.98千克，比对照种合丰丝苗（CK）增产9.00%，增产达极显著水平。2020年早造参加省区试，平均亩产量为510.04千克，比对照种合丰丝苗（CK）增产14.79%，增产达极显著水平。2020年早造生产试验平均亩产量536.48千克，比对照种合丰丝苗（CK）增产15.24%，日产量3.79～3.95千克。

该品种经过两年区试和一年生产试验，丰产性好，米质未达部标优质等级，高抗稻瘟病，感白叶枯病，耐寒性中强。建议粤北以外稻作区早、晚造种植。栽培上注意防治白叶枯病。推荐省品种审定。

（3）新黄油占（复试） 全生育期124～129天，与对照种合丰丝苗（CK）相当。株型中集，分蘖力中等，株高适中，抗倒性强，耐寒性中等。株高97.8～107.7厘米，亩有效穗数17.1万～19.4万穗，穗长20.0～21.1厘米，每穗总粒数137～157粒，结实率85.2%～89.3%，千粒重20.9克。抗稻瘟病，全群抗性频率85.7%～94.1%，病圃鉴定叶瘟1.3～1.4级、穗瘟2.5～2.6级（单点最高5级）；感白叶枯病（Ⅳ型菌5级、Ⅴ型菌5级、Ⅸ型菌7级）。米质鉴定达部标优质2级，整精米率38.0%～58.9%，垩白度0.6%～0.8%，透明度2.0级，碱消值6.5～6.7级，胶稠度72～78毫米，直链淀粉15.8%～15.9%，粒型（长宽比）3.1～3.2。2019年早造参加省区试，平均亩产量为447.23千克，比对照种合丰丝苗（CK）增产1.99%，增产未达显著水平。2020年早造参加省区试，平均亩产量为493.32千克，比对照种合丰丝苗（CK）增产11.03%，增产达极显著水平。2020年早造生产试验平均亩产量527.17千克，比对照种合丰丝苗（CK）增产13.24%，日产量3.58～3.82千克。

该品种经过两年区试和一年生产试验，丰产性好，米质达部标优质2级，抗稻瘟病，感白叶枯病，耐寒性中等。建议粤北以外稻作区早、晚造种植。栽培上注意防治白叶枯病。推荐省品种审定。

（4）华航69号（复试） 全生育期126～129天，与对照种合丰丝苗（CK）相当。株型中集，分蘖力中等，株高适中，抗倒力强，耐寒性中强。株高111.0～117.3厘米，亩有效穗数16.4万～18.0万穗，穗长22.1～22.8厘米，每穗总粒数134～147粒，结实率87.3%，千粒重23.8～24.3克。抗稻瘟病，全群抗性频率92.9%～94.1%，病圃鉴定叶瘟1.3～1.8级、穗瘟2.0～3.4级（单点最高7级）；感白叶枯病（Ⅳ型菌3级、Ⅴ型菌7级、Ⅸ型菌7级）。米质鉴定达部标优质2级，整精米率43.2%～55.2%，垩白度0.3%～0.4%，透明度2.0级，碱消值6.5～6.7级，胶稠度76～78毫米，直链淀粉15.3%～16.1%，粒型（长宽比）3.0～3.2。2019年早造参加省区试，平均亩产量为482.79千克，比对照种合丰丝苗（CK）增产10.70%，增产达极显著水平。2020年早造参加省区试，平均亩产量为475.18千克，比对照种合丰丝苗（CK）增产6.95%，增产达极显著水平。2020年早造生产试验平均亩产量451.98千克，比对照种合丰丝苗（CK）减产2.91%，日产量3.68～3.83千克。

该品种经过两年区试和一年生产试验，丰产性好，米质达部标优质2级，抗稻瘟病，感白叶枯病，耐寒性中强。建议粤北以外稻作区早、晚造种植。栽培上注意防治白叶枯病。推荐省品种审定。

（5）南广占 3 号（复试）　全生育期 127～129 天，与对照种合丰丝苗（CK）相当。株型中集，分蘖力中等，株高适中，抗倒力强，耐寒性中强。株高 104.3～109.4 厘米，亩有效穗数 16.8 万～18.3 万穗，穗长 21.3～22.0 厘米，每穗总粒数 145～153 粒，结实率 84.3%～87.0%，千粒重 22.7 克。抗稻瘟病，全群抗性频率 88.2%～100.0%，病圃鉴定叶瘟 1.0～2.2 级、穗瘟 2.0～2.6 级（单点最高 5 级）；中感白叶枯病（Ⅳ型菌 3 级、Ⅴ型菌 5 级、Ⅸ型菌 5 级）。米质鉴定达部标优质 3 级，整精米率 41.3%～56.0%，垩白度 0.4%～0.5%，透明度 2.0 级，碱消值 6.7 级，胶稠度 74～80 毫米，直链淀粉 15.4%～15.8%，粒型（长宽比）3.0～3.3。2019 年早造参加省区试，平均亩产量为 466.71 千克，比对照种合丰丝苗（CK）增产 6.43%，增产达极显著水平。2020 年早造参加省区试，平均亩产量为 473.26 千克，比对照种合丰丝苗（CK）增产 6.51%，增产达极显著水平。2020 年早造生产试验平均亩产量 487.18 千克，比对照种合丰丝苗（CK）增产 4.65%，日产量 3.67 千克。

该品种经过两年区试和一年生产试验，丰产性好，米质达部标优质 3 级，抗稻瘟病，中感白叶枯病，耐寒性中强。建议粤北以外稻作区早、晚造种植。栽培上注意防治白叶枯病。推荐省品种审定。

（6）粤珍丝苗（复试）　全生育期 130～131 天，比对照种合丰丝苗（CK）长 2～3 天。株型中集，分蘖力较强，株高适中，抗倒性强，耐寒性中等。株高 102.8～109.6 厘米，亩有效穗数 18.5 万～20.8 万穗，穗长 21.1～21.7 厘米，每穗总粒数 120～130 粒，结实率 83.3%～86.9%，千粒重 23.2～23.7 克。抗稻瘟病，全群抗性频率 88.2%～100.0%，病圃鉴定叶瘟 1.3～1.4 级、穗瘟 1.8～3.0 级（单点最高 7 级）；感白叶枯病（Ⅳ型菌 3 级、Ⅴ型菌 5 级、Ⅸ型菌 7 级）。米质鉴定达部标优质 3 级，整精米率 45.9%～56.1%，垩白度 0.1%，透明度 1.0～2.0 级，碱消值 6.7～6.8 级，胶稠度 78～82 毫米，直链淀粉 15.3%～15.8%，粒型（长宽比）3.2～3.3。2019 年早造参加省区试，平均亩产量为 443.26 千克，比对照种合丰丝苗（CK）增产 1.08%，增产未达显著水平。2020 年早造参加省区试，平均亩产量为 470.39 千克，比对照种合丰丝苗（CK）增产 5.87%，增产达显著水平。2020 年早造生产试验平均亩产量 487.71 千克，比对照种合丰丝苗（CK）增产 4.76%，日产量 3.41～3.59 千克。

该品种经过两年区试和一年生产试验，丰产性较好，米质达部标优质 3 级，抗稻瘟病，感白叶枯病，耐寒性中等。建议粤北以外稻作区早、晚造种植。栽培上注意防治白叶枯病。推荐省品种审定。

（7）中政华占 833（复试）　全生育期 126～129 天，与对照种合丰丝苗（CK）相当。株型中集，分蘖力中等，株高适中，抗倒力中强，耐寒性中强。株高 110.1～119.0 厘米，亩有效穗数 15.9 万～17.6 万穗，穗长 22.4～22.8 厘米，每穗总粒数 139～144 粒，结实率 87.9%～89.0%，千粒重 22.2～22.3 克。抗稻瘟病，全群抗性频率 88.2%～97.0%，病圃鉴定叶瘟 1.0～1.8 级、穗瘟 1.4～2.5 级（单点最高 3 级）；感白叶枯病（Ⅳ型菌 5 级、Ⅴ型菌 7 级、Ⅸ型菌 7 级）。米质鉴定达部标优质 3 级，整精米率 54.0%～57.8%，垩白度 0.9%，透明度 1.0～2.0 级，碱消值 6.8～7.0 级，胶稠度 76～81 毫米，直链淀粉 15.1%～15.7%，粒型（长宽比）3.4。2019 年早造参加省区试，平均亩产量为

423.98 千克，比对照种合丰丝苗（CK）减产 3.31%，减产未达显著水平。2020 年早造参加省区试，平均亩产量为 463.86 千克，比对照种合丰丝苗（CK）增产 4.40%，增产未达显著水平。2020 年早造生产试验平均亩产量 485.37 千克，比对照种合丰丝苗（CK）增产 4.26%，日产量 3.36～3.60 千克。

该品种经过两年区试和一年生产试验，产量与对照相当，米质达部标优质 3 级，抗稻瘟病，感白叶枯病，耐寒性中强。建议粤北以外稻作区早、晚造种植。栽培上注意防治白叶枯病。推荐省品种审定。

（8）五禾丝苗 2 号（复试）　全生育期 125～129 天，比对照种合丰丝苗（CK）短 0～2 天。株型中集，分蘖力中等，株高适中，抗倒力强，耐寒性中强。株高 106.0～111.2 厘米，亩有效穗数 17.1 万～18.3 万穗，穗长 22.6～22.7 厘米，每穗总粒数 132～134 粒，结实率 87.6%～89.3%，千粒重 22.2～22.4 克。高抗稻瘟病，全群抗性频率 92.9%～94.1%，病圃鉴定叶瘟 1.4～1.8 级、穗瘟 1.0～1.8 级（单点最高 3 级）；感白叶枯病（Ⅳ型菌 5 级、Ⅴ型菌 7 级、Ⅸ型菌 7 级）。米质鉴定达部标优质 3 级，整精米率 52.3%～52.8%，垩白度 0.3%～0.5%，透明度 1.0～2.0 级，碱消值 6.7 级，胶稠度 78 毫米，直链淀粉 14.1%～15.6%，粒型（长宽比）3.2。2019 年早造参加省区试，平均亩产量为 425.67 千克，比对照种合丰丝苗（CK）减产 2.4%，减产未达显著水平。2020 年早造参加省区试，平均亩产量为 449.90 千克，比对照种合丰丝苗（CK）增产 1.26%，增产未达显著水平。2020 年早造生产试验平均亩产量 486.05 千克，比对照种合丰丝苗（CK）增产 4.41%，日产量 3.41～3.49 千克。

该品种经过两年区试和一年生产试验，产量与对照相当，米质达部标优质 3 级，高抗稻瘟病，感白叶枯病，耐寒性中强。建议粤北以外稻作区早、晚造种植。栽培上注意防治白叶枯病。推荐省品种审定。

3. 特用稻组

（1）莹两优红 3（复试）　全生育期 123～125 天，比对照种粤红宝（CK）短 2～3 天。株型中集，分蘖力较强，株高适中，抗倒力中等，耐寒性中等。株高 104.2～114.9 厘米，亩有效穗数 16.1 万～18.0 万穗，穗长 21.8 厘米，每穗总粒数 126～134 粒，结实率 84.5%～87.3%，千粒重 24.8 克。中抗稻瘟病，全群抗性频率 88.2%～92.9%，病圃鉴定叶瘟 1.6～2.8 级、穗瘟 5.0～5.4 级（单点最高 7 级）；感白叶枯病（Ⅳ型菌 7 级、Ⅴ型菌 7 级、Ⅸ型菌 7 级）。米质鉴定未达部标优质等级，整精米率 41.7%～52.7%，垩白度 0.9%～2.1%，透明度 2.0～3.0 级，碱消值 6.5～6.6 级，胶稠度 62～72 毫米，直链淀粉 15.0%～16.0%，粒型（长宽比）3.1～3.2。2019 年早造参加省区试，平均亩产量为 390.30 千克，比对照种粤红宝（CK）增产 3.32%，增产未达显著水平。2020 年早造参加省区试，平均亩产量为 477.00 千克，比对照种粤红宝（CK）增产 14.35%，增产达显著水平。2020 年早造生产试验平均亩产量 502.72 千克，比对照种粤红宝（CK）增产 12.32%，日产量 3.17～3.82 千克。

该品种经过两年区试和一年生产试验，丰产性较好，红米，中抗稻瘟病，感白叶枯病，耐寒性中等。建议粤北以外稻作区早、晚造种植。栽培上注意防治稻瘟病和白叶枯病。推荐省品种审定。

（2）三红占（复试）　全生育期 125～126 天，比对照种粤红宝（CK）短 1 天。株型中集，分蘖力中强，株高适中，抗倒性强，耐寒性中等。株高 104.7～109.2 厘米，亩有效穗数 15.9 万～18.8 万穗，穗长 21.1～21.2 厘米，每穗总粒数 123～133 粒，结实率 84.9%～87.7%，千粒重 23.1～23.4 克。抗稻瘟病，全群抗性频率 82.4%～85.7%，病圃鉴定叶瘟 1.0～1.8 级、穗瘟 1.4～2.5 级（单点最高 3 级）；感白叶枯病（Ⅳ 型菌 3 级、Ⅴ 型菌 7 级、Ⅸ 型菌 7 级）。米质鉴定达部标优质 2 级，整精米率 51.8%～61.3%，垩白度 0.1%～0.8%，透明度 2.0 级，碱消值 6.7～6.8 级，胶稠度 64～72 毫米，直链淀粉 17.0%～17.1%，粒型（长宽比）3.1～3.2。2019 年早造参加省区试，平均亩产量为 384.63 千克，比对照种粤红宝（CK）增产 1.82%，增产未达显著水平。2020 年早造参加省区试，平均亩产量为 441.50 千克，比对照种粤红宝（CK）增产 5.84%，增产未达显著水平。2020 年早造生产试验平均亩产量 476.14 千克，比对照种粤红宝（CK）增产 6.38%，日产量 3.08～3.50 千克。

该品种经过两年区试和一年生产试验，产量与对照相当，红米，米质达部标优质 2 级，抗稻瘟病，感白叶枯病，耐寒性中等。建议粤北以外稻作区早、晚造种植。栽培上注意防治白叶枯病。推荐省品种审定。

（3）南两优黑 1 号（复试）　全生育期 124～126 天，比对照种粤红宝（CK）短 1～2 天。株型中集，分蘖力中等，株高适中，抗倒性强，耐寒性中等。株高 104.5～112.3 厘米，亩有效穗数 15.6 万～17.5 万穗，穗长 22.2 厘米，每穗总粒数 132～134 粒，结实率 86.5%～86.9%，千粒重 22.4～22.8 克。抗稻瘟病，全群抗性频率 78.6%～82.4%，病圃鉴定叶瘟 1.5～1.6 级、穗瘟 1.8～2.0 级（单点最高 3 级）；高感白叶枯病（Ⅳ 型菌 5 级、Ⅴ 型菌 9 级、Ⅸ 型菌 9 级）。米质鉴定未达部标优质等级，整精米率 49.6%～56.2%，垩白度 0.8%～0.9%，透明度 2.0～3.0 级，碱消值 6.7～7.0 级，胶稠度 60～77 毫米，直链淀粉 14.3%～15.2%，粒型（长宽比）3.2～3.3。2019 年早造参加省区试，平均亩产量为 364.60 千克，比对照种粤红宝（CK）减产 3.49%，减产未达显著水平。2020 年早造参加省区试，平均亩产量为 429.87 千克，比对照种粤红宝（CK）增产 3.05%，增产未达显著水平。2020 年早造生产试验平均亩产量 453.18 千克，比对照种粤红宝（CK）增产 1.25%，日产量 2.94～3.41 千克。

该品种经过两年区试和一年生产试验，产量与对照相当，黑米，抗稻瘟病，高感白叶枯病，耐寒性中等。建议粤北以外稻作区早、晚造种植。栽培上特别注意防治白叶枯病。推荐省品种审定。

（4）禾花占 1 号（复试）　全生育期 127～128 天，比对照种粤红宝（CK）长 1 天。株型中集，分蘖力中等，株高适中，抗倒性强，耐寒性中等。株高 96.2～103.5 厘米，亩有效穗数 17.5 万～18.9 万穗，穗长 19.2～20.3 厘米，每穗总粒数 136 粒，结实率 78.7%～84.2%，千粒重 21.0～21.1 克。抗稻瘟病，全群抗性频率 76.5%～92.9%，病圃鉴定叶瘟 1.0～1.8 级、穗瘟 1.3～1.8 级（单点最高 3 级）；高感白叶枯病（Ⅳ 型菌 5 级、Ⅴ 型菌 5 级、Ⅸ 型菌 9 级）。米质鉴定达部标优质 3 级，整精米率 49.8%～54.1%，垩白度 0.6%～0.7%，透明度 2.0 级，碱消值 6.6～6.8 级，胶稠度 54～71 毫米，直链淀粉 13.6%～15.4%，粒型（长宽比）3.2。2019 年早造参加省区试，平均亩产量为

371.77 千克，比对照种粤红宝（CK）减产 1.59%，减产未达显著水平。2020 年早造参加省区试，平均亩产量为 417.73 千克，比对照种粤红宝（CK）增产 0.14%，增产未达显著水平。2020 年早造生产试验平均亩产量 448.17 千克，比对照种粤红宝（CK）增产 0.13%，日产量 2.93～3.26 千克。

该品种经过两年区试和一年生产试验，产量与对照相当，复粒稻，米质达部标优质 3 级，抗稻瘟病，高感白叶枯病，耐寒性中等。建议粤北稻作区和中北稻作区早、晚造种植。栽培上特别注意防治白叶枯病。不推荐省品种审定。

（二）新参试品种

1. 中迟熟组

（1）黄广绿占　全生育期 129 天，比对照种玉香油占（CK）长 1 天。株型中集，分蘖力中等，株高适中，抗倒力中强。株高 113.4 厘米，亩有效穗数 18.6 万穗，穗长 22.3 厘米，每穗总粒数 141 粒，结实率 85.7%，千粒重 23.8 克。米质鉴定达部标优质 3 级，糙米率 80.1%，整精米率 53.0%，垩白度 0.3%，透明度 2.0 级，碱消值 6.7 级，胶稠度 75 毫米，直链淀粉 15.5%，粒型（长宽比）3.2。抗稻瘟病，全群抗性频率 94.1%，病圃鉴定叶瘟 1.3 级、穗瘟 3.5 级（单点最高 7 级）；中感白叶枯病（Ⅸ型菌 5 级）。2020 年早造参加省区试，平均亩产量 514.97 千克，比对照种玉香油占（CK）增产 10.67%，增产达极显著水平，日产量 3.99 千克。

该品种丰产性好，米质达部标优质 3 级，抗稻瘟病，中感白叶枯病，2021 年安排复试并进行生产试验。

（2）粤珠占　全生育期 129 天，比对照种玉香油占（CK）长 1 天。株型中集，分蘖力中等，株高适中，抗倒力强。株高 105.4 厘米，亩有效穗数 18.3 万穗，穗长 21.5 厘米，每穗总粒数 138 粒，结实率 90.6%，千粒重 22.9 克。米质鉴定达部标优质 2 级，糙米率 79.4%，整精米率 56.8%，垩白度 0.0%，透明度 2.0 级，碱消值 6.7 级，胶稠度 76 毫米，直链淀粉 14.4%，粒型（长宽比）3.0。抗稻瘟病，全群抗性频率 88.2%，病圃鉴定叶瘟 1.3 级、穗瘟 2.0 级（单点最高 3 级）；感白叶枯病（Ⅸ型菌 7 级）。2020 年早造参加省区试，平均亩产量 497.96 千克，比对照种玉香油占（CK）增产 7.02%，增产达极显著水平，日产量 3.86 千克。

该品种丰产性好，米质达部标优质 2 级，抗稻瘟病，感白叶枯病，2021 年安排复试并进行生产试验。

（3）清农占　全生育期 129 天，比对照种玉香油占（CK）长 1 天。株型中集，分蘖力中等，株高适中，抗倒力强。株高 106.4 厘米，亩有效穗数 18.8 万穗，穗长 21.4 厘米，每穗总粒数 149 粒，结实率 87.1%，千粒重 21.9 克。米质鉴定达部标优质 2 级，糙米率 80.9%，整精米率 56.9%，垩白度 0.4%，透明度 2.0 级，碱消值 6.8 级，胶稠度 70 毫米，直链淀粉 15.8%，粒型（长宽比）3.2。抗稻瘟病，全群抗性频率 82.4%，病圃鉴定叶瘟 1.3 级、穗瘟 2.0 级（单点最高 3 级）；感白叶枯病（Ⅸ型菌 7 级）。2020 年早造参加省区试，平均亩产量 497.90 千克，比对照种玉香油占（CK）增产 7.01%，增产达极显著水平，日产量 3.86 千克。

该品种丰产性好，米质达部标优质2级，抗稻瘟病，感白叶枯病，2021年安排复试并进行生产试验。

（4）黄粤莉占 全生育期127天，比对照种玉香油占（CK）短1天。株型中集，分蘖力中等，株高适中，抗倒力中强。株高115.8厘米，亩有效穗数17.5万穗，穗长23.1厘米，每穗总粒数142粒，结实率87.7%，千粒重23.7克。米质鉴定达部标优质3级，糙米率81.0%，整精米率54.9%，垩白度0.2%，透明度2.0级，碱消值7.0级，胶稠度73毫米，直链淀粉15.4%，粒型（长宽比）3.3。抗稻瘟病，全群抗性频率88.2%，病圃鉴定叶瘟1.3级、穗瘟2.5级（单点最高3级）；中感白叶枯病（IX型菌5级）。2020年早造参加省区试，平均亩产量492.97千克，比对照种玉香油占（CK）增产5.95%，增产达极显著水平，日产量3.88千克。

该品种丰产性好，米质达部标优质3级，抗稻瘟病，中感白叶枯病，2021年安排复试并进行生产试验。

（5）凤立丝苗2号 全生育期129天，比对照种玉香油占（CK）长1天。株型中集，分蘖力中等，株高适中，抗倒力强。株高113.2厘米，亩有效穗数17.3万穗，穗长21.9厘米，每穗总粒数144粒，结实率86.6%，千粒重23.5克。米质鉴定达部标优质2级，糙米率80.5%，整精米率56.2%，垩白度0.3%，透明度2.0级，碱消值6.8级，胶稠度74毫米，直链淀粉16.2%，粒型（长宽比）3.1。中抗稻瘟病，全群抗性频率88.2%，病圃鉴定叶瘟1.3级、穗瘟4.5级（单点最高7级）；中感白叶枯病（IX型菌5级）。2020年早造参加省区试，平均亩产量480.93千克，比对照种玉香油占（CK）增产3.36%，增产未达显著水平，日产量3.73千克。

该品种产量与对照相当，米质达部标优质2级，中抗稻瘟病，中感白叶枯病，2021年安排复试并进行生产试验。

（6）合莉早占 全生育期127天，比对照种玉香油占（CK）短1天。株型中集，分蘖力中强，株高适中，抗倒力中强。株高107.7厘米，亩有效穗数18.8万穗，穗长22.0厘米，每穗总粒数122粒，结实率89.3%，千粒重23.9克。米质鉴定达部标优质2级，糙米率80.5%，整精米率61.4%，垩白度0.1%，透明度2.0级，碱消值6.9级，胶稠度73毫米，直链淀粉16.0%，粒型（长宽比）3.0。抗稻瘟病，全群抗性频率82.4%，病圃鉴定叶瘟1.0级、穗瘟2.5级（单点最高3级）；感白叶枯病（IX型菌7级）。2020年早造参加省区试，平均亩产量458.50千克，比对照种玉香油占（CK）减产1.46%，减产未达显著水平，日产量3.61千克。

该品种产量与对照相当，米质达部标优质2级，抗稻瘟病，感白叶枯病，2021年安排复试并进行生产试验。

（7）莉农占 全生育期129天，比对照种玉香油占（CK）长1天。株型中集，分蘖力中等，株高适中，抗倒力强。株高103.1厘米，亩有效穗数17.9万穗，穗长22.5厘米，每穗总粒数125粒，结实率88.2%，千粒重24.5克。米质鉴定达部标优质2级，糙米率80.7%，整精米率59.8%，垩白度0.8%，透明度2.0级，碱消值6.8级，胶稠度74毫米，直链淀粉15.4%，粒型（长宽比）3.0。抗稻瘟病，全群抗性频率88.2%，病圃鉴定叶瘟1.3级、穗瘟2.0级（单点最高3级）；感白叶枯病（IX型菌7级）。2020年早造参加省区试，平均亩产量445.18千克，比对照种玉香油占（CK）减产4.32%，减产达显著水平，日产量3.45千克。

该品种丰产性较差，米质达部标优质2级，抗稻瘟病，感白叶枯病，2021年安排复试并进行生产试验。

（8）华航75号　全生育期129天，比对照种玉香油占（CK）长1天。株型中集，分蘖力中等，株高适中，抗倒力强。株高106.5厘米，亩有效穗数19.1万穗，穗长23.6厘米，每穗总粒数132粒，结实率87.2%，千粒重20.9克。米质达部标优质3级，糙米率78.0%，整精米率56.6%，垩白度0.1%，透明度2.0级，碱消值6.8级，胶稠度66毫米，直链淀粉14.5%，粒型（长宽比）3.3。抗稻瘟病，全群抗性频率88.2%，病圃鉴定叶瘟1.0级、穗瘟2.5级（单点最高5级）；感白叶枯病（Ⅸ型菌7级）。2020年早造参加省区试，平均亩产量422.80千克，比对照种玉香油占（CK）减产9.13%，减产达极显著水平，日产量3.28千克。

该品种丰产性差，米质达部标优质3级，抗稻瘟病，感白叶枯病，建议终止试验。

2. 迟熟组（A组）

（1）白粤丝苗　全生育期128天，比对照种合丰丝苗（CK）短1天。株型中集，分蘖力中等，株高适中，抗倒力强。株高104.0厘米，亩有效穗数18.5万穗，穗长20.5厘米，每穗总粒数135粒，结实率89.6%，千粒重22.9克。米质鉴定达部标优质2级，糙米率79.8%，整精米率64.2%，垩白度0.3%，透明度2.0级，碱消值6.7级，胶稠度76毫米，直链淀粉15.3%，粒型（长宽比）3.0。高抗稻瘟病，全群抗性频率100.0%，病圃鉴定叶瘟1.0级、穗瘟1.5级（单点最高3级）；抗白叶枯病（Ⅸ型菌1级）。2020年早造参加省区试，平均亩产量470.29千克，比对照种合丰丝苗（CK）增产5.85%，增产达显著水平，日产量3.67千克。

该品种丰产性好，米质达部标优质2级，高抗稻瘟病，抗白叶枯病，2021年安排复试并进行生产试验。

（2）野源占2号　全生育期129天，与对照种合丰丝苗（CK）相当。株型中集，分蘖力中等，株高适中，抗倒力中强。株高106.1厘米，亩有效穗数19.2万穗，穗长22.1厘米，每穗总粒数136粒，结实率87.3%，千粒重20.4克。米质鉴定达部标优质3级，糙米率78.1%，整精米率56.2%，垩白度0.1%，透明度2.0级，碱消值6.8级，胶稠度74毫米，直链淀粉15.3%，粒型（长宽比）3.2。抗稻瘟病，全群抗性频率88.2%，病圃鉴定叶瘟1.5级、穗瘟2.5级（单点最高3级）；感白叶枯病（Ⅸ型菌7级）。2020年早造参加省区试，平均亩产量460.67千克，比对照种合丰丝苗（CK）增产3.68%，增产未达显著水平，日产量3.57千克。

该品种产量与对照相当，米质达部标优质3级，抗稻瘟病，感白叶枯病，2021年安排复试并进行生产试验。

（3）华航78号　全生育期129天，与对照种合丰丝苗（CK）相当。株型中集，分蘖力中等，株高适中，抗倒力强。株高110.0厘米，亩有效穗数18.2万穗，穗长23.8厘米，每穗总粒数123粒，结实率88.9%，千粒重23.9克。米质鉴定达部标优质2级，糙米率79.7%，整精米率57.2%，垩白度0.3%，透明度2.0级，碱消值6.8级，胶稠度

72毫米，直链淀粉16.1％，粒型（长宽比）3.4。中感稻瘟病，全群抗性频率76.5％，病圃鉴定叶瘟2.5级、穗瘟5.0级（单点最高7级）；感白叶枯病（Ⅸ型菌7级）。2020年早造参加省区试，平均亩产量451.71千克，比对照种合丰丝苗（CK）增产1.66％，增产未达显著水平，日产量3.50千克。

该品种产量与对照相当，米质达部标优质2级，中感稻瘟病，感白叶枯病，建议终止试验。

3. 迟熟组（B组）

（1）**黄广粳占** 全生育期130天，比对照种合丰丝苗（CK）长1天。株型中集，分蘖力中弱，植株较高，抗倒力中强。株高126.9厘米，亩有效穗数17.0万穗，穗长23.3厘米，每穗总粒数152粒，结实率85.4％，千粒重25.7克。米质鉴定未达部标优质等级，糙米率80.6％，整精米率47.0％，垩白度0.3％，透明度2.0级，碱消值7.0级，胶稠度63毫米，直链淀粉27.2％，粒型（长宽比）2.8。抗稻瘟病，全群抗性频率76.5％，病圃鉴定叶瘟1.3级、穗瘟2.0级（单点最高3级）；感白叶枯病（Ⅸ型菌7级）。2020年早造参加省区试，平均亩产量527.99千克，比对照种合丰丝苗（CK）增产19.05％，增产达极显著水平，日产量4.06千克。

该品种丰产性好，米质未达部标优质等级，抗稻瘟病，感白叶枯病，2021年安排复试并进行生产试验。

（2）**南秀美占** 全生育期130天，比对照种合丰丝苗（CK）长1天。株型中集，分蘖力中等，株高适中，抗倒力中强。株高117.8厘米，亩有效穗数16.4万穗，穗长22.1厘米，每穗总粒数156粒，结实率83.7％，千粒重25.0克。米质鉴定达部标优质3级，糙米率78.5％，整精米率53.1％，垩白度0.2％，透明2.0级，碱消值6.7级，胶稠度66毫米，直链淀粉16.3％，粒型（长宽比）2.9。抗稻瘟病，全群抗性频率88.2％，病圃鉴定叶瘟1.0级、穗瘟1.0级（单点最高1级）；中感白叶枯病（Ⅸ型菌5级）。2020年早造参加省区试，平均亩产量499.43千克，比对照种合丰丝苗（CK）增产12.61％，增产达极显著水平，日产量3.84千克。

该品种丰产性好，米质达部标优质3级，抗稻瘟病，中感白叶枯病，2021年安排复试并进行生产试验。

（3）**南惠1号** 全生育期130天，比对照种合丰丝苗（CK）长1天。株型中集，分蘖力中等，株高适中，抗倒力强。株高113.7厘米，亩有效穗数18.3万穗，穗长21.0厘米，每穗总粒数141粒，结实率85.4％，千粒重23.6克。米质鉴定达部标优质3级，糙米率78.4％，整精米率54.5％，垩白度0.1％，透明度2.0级，碱消值6.8级，胶稠度62毫米，直链淀粉16.5％，粒型（长宽比）3.1。抗稻瘟病，全群抗性频率82.4％，病圃鉴定叶瘟1.3级、穗瘟1.5级（单点最高3级）；感白叶枯病（Ⅸ型菌7级）。2020年早造参加省区试，平均亩产量488.56千克，比对照种合丰丝苗（CK）增产10.16％，增产达极显著水平，日产量3.76千克。

该品种丰产性好，米质达部标优质3级，抗稻瘟病，感白叶枯病，2021年安排复试并进行生产试验。

（4）**南桂新占** 全生育期129天，与对照种合丰丝苗（CK）相当。株型中集，分蘖力中等，株高适中，抗倒力强。株高 112.7 厘米，亩有效穗数 17.1 万穗，穗长 21.6 厘米，每穗总粒数 136 粒，结实率 85.6%，千粒重 25.4 克。米质鉴定达部标优质 3 级，糙米率 79.7%，整精米率 54.2%，垩白度 0.4%，透明度 2.0 级，碱消值 6.8 级，胶稠度 77 毫米，直链淀粉 16.6%，粒型（长宽比）3.0。高抗稻瘟病，全群抗性频率 94.1%，病圃鉴定叶瘟 1.0 级、穗瘟 2.0 级（单点最高 3 级）；感白叶枯病（Ⅸ型菌 7 级）。2020 年早造参加省区试，平均亩产量 485.92 千克，比对照种合丰丝苗（CK）增产 9.57%，增产达极显著水平，日产量 3.77 千克。

该品种丰产性好，米质达部标优质 3 级，高抗稻瘟病，感白叶枯病，2021 年安排复试并进行生产试验。

（5）广源占 151 号 全生育期 129 天，与对照种合丰丝苗（CK）相当。株型中集，分蘖力中等，株高适中，抗倒力强。株高 113.7 厘米，亩有效穗数 18.1 万穗，穗长 23.6 厘米，每穗总粒数 143 粒，结实率 86.8%，千粒重 24.4 克。米质鉴定未达部标优质等级，糙米率 76.8%，整精米率 39.9%，垩白度 0.4%，透明度 1.0 级，碱消值 6.8 级，胶稠度 66 毫米，直链淀粉 16.3%，粒型（长宽比）3.4。高抗稻瘟病，全群抗性频率 94.1%，病圃鉴定叶瘟 1.0 级、穗瘟 1.5 级（单点最高 3 级）；感白叶枯病（Ⅸ型菌 7 级）。2020 年早造参加省区试，平均亩产量 483.51 千克，比对照种合丰丝苗（CK）增产 9.02%，增产达极显著水平，日产量 3.75 千克。

该品种丰产性好，米质未达部标优质等级，高抗稻瘟病，感白叶枯病，2021 年安排复试并进行生产试验。

（6）中深 2 号 全生育期 129 天，与对照种合丰丝苗（CK）相当。株型中集，分蘖力中等，株高适中，抗倒力强。株高 111.0 厘米，亩有效穗数 19.2 万穗，穗长 21.7 厘米，每穗总粒数 137 粒，结实率 86.3%，千粒重 21.3 克。米质鉴定未达部标优质等级，糙米率 75.1%，整精米率 45.6%，垩白度 0.3%，透明度 2.0 级，碱消值 6.7 级，胶稠度 74 毫米，直链淀粉 16.4%，粒型（长宽比）3.2。抗稻瘟病，全群抗性频率 88.2%，病圃鉴定叶瘟 1.0 级、穗瘟 1.5 级（单点最高 3 级）；感白叶枯病（Ⅸ型菌 7 级）。2020 年早造参加省区试，平均亩产量 472.86 千克，比对照种合丰丝苗（CK）增产 6.62%，增产达显著水平，日产量 3.67 千克。

该品种丰产性好，米质未达部标优质等级，抗稻瘟病，感白叶枯病，2021 年安排复试并进行生产试验。

（7）奇新丝苗 全生育期 129 天，与对照种合丰丝苗（CK）相当。株型中集，分蘖力中等，株高适中，抗倒力中强。株高 117.9 厘米，亩有效穗数 17.2 万穗，穗长 23.3 厘米，每穗总粒数 153 粒，结实率 85.5%，千粒重 21.8 克。米质鉴定达部标优质 2 级，糙米率 79.5%，整精米率 57.3%，垩白度 0.2%，透明度 2.0 级，碱消值 7.0 级，胶稠度 69 毫米，直链淀粉 16.9%，粒型（长宽比）3.4。抗稻瘟病，全群抗性频率 82.4%，病圃鉴定叶瘟 1.0 级、穗瘟 2.0 级（单点最高 3 级）；感白叶枯病（Ⅸ型菌 7 级）。2020 年早造参加省区试，平均亩产量 458.64 千克，比对照种合丰丝苗（CK）增产 3.42%，增产未达显著水平，日产量 3.56 千克。

该品种产量与对照相当，米质达部标优质 2 级，抗稻瘟病，感白叶枯病，2021 年安排复试并进行生产试验。

(8) 禅早广占　全生育期128天，比对照种合丰丝苗（CK）短1天。株型中集，分蘖力中等，植株较高，抗倒力中强。株高119.5厘米，亩有效穗数18.6万穗，穗长23.3厘米，每穗总粒数129粒，结实率86.3%，千粒重23.4克。米质鉴定达部标优质3级，糙米率79.0%，整精米率52.5%，垩白度0.3%，透明度2.0级，碱消值6.8级，胶稠度70毫米，直链淀粉16.6%，粒型（长宽比）3.2。感稻瘟病，全群抗性频率58.8%，病圃鉴定叶瘟3.0级、穗瘟6.5级（单点最高7级）；感白叶枯病（Ⅸ型菌7级）。2020年早造参加省区试，平均亩产量458.44千克，比对照种合丰丝苗（CK）增产3.37%，增产未达显著水平，日产量3.58千克。

该品种产量与对照相当，米质达部标优质3级，感稻瘟病，感白叶枯病，建议终止试验。

(9) 黄广泰占　全生育期129天，与对照种合丰丝苗（CK）相当。株型中集，分蘖力中等，株高适中，抗倒力强。株高110.5厘米，亩有效穗数16.7万穗，穗长21.1厘米，每穗总粒数143粒，结实率84.2%，千粒重24.8克。米质鉴定达部标优质2级，糙米率79.4%，整精米率59.7%，垩白度0.6%，透明度2.0级，碱消值6.8级，胶稠度72毫米，直链淀粉15.8%，粒型（长宽比）3.1。高抗稻瘟病，全群抗性频率94.1%，病圃鉴定叶瘟1.5级、穗瘟1.0级（单点最高1级）；感白叶枯病（Ⅸ型菌7级）。2020年早造参加省区试，平均亩产量453.61千克，比对照种合丰丝苗（CK）增产2.28%，增产未达显著水平，日产量3.52千克。

该品种产量与对照相当，米质达部标优质2级，高抗稻瘟病，感白叶枯病，2021年安排复试并进行生产试验。

(10) 中政华占699　全生育期129天，与对照种合丰丝苗（CK）相当。株型中集，分蘖力中等，株高适中，抗倒力强。株高116.5厘米，亩有效穗数17.6万穗，穗长22.8厘米，每穗总粒数139粒，结实率88.9%，千粒重22.6克。米质鉴定达部标优质2级，糙米率79.5%，整精米率58.7%，垩白度0.2%，透明度2.0级，碱消值6.9级，胶稠度76毫米，直链淀粉15.4%，粒型（长宽比）3.4。高抗稻瘟病，全群抗性频率94.1%，病圃鉴定叶瘟1.5级、穗瘟1.0级（单点最高1级）；感白叶枯病（Ⅸ型菌7级）。2020年早造参加省区试，平均亩产量450.36千克，比对照种合丰丝苗（CK）增产1.55%，增产未达显著水平，日产量3.49千克。

该品种产量与对照相当，米质达部标优质2级，高抗稻瘟病，感白叶枯病，2021年安排复试并进行生产试验。

(11) 丰晶占7号　全生育期129天，与对照种合丰丝苗（CK）相当。株型中集，分蘖力中等，株高适中，抗倒力强。株高111.9厘米，亩有效穗数18.8万穗，穗长21.0厘米，每穗总粒数136粒，结实率81.6%，千粒重22.2克。米质鉴定未达部标优质等级，糙米率79.8%，整精米率55.1%，垩白度1.3%，透明度2.0级，碱消值7.0级，胶稠度54毫米，直链淀粉26.9%，粒型（长宽比）3.2。高抗稻瘟病，全群抗性频率94.1%，病圃鉴定叶瘟1.3级、穗瘟2.0级（单点最高3级）；感白叶枯病（Ⅸ型菌7级）。2020年早造参加省区试，平均亩产量447.17千克，比对照种合丰丝苗（CK）增产0.83%，增产未达显著水平，日产量3.47千克。

该品种产量与对照相当，米质未达部标优质等级，高抗稻瘟病，感白叶枯病，2021年安排复试并进行生产试验。

4. 特用稻组

（1）粤糯2号　全生育期126天，比对照种粤红宝（CK）短1天。株型中集，分蘖力中等，株高适中，抗倒力强。株高117.1厘米，亩有效穗数17.3万穗，穗长20.5厘米，每穗总粒数137粒，结实率91.8%，千粒重22.9克。米质鉴定未达部标优质等级，糙米率81.2%，整精米率63.8%，垩白度%，透明度级，碱消值3.0级，胶稠度100毫米，直链淀粉3.4%，粒型（长宽比）2.6。抗稻瘟病，全群抗性频率82.4%，病圃鉴定叶瘟1.3级、穗瘟3.5级（单点最高7级）；感白叶枯病（Ⅸ型菌7级）。2020年早造参加省区试，平均亩产量459.60千克，比对照种粤红宝（CK）增产10.18%，增产未达显著水平，日产量3.65千克。

该品种为糯米，丰产性较好，米质未达部标优质等级，抗稻瘟病，感白叶枯病，2021年安排复试并进行生产试验。

（2）玉晶两优红晶占　全生育期127天，与对照种粤红宝（CK）相当。株型中集，分蘖力中强，株高适中，抗倒力中强。株高113.4厘米，亩有效穗数17.6万穗，穗长24.7厘米，每穗总粒数152粒，结实率85.4%，千粒重21.2克。米质鉴定达部标优质3级，糙米率78.8%，整精米率56.1%，垩白度0.5%，透明度2.0级，碱消值6.7级，胶稠度59毫米，直链淀粉13.9%，粒型（长宽比）3.4。中抗稻瘟病，全群抗性频率94.1%，病圃鉴定叶瘟1.3级、穗瘟4.5级（单点最高7级）；高感白叶枯病（Ⅸ型菌9级）。2020年早造参加省区试，平均亩产量449.87千克，比对照种粤红宝（CK）增产7.85%，增产未达显著水平，日产量3.54千克。

该品种为红米，丰产性与对照相当，米质达部标优质3级，中抗稻瘟病，高感白叶枯病，2021年安排复试并进行生产试验。

（3）合红占　全生育期129天，比对照种粤红宝（CK）长2天。株型中集，分蘖力中等，株高适中，抗倒力强。株高113.9厘米，亩有效穗数15.3万穗，穗长23.4厘米，每穗总粒数141粒，结实率87.4%，千粒重24.9克。米质鉴定未达部标优质等级，糙米率80.0%，整精米率50.8%，垩白度0.2%，透明度1.0级，碱消值7.0级，胶稠度39毫米，直链淀粉25.5%，粒型（长宽比）3.1。抗稻瘟病，全群抗性频率82.4%，病圃鉴定叶瘟1.3级、穗瘟3.0级（单点最高5级）；感白叶枯病（Ⅸ型菌7级）。2020年早造参加省区试，平均亩产量425.80千克，比对照种粤红宝（CK）增产2.08%，增产未达显著水平，日产量3.30千克。

该品种为红米，产量与对照相当，米质未达部标优质等级，抗稻瘟病，感白叶枯病，2021年安排复试并进行生产试验。

（4）贡糯1号　全生育期125天，比对照种粤红宝（CK）短2天。株型中集，分蘖力中等，植株较高，抗倒力中强。株高121.6厘米，亩有效穗数16.1万穗，穗长21.3厘米，每穗总粒数138粒，结实率90.0%，千粒重21.0克。米质鉴定未达部标优质等级，糙米率80.1%，整精米率63.3%，垩白度%，碱消值6.7级，胶稠度100毫米，直链淀粉2.9%，粒型（长宽比）3.2。抗稻瘟病，全群抗性频率76.5%，病圃鉴定叶瘟1.0级、穗瘟2.5级（单点最高3级）；感白叶枯病（Ⅸ型菌7级）。2020年早造参加省区试，平均亩产量380.73千克，比对照种粤红宝（CK）减产8.73%，减产未达显著水平，日产量3.05千克。

该品种为糯米，产量与对照相当，米质未达部标优质等级，抗稻瘟病，感白叶枯病，2021年安排复试并进行生产试验。

（5）华航红香糯　全生育期128天，比对照种粤红宝（CK）长1天。株型中集，分蘖力中等，株高适中，抗倒力强。株高115.3厘米，亩有效穗数17.1万穗，穗长23.5厘米，每穗总粒数135粒，结实率83.2%，千粒重21.0克。米质鉴定未达部标优质等级，糙米率78.2%，整精米率57.3%，碱消值6.3级，胶稠度92毫米，直链淀粉3.2%，粒型（长宽比）2.2。中感稻瘟病，全群抗性频率52.9%，病圃鉴定叶瘟2.5级、穗瘟3.5级（单点最高9级）；感白叶枯病（Ⅸ型菌7级）。2020年早造参加省区试，平均亩产量364.60千克，比对照种粤红宝（CK）减产12.59%，减产达显著水平，日产量2.85千克。

该品种丰产性差，米质未达部标优质等级，中感稻瘟病，感白叶枯病，建议终止试验。

（6）软红占　全生育期128天，比对照种粤红宝（CK）长1天。株型中集，分蘖力强，株高适中，抗倒力中等。株高113.7厘米，亩有效穗数20.4万穗，穗长19.3厘米，每穗总粒数116粒，结实率86.4%，千粒重22.0克。米质鉴定未达部标优质等级，糙米率79.2%，整精米率51.8%，垩白度0.8%，透明度3.0级，碱消值6.7级，胶稠度61毫米，直链淀粉15.4%，粒型（长宽比）3.2。高感稻瘟病，全群抗性频率17.6%，病圃鉴定叶瘟4.0级、穗瘟8.0级（单点最高9级）；感白叶枯病（Ⅸ型菌7级）。2020年早造参加省区试，平均亩产量358.30千克，比对照种粤红宝（CK）减产14.1%，减产达显著水平，日产量2.80千克。

该品种丰产性差，米质未达部标优质等级，高感稻瘟病，感白叶枯病，建议终止试验。

（7）黄广黑占　全生育期129天，比对照种粤红宝（CK）长2天。株型中集，分蘖力中弱，株高适中，抗倒力中等。株高116.8厘米，亩有效穗数15.7万穗，穗长22.3厘米，每穗总粒数129粒，结实率87.2%，千粒重23.0克。米质鉴定未达部标优质等级，糙米率79.5%，整精米率25.8%，垩白度0.2%，透明度2.0级，碱消值5.3级，胶稠度86毫米，直链淀粉28.6%，粒型（长宽比）3.2。中感稻瘟病，全群抗性频率41.2%，病圃鉴定叶瘟2.8级、穗瘟3.5级（单点最高7级）；感白叶枯病（Ⅸ型菌7级）。2020年早造参加省区试，平均亩产量355.73千克，比对照种粤红宝（CK）减产14.72%，减产达显著水平，日产量2.76千克。

该品种丰产性差，米质未达部标优质等级，感稻瘟病，感白叶枯病，建议终止试验。

早造常规水稻各试点小区平均产量及生产试验产量见表1-27至表1-31。

表1-27　中迟熟组各试点小区平均产量（千克）

品种	潮州	高州	广州	惠来	惠州	龙川	罗定	梅州	南雄	清远	韶关	江门	阳江	湛江	肇庆	平均值
七华占2号（复试）	8.320 0	10.846 7	9.633 3	10.130 0	8.293 3	8.536 7	8.693 3	8.463 3	10.893 3	10.016 7	9.900 0	10.483 3	6.973 3	7.943 3	9.080 0	9.213 8
合美秀占（复试）	8.580 0	10.690 0	9.403 3	10.420 0	8.663 3	8.633 3	8.743 3	9.376 7	10.003 3	9.866 7	8.916 7	10.383 3	7.223 3	9.776 7	10.233 3	9.394 2
粤珠占	9.390 0	10.546 7	9.043 3	11.000 0	10.376 7	9.400 0	10.263 3	9.570 0	11.370 0	10.233 3	9.483 3	10.533 3	8.220 0	9.550 0	10.406 7	9.959 1
清农占	10.510 0	11.060 0	9.380 0	11.006 7	9.433 3	10.116 7	10.153 3	9.423 3	10.896 7	10.366 7	10.000 0	9.866 7	8.343 3	8.773 3	10.040 0	9.958 0
莉农占	9.333 3	9.246 7	7.976 7	10.533 3	7.460 0	8.700 0	8.320 0	8.986 7	9.850 0	9.883 3	7.933 3	10.116 7	7.110 0	8.443 3	9.660 0	8.903 6
凤立丝苗2号	9.146 7	10.356 7	8.646 7	10.640 0	9.823 3	9.516 7	9.773 3	9.306 7	10.250 0	10.166 7	9.566 7	10.633 3	7.650 0	8.383 3	10.420 0	9.618 7
黄广绿占	9.876 7	10.100 0	10.246 7	10.010 0	9.313 3	10.416 7	10.633 3	10.906 7	11.500 0	10.333 3	10.816 7	11.416 7	8.810 0	10.403 3	9.706 7	10.299 3
合莉早占	8.920 0	10.086 7	8.003 3	10.326 7	8.370 0	8.690 0	8.696 7	9.960 0	9.736 7	9.433 3	9.350 0	10.666 7	7.810 0	8.826 7	8.673 3	9.170 0
黄粤莉占	9.956 7	10.846 7	8.843 3	10.963 3	8.676 7	9.603 3	7.666 7	10.086 7	11.793 3	10.450 0	10.750 0	10.866 7	8.323 3	9.703 3	9.360 0	9.859 3
华航75号	8.773 3	9.680 0	7.933 3	9.796 7	7.513 3	8.266 7	9.120 0	8.013 3	9.583 3	9.516 7	8.366 7	9.183 3	5.646 7	6.986 7	8.460 0	8.456 0
玉香油占（CK）	8.343 3	10.353 3	8.890 0	10.580 0	9.620 0	8.966 7	8.780 0	10.266 7	10.666 7	9.550 0	9.283 3	9.066 7	7.380 0	8.450 0	9.393 3	9.306 0

表1-28　迟熟组（A组）各试点小区平均产量（千克）

品种	潮州	高州	广州	惠来	惠州	龙川	罗定	清远	江门	阳江	湛江	肇庆	平均值
华航69号（复试）	11.583 3	10.023 3	8.290 0	10.880 0	9.333 3	9.320 0	9.090 0	9.583 3	11.416 7	6.856 7	8.586 7	9.080 0	9.503 6
五禾丝苗2号（复试）	9.800 0	8.273 3	9.603 3	9.933 3	8.583 3	9.066 7	9.316 7	8.683 3	9.933 3	7.306 7	8.223 3	9.253 3	8.998 0
黄广粤占（复试）	10.883 3	10.036 7	9.823 3	11.020 0	9.356 7	9.916 7	9.946 7	10.216 7	11.966 7	9.326 7	9.363 3	10.553 3	10.200 8
南新油占2号（复试）	10.640 0	10.550 0	8.870 0	12.213 3	9.813 3	9.986 7	10.676 7	10.566 7	11.216 7	8.556 7	9.893 3	10.373 3	10.279 7
南广占3号（复试）	10.053 3	10.136 7	8.633 3	11.233 3	8.553 3	9.600 0	8.233 3	9.883 3	10.900 0	6.840 0	9.130 0	10.386 7	9.465 3
新黄油占（复试）	10.756 7	9.740 0	9.076 7	10.600 0	9.483 3	9.933 3	9.370 0	9.433 3	11.200 0	8.593 3	9.790 0	10.420 0	9.866 4
粤珍丝苗（复试）	9.853 3	9.276 7	8.693 3	10.613 3	8.850 0	9.306 7	9.586 7	9.400 0	10.166 7	8.430 0	8.996 7	9.720 0	9.407 8

（续）

品　种	潮州	高州	广州	惠来	惠州	龙川	罗定	清远	江门	阳江	湛江	肇庆	平均值
中政华占833（复试）	9.693 3	9.146 7	9.260 0	9.860 0	8.323 3	8.936 7	9.640 0	8.416 7	11.233 3	8.143 3	9.566 7	9.106 7	9.277 2
白粤丝苗	10.606 7	9.493 3	8.373 3	10.613 3	8.516 7	9.630 0	7.740 0	9.800 0	10.666 7	7.786 7	9.763 3	9.880 0	9.405 8
华航78号	9.660 0	8.660 0	8.643 3	10.206 7	7.380 0	9.453 3	9.443 3	9.416 7	10.266 7	7.120 0	9.233 3	8.926 7	9.034 2
野源占2号	10.183 3	9.623 3	8.386 7	10.186 7	8.450 0	8.626 7	9.800 0	9.250 0	10.333 3	7.396 7	8.690 0	9.633 3	9.213 3
合丰丝苗（CK）	10.033 3	9.146 7	8.403 3	10.593 3	8.536 7	9.393 3	8.353 3	9.333 3	9.683 3	4.923 3	8.763 3	9.473 3	8.886 4

表1-29　迟熟组（B组）各试点小区平均产量（千克）

品　种	潮州	高州	广州	惠来	惠州	龙川	罗定	清远	江门	阳江	湛江	肇庆	平均值
禅早广占	10.403 3	9.446 7	9.000 0	10.606 7	8.473 3	8.830 0	8.316 7	8.833 3	10.083 3	6.983 3	8.583 3	10.466 7	9.168 9
丰晶占7号	10.373 3	10.110 0	9.586 7	9.753 3	7.573 3	8.946 7	8.213 3	10.016 7	10.050 0	5.723 3	7.080 0	9.893 3	8.943 3
广源占151号	10.350 0	10.246 7	11.063 3	11.046 7	8.593 3	9.443 3	8.803 3	9.933 3	10.700 0	6.430 0	9.866 7	9.566 7	9.670 3
中深2号	10.593 3	9.826 7	9.263 3	11.003 3	7.556 7	9.560 0	9.143 3	9.983 3	10.433 3	7.053 3	9.610 0	9.460 0	9.457 2
黄广泰占	10.670 0	9.693 3	8.040 0	10.173 3	8.423 3	8.013 3	7.590 0	9.516 7	11.016 7	7.093 3	9.310 0	9.326 7	9.072 2
南秀美占	11.140 0	11.000 0	10.426 7	12.036 7	7.523 3	9.806 7	8.816 7	10.650 0	11.366 7	7.083 3	9.893 3	10.120 0	9.988 6
南惠1号	10.946 7	10.570 0	8.530 0	11.536 7	7.533 3	9.313 3	9.120 0	10.283 3	11.766 7	7.716 7	9.890 0	10.046 7	9.771 1
黄广粳占	11.486 7	10.583 3	11.296 7	11.860 0	9.210 0	10.596 7	9.240 0	10.183 3	12.333 3	8.790 0	10.270 0	10.866 7	10.559 7
南桂新占	11.310 0	9.936 7	9.343 3	10.386 7	8.470 0	9.826 7	8.586 7	10.266 7	12.183 3	7.550 0	9.106 7	9.653 3	9.718 3
中政华占699	10.123 3	9.103 3	8.816 7	9.940 0	7.943 3	8.836 7	8.763 3	9.183 3	9.833 3	6.876 7	9.553 3	9.113 3	9.007 2
奇新丝苗	10.513 3	9.910 0	9.580 0	10.136 7	8.100 0	8.760 0	9.170 0	9.716 7	9.733 3	7.036 7	8.603 3	8.813 3	9.172 8
合丰丝苗（CK）	9.660 0	9.306 7	8.513 3	10.533 3	8.690 0	9.180 0	8.286 7	9.633 3	10.233 3	4.520 0	9.013 3	8.866 7	8.869 7

表 1-30 特用稻组各试点小区平均产量（千克）

品 种	潮州	江门	阳江	湛江	肇庆	平均值
莹两优红 3（复试）	9.746 7	10.883 3	8.260 0	10.223 3	8.586 7	9.540 0
三红占（复试）	8.410 0	10.950 0	7.413 3	8.383 3	8.993 3	8.830 0
禾花占 1 号（复试）	8.010 0	9.933 3	6.653 3	7.850 0	9.326 7	8.354 7
南两优黑 1 号（复试）	8.303 3	9.600 0	7.383 3	8.780 0	8.920 0	8.597 3
粤糯 2 号	7.503 3	10.033 3	8.473 3	9.470 0	10.480 0	9.192 0
黄广黑占	7.643 3	7.950 0	3.136 7	8.196 7	8.646 7	7.114 7
贡糯 1 号	6.870 0	9.433 3	5.486 7	7.410 0	8.873 3	7.614 7
合红占	8.070 0	9.816 7	7.310 0	7.830 0	9.553 3	8.516 0
软红占	7.486 7	8.250 0	5.273 3	8.433 3	6.386 7	7.166 0
玉晶两优红晶占	9.133 3	9.850 0	7.970 0	9.133 3	8.900 0	8.997 3
华航红香糯	6.860 0	8.900 0	4.323 3	7.050 0	9.326 7	7.292 0
粤红宝（CK）	8.053 3	8.800 0	7.436 7	8.816 7	8.606 7	8.342 7

表 1-31 生产试验产量

组 别	品 种	平均亩产量（千克）	较 CK 变化百分比（%）
中迟熟组	七华占 2 号（复试）	493.59	7.92
	合美秀占（复试）	474.95	3.85
	玉香油占（CK）	457.35	—
迟熟组	黄广粤占（复试）	536.48	15.24
	南新油占 2 号（复试）	528.69	13.57
	新黄油占（复试）	527.17	13.24
	粤珍丝苗（复试）	487.71	4.76
	南广占 3 号（复试）	487.18	4.65
	五禾丝苗 2 号（复试）	486.05	4.41
	中政华占 833（复试）	485.37	4.26
	合丰丝苗（CK）	465.53	—
	华航 69 号（复试）	451.98	−2.91
特用稻组	莹两优红 3（复试）	502.72	12.32
	三红占（复试）	476.14	6.38
	南两优黑 1 号（复试）	453.18	1.25
	禾花占 1 号（复试）	448.17	0.13
	粤红宝（CK）	447.58	—

第二章 广东省 2020 年晚造常规水稻品种区域试验总结

一、试验概况

（一）参试品种

2020 年晚造安排参试的新品种 57 个，复试品种 29 个，对照品种 4 个，参试品种共 86 个（不含对照）。试验分感温中熟组、感温迟熟组（A 组、B 组）、特用稻组、香稻组（A 组、B 组、C 组、D 组）。感温中熟组有 11 个品种，以华航 31 号（CK）作对照；感温迟熟组有 22 个品种，分 2 个小组，均以粤晶丝苗 2 号（CK）作对照；特用稻组有 10 个，以粤红宝（CK）作对照；香稻组有 43 个品种，分 4 个小组，均以美香占 2 号（CK）作对照（表 2-1）。

表 2-1　参试品种

序号	感温中熟组	感温迟熟组（A 组）	感温迟熟组（B 组）	特用稻组	香稻组（A 组）	香稻组（B 组）	香稻组（C 组）	香稻组（D 组）
1	双黄占（复试）	台农 811（复试）	南珍占（复试）	清红优 3 号（复试）	聚香丝苗（复试）	青香优 19 香（复试）	耕香优莉丝苗（复试）	恒丰优油香（复试）
2	七黄占 5 号（复试）	华航 72 号（复试）	粤芽丝苗（复试）	南红 8 号（复试）	银湖香占 3 号（复试）	青香优 99 香（复试）	金香优 263（复试）	象竹香丝苗（复试）
3	禾新占（复试）	凤籼丝苗（复试）	籼莉占 2 号（复试）	晶两优红占	金农香占	软华优 7311	深香优 6615	粤香丝苗
4	华航玉占（复试）	巴禾丝苗（复试）	油占 1 号（复试）	东红 6 号	中番香丝苗	匠心香丝苗	深香优 9157	粤香软占
5	合莉美占（复试）	五广丝苗（复试）	华航香占	兴两优红晶占	金象优莉丝苗	香银占	孤香占 3 号	南泰香丝苗
6	粤桂占 2 号（复试）	创籼占 2 号	黄广五占	红晶丝苗	双香丝苗	江农香占 1 号	粤两优香油占	泰优 19 香
7	凤广丝苗	中深 3 号	黄丝粤占	南宝黑糯	丰香丝苗	广桂香占	青香优馥香占	客都寿乡 1 号
8	碧玉丝苗 2 号	禅油占	黄华油占	广新红占	金香 196	美两优香雪丝苗	馨香优 98 香	粤两优泰香占

（续）

序号	感温中熟组	感温迟熟组（A组）	感温迟熟组（B组）	特用稻组	香稻组（A组）	香稻组（B组）	香稻组（C组）	香稻组（D组）
9	华航81号	广台7号	银珠丝苗	合红占2号	五香丝苗	银两优香雪丝苗	华航香银针	靓优香
10	合新油占	碧玉丝苗5号	五源占3号	黄广红占	广金香5号	邦优南香占	香龙优345	香雪丝苗（复试）
11	禾龙占	合秀占2号	兆源占	粤红宝（CK）	美香油占4号（复试）	台香812（复试）	又香优香丝苗（复试）	美香占2号（CK）
12	华航31号（CK）	粤晶丝苗2号（CK）	粤晶丝苗2号（CK）		美香占2号（CK）	美香占2号（CK）	美香占2号（CK）	

生产试验有 33 个品种（含 4 个对照种），感温中熟组有 7 个，感温迟熟组有 10 个，特用稻组有 3 个，香稻组有 13 个。

（二）承试单位

（1）感温中熟组　承试单位 15 个，分别是梅州市农林科学院粮油研究所、高州市良种繁育场、肇庆市农业科学研究所、南雄市农业科学研究所、韶关市农业科技推广中心、潮州市农业科技发展中心、清远市农业科技推广服务中心、广州市农业科学研究院、罗定市农业发展中心、湛江市农业科学研究院、阳江市农业科学研究所、江门市新会区农业农村综合服务中心、龙川县农业科学研究所、惠来县农业科学研究所、惠州市农业科学研究所。

（2）感温迟熟组（A组、B组）　承试单位 12 个，分别是高州市良种繁育场、肇庆市农业科学研究所、潮州市农业科技发展中心、清远市农业科技推广服务中心、广州市农业科学研究院、罗定市农业发展中心、湛江市农业科学研究院、阳江市农业科学研究所、江门市新会区农业农村综合服务中心、龙川县农业科学研究所、惠来县农业科学研究所、惠州市农业科学研究所。

（3）特用稻　承试单位 5 个，分别是潮州市农业科技发展中心、肇庆市农业科学研究所、湛江市农业科学研究院、阳江市农业科学研究所、江门市新会区农业农村综合服务中心。

（4）香稻组（A组、B组、C组、D组）　承试单位 7 个，分别是梅州市农林科学院粮油研究所、广州市农业科学研究院、高州市良种繁育场、肇庆市农业科学研究所、连山壮族瑶族自治县农业科学研究所（以下简称为"连山县农业科学研究所"）、江门市新会区农业农村综合服务中心、乐昌市现代农业产业发展中心。

（5）生产试验　感温中熟组承试单位 9 个，分别是广东天之源农业科技有限公司、茂名市农业良种示范推广中心、雷州市农业技术推广中心、潮州市潮安区农业工作总站、江门市新会区农业农村综合服务中心、乐昌市现代农业产业发展中心、惠州市农业科学研究所、云浮市农业科学及技术推广中心、韶关市农业科技推广中心；感温迟熟组承试单位 7 个，分别是广东天之源农业科技有限公司、茂名市农业良种示范推广中心、雷州市农业技术推广中心、潮州市潮安区农业工作总站、江门市新会区农业农村综合服务中心、惠州市农业科学研究所、云浮市农业科学及技术推广中心；特用稻承试单位5个，分别是潮州市农业科技发展中心、肇庆市农业科学研究所、湛江市农业科学研究院、阳江市农业科学研究所、江门市新会区农业农村综合服务中心；香稻组承试单位7个，分别是梅州市农林科学院粮油研究所、高州市良种繁育场、佛山市农业科学研究所、肇庆市农业科学研究所、连山县农业科学研究所、江门市新会区农业农村综合服务中心、乐昌市现代农业产业发展中心。

（三）试验方法

各试点统一按《广东省农作物品种试验办法》进行试验和记载。区域试验采用随机区组排列，小区面积0.02亩，长方形，3次重复，同组试验安排在同一田块进行，统一种植规格。生产试验采用大区随机排列，不设重复，大区面积不少于0.5亩。栽培管理按当地的生产水平进行，试验期间防虫不防病，在各个生育阶段对品种的生长特征、经济性状进行田间调查记载和室内考种。区域试验产量联合方差分析采用试点效应随机模型，品种间差异多重比较采用最小显著差数法（LSD法），品种动态稳产性分析采用Shukla互作方差分解法。

（四）米质分析

稻米品质检验委托农业农村部稻米及制品质量监督检验测试中心依据《食用稻品种品质》（NY/T 593—2013）（以下简称"部标"）进行鉴定。样品为当造收获的种子。感温中熟组由乐昌市现代农业产业发展中心采集，其他组由江门市新会区农业农村综合服务中心采集，经广东省农业技术推广中心统一编号标识后提供。

（五）抗性鉴定

参试品种的稻瘟病和白叶枯病抗性由广东省农业科学院植物保护研究所进行鉴定。样品由广东省农业技术推广中心统一编号标识。采用人工接菌与病区自然诱发相结合法进行鉴定。

（六）耐寒鉴定

复试品种耐寒性委托华南农业大学农学院采用人工气候室模拟鉴定。样品由广东省农业技术推广中心统一编号标识。

二、试验结果

（一）产量

对产量进行联合方差分析表明，各组品种间 F 值均达极显著水平，说明各组品种间产量存在极显著差异（表2-2至表2-9）。

表 2-2 感温中熟组产量方差分析

变异来源	df	SS	MS	F 值
地点内区组	30	3.675 8	0.122 5	1.266 5
地点	14	580.948 2	41.496 3	40.768 6**
品种	11	66.712 2	6.064 7	5.958 4**
品种×地点	154	156.749 0	1.017 9	10.521**
试验误差	330	31.925 6	0.096 7	—
总变异	539	840.010 8	—	—

表 2-3 感温迟熟组（A组）产量方差分析

变异来源	df	SS	MS	F 值
地点内区组	24	2.615 8	0.109 0	1.583 1
地点	11	484.409 7	44.037 2	30.416 8**
品种	11	109.425 4	9.947 8	6.871 0**
品种×地点	121	175.183 2	1.447 8	21.029 8**
试验误差	264	18.175 1	0.068 8	—
总变异	431	789.809 1	—	—

表 2-4 感温迟熟组（B组）产量方差分析

变异来源	df	SS	MS	F 值
地点内区组	24	1.662 6	0.069 3	1.090 7
地点	11	481.510 0	43.773 6	61.090 8**
品种	11	93.168 0	8.469 8	11.820 5**
品种×地点	121	86.700 6	0.716 5	11.282 1**
试验误差	264	16.766 8	0.063 5	—
总变异	431	679.808 0	—	—

表 2-5 特用稻组产量方差分析

变异来源	df	SS	MS	F 值
地点内区组	10	0.676 2	0.067 6	1.104 7
地点	4	25.755 5	6.438 9	5.905 7**
品种	10	25.872 3	2.587 2	2.373 0**
品种×地点	40	43.611 1	1.090 3	17.812 2**
试验误差	100	6.121 0	0.061 2	—
总变异	164	102.036 0	—	—

表 2-6 香稻组（A组）产量方差分析

变异来源	df	SS	MS	F 值
地点内区组	14	1.111 3	0.079 4	1.088 0
地点	6	280.926 4	46.821 1	41.770 8**

（续）

变异来源	df	SS	MS	F 值
品种	11	77.146 1	7.013 3	6.256 8**
品种×地点	66	73.979 8	1.120 9	15.364 2**
试验误差	154	11.235 2	0.073 0	—
总变异	251	444.398 7	—	—

表 2-7 香稻组（B组）产量方差分析

变异来源	df	SS	MS	F 值
地点内区组	14	0.973 9	0.069 6	0.758 7
地点	6	196.181 4	32.696 9	15.635 4**
品种	11	442.650 0	40.240 9	19.242 8**
品种×地点	66	138.020 2	2.091 2	22.807 8**
试验误差	154	14.120 1	0.091 7	—
总变异	251	791.945 5	—	—

表 2-8 香稻组（C组）产量方差分析

变异来源	df	SS	MS	F 值
地点内区组	14	0.713 9	0.051 0	0.645 5
地点	6	247.853 1	41.308 9	45.178 2**
品种	11	52.666 5	4.787 9	5.236 3**
品种×地点	66	60.347 3	0.914 4	11.575 2**
试验误差	154	12.164 8	0.079 0	—
总变异	251	373.745 6	—	—

表 2-9 香稻组（D组）产量方差分析

变异来源	df	SS	MS	F 值
地点内区组	14	1.205 5	0.086 1	0.403 6
地点	6	282.237 3	47.039 5	25.672 4**
品种	10	60.010 3	6.001 0	3.275 1**
品种×地点	60	109.938 2	1.832 3	8.587 5**
试验误差	140	29.871 5	0.213 4	—
总变异	230	483.262 8	—	—

1. 感温中熟组

该组品种亩产量为 415.17～479.30 千克，对照种华航 31 号（CK）亩产量 439.32 千克。除粤桂占 2 号（复试）、凤广丝苗、合莉美占（复试）、禾新占（复试）、华航 81 号、碧玉丝苗 2 号、华航玉占（复试）比对照种减产 0.09%、0.48%、2.32%、2.57%、3.21%、3.43%、5.50%外，其余品种均比对照种增产。增幅名列前三位的双黄占（复试）、七黄占 5 号（复试）、禾龙占分别比对照种增产 9.10%、4.99%、3.24%（表 2-10、表 2-11）。

表 2-10 感温中熟组参试品种产量情况

品 种	小区平均产量（千克）	折合平均亩产量（千克）	较CK变化百分比（%）	较组平均变化百分比（%）	差异显著性 0.05	差异显著性 0.01	产量名次	比CK增产试点比例（%）	日产量（千克）
双黄占（复试）	9.586 0	479.30	9.10	8.84	a	A	1	86.67	4.24
七黄占 5 号（复试）	9.225 1	461.26	4.99	4.74	ab	AB	2	73.33	4.16
禾龙占	9.070 9	453.54	3.24	2.99	bc	ABC	3	66.67	3.98
合新油占	9.063 6	453.18	3.15	2.91	bc	ABC	4	66.67	4.01
华航 31 号（CK）	8.786 4	439.32	—	−0.24	cd	BCD	5	—	3.92
粤桂占 2 号（复试）	8.778 9	438.94	−0.09	−0.33	cd	BCD	6	66.67	3.88
凤广丝苗	8.744 2	437.21	−0.48	−0.72	cd	BCD	7	46.67	3.87
合莉美占（复试）	8.582 9	429.14	−2.32	−2.55	de	CD	8	40.00	3.83
禾新占（复试）	8.560 2	428.01	−2.57	−2.81	de	CD	9	40.00	3.69
华航 81 号	8.504 0	425.20	−3.21	−3.45	de	D	10	40.00	3.76
碧玉丝苗 2 号	8.485 1	424.26	−3.43	−3.66	de	D	11	20.00	3.69
华航玉占（复试）	8.303 3	415.17	−5.50	−5.72	e	D	12	40.00	3.67

表 2-11 感温中熟组各品种产量 Shukla 方差及其显著性检验（F 测验）

品 种	Shukla 方差	df	F 值	P 值	互作方差	品种均值（千克）	Shukla 变异系数（%）	差异显著性 0.05	差异显著性 0.01
华航 31 号（CK）	0.341 9	14	10.603 3	0	0.012 3	8.786 4	6.655 2	abcde	AB
华航 81 号	0.238 4	14	7.392 0	0	0.015 4	8.504 0	5.741 3	bcde	AB
碧玉丝苗 2 号	0.208 1	14	6.454 1	0	0.012 7	8.485 1	5.376 7	cde	AB
凤广丝苗	0.143 9	14	4.463 2	0	0.010 1	8.744 2	4.338 7	e	B
粤桂占 2 号（复试）	0.497 8	14	15.437 9	0	0.033 9	8.778 9	8.037 2	abc	AB
合莉美占（复试）	0.672 1	14	20.841 8	0	0.044 7	8.582 9	9.551 7	a	A
华航玉占（复试）	0.520 0	14	16.123 9	0	0.036 6	8.303 3	8.684 3	ab	AB
禾新占（复试）	0.183 1	14	5.678 3	0	0.013 1	8.560 2	4.998 9	de	AB
七黄占 5 号（复试）	0.402 6	14	12.484 9	0	0.029 0	9.225 1	6.878 2	abcd	AB
禾龙占	0.183 7	14	5.695 6	0	0.013 3	9.070 9	4.724 7	de	AB
合新油占	0.496 2	14	15.387 8	0	0.034 7	9.063 6	7.772 2	abc	AB
双黄占（复试）	0.183 5	14	5.690 1	0	0.013 4	9.586 0	4.468 7	de	AB

注：Bartlett 卡方检验 $P=0.034 68$，各品种的稳定性差异显著。

2. 感温迟熟组（A 组）

该组品种亩产量为 379.19～488.01 千克，对照种粤晶丝苗 2 号（CK）亩产量 442.40 千克。除合秀占 2 号、华航 72 号（复试）、碧玉丝苗 5 号比对照种减产 1.14%、4.28%、14.29%外，其余品种均比对照种增产。增幅名列前三位的五广丝苗（复试）、台农 811（复试）、创粘占 2 号分别比对照增产 10.31%、4.90%、4.35%（表 2-12、表 2-13）。

表 2-12　感温迟熟组（A组）参试品种产量情况

品　种	小区平均产量（千克）	折合平均亩产量（千克）	较CK变化百分比（%）	较组平均变化百分比（%）	差异显著性 0.05	差异显著性 0.01	产量名次	比CK增产试点比例（%）	日产量（千克）
五广丝苗（复试）	9.760 3	488.01	10.31	9.53	a	A	1	100.00	4.24
台农 811（复试）	9.281 4	464.07	4.90	4.16	ab	AB	2	75.00	4.11
创籼占 2 号	9.233 1	461.65	4.35	3.62	ab	AB	3	58.33	4.01
巴禾丝苗（复试）	9.130 0	456.50	3.19	2.46	b	ABC	4	75.00	4.04
中深 3 号	9.114 4	455.72	3.01	2.29	b	ABC	5	75.00	4.00
广台 7 号	8.934 7	446.74	0.98	0.27	bc	BC	6	58.33	3.95
凤籼丝苗（复试）	8.927 2	446.36	0.89	0.19	bc	BC	7	58.33	3.99
禅油占	8.898 1	444.90	0.56	−0.14	bc	BC	8	50.00	3.97
粤晶丝苗 2 号（CK）	8.848 1	442.40	—	−0.70	bc	BC	9	—	3.88
合秀占 2 号	8.746 9	437.35	−1.14	−1.84	bc	BC	10	58.33	3.87
华航 72 号（复试）	8.469 4	423.47	−4.28	−4.95	c	C	11	33.33	3.65
碧玉丝苗 5 号	7.583 9	379.19	−14.29	−14.89	d	D	12	25.00	3.33

表 2-13　感温迟熟组（A组）各品种产量 Shukla 方差及其显著性检验（F 测验）

品　种	Shukla方差	df	F 值	P 值	互作方差	品种均值（千克）	Shukla变异系数（%）	差异显著性 0.05	差异显著性 0.01
巴禾丝苗（复试）	0.299 8	11	13.063 3	0	0.028 9	9.130 0	5.997 0	b	BCD
碧玉丝苗 5 号	2.787 8	11	121.483 5	0	0.117 3	7.583 9	22.016 2	a	A
禅油占	0.464 9	11	20.259 2	0	0.036 6	8.898 1	7.662 9	b	BC
创籼占 2 号	0.389 6	11	16.976 1	0	0.031 0	9.233 1	6.760 0	b	BCD
凤籼丝苗（复试）	0.219 6	11	9.570 1	0	0.021 1	8.927 2	5.249 5	bc	BCDE
广台 7 号	0.056 8	11	2.474 8	0.005 8	0.006 6	8.934 7	2.667 2	d	E
合秀占 2 号	0.546 7	11	23.821 9	0	0.050 9	8.746 9	8.452 9	b	B
华航 72 号（复试）	0.383 9	11	16.727 9	0	0.027 9	8.469 4	7.315 5	b	BCD
台农 811（复试）	0.235 4	11	10.258 4	0	0.016 9	9.281 4	5.227 6	bc	BCDE
五广丝苗（复试）	0.205 7	11	8.964 3	0	0.013 6	9.760 3	4.647 0	bc	BCDE
粤晶丝苗 2 号（CK）	0.096 4	11	4.198 8	0	0.006 6	8.848 1	3.508 2	cd	DE
中深 3 号	0.104 6	11	4.558 6	0	0.002 9	9.114 4	3.548 6	cd	CDE

注：Bartlett 卡方检验 $P=0.000\ 00$，各品种的稳定性差异极显著。

3. 感温迟熟组（B组）

该组品种亩产量为 409.94～487.97 千克，对照种粤晶丝苗 2 号（CK）亩产量 444.65 千克，除兆源占、油占 1 号（复试）、银珠丝苗比对照种减产 0.4%、1.95%、7.81%外，其余品种均比对照种增产。增幅名列前三位的黄广五占、南珍占（复试）、粤芽丝苗（复试）分别比对照种增产 9.74%、9.62%、8.68%（表 2-14、表 2-15）。

表 2-14 感温迟熟组（B组）参试品种产量情况

品 种	小区平均产量（千克）	折合平均亩产量（千克）	较CK变化百分比（%）	较组平均变化百分比（%）	差异显著性 0.05	差异显著性 0.01	产量名次	比CK增产试点比例（%）	日产量（千克）
黄广五占	9.759 4	487.97	9.74	6.52	a	A	1	83.33	4.32
南珍占（复试）	9.748 6	487.43	9.62	6.40	ab	A	2	100.00	4.24
粤芽丝苗（复试）	9.664 7	483.24	8.68	5.49	ab	AB	3	91.67	4.31
黄华油占	9.621 9	481.10	8.20	5.02	ab	AB	4	75.00	4.22
籼莉占 2 号（复试）	9.355 6	467.78	5.20	2.11	bc	ABC	5	75.00	4.21
黄丝粤占	9.225 0	461.25	3.73	0.69	cd	BCD	6	75.00	4.12
五源占 3 号	8.982 8	449.14	1.01	−1.95	cde	CD	7	75.00	3.94
华航香占	8.915 3	445.76	0.25	−2.69	de	CD	8	50.00	3.88
粤晶丝苗 2 号（CK）	8.893 1	444.65	—	−2.93	de	CD	9	—	3.90
兆源占	8.857 5	442.88	−0.40	−3.32	de	CD	10	41.67	4.03
油占 1 号（复试）	8.719 7	435.99	−1.95	−4.83	e	DE	11	41.67	3.89
银珠丝苗	8.198 9	409.94	−7.81	−10.51	f	E	12	25.00	3.69

表 2-15 感温迟熟组（B组）各品种产量 Shukla 方差及其显著性检验（F 测验）

品 种	Shukla 方差	df	F 值	P 值	互作方差	品种均值（千克）	Shukla 变异系数（%）	差异显著性 0.05	差异显著性 0.01
华航香占	0.499 8	11	23.609 5	0	0.043 9	8.915 3	7.930 0	a	A
黄广五占	0.210 7	11	9.950 8	0	0.017 4	9.759 4	4.702 9	abc	ABC
黄华油占	0.294 9	11	13.931 9	0	0.026 9	9.621 9	5.644 2	abc	AB
黄丝粤占	0.289 2	11	13.659 6	0	0.026 2	9.225 0	5.829 3	abc	AB
南珍占（复试）	0.144 7	11	6.837 3	0	0.013 2	9.748 6	3.902 7	bcd	ABC
五源占 3 号	0.317 5	11	14.998 9	0	0.028 8	8.982 8	6.273 1	ab	AB
籼莉占 2 号（复试）	0.108 4	11	5.118 0	0	0.009 9	9.355 6	3.518 4	cd	BC
银珠丝苗	0.377 6	11	17.835 7	0	0.030 2	8.198 9	7.494 7	ab	AB
油占 1 号（复试）	0.153 7	11	7.262 0	0	0.013 9	8.719 7	4.496 6	bcd	ABC
粤晶丝苗 2 号（CK）	0.213 8	11	10.100 8	0	0.015 0	8.893 1	5.199 8	abc	ABC
粤芽丝苗（复试）	0.059 2	11	2.797 4	0.001 8	0.002 7	9.664 7	2.517 9	d	C
兆源占	0.196 5	11	9.283 3	0	0.018 1	8.857 5	5.005 0	abc	ABC

注：Bartlett 卡方检验 $P=0.072\ 42$，各品种的稳定性差异不显著。

4. 特用稻

该组品种亩产量为 370.57～430.47 千克，对照种粤红宝（CK）亩产量 376.83 千克。除南宝黑糯、红晶丝苗比对照种减产 1.18%、1.66% 外，其余品种均比对照种增产。增幅名列前三位的晶两优红占、合红占 2 号、南红 8 号（复试）分别比对照种增产 14.23%、14.18%、9.02%（表 2-16）。

表 2-16　特用稻组参试品种产量情况

品　　种	小区产量（千克）	折合平均亩产量（千克）	较CK变化百分比（%）	较组平均变化百分比（%）	差异显著性		产量名次	比CK增产试点比例（%）	日产量（千克）
					0.05	0.01			
晶两优红占	8.609 3	430.47	14.23	8.88	a	A	1	100.00	3.81
合红占 2 号	8.605 3	430.27	14.18	8.83	a	A	2	100.00	3.84
南红 8 号（复试）	8.216 7	410.83	9.02	3.91	ab	AB	3	80.00	3.70
广新红占	7.920 7	396.03	5.09	0.17	abc	AB	4	80.00	3.60
清红优 3 号（复试）	7.900 0	395.00	4.82	−0.09	abc	AB	5	60.00	3.56
兴两优红晶占	7.806 0	390.30	3.57	−1.28	bc	AB	6	40.00	3.55
黄广红占	7.795 3	389.77	3.43	−1.41	bc	AB	7	60.00	3.51
东红 6 号	7.729 3	386.47	2.56	−2.25	bc	AB	8	80.00	3.51
粤红宝（CK）	7.536 7	376.83	—	−4.69	bc	B	9	—	3.36
南宝黑糯	7.448 0	372.40	−1.18	−5.81	bc	B	10	20.00	3.32
红晶丝苗	7.411 3	370.57	−1.66	−6.27	c	B	11	40.00	3.34

5. 香稻组（A 组）

该组品种亩产量为 387.14～471.64 千克，对照种美香占 2 号（CK）亩产量 403.48 千克。除银湖香占 3 号（复试）、金香 196 比对照种减产 1.32%、4.05% 外，其余品种均比对照种增产。增幅名列前三位的广金香 5 号、五香丝苗、金象优莉丝苗分别比对照种增产 16.89%、15.94%、15.92%（表 2-17、表 2-18）。

表 2-17　香稻组（A 组）参试品种产量情况

品　　种	小区产量（千克）	折合平均亩产量（千克）	较CK变化百分比（%）	较组平均变化百分比（%）	差异显著性		产量名次	比CK增产试点比例（%）	日产量（千克）
					0.05	0.01			
广金香 5 号	9.432 9	471.64	16.89	8.18	a	A	1	100.00	4.14
五香丝苗	9.355 7	467.79	15.94	7.30	a	A	2	100.00	4.03
金象优莉丝苗	9.353 8	467.69	15.92	7.28	a	A	3	100.00	4.18
中番香丝苗	9.220 0	461.00	14.26	5.74	ab	AB	4	100.00	4.08
美香油占 4 号（复试）	8.964 8	448.24	11.09	2.81	abc	AB	5	100.00	4.00
聚香丝苗（复试）	8.803 3	440.17	9.09	0.96	abc	ABC	6	100.00	3.86
双香丝苗	8.655 7	432.79	7.27	−0.73	bcd	ABC	7	71.43	3.70
丰香丝苗	8.633 8	431.69	6.99	−0.98	bcd	ABC	8	100.00	3.79
金农香占	8.437 1	421.86	4.56	−3.24	cde	BCD	9	85.71	3.67
美香占 2 号（CK）	8.069 5	403.48	—	−7.45	def	CD	10	—	3.57
银湖香占 3 号（复试）	7.962 9	398.14	−1.32	−8.68	ef	CD	11	42.86	3.46
金香 196	7.742 9	387.14	−4.05	−11.20	f	D	12	42.86	3.40

表 2-18　香稻组（A 组）各品种产量 Shukla 方差及其显著性检验（F 测验）

品　　种	Shukla 方差	df	F 值	P 值	互作方差	品种均值（千克）	Shukla 变异系数（%）	差异显著性 0.05	差异显著性 0.01
丰香丝苗	0.352 0	6	14.475 8	0	0.041 4	8.633 8	6.872 1	abcd	ABCD
广金香 5 号	0.054 1	6	2.225 2	0.043 5	0.009 7	9.432 9	2.466 1	fg	DE
金农香占	0.158 8	6	6.529 8	0	0.014 5	8.437 1	4.723 1	cdefg	ABCDE
金香 196	0.710 2	6	29.204 1	0	0.089 0	7.742 9	10.884 0	ab	AB
金象优莉丝苗	0.632 8	6	26.022 9	0	0.098 3	9.353 8	8.504 7	abc	ABC
聚香丝苗（复试）	0.037 1	6	1.527 5	0.172 6	0.003 8	8.803 3	2.189 3	g	E
美香油占 4 号（复试）	0.077 5	6	3.186 5	0.005 6	0.010 2	8.964 8	3.105 2	efg	CDE
美香占 2 号（CK）	0.101 8	6	4.187 1	0.000 6	0.010 7	8.069 5	3.954 4	defg	BCDE
双香丝苗	0.839 8	6	34.534 8	0	0.143 8	8.655 7	10.587 5	a	AB
五香丝苗	0.287 3	6	11.815 9	0	0.039 4	9.355 7	5.729 6	abcde	ABCDE
银湖香占 3 号（复试）	1.041 7	6	42.833 6	0	0.179 3	7.962 9	12.817 2	a	A
中番香丝苗	0.190 3	6	7.827 0	0	0.032 0	9.220 0	4.731 9	bcdef	ABCDE

注：Bartlett 卡方检验 $P=0.000\ 19$，各品种的稳定性差异极显著。

6. 香稻组（B 组）

该组品种亩产量为 217.74～487.79 千克，对照种美香占 2 号（CK）亩产量 407.45 千克。除匠心香丝苗、银两优香雪丝苗、台香 812（复试）、香银占、美两优香雪丝苗比对照种减产 0.01%、2.91%、3.75%、4.33%、46.56% 外，其余品种均比对照种增产。增幅名列前三位的邦优南香占、青香优 19 香（复试）、广桂香占分别比对照种增产 19.72%、14.94%、13.88%（表 2-19、表 2-20）。

表 2-19　香稻组（B 组）参试品种产量情况

品　　种	小区平均产量（千克）	折合平均亩产量（千克）	较 CK 变化百分比（%）	较组平均变化百分比（%）	差异显著性 0.05	差异显著性 0.01	产量名次	比 CK 增产试点比例（%）	日产量（千克）
邦优南香占	9.755 7	487.79	19.72	18.78	a	A	1	100.00	4.28
青香优 19 香（复试）	9.366 7	468.33	14.94	14.04	ab	AB	2	100.00	4.18
广桂香占	9.280 5	464.02	13.88	12.99	ab	ABC	3	100.00	4.00
青香优 99 香（复试）	9.068 6	453.43	11.28	10.41	abc	ABCD	4	100.00	4.12
江农香占 1 号	8.661 0	433.05	6.28	5.45	bcd	ABCDE	5	71.43	3.73
软华优 7311	8.225 7	411.29	0.94	0.15	cd	BCDE	6	42.86	3.67
美香占 2 号（CK）	8.149 0	407.45	—	−0.79	d	CDE	7	—	3.61
匠心香丝苗	8.148 6	407.43	−0.01	−0.79	d	CDE	8	71.43	3.42
银两优香雪丝苗	7.911 9	395.60	−2.91	−3.67	d	DE	9	28.57	3.56
台香 812（复试）	7.843 8	392.19	−3.75	−4.50	d	E	10	28.57	3.38
香银占	7.795 7	389.79	−4.33	−5.09	d	E	11	14.29	3.58
美两优香雪丝苗	4.354 8	217.74	−46.56	−46.98	e	F	12	0.00	1.89

表 2-20　香稻组（B组）各品种产量 Shukla 方差及其显著性检验（F 测验）

品　　种	Shukla 方差	df	F 值	P 值	互作方差	品种均值（千克）	Shukla 变异系数（%）	差异显著性 0.05	差异显著性 0.01
邦优南香占	0.294 3	6	9.630 6	0	0.043 7	9.755 7	5.561 2	bc	B
广桂香占	0.468 6	6	15.331 4	0	0.069 5	9.280 5	7.376 0	b	B
江农香占 1 号	0.201 4	6	6.590 4	0	0.035 5	8.661 0	5.181 9	bc	B
匠心香丝苗	0.275 9	6	9.028 0	0	0.031 6	8.148 6	6.446 3	bc	B
美两优香雪丝苗	5.342 6	6	174.805 2	0	0.814 2	4.354 8	53.077 5	a	A
美香占 2 号（CK）	0.091 1	6	2.980 0	0.008 8	0.016 3	8.149 0	3.703 4	c	BC
青香优 19 香（复试）	0.391 4	6	12.806 7	0	0.047 4	9.366 7	6.679 3	b	B
青香优 99 香（复试）	0.185 1	6	6.057 3	0	0.031 6	9.068 6	4.744 6	bc	B
软华优 7311	0.458 2	6	14.991 9	0	0.072 7	8.225 7	8.229 1	b	B
台香 812（复试）	0.019 3	6	0.632 0	0.704 5	0.004 9	7.843 8	1.771 9	d	C
香银占	0.090 0	6	2.943 9	0.009 5	0.005 9	7.795 7	3.847 7	c	BC
银两优香雪丝苗	0.546 9	6	17.895 5	0	0.062 0	7.911 9	9.347 4	b	B

注：Bartlett 卡方检验 $P＝0.000\ 00$，各品种的稳定性差异极显著。

7. 香稻组（C组）

该组品种亩产量为 390.69～469.76 千克，对照种美香占 2 号（CK）亩产量 400.36 千克。除菰香占 3 号比对照种减产 2.41% 外，其余品种均比对照种增产。增幅名列前三位的金香优 263（复试）、华航香银针、深香优 6615 分别比对照种增产 17.34%、14.57%、13.95%（表 2-21、表 2-22）。

表 2-21　香稻组（C组）参试品种产量情况

品　　种	小区平均产量（千克）	折合平均亩产量（千克）	较CK变化百分比（%）	较组平均变化百分比（%）	差异显著性 0.05	差异显著性 0.01	产量名次	比CK增产试点比例（%）	日产量（千克）
金香优 263（复试）	9.395 2	469.76	17.34	6.89	a	A	1	100.00	4.31
华航香银针	9.173 3	458.67	14.57	4.37	ab	A	2	100.00	3.92
深香优 6615	9.124 3	456.21	13.95	3.81	ab	AB	3	100.00	3.87
香龙优 345	9.037 6	451.88	12.87	2.82	ab	AB	4	85.71	3.86
耕香优莉丝苗（复试）	8.976 2	448.81	12.10	2.12	ab	AB	5	100.00	3.97
粤两优香油占	8.957 1	447.86	11.87	1.91	abc	AB	6	100.00	4.03
青香优馥香占	8.933 3	446.67	11.57	1.64	abc	AB	7	100.00	4.10
又香优香丝苗（复试）	8.889 5	444.48	11.02	1.14	abc	AB	8	85.71	4.04
馨香优 98 香	8.781 9	439.10	9.68	−0.09	bc	ABC	9	100.00	3.99
深香优 9157	8.386 7	419.33	4.74	−4.59	cd	BCD	10	71.43	3.55
美香占 2 号（CK）	8.007 1	400.36	—	−8.90	d	CD	11	—	3.54
菰香占 3 号	7.813 8	390.69	−2.41	−11.10	d	D	12	42.86	3.46

表2-22　香稻组（C组）各品种产量 Shukla 方差及其显著性检验（F 测验）

品　　　种	Shukla 方差	df	F 值	P 值	互作方差	品种均值（千克）	Shukla 变异系数（%）	差异显著性 0.05	差异显著性 0.01
耕香优莉丝苗（复试）	0.259 7	6	9.864 3	0	0.035 5	8.976 2	5.677 7	abc	ABC
孤香占3号	0.666 5	6	25.314 0	0	0.045 5	7.813 8	10.448 4	a	A
华航香银针	0.043 1	6	1.636 3	0.140 7	0.008 5	9.173 3	2.262 7	d	C
金香优263（复试）	0.051 6	6	1.957 8	0.075 0	0.009 3	9.395 2	2.416 6	d	BC
美香占2号（CK）	0.078 6	6	2.985 9	0.008 7	0.012 5	8.007 1	3.501 8	cd	BC
青香优馥香占	0.302 9	6	11.502 3	0	0.053 0	8.933 3	6.160 4	abc	ABC
深香优6615	0.325 3	6	12.356 3	0	0.055 6	9.124 3	6.251 4	abc	ABC
深香优9157	0.726 9	6	27.607 1	0	0.080 5	8.386 7	10.166 1	a	A
香龙优345	0.427 2	6	16.223 2	0	0.056 5	9.037 6	7.231 8	ab	AB
馨香优98香	0.154 8	6	5.880 4	0	0.023 0	8.781 9	4.480 7	bcd	ABC
又香优丝苗（复试）	0.236 3	6	8.973 4	0	0.021 8	8.889 5	5.468 0	abc	ABC
粤两优香油占	0.384 5	6	14.601 9	0	0.063 4	8.957 1	6.922 6	ab	AB

注：Bartlett 卡方检验 $P=0.015\ 52$，各品种的稳定性差异显著。

8. 香稻组（D组）

该组品种亩产量为 390.07～467.36 千克，对照种美香占2号（CK）亩产量405.64千克。除象竹香丝苗（复试）、客都寿乡1号比对照种减产0.33%、3.84%外，其余品种均比对照种增产。增幅名列前三位的粤香丝苗、粤香软占、靓优香分别比对照种增产15.21%、14.16%、13.04%（表2-23、表2-24）。

表2-23　香稻组（D组）参试品种产量情况

品　　　种	小区平均产量（千克）	折合平均亩产量（千克）	较CK变化百分比（%）	较组平均变化百分比（%）	差异显著性 0.05	差异显著性 0.01	产量名次	比CK增产试点比例（%）	日产量（千克）
粤香丝苗	9.347 1	467.36	15.21	6.82	a	A	1	100.00	4.10
粤香软占	9.261 4	463.07	14.16	5.84	a	A	2	100.00	3.99
靓优香	9.171 0	458.55	13.04	4.81	a	AB	3	100.00	3.92
香雪丝苗（复试）	9.114 8	455.74	12.35	4.17	a	AB	4	85.71	4.07
南泰香丝苗	9.051 9	452.60	11.58	3.45	a	AB	5	85.71	3.87
泰优19香	8.993 8	449.69	10.86	2.78	a	AB	6	100.00	4.09
粤两优泰香占	8.740 5	437.02	7.74	−0.11	ab	ABC	7	57.14	4.05
恒丰优油香（复试）	8.572 4	428.62	5.66	−2.03	abc	ABC	8	85.71	3.79
美香占2号（CK）	8.112 9	405.64	—	−7.29	bc	BC	9	—	3.59
象竹香丝苗（复试）	8.085 7	404.29	−0.33	−7.59	bc	BC	10	28.57	3.52
客都寿乡1号	7.801 4	390.07	−3.84	−10.84	c	C	11	42.86	3.36

表 2-24　香稻组（D组）各品种产量 Shukla 方差及其显著性检验（F 测验）

品　　种	Shukla 方差	df	F 值	P 值	互作方差	品种均值（千克）	Shukla 变异系数（%）	差异显著性 0.05	差异显著性 0.01
恒丰优油香（复试）	1.505 7	6	21.170 9	0	0.219 6	8.572 4	14.314 4	a	A
客都寿乡1号	1.184 5	6	16.653 8	0	0.201 1	7.801 4	13.950 4	abc	AB
靓优香	0.006 6	6	0.093 4	0.996 9	0.003 5	9.171 0	0.888 5	f	C
美香占2号（CK）	0.281 4	6	3.956 0	0.001 1	0.033 5	8.112 9	6.538 2	cde	AB
南泰香丝苗	0.509 1	6	7.157 4	0	0.088 2	9.051 9	7.882 1	abcde	AB
泰优19香	0.398 7	6	5.605 5	0	0.048 7	8.993 8	7.020 5	abcde	AB
香雪丝苗（复试）	0.816 2	6	11.476 4	0	0.139 5	9.114 8	9.912 0	abcd	AB
象竹香丝苗（复试）	0.224 5	6	3.156 8	0.006 2	0.035 9	8.085 7	5.860 2	de	AB
粤两优泰香占	1.297 9	6	18.248 3	0	0.062 2	8.740 5	13.034 1	ab	AB
粤香软占	0.336 9	6	4.736 4	0.000 2	0.057 5	9.261 4	6.266 9	bcde	AB
粤香丝苗	0.157 0	6	2.208 0	0.045 7	0.023 7	9.347 1	4.239 6	e	B
恒丰优油香（复试）	1.505 7	6	21.170 9	0	0.219 6	8.572 4	14.314 4	a	A

注：Bartlett 卡方检验 $P = 0.000\ 05$，各品种的稳定性差异极显著。

（二）米质

晚造常规水稻品种各组稻米米质检测结果见表 2-25 至表 2-32。

表 2-25　感温中熟组稻米米质检测结果

品　　种	部标等级	糙米率（%）	整精米率（%）	垩白度（%）	透明度（级）	碱消值（级）	胶稠度（毫米）	直链淀粉（干基）（%）	粒型（长宽比）
双黄占（复试）	1	81.1	61.6	0.4	1	7.0	72	16.0	3.1
七黄占5号（复试）	—	81.1	65.8	0.5	2	4.2	86	16.2	3.2
禾新占（复试）	3	81.4	63.2	0.8	1	7.0	62	21.2	3.3
华航玉占（复试）	3	81.6	53.7	0.3	1	7.0	76	15.9	3.1
合莉美占（复试）	1	81.5	66.4	0.2	1	7.0	73	15.8	3.2
粤桂占2号（复试）	1	81.8	63.6	0.9	1	7.0	78	17.5	3.1
凤广丝苗	2	80.6	61.6	0.1	1	7.0	62	15.5	3.1
碧玉丝苗2号	2	80.1	57.8	1.4	1	7.0	74	13.2	3.6
华航81号	2	80.0	58.0	0.5	1	7.0	64	15.6	3.4
合新油占	1	82.2	67.1	0.5	1	7.0	75	13.5	3.1
禾龙占	1	81.1	61.6	0.5	1	7.0	72	16.0	3.1
华航31号（CK）	2	80.8	62.9	0.2	2	7.0	68	14.9	3.5

表 2-26 感温迟熟组（A组）稻米米质检测结果

品　　种	部标等级	糙米率（%）	整精米率（%）	垩白度（%）	透明度（级）	碱消值（级）	胶稠度（毫米）	直链淀粉（干基）（%）	粒型（长宽比）
台农 811（复试）	2	81.3	63.8	1.1	1	7.0	74	15.8	3.1
华航 72 号（复试）	1	81.6	59.0	0.3	1	7.0	72	16.0	3.4
凤籼丝苗（复试）	1	81.9	66.9	0.9	1	7.0	68	15.9	3.1
巴禾丝苗（复试）	1	81.6	65.7	0.4	1	7.0	68	16.1	3.4
五广丝苗（复试）	1	81.4	61.1	0.4	1	7.0	68	16.3	3.3
创籼占 2 号	2	80.9	63.5	0.1	1	7.0	72	18.6	3.3
中深 3 号	2	80.2	61.8	0.4	1	7.0	65	17.7	3.4
禅油占	2	80.8	60.7	0.4	1	7.0	62	16.6	3.4
广台 7 号	2	80.0	65.9	0.3	2	7.0	64	15.2	3.4
碧玉丝苗 5 号	—	79.4	46.7	0.1	1	7.0	64	15.6	3.8
合秀占 2 号	2	80.8	64.2	0.2	1	7.0	65	15.6	3.6
粤晶丝苗 2 号（CK）	1	81.0	63.6	0.1	1	7.0	62	15.1	3.4

表 2-27 感温迟熟组（B组）稻米米质检测结果

品　　种	部标等级	糙米率（%）	整精米率（%）	垩白度（%）	透明度（级）	碱消值（级）	胶稠度（毫米）	直链淀粉（干基）（%）	粒型（长宽比）
南珍占（复试）	1	81.2	62.8	0.8	1	7.0	72	17.7	3.1
粤芽丝苗（复试）	2	80.2	61.2	0.3	1	7.0	71	19.2	3.5
籼莉占 2 号（复试）	2	80.5	65.1	0.6	1	7.0	69	18.5	3.2
油占 1 号（复试）	2	80.5	62.8	0.7	1	7.0	73	19.0	3.3
华航香占	—	80.4	46.7	0.1	1	7.0	80	18.1	4.0
黄广五占	1	82.4	62.9	0.3	1	7.0	66	17.5	3.2
黄丝粤占	1	81.9	61.5	0.7	1	7.0	76	16.9	3.4
黄华油占	1	81.9	64.0	0.2	1	7.0	72	15.8	3.0
银珠丝苗	—	81.8	54.3	1.7	1	7.0	64	25.0	3.9
五源占 3 号	2	81.5	64.0	0.1	1	7.0	75	18.9	3.5
兆源占	—	81.2	61.5	0.6	1	7.0	56	26.4	3.2
粤晶丝苗 2 号（CK）	1	81.0	63.6	0.1	1	7.0	62	15.1	3.4

表 2-28 特用稻组稻米米质检测结果

品　　种	部标等级	糙米率（%）	整精米率（%）	垩白度（%）	透明度（级）	碱消值（级）	胶稠度（毫米）	直链淀粉（干基）（%）	粒型（长宽比）
清红优 3 号（复试）	2	81.4	55.8	0.0	2	6.8	72	15.5	3.7
南红 8 号（复试）	1	81.3	62.3	1.0	1	7.0	69	16.1	3.4
晶两优红占	2	81.5	64.0	1.6	2	6.5	74	15.7	3.0

（续）

品　　种	部标等级	糙米率（%）	整精米率（%）	垩白度（%）	透明度（级）	碱消值（级）	胶稠度（毫米）	直链淀粉（干基）（%）	粒型（长宽比）
东红6号	2	79.9	60.1	1.0	2	7.0	70	15.5	3.3
兴两优红晶占	2	81.0	61.4	0.8	2	6.8	62	15.5	3.3
红晶丝苗	2	82.1	61.2	0.7	2	7.0	66	15.4	3.6
南宝黑糯	—	79.5	63.5	糯米	糯米	4.6	98	2.6	2.9
广新红占	3	79.0	59.6	0.2	2	5.8	78	13.1	3.2
合红占2号	—	80.7	61.0	3.5	2	7.0	41	26.1	3.1
黄广红占	2	81.4	57.2	0.4	1	6.9	63	17.4	3.6
粤红宝（CK）	2	80.3	59.8	0.0	2	7.0	66	15.8	3.4

表2-29　香稻组（A组）稻米米质检测结果

品　　种	部标等级	糙米率（%）	整精米率（%）	垩白度（%）	透明度（级）	碱消值（级）	胶稠度（毫米）	直链淀粉（干基）（%）	粒型（长宽比）	2-AP（微克/千克）
聚香丝苗（复试）	2	79.4	57.4	0.2	1	7.0	70	14.7	3.7	450.40
银湖香占3号（复试）	2	79.0	60.8	0.3	1	7.0	62	14.4	3.8	734.43
金农香占	—	81.4	35.6	0.0	1	7.0	56	15.1	4.6	791.89
中番香丝苗	3	82.3	54.7	0.1	1	7.0	50	14.4	4.4	536.51
金象优莉丝苗	3	79.5	53.8	0.6	2	5.0	72	13.1	3.7	769.67
双香丝苗	—	79.4	49.6	0.0	1	7.0	60	14.9	4.3	859.28
丰香丝苗	—	79.5	38.4	0.2	1	7.0	66	12.8	4.6	715.43
金香196	3	81.6	66.7	0.1	1	7.0	58	16.0	3.6	901.60
五香丝苗	—	78.7	48.6	0.1	1	7.0	62	17.1	4.1	549.88
广金香5号	2	81.0	67.8	1.4	1	7.0	60	16.9	3.4	541.39
美香油占4号（复试）	2	79.0	59.1	0.2	1	6.8	64	16.5	3.3	974.66
美香占2号（CK）	2	79.9	60.6	0.1	1	7.0	75	16.5	3.6	573.17

表2-30　香稻组（B组）稻米米质检测结果

品　　种	部标等级	糙米率（%）	整精米率（%）	垩白度（%）	透明度（级）	碱消值（级）	胶稠度（毫米）	直链淀粉（干基）（%）	粒型（长宽比）	2-AP（微克/千克）
青香优19香（复试）	—	81.0	49.8	0.3	1	7.0	64	15.2	4.2	711.44
青香优99香（复试）	—	80.5	47.2	0.4	1	7.0	72	15.6	4.2	447.73
软华优7311	1	81.3	58.0	0.5	1	7.0	68	15.8	4.0	552.93
匠心香丝苗	—	80.0	46.3	0.6	1	4.2	80	13.7	4.0	866.63
香银占	2	80.4	65.1	2.5	2	7.0	66	13.9	3.2	463.33
江农香占1号	3	80.2	57.3	0.1	1	7.0	58	16.4	4.1	726.88
广桂香占	—	81.0	50.9	1.3	1	7.0	64	17.1	4.2	未检出

（续）

品　　　种	部标等级	糙米率（%）	整精米率（%）	垩白度（%）	透明度（级）	碱消值（级）	胶稠度（毫米）	直链淀粉（干基）（%）	粒型（长宽比）	2-AP（微克/千克）
美两优香雪丝苗	3	78.8	55.8	0.0	1	6.7	64	13.5	4.1	405.05
银两优香雪丝苗	—	79.8	51.6	0.5	2	5.2	79	14.4	4.3	411.26
邦优南香占	3	80.5	53.8	0.3	1	7.0	61	16.3	3.9	550.06
台香812（复试）	—	78.6	34.3	0.4	1	7.0	64	17.0	4.4	384.91
美香占2号（CK）	2	79.9	60.6	0.1	1	7.0	75	16.5	3.6	573.17

表2-31　香稻组（C组）稻米米质检测结果

品　　　种	部标等级	糙米率（%）	整精米率（%）	垩白度（%）	透明度（级）	碱消值（级）	胶稠度（毫米）	直链淀粉（干基）（%）	粒型（长宽比）	2-AP（微克/千克）
耕香优莉丝苗（复试）	—	78.8	55.6	0.7	2	4.5	71	15.2	3.9	560.86
金香优263（复试）	2	81.2	61.3	1.3	1	6.8	68	17.0	3.4	未检出
深香优6615	—	80.1	46.0	1.1	1	7.0	68	18.0	4.1	266.66
深香优9157	—	80.2	42.3	0.3	1	6.8	66	17.3	4.2	未检出
菰香占3号	—	79.0	48.7	0.2	1	7.0	66	14.8	4.4	未检出
粤两优香油占	—	80.2	48.6	1.0	2	5.3	70	15.2	4.6	770.09
青香优馥香占	3	80.2	52.6	1.8	1	6.8	72	14.9	4.0	446.48
馨香优98香	—	79.8	45.7	1.3	1	6.8	66	16.1	4.2	709.25
华航香银针	3	79.9	54.9	0.2	1	7.0	60	15.0	4.2	1075.38
香龙优345	1	81.1	58.9	0.5	1	6.8	70	16.4	3.4	未检出
又香优香丝苗（复试）	3	80.4	52.0	0.7	1	6.8	71	16.1	4.4	未检出
美香占2号（CK）	2	79.9	60.6	0.1	1	7.0	75	16.5	3.6	573.17

表2-32　香稻组（D组）稻米米质检测结果

品　　　种	部标等级	糙米率（%）	整精米率（%）	垩白度（%）	透明度（级）	碱消值（级）	胶稠度（毫米）	直链淀粉（干基）（%）	粒型（长宽比）	2-AP（微克/千克）
恒丰优油香（复试）	3	80.1	55.0	0.9	2	5.8	74	13.8	4.0	1 015.75
象竹香丝苗（复试）	—	78.5	30.8	0.3	1	7.0	63	15.3	4.7	803.34
粤香丝苗	3	78.9	63.4	0.2	1	7.0	70	14.0	3.4	842.11
粤香软占	3	78.3	61.4	0.4	1	6.8	68	13.8	3.5	711.32
南泰香丝苗	3	80.6	54.6	1.5	1	7.0	64	16.4	4.1	756.12
泰优19香	3	81.0	53.7	0.6	1	7.0	73	15.8	4.4	未检出
客都寿乡1号	—	77.4	41.8	0.5	1	7.0	74	14.5	4.6	897.13
粤两优泰香占	—	81.4	46.2	1.7	2	7.0	72	14.9	4.3	817.74
靓优香	2	80.0	58.0	1.9	1	7.0	71	17.4	4.0	687.23
香雪丝苗（复试）	—	79.4	47.8	0.2	1	7.0	78	16.5	4.4	635.00
美香占2号（CK）	2	79.9	60.6	0.1	1	7.0	75	16.5	3.6	573.17

1. 复试品种

根据两年鉴定结果，按米质从优原则，青香优 19 香、双黄占（复试）、合莉美占（复试）、粤桂占 2 号（复试）、华航 72 号（复试）、凤籼丝苗（复试）、巴禾丝苗（复试）、台农 811、五广丝苗（复试）、南珍占（复试）、南红 8 号（复试）达到部标 1 级，聚香丝苗（复试）、银湖香占 3 号（复试）、美香油占 4 号（复试）、金香优 263（复试）、粤芽丝苗（复试）、华航玉占、香雪丝苗、又香优香丝苗、青香优 99 香、籼莉占 2 号（复试）、油占 1 号（复试）、清红优 3 号（复试）达到部标 2 级，恒丰优油香（复试）、禾新占（复试）达到部标 3 级，其余品种均未达到优质食用稻品种标准。

2. 新参试品种

首次鉴定结果，软华优 7311、香龙优 345、合新油占、禾龙占、黄广五占、黄丝粤占、黄华油占达到部标 1 级，广金香 5 号、香银占、靓优香、凤广丝苗、碧玉丝苗 2 号、华航 81 号、创籼占 2 号、中深 3 号、禅油占、广台 7 号、合秀占 2 号、五源占 3 号、晶两优红占、东红 6 号、兴两优红晶占、红晶丝苗、黄广红占达到部标 2 级，中番香丝苗、金象优莉丝苗、金香 196、江农香占 1 号、美两优香雪丝苗、邦优南香占、青香优馥香占、华航香银针、粤香丝苗、粤香软占、南泰香丝苗、泰优 19 香、广新红占达到部标 3 级，其余品种均未达到优质食用稻品种标准。

（三）抗病性

晚造常规水稻各组品种抗病性鉴定结果见表 2-33 至表 2-40。

表 2-33　感温中熟组品种抗病性鉴定结果

品　　种	稻瘟病					白叶枯病	
	总抗性频率（％）	叶、穗瘟病级（级）			综合评价	IX 型菌（级）	抗性评价
		叶瘟	穗瘟	单点穗瘟最高级			
双黄占（复试）	84.4	1.50	2.5	5	抗	7	感
七黄占 5 号（复试）	95.6	1.25	3.0	7	抗	9	高感
禾新占（复试）	88.9	1.00	1.5	3	抗	9	高感
华航玉占（复试）	91.1	1.00	3.0	5	抗	9	高感
合莉美占（复试）	84.4	1.50	4.0	7	中抗	9	高感
粤桂占 2 号（复试）	93.3	1.00	1.5	3	高抗	7	感
凤广丝苗	88.9	1.50	3.5	7	抗	7	感
碧玉丝苗 2 号	77.8	1.00	2.5	3	抗	9	高感
华航 81 号	91.1	2.00	3.5	7	抗	9	高感
合新油占	77.8	1.50	2.5	5	抗	9	高感
禾龙占	84.4	2.00	2.5	5	抗	9	高感
华航 31 号（CK）	84.4	3.00	5.5	7	中抗	9	高感

注：试验数据为信宜、阳江、龙川、从化病圃 2020 年晚造病圃病级平均数。下同。

表 2-34　感温迟熟组（A组）品种抗病性鉴定结果

品　　种	稻瘟病					白叶枯病	
	总抗性频率（%）	叶、穗瘟病级（级）			综合评价	IX 型菌（级）	抗性评价
		叶瘟	穗瘟	单点穗瘟最高级			
台农 811（复试）	80.0	2.00	2.0	3	抗	5	中感
华航 72 号（复试）	86.7	1.50	2.0	3	抗	7	感
凤籼丝苗（复试）	86.7	2.00	4.5	7	中抗	9	高感
巴禾丝苗（复试）	93.3	1.00	2.5	3	高抗	9	高感
五广丝苗（复试）	84.4	2.50	3.0	5	抗	9	高感
创籼占 2 号	84.4	1.25	2.5	3	抗	7	感
中深 3 号	91.1	2.00	3.0	5	抗	9	高感
禅油占	88.9	2.75	5.0	7	中抗	9	高感
广台 7 号	93.3	1.25	2.0	3	高抗	9	高感
碧玉丝苗 5 号	48.9	6.00	9.0	9	高感	9	高感
合秀占 2 号	88.9	2.25	6.0	9	中感	9	高感
粤晶丝苗 2 号（CK）	86.7	1.00	2.0	3	抗	7	感

表 2-35　感温迟熟组（B组）品种抗病性鉴定结果

品　　种	稻瘟病					白叶枯病	
	总抗性频率（%）	叶、穗瘟病级（级）			综合评价	IX 型菌（级）	抗性评价
		叶瘟	穗瘟	单点穗瘟最高级			
南珍占（复试）	84.4	1.50	3.0	7	抗	9	高感
粤芽丝苗（复试）	86.7	1.50	2.0	3	抗	7	感
籼莉占 2 号（复试）	82.2	1.50	5.0	7	中抗	9	高感
油占 1 号（复试）	75.6	3.50	5.0	7	中感	9	高感
华航香占	64.4	4.50	7.0	9	高感	9	高感
黄广五占	86.7	2.50	4.5	7	中抗	9	高感
黄丝粤占	88.9	1.25	2.0	3	抗	9	高感
黄华油占	88.9	2.50	5.5	7	中抗	9	高感
银珠丝苗	62.2	5.00	8.5	9	高感	9	高感
五源占 3 号	75.6	3.00	4.5	9	中感	7	感
兆源占	88.9	3.75	7.5	9	感	9	高感
粤晶丝苗 2 号（CK）	86.7	1.00	2.0	3	抗	7	感

表 2-36　特用稻熟组品种抗病性鉴定结果

品　　种	稻瘟病					白叶枯病	
	总抗性频率（%）	叶、穗瘟病级（级）			综合评价	IX 型菌（级）	抗性评价
		叶瘟	穗瘟	单点穗瘟最高级			
清红优 3 号（复试）	95.6	1.25	3.5	7	抗	9	高感
南红 8 号（复试）	88.9	1.50	3.0	5	抗	7	感

（续）

品　种	稻瘟病					白叶枯病	
	总抗性频率（%）	叶、穗瘟病级（级）			综合评价	IX 型菌（级）	抗性评价
		叶瘟	穗瘟	单点穗瘟最高级			
晶两优红占	93.3	1.50	3.0	7	抗	7	感
东红 6 号	91.1	1.25	2.5	5	高抗	1	抗
兴两优红晶占	97.8	1.75	3.0	5	抗	9	高感
红晶丝苗	100.0	1.50	4.5	7	中抗	9	高感
南宝黑糯	86.7	1.00	5.0	9	中抗	9	高感
广新红占	80.0	3.50	8.0	9	感	9	高感
合红占 2 号	91.1	1.75	2.0	3	高抗	7	感
黄广红占	80.0	1.75	4.0	5	中抗	5	中感
粤红宝（CK）	97.8	1.75	5.0	9	中抗	9	高感

表 2-37　香稻组（A 组）品种抗病性鉴定结果

品　种	稻瘟病					白叶枯病	
	总抗性频率（%）	叶、穗瘟病级（级）			综合评价	IX 型菌（级）	抗性评价
		叶瘟	穗瘟	单点穗瘟最高级			
聚香丝苗（复试）	93.3	2.25	4.0	5	中抗	9	高感
银湖香占 3 号（复试）	44.4	4.75	8.5	9	高感	7	感
金农香占	60.0	3.25	8.0	9	高感	3	中抗
中番香丝苗	42.2	3.50	8.5	9	高感	9	高感
金象优莉丝苗	86.7	2.25	3.5	7	抗	9	高感
双香丝苗	82.2	1.50	3.0	7	抗	9	高感
丰香丝苗	86.7	1.75	3.0	5	抗	9	高感
金香 196	75.6	2.00	5.5	9	中感	7	感
五香丝苗	86.7	1.75	2.0	3	抗	3	中抗
广金香 5 号	80.0	1.00	2.0	3	抗	7	感
美香油占 4 号（复试）	84.4	1.25	4.0	7	中抗	9	高感
美香占 2 号（CK）	55.6	4.25	7.5	9	高感	9	高感

表 2-38　香稻组（B 组）品种抗病性鉴定结果

品　种	稻瘟病					白叶枯病	
	总抗性频率（%）	叶、穗瘟病级（级）			综合评价	IX 型菌（级）	抗性评价
		叶瘟	穗瘟	单点穗瘟最高级			
青香优 19 香（复试）	86.7	2.50	7.0	7	感	9	高感
青香优 99 香（复试）	82.2	1.50	2.5	5	抗	1	抗
软华优 7311	82.2	2.00	6.0	7	中感	9	高感

（续）

品　　种	稻瘟病				综合评价	白叶枯病	
	总抗性频率（%）	叶、穗瘟病级（级）				IX 型菌（级）	抗性评价
		叶瘟	穗瘟	单点穗瘟最高级			
匠心香丝苗	100.0	1.25	2.5	5	高抗	9	高感
香银占	93.3	1.00	2.0	3	高抗	9	高感
江农香占 1 号	86.7	2.00	5.0	7	中抗	9	高感
广桂香占	84.4	1.25	3.5	7	抗	7	感
美两优香雪丝苗	71.1	4.00	6.0	9	感	9	高感
银两优香雪丝苗	80.0	1.75	6.0	7	中感	9	高感
邦优南香占	86.7	1.75	6.0	7	中感	9	高感
台香 812（复试）	88.9	2.75	6.5	7	中感	7	感
美香占 2 号（CK）	55.6	4.25	7.5	9	高感	9	高感

表 2-39　香稻组（C 组）品种抗病性鉴定结果

品　　种	稻瘟病				综合评价	白叶枯病	
	总抗性频率（%）	叶、穗瘟病级（级）				IX 型菌（级）	抗性评价
		叶瘟	穗瘟	单点穗瘟最高级			
耕香优莉丝苗（复试）	86.7	1.50	2.0	3	抗	9	高感
金香优 263（复试）	93.3	1.50	3.0	7	抗	9	高感
深香优 6615	86.7	1.75	5.0	7	中抗	9	高感
深香优 9157	64.4	1.50	5.5	7	感	9	高感
菰香占 3 号	86.7	1.25	3.5	7	抗	7	感
粤两优香油占	88.9	1.50	6.0	7	中感	9	高感
青香优馥香占	62.2	4.00	8.5	9	高感	1	抗
馨香优 98 香	82.2	1.75	2.0	3	抗	1	抗
华航香银针	86.7	1.25	2.0	3	抗	7	感
香龙优 345	91.1	1.75	3.0	5	抗	9	高感
又香优丝苗（复试）	80.0	2.25	4.5	7	中抗	9	高感
美香占 2 号（CK）	55.6	4.25	7.5	9	高感	9	高感

表 2-40　香稻组（D 组）品种抗病性鉴定结果

品　　种	稻瘟病				综合评价	白叶枯病	
	总抗性频率（%）	叶、穗瘟病级（级）				IX 型菌（级）	抗性评价
		叶瘟	穗瘟	单点穗瘟最高级			
恒丰优油香（复试）	93.3	1.75	4.5	7	中抗	9	高感
象竹香丝苗（复试）	66.7	4.00	8.0	9	高感	9	高感
粤香丝苗	82.2	2.00	5.5	9	中抗	7	感

（续）

品　　种	稻瘟病					白叶枯病	
	总抗性频率（%）	叶、穗瘟病级（级）			综合评价	IX 型菌（级）	抗性评价
		叶瘟	穗瘟	单点穗瘟最高级			
粤香软占	86.7	1.75	6.0	9	中感	7	感
南泰香丝苗	88.9	1.25	3.0	7	抗	1	抗
泰优 19 香	95.6	2.00	6.5	9	中感	9	高感
客都寿乡 1 号	80.0	3.50	8.5	9	感	7	感
粤两优泰香占	84.4	2.00	5.5	7	中抗	9	高感
靓优香	91.1	2.00	2.0	3	高抗	1	抗
香雪丝苗（复试）	75.6	3.25	8.0	9	高感	7	感
美香占 2 号（CK）	55.6	4.25	7.5	9	高感	9	高感

1. 稻瘟病抗性

（1）复试品种　根据两年鉴定结果，按抗病性从差原则，粤桂占 2 号（复试）为高抗，金香优 263（复试）、双黄占（复试）、七黄占 5 号（复试）、禾新占（复试）、华航玉占（复试）、台农 811（复试）、华航 72 号（复试）、巴禾丝苗、五广丝苗（复试）、南珍占（复试）、粤芽丝苗（复试）、清红优 3 号（复试）、南红 8 号（复试）为抗，聚香丝苗（复试）、美香油占 4 号（复试）、恒丰优油香（复试）、合莉美占（复试）、凤粘丝苗（复试）为中抗，台香 812（复试）、籼莉占 2 号、油占 1 号（复试）为中感，青香优 19 香（复试）、青香优 99 香、又香优香丝苗为感，银湖香占 3 号（复试）、象竹香丝苗（复试）、香雪丝苗（复试）为高感。

（2）新参试品种　首次鉴定结果，匠心香丝苗、香银占、靓优香、广台 7 号、东红 6 号、合红占 2 号为高抗，金象优莉丝苗、双香丝苗、丰香丝苗、五香丝苗、广金香 5 号、广桂香占、蔬香占 3 号、馨香优 98 香、华航香银针、香龙优 345、南泰香丝苗、凤广丝苗、碧玉丝苗 2 号、华航 81 号、合新油占、禾龙占、创籼占 2 号、中深 3 号、黄丝粤占、晶两优红占、兴两优红晶占为抗，江农香占 1 号、深香优 6615、粤香丝苗、粤两优泰香占、禅油占、黄广五占、黄华油占、红晶丝苗、南宝黑糯、黄广红占为中抗，金香 196、软华优 7311、银两优香雪丝苗、邦优南香占、粤两优香油占、粤香软占、泰优 19 香、合秀占 2 号、五源占 3 号为中感，美两优香雪丝苗、深香优 9157、客都寿乡 1 号、兆源占、广新红占为感，金农香占、中番香丝苗、青香优馥香占、碧玉丝苗 5 号、华航香占、银珠丝苗为高感。

2. 白叶枯病抗性

（1）复试品种　根据两年鉴定结果，按抗病性从差原则，青香优 99 香、台农 811 为中感，银湖香占 3 号（复试）、台香 812、香雪丝苗（复试）、双黄占（复试）、粤桂占 2 号（复试）、华航 72 号（复试）、粤芽丝苗（复试）、南红 8 号（复试）为感，聚香丝苗（复试）、美香油占 4 号（复试）、青香优 19 香（复试）、金香优 263（复试）、又香优香丝苗（复试）、恒丰优油香（复试）、象竹香丝苗（复试）、七黄占 5 号（复试）、禾新占（复试）、华航玉占（复试）、合莉美占（复试）、凤籼丝苗（复试）、巴禾丝苗（复试）、五广丝苗（复试）、南珍占（复试）、籼莉占 2 号（复试）、油占 1 号（复试）、清红优 3 号（复试）为高感。

（2）新参试品种　青香优馥香占、馨香优 98 香、南泰香丝苗、靓优香、东红 6 号为抗，金农香占、五香丝苗为中抗，黄广红占为中感，金香 196、广金香 5 号、广桂香占、菰香占 3 号、华航香银针、粤香丝苗、粤香软占、客都寿乡 1 号、凤广丝苗、创籼占 2 号、五源占 3 号、晶两优红占、合红占 2 号为感，中番香丝苗、金象优莉丝苗、双香丝苗、丰香丝苗、软华优 7311、匠心香丝苗、香银占、江农香占 1 号、美两优香雪丝苗、银两优香雪丝苗、邦优南香占、深香优 6615、深香优 9157、粤两优香油占、香龙优 345、泰优 19 香、粤两优泰香占、碧玉丝苗 2 号、华航 81 号、合新油占、禾龙占、中深 3 号、禅油占、广台 7 号、碧玉丝苗 5 号、合秀占 2 号、华航香占、黄广五占、黄丝粤占、黄华油占、银珠丝苗、兆源占、兴两优红晶占、红晶丝苗、南宝黑糯、广新红占为高感。

（四）耐寒性

人工气候室模拟耐寒性鉴定结果见表 2-41。

表 2-41　耐寒性鉴定结果

品　　种	孕穗期低温结实率降低值（百分点）	开花期低温结实率降低值（百分点）	孕穗期耐寒性	开花期耐寒性
双黄占（复试）	−7.1	−8.6	中强	中强
七黄占 5 号（复试）	−6.7	−8.9	中强	中强
禾新占（复试）	−9.4	−12.7	中强	中
华航玉占（复试）	−8.0	−7.6	中强	中强
合莉美占（复试）	−12.3	−11.2	中	中
粤桂占 2 号（复试）	−17.6	−18.9	中	中
台农 811（复试）	−6.7	−5.2	中强	中强
华航 72 号（复试）	−18.5	−21.4	中	中弱
凤籼丝苗（复试）	−13.4	−14.6	中	中
巴禾丝苗（复试）	−15.9	−17.2	中	中
五广丝苗（复试）	−15.3	−16.8	中	中
南珍占（复试）	−18.7	−22.3	中	中弱
粤芽丝苗（复试）	−13.3	−14.9	中	中
籼莉占 2 号（复试）	−15.4	−18.7	中	中
油占 1 号（复试）	−16.2	−17.4	中	中
清红优 3 号（复试）	−21.5	−22.9	中弱	中弱
南红 8 号（复试）	8.2	−7.6	中强	中强
聚香丝苗（复试）	−7.9	−8.5	中强	中强

（续）

品　　种	孕穗期低温结实率降低值 （百分点）	开花期低温结实率降低值 （百分点）	孕穗期耐寒性	开花期耐寒性
银湖香占 3 号（复试）	−15.4	−17.6	中	中
美香油占 4 号（复试）	−8.8	−12.3	中强	中
青香优 19 香（复试）	−7.6	−8.7	中强	中强
青香优 99 香（复试）	−8.2	−7.4	中强	中强
台香 812（复试）	−15.6	−18.2	中	中
耕香优莉丝苗（复试）	−8.1	−10.5	中强	中
金香优 263（复试）	−10.2	−10.7	中	中
又香优香丝苗（复试）	−21.5	−23.3	中弱	中弱
恒丰优油香（复试）	−8.9	−10.6	中强	中
象竹香丝苗（复试）	−24.3	−25.9	中弱	中弱
香雪丝苗（复试）	−5.9	−7.2	中强	中强
华航 31 号（CK）	−4.9	−5.8	强	中强
粤晶丝苗 2 号（CK）	−7.6	−10.1	中强	中
粤红宝（CK）	−12.1	−13.2	中	中
美香占 2 号（CK）	−14.5	−16.7	中	中

（五）主要农艺性状

晚造常规水稻各组品种主要农艺性状见表 2-42 至表 2-49。

三、品种评述

（一）复试品种

1. 感温中熟组

（1）双黄占（复试）　全生育期 112～113 天，与对照种华航 31 号（CK）相当。株型中集，分蘖力中等，株高适中，抗倒性中等，耐寒性中强。株高 97.7～107.1 厘米，亩有效穗数 18.2 万～18.6 万穗，穗长 21.9～22.2 厘米，每穗总粒数 146～156 粒，结实率 82.0%～82.2%，千粒重 24.2～24.4 克。抗稻瘟病，全群抗性频率 84.4%～87.9%，病圃鉴定叶瘟 1.0～1.5 级、穗瘟 2.5～2.6 级（单点最高 7 级）；感白叶枯病（Ⅳ型菌 5 级、Ⅴ型菌 5 级、Ⅸ型菌 7 级）。米质鉴定达部标优质 1 级，整精米率 55.6%～61.6%，垩白度 0.1%～0.4%，透明度 1.0 级，碱消值 7.0 级，胶稠度 70.0～72.0 毫米，直链淀粉 16.0%～17.5%，粒型（长宽比）3.0～3.1。2019 年晚造参加省区试，平均亩产量为 521.96 千克，比对照种华航 31 号（CK）增产 9.34%，增产达极显著水平。2020 年晚造参加省区试，平均亩产量为 479.30 千克，比对照种华航 31 号（CK）增产 9.10%，增产达极显著水平。2020 年晚造生产试验平均亩产量 470.48 千克，比华航 31 号（CK）增产 10.94%，日产量 4.24～4.66 千克。

表 2-42 感温中熟组品种主要农艺性状综合表

品种	全生育期（天）	基本苗数（万苗/亩）	最高苗数（万苗/亩）	分蘖率（%）	有效穗数（万穗/亩）	成穗率（%）	株高（厘米）	穗长（厘米）	总粒数（粒/穗）	实粒数（粒/穗）	结实率（%）	千粒重（克）	抗倒情况（试点数）（个）直	斜	倒
双黄占（复试）	113	6.6	29.9	376.7	18.2	61.1	107.1	21.9	146	120	82.2	24.2	12	2	1
七黄占 5 号（复试）	111	6.6	28.8	351.2	18.7	65.6	110.8	21.8	137	122	88.7	21.9	13	2	0
禾新占（复试）	116	6.7	30.8	382.9	17.7	58.4	112.5	21.5	140	118	84.7	21.9	15	0	0
华航玉占（复试）	113	6.8	31.2	383.0	17.3	56.5	111.2	21.5	137	118	86.5	21.9	15	0	0
合莉美占（复试）	112	6.9	29.5	339.1	17.6	60.6	105.1	22.9	133	118	88.6	23.6	15	0	0
粤桂占 2 号（复试）	113	6.6	29.6	363.2	17.8	60.7	108.6	22.5	171	139	81.1	20.6	14	1	0
凤广丝苗	113	6.9	28.8	349.7	16.7	58.8	112.3	21.6	153	124	81.4	23.0	13	1	1
碧玉丝苗 2 号	115	7.0	31.1	366.4	18.5	60.4	124.1	22.0	121	106	87.8	23.5	9	4	2
华航 81 号	113	6.9	27.6	319.3	16.3	59.6	115.1	25.0	142	125	88.2	23.2	15	0	0
合新油占	113	6.6	29.5	371.8	17.4	59.8	114.7	23.5	153	133	86.6	23.3	14	0	1
禾龙占	114	6.9	28.2	329.4	17.3	62.1	105.0	21.9	147	125	84.8	22.7	15	0	0
华航 31 号（CK）	112	6.2	26.2	320.1	16.2	58.3	108.2	23.3	140	121	81.2	20.5	13	2	0

表 2-43 感温迟熟组（A 组）品种主要农艺性状综合表

品种	全生育期（天）	基本苗数（万苗/亩）	最高苗数（万苗/亩）	分蘖率（%）	有效穗数（万穗/亩）	成穗率（%）	株高（厘米）	穗长（厘米）	总粒数（粒/穗）	实粒数（粒/穗）	结实率（%）	千粒重（克）	抗倒情况（试点数）（个）直	斜	倒
台农 811（复试）	113	6.9	30.7	374.8	17.9	58.9	106.6	21.4	134	119	88.4	23.7	12	0	0
华航 72 号（复试）	116	6.6	31.1	387.6	18.0	57.9	111.2	22.9	131	114	87.1	23.0	12	0	0
凤籼丝苗（复试）	112	6.6	29.5	363.8	17.1	58.6	109.5	21.5	153	126	82.6	22.7	11	0	1

（续）

品　种	全生育期（天）	基本苗数（万苗/亩）	最高苗数（万苗/亩）	分蘖率（%）	有效穗数（万穗/亩）	成穗率（%）	株高（厘米）	穗长（厘米）	总粒数（粒/穗）	实粒数（粒/穗）	结实率（%）	千粒重（克）	抗倒情况（试点数）（个）直	斜	倒
巴禾丝苗（复试）	113	6.7	31.3	387.1	18.2	58.3	101.4	22.2	152	131	86.0	20.8	9	3	0
五广丝苗（复试）	115	6.7	31.3	382.5	18.4	59.4	107.1	21.7	140	116	82.8	25.2	12	0	0
创粘占 2 号	115	6.6	29.1	361.7	18.2	63.0	102.2	22.8	140	124	88.4	22.7	12	0	0
中深 3 号	114	6.6	32.4	415.2	20.0	62.1	107.5	21.8	140	119	85.2	20.8	12	0	0
禅油占	112	6.7	33.1	415.5	19.3	58.9	104.0	21.8	142	121	84.9	20.7	11	1	0
广台 7 号	113	6.8	31.7	381.7	19.5	62.4	108.5	20.0	139	125	89.2	19.3	10	1	1
碧玉丝苗 5 号	114	7.0	30.6	364.3	18.7	61.8	111.5	22.8	143	116	80.7	18.6	11	0	1
合秀占 2 号	113	6.1	27.6	364.7	16.3	60.2	108.3	23.2	166	142	85.2	21.0	11	1	0
粤晶丝苗 2 号（CK）	114	6.5	31.7	399.9	19.0	60.5	109.6	22.7	141	119	84.5	21.3	10	1	1

表 2-44　感温迟熟组（B 组）品种主要农艺性状综合表

品　种	全生育期（天）	基本苗数（万苗/亩）	最高苗数（万苗/亩）	分蘖率（%）	有效穗数（万穗/亩）	成穗率（%）	株高（厘米）	穗长（厘米）	总粒数（粒/穗）	实粒数（粒/穗）	结实率（%）	千粒重（克）	抗倒情况（试点数）（个）直	斜	倒
南珍占（复试）	115	6.3	28.5	340.4	16.8	59.1	111.4	22.0	151	127	84.3	25.3	12	0	0
粤芽丝苗（复试）	112	7.0	32.2	360.0	19.3	60.4	106.8	22.8	152	129	84.5	21.7	12	0	0
粘莉占 2 号（复试）	111	6.7	30.8	343.1	19.0	62.1	108.2	21.9	139	121	87.3	22.0	12	0	0
油占 1 号（复试）	112	6.5	31.5	368.2	18.7	59.6	107.3	24.6	143	119	83.6	21.1	12	0	0
华航香占	115	6.7	32.9	375.2	19.0	58.1	111.3	22.8	134	117	87.0	21.3	12	0	0
黄广五占	113	6.6	31.5	366.0	17.7	56.7	105.1	22.0	145	122	84.6	24.6	12	0	0
黄丝阑占	112	6.6	33.2	387.9	18.9	57.5	112.9	22.5	132	113	86.0	24.0	8	4	0

（续）

品　种	全生育期（天）	基本苗数（万苗/亩）	最高苗数（万苗/亩）	分蘖率（%）	有效穗数（万穗/亩）	成穗率（%）	株高（厘米）	穗长（厘米）	总粒数（粒/穗）	实粒数（粒/穗）	结实率（%）	千粒重（克）	抗倒情况（试点数）（个）直	斜	倒
黄华油占	114	6.2	31.4	396.9	18.9	60.7	111.3	20.6	125	111	88.9	24.5	11	0	1
银珠丝苗	111	7.0	33.9	357.8	20.2	60.5	105.2	21.5	146	122	84.2	17.4	8	2	2
五源占 3 号	114	6.6	32.4	374.1	18.8	58.5	111.2	24.0	144	124	85.7	21.5	12	0	0
兆源占	110	6.3	28.6	345.8	16.7	59.3	110.5	23.3	155	131	84.6	22.1	8	4	0
粤晶丝苗 2 号（CK）	114	6.6	31.5	363.5	19.6	62.2	111.5	23.1	137	116	84.7	21.3	10	1	1

表 2-45　特用稻组品种主要农艺性状综合表

品　种	全生育期（天）	基本苗数（万苗/亩）	最高苗数（万苗/亩）	分蘖率（%）	有效穗数（万穗/亩）	成穗率（%）	株高（厘米）	穗长（厘米）	总粒数（粒/穗）	实粒数（粒/穗）	结实率（%）	千粒重（克）	抗倒情况（试点数）（个）直	斜	倒
清红优 3 号（复试）	111	5.9	28.1	389.5	16.2	59.2	114.0	24.4	162	135	83.4	21.1	5	0	0
南红 8 号（复试）	111	6.0	27.0	364.8	15.6	58.9	107.9	22.6	154	131	85.1	23.1	5	0	0
晶两优红占	113	5.7	27.5	384.9	16.9	61.9	114.8	22.7	145	122	83.8	23.3	5	0	0
东红 6 号	110	6.2	28.5	368.7	17.1	59.9	113.2	21.7	136	115	84.7	22.5	5	0	0
兴两优红晶占	110	5.9	26.9	377.3	16.5	63.0	107.7	22.3	165	136	82.4	19.5	3	1	1
红晶丝苗	111	5.3	26.4	401.2	17.1	64.8	111.1	24.2	155	134	86.2	18.5	5	0	0
南宝黑糯	112	5.5	26.5	388.8	17.7	67.3	112.5	22.3	129	116	89.4	20.2	5	0	0
广新红占	110	5.5	23.8	335.4	16.1	68.6	111.0	23.2	154	128	83.0	21.2	5	0	0
合红占 2 号	112	5.5	24.4	346.4	15.4	62.9	114.3	22.5	139	121	86.2	26.8	5	0	0
黄广红占	111	5.6	24.9	361.2	15.3	62.6	111.2	22.4	155	129	83.1	23.2	5	0	0
粤红宝（CK）	112	6.1	26.7	343.9	17.0	64.3	114.1	23.3	150	123	82.1	19.5	1	2	2

表 2-46 香稻组（A组）品种主要农艺性状综合表

品种	全生育期（天）	基本苗数（万苗/亩）	最高苗数（万苗/亩）	分蘖率（%）	有效穗数（万穗/亩）	成穗率（%）	株高（厘米）	穗长（厘米）	总粒数（粒/穗）	实粒数（粒/穗）	结实率（%）	千粒重（克）	直	斜	倒
聚香丝苗（复试）	114	6.0	26.6	369.6	16.6	63.9	113.7	23.4	176	138	78.2	21.5	7	0	0
银湖香占 3 号（复试）	115	5.5	27.0	434.5	17.1	64.7	119.3	23.5	142	123	86.9	18.2	7	0	0
金农香占	115	6.7	32.8	425.1	20.6	63.6	112.8	22.9	139	117	84.4	18.4	5	2	0
中番香丝苗	113	6.6	29.5	393.6	17.5	60.8	116.7	23.8	171	141	83.0	19.1	7	0	0
金象优莉丝苗	112	6.3	31.6	467.2	18.1	58.2	115.2	23.5	146	120	72.5	22.1	7	0	0
双香丝苗	117	6.5	31.6	439.2	21.5	68.9	109.9	22.3	110	94	85.8	20.0	7	0	0
丰香丝苗	114	5.8	28.1	425.2	19.1	69.7	109.7	23.4	122	108	87.9	21.8	7	0	0
金香 196	114	6.6	32.5	444.8	21.2	66.1	111.5	21.0	135	110	81.7	16.8	7	0	0
五香丝苗	116	5.3	24.5	398.2	16.0	66.4	121.5	24.1	170	137	81.0	21.7	7	0	0
广金香 5 号	114	6.7	32.0	431.3	20.6	65.0	115.0	21.7	141	123	87.1	20.3	7	0	0
美香油占 4 号（复试）	112	5.6	28.2	452.1	17.8	63.9	111.5	23.0	145	122	84.6	21.3	7	0	0
美香占 2 号 (CK)	113	6.7	31.3	449.0	19.1	62.5	110.9	22.8	135	119	88.1	19.0	6	1	0

表 2-47 香稻组（B组）品种主要农艺性状综合表

品种	全生育期（天）	基本苗数（万苗/亩）	最高苗数（万苗/亩）	分蘖率（%）	有效穗数（万穗/亩）	成穗率（%）	株高（厘米）	穗长（厘米）	总粒数（粒/穗）	实粒数（粒/穗）	结实率（%）	千粒重（克）	直	斜	倒
青香优 19 香（复试）	112	6.1	26.3	368.1	17.2	66.2	115.2	23.3	159	130	82.1	21.4	5	0	2
青香优 99 香（复试）	110	5.9	26.7	383.4	18.2	69.1	113.7	23.0	142	117	82.9	21.9	7	0	0
软华优 7311	112	5.6	26.4	393.7	17.3	66.3	121.6	24.3	182	127	70.4	20.9	4	1	2
匠心香丝苗	119	6.0	33.2	485.5	19.9	60.5	104.8	23.2	116	93	79.8	22.8	7	0	0

(续)

品种	全生育期(天)	基本苗数(万苗/亩)	最高苗数(万苗/亩)	分蘖率(%)	有效穗数(万穗/亩)	成穗率(%)	株高(厘米)	穗长(厘米)	总粒数(粒/穗)	实粒数(粒/穗)	结实率(%)	千粒重(克)	抗倒情况(试点数)(个) 直	斜	倒
香银占	109	6.2	34.9	531.8	21.7	63.2	108.3	21.4	141	122	86.7	14.9	7	0	0
江农香占 1 号	116	5.6	27.9	421.4	18.4	67.2	112.7	23.8	158	118	75.1	20.7	6	0	1
广桂香占	116	6.1	31.7	449.5	18.6	59.3	118.7	23.4	145	125	86.2	19.4	6	1	0
美两优香雪丝苗	115	6.9	35.7	472.0	21.8	61.8	94.2	21.7	104	62	59.9	20.8	7	0	0
银两优香雪丝苗	111	6.2	31.0	436.4	19.7	64.5	107.9	22.7	125	99	79.2	22.2	7	0	0
邦优南香占	114	6.4	27.8	378.4	18.2	66.4	117.9	22.8	173	135	78.5	19.9	5	1	1
合香 812(复试)	116	6.1	31.6	445.3	20.0	64.4	119.1	24.5	123	102	83.3	19.3	4	0	3
美香占 2 号 (CK)	113	6.8	31.4	437.2	19.6	63.3	109.9	21.8	128	110	86.3	19.3	6	1	0

表 2-48 香稻组(C 组)品种主要农艺性状综合表

品种	全生育期(天)	基本苗数(万苗/亩)	最高苗数(万苗/亩)	分蘖率(%)	有效穗数(万穗/亩)	成穗率(%)	株高(厘米)	穗长(厘米)	总粒数(粒/穗)	实粒数(粒/穗)	结实率(%)	千粒重(克)	抗倒情况(试点数)(个) 直	斜	倒
耕香优莉丝苗(复试)	113	5.4	27.2	453.1	16.6	61.7	117.6	24.7	184	140	77.3	20.5	5	0	2
金香优 263(复试)	109	6.1	27.8	388.9	17.8	65.4	110.8	22.2	140	117	84.0	23.6	7	0	0
深香优 6615	118	6.0	28.8	438.6	18.2	63.8	112.5	23.2	138	107	77.4	24.1	7	0	0
深香优 9157	118	6.7	29.9	406.2	17.9	60.2	116.9	24.2	133	99	74.8	24.2	7	0	0
孤香优 3 号	113	5.9	28.7	409.8	18.2	64.2	121.7	24.5	158	128	82.3	18.3	3	2	2
粤两优香油占	111	5.8	26.8	390.8	18.6	70.2	112.3	22.8	125	105	84.7	23.3	7	0	0
青香优馥香占	109	5.4	25.3	410.7	16.8	67.3	112.5	23.0	136	116	85.3	21.8	7	0	0

（续）

品　种	全生育期（天）	基本苗数（万苗/亩）	最高苗数（万苗/亩）	分蘖率（%）	有效穗数（万穗/亩）	成穗率（%）	株高（厘米）	穗长（厘米）	总粒数（粒/穗）	实粒数（粒/穗）	结实率（%）	千粒重（克）	抗倒情况（试点数）（个）		
													直	斜	倒
肇香优98香	110	5.4	25.4	390.9	17.6	70.7	111.9	23.2	144	121	85.1	21.1	6	1	0
华航香银针	117	6.0	27.0	391.0	17.6	66.6	117.2	23.9	143	118	83.2	21.9	7	0	0
香龙优345	117	6.2	28.9	412.2	18.6	64.8	111.3	21.7	150	104	70.3	23.9	7	0	0
又香优香丝苗（复试）	110	6.2	28.8	410.7	17.9	63.1	112.3	22.7	154	129	83.9	20.4	5	0	2
美香占2号（CK）	113	6.4	30.7	457.4	19.6	65.2	111.1	22.5	129	111	86.9	19.2	7	0	0

表 2-49　香稻组（D组）品种主要农艺性状综合表

品　种	全生育期（天）	基本苗数（万苗/亩）	最高苗数（万苗/亩）	分蘖率（%）	有效穗数（万穗/亩）	成穗率（%）	株高（厘米）	穗长（厘米）	总粒数（粒/穗）	实粒数（粒/穗）	结实率（%）	千粒重（克）	抗倒情况（试点数）（个）		
													直	斜	倒
佰丰优油香（复试）	113	6.1	27.5	387.4	17.0	63.0	111.8	23.6	173	124	72.4	21.1	7	0	0
象竹香丝苗（复试）	115	6.0	32.3	487.6	21.6	68.7	106.1	23.7	125	101	81.0	17.5	6	1	0
粤香丝苗	114	6.3	31.3	432.6	19.6	63.9	104.5	23.3	137	118	86.6	19.1	7	0	0
粤香软占	116	6.3	30.2	435.0	19.4	65.6	105.0	22.5	150	125	84.1	18.2	7	0	0
南素香丝苗	117	6.4	28.2	396.4	17.6	64.6	109.9	23.6	136	116	84.9	21.3	7	0	0
泰优19香	110	5.6	26.1	396.6	17.6	67.7	107.1	23.3	154	120	78.5	22.9	7	0	0
客都寿乡1号	116	6.1	29.3	418.8	18.7	66.4	112.1	23.3	131	108	82.7	18.3	7	0	0
粤两优泰香占	108	6.1	28.1	397.1	17.3	62.9	109.0	22.4	132	110	83.2	21.3	7	0	0
靓优香	117	5.9	28.2	399.2	17.7	63.5	109.0	23.1	128	108	85.6	23.2	7	0	0
香雪丝苗（复试）	112	6.0	31.4	469.7	19.7	64.1	100.6	22.3	124	107	86.8	21.3	7	0	0
美香占2号（CK）	113	6.0	29.8	452.7	19.6	67.8	107.7	22.3	127	109	86.3	19.2	7	0	0

该品种经过两年区试和一年生产试验，丰产性好，米质达部标优质 1 级，抗稻瘟病，感白叶枯病，耐寒性中强。建议粤北以外稻作区早、晚造种植。栽培上注意防治白叶枯病。推荐省品种审定。

（2）七黄占 5 号（复试）　全生育期 110～111 天，比对照种华航 31 号（CK）短 1～2 天。株型中集，分蘖力中等，株高适中，抗倒性中等，耐寒性中强。株高 102.3～110.8 厘米，亩有效穗数 18.3 万～18.7 万穗，穗长 21.8 厘米，每穗总粒数 137～141 粒，结实率 88.7%～91.2%，千粒重 21.9～22.5 克。抗稻瘟病，全群抗性频率 90.9%～95.6%，病圃鉴定叶瘟 1.25～1.6 级、穗瘟 2.6～3.0 级（单点最高 7 级）；高感白叶枯病（Ⅳ型菌 5 级、Ⅴ型菌 7 级、Ⅸ型菌 9 级）。米质鉴定未达部标优质等级，整精米率 65.1%～65.8%，垩白度 0.0%～0.5%，透明度 1.0～2.0 级，碱消值 4.0～4.2 级，胶稠度 86.0 毫米，直链淀粉 16.2%，粒型（长宽比）3.2。2019 年晚造参加省区试，平均亩产量为 491.40 千克，比对照种华航 31 号（CK）增产 2.94%，增产未达显著水平。2020 年晚造参加省区试，平均亩产量为 461.26 千克，比对照种华航 31 号（CK）增产 4.99%，增产达显著水平。2020 年晚造生产试验平均亩产量 458.28 千克，比华航 31 号（CK）增产 8.06%，日产量 4.16～4.47 千克。

该品种经过两年区试和一年生产试验，丰产性较好，米质未达部标优质等级，抗稻瘟病，高感白叶枯病，耐寒性中强。建议粤北以外稻作区早、晚造种植。栽培上注意防治稻瘟病和白叶枯病。推荐省品种审定。

（3）粤桂占 2 号（复试）　全生育期 113 天，比对照种华航 31 号（CK）长 1 天。株型中集，分蘖力中等，株高适中，抗倒性强，耐寒性中等。株高 100.9～108.6 厘米，亩有效穗数 17.8 万～18.6 万穗，穗长 22.5～22.6 厘米，每穗总粒数 170～171 粒，结实率 79.7%～81.1%，千粒重 20.6～21.1 克。高抗稻瘟病，全群抗性频率 90.9%～93.3%，病圃鉴定叶瘟 1.0 级、穗瘟 1.4～1.5 级（单点最高 3 级）；感白叶枯病（Ⅳ型菌 5 级、Ⅴ型菌 7 级、Ⅸ型菌 7 级）。米质鉴定达部标优质 1 级，整精米率 63.6%～65.3%，垩白度 0.2%～0.9%，透明度 1.0 级，碱消值 7.0 级，胶稠度 78.0～81.0 毫米，直链淀粉 17.5%～18.5%，粒型（长宽比）3.1。2019 年晚造参加省区试，平均亩产量为 485.34 千克，比对照种华航 31 号（CK）增产 1.67%，增产未达显著水平。2020 年晚造参加省区试，平均亩产量为 438.94 千克，比对照种华航 31 号（CK）减产 0.09%，减产未达显著水平。2020 年晚造生产试验平均亩产量 464.54 千克，比华航 31 号（CK）增产 9.54%，日产量 3.88～4.30 千克。

该品种经过两年区试和一年生产试验，产量与对照相当，米质达部标优质 1 级，高抗稻瘟病，感白叶枯病，耐寒性中等。建议粤北以外稻作区早、晚造种植。栽培上注意防治白叶枯病。推荐省品种审定。

（4）合莉美占（复试）　全生育期 112 天，与对照种华航 31 号（CK）相当。株型中集，分蘖力中等，株高适中，抗倒性强，耐寒性中等。株高 97.2～105.1 厘米，亩有效穗数 17.6 万～18.2 万穗，穗长 22.9～23.4 厘米，每穗总粒数 133～140 粒，结实率 88.6%～

89.5%，千粒重23.6～23.7克。中抗稻瘟病，全群抗性频率84.4%～84.8%，病圃鉴定叶瘟1.5～2.0级、穗瘟3.4～4.0级（单点最高7级）；高感白叶枯病（Ⅳ型菌5级、Ⅴ型菌7级、Ⅸ型菌9级）。米质鉴定达部标优质1级，整精米率64.7%～66.4%，垩白度0.2%，透明度1.0级，碱消值7.0级，胶稠度66.0～73.0毫米，直链淀粉15.8%～17.2%，粒型（长宽比）3.2。2019年晚造参加省区试，平均亩产量为488.19千克，比对照种华航31号（CK）增产2.26%，增产未达显著水平。2020年晚造参加省区试，平均亩产量为429.14千克，比对照种华航31号（CK）减产2.32%，减产未达显著水平。2020年晚造生产试验平均亩产量454.00千克，比华航31号（CK）增产7.05%，日产量3.83～4.36千克。

该品种经过两年区试和一年生产试验，产量与对照相当，米质达部标优质1级，中抗稻瘟病，高感白叶枯病，耐寒性中等。建议粤北以外稻作区早、晚造种植。栽培上特别注意防治白叶枯病。推荐省品种审定。

（5）禾新占（复试）　全生育期115～116天，比对照种华航31号（CK）长3～4天。株型中集，分蘖力中等，株高适中，抗倒性强，耐寒性中等。株高101.2～112.5厘米，亩有效穗数17.7万～18.7万穗，穗长21.5～21.7厘米，每穗总粒数140～155粒，结实率82.2%～84.7%，千粒重21.8～21.9克。抗稻瘟病，全群抗性频率88.9%～90.9%，病圃鉴定叶瘟1.0～1.2级、穗瘟1.4～1.5级（单点最高3级）；高感白叶枯病（Ⅳ型菌5级、Ⅴ型菌7级、Ⅸ型菌9级）。米质鉴定达部标优质3级，整精米率62.5%～63.2%，垩白度0.2%～0.8%，透明度1.0级，碱消值7.0级，胶稠度62.0～68.0毫米，直链淀粉21.2%～22.2%，粒型（长宽比）3.3。2019年晚造参加省区试，平均亩产量为490.47千克，比对照种华航31号（CK）增产2.74%，增产未达显著水平。2020年晚造参加省区试，平均亩产量为428.01千克，比对照种华航31号（CK）减产2.57%，减产未达显著水平。2020年晚造生产试验平均亩产量435.38千克，比华航31号（CK）增产2.66%，日产量3.69～4.26千克。

该品种经过两年区试和一年生产试验，产量与对照相当，米质达部标优质3级，抗稻瘟病，高感白叶枯病，耐寒性中等。建议粤北以外稻作区早、晚造种植。栽培上特别注意防治白叶枯病。推荐省品种审定。

（6）华航玉占（复试）　全生育期111～113天，与对照种华航31号（CK）相当。株型中集，分蘖力中等，株高适中，抗倒性强，耐寒性中强。株高93.0～111.2厘米，亩有效穗数17.3万～19.7万穗，穗长21.5～21.7厘米，每穗总粒数137～153粒，结实率86.5%，千粒重20.3～21.9克。抗稻瘟病，全群抗性频率90.9%～91.1%，病圃鉴定叶瘟1.0级、穗瘟3.0～3.8级（单点最高7级）；高感白叶枯病（Ⅳ型菌7级、Ⅴ型菌7级、Ⅸ型菌9级）。米质鉴定达部标优质2级，整精米率53.7%～58.1%，垩白度0.3%～0.4%，透明度1.0级，碱消值7.0级，胶稠度66.0～76.0毫米，直链淀粉15.9%～16.8%，粒型（长宽比）3.0～3.1。2019年晚造参加省区试，平均亩产量为489.88千克，比对照种华航31号（CK）增产2.62%，增产未达显著水平。2020年晚造参加省区试，平均亩产量为 415.17 千克，比对照种华航 31 号（CK）减产 5.5％，减产达显著水平。2020 年晚造生产试验平均亩产量 419.42 千克，比华航 31 号（CK）减产 1.10％，日产量 3.67～4.41 千克。

该品种经过两年区试和一年生产试验，产量与对照相当，米质达部标优质 2 级，抗稻瘟病，高感白叶枯病，耐寒性中强。建议粤北以外稻作区早、晚造种植。栽培上特别注意防治白叶枯病。推荐省品种审定。

2. 感温迟熟组（A 组）

（1）五广丝苗（复试）　全生育期 115 天，与对照种粤晶丝苗 2 号（CK）相当。株型中集，分蘖力中等，株高适中，抗倒性强，耐寒性中等。株高 102.4～107.1 厘米，亩有效穗数 18.0 万～18.4 万穗，穗长 21.4～21.7 厘米，每穗总粒数 140～142 粒，结实率 82.8％～84.2％，千粒重 25.2～25.8 克。抗稻瘟病，全群抗性频率 84.4％～90.9％，病圃鉴定叶瘟 1.4～2.5 级、穗瘟 1.4～3.0 级（单点最高 5 级）；高感白叶枯病（Ⅳ型菌 5 级、Ⅴ型菌 7 级、Ⅸ型菌 9 级）。米质鉴定达部标优质 1 级，整精米率 61.1％～61.7％，垩白度 0.4％～0.6％，透明度 1.0 级，碱消值 7.0 级，胶稠度 63.0～68.0 毫米，直链淀粉 16.3％～18.3％，粒型（长宽比）3.2～3.3。2019 年晚造参加省区试，平均亩产量为 533.40 千克，比对照种粤晶丝苗 2 号（CK）增产 11.72％，增产达极显著水平。2020 年晚造参加省区试，平均亩产量为 488.01 千克，比对照种粤晶丝苗 2 号（CK）增产 10.31％，增产达极显著水平。2020 年晚造生产试验平均亩产量 487.84 千克，比粤晶丝苗 2 号（CK）增产 11.51％，日产量 4.24～4.64 千克。

该品种经过两年区试和一年生产试验，丰产性好，米质达部标优质 1 级，抗稻瘟病，高感白叶枯病，耐寒性中等。建议粤北以外稻作区早、晚造种植。栽培上特别注意防治白叶枯病。推荐省品种审定。

（2）台农 811（复试）　全生育期 113 天，比对照种粤晶丝苗 2 号（CK）短 1 天。株型中集，分蘖力中等，株高适中，抗倒性强，耐寒性中强。株高 102.8～106.6 厘米，亩有效穗数 17.9 万穗，穗长 21.3～21.4 厘米，每穗总粒数 134～144 粒，结实率 88.4％～89.4％，千粒重 23.7～23.8 克。抗稻瘟病，全群抗性频率 80.0％～93.9％，病圃鉴定叶瘟 2.0～2.2 级、穗瘟 1.4～2.0 级（单点最高 3 级）；中感白叶枯病（Ⅳ型菌 1 级、Ⅴ型菌 3 级、Ⅸ型菌 5 级）。米质鉴定达部标优质 1 级，整精米率 61.5％～63.8％，垩白度 0.2％～1.1％，透明度 1.0 级，碱消值 6.8～7.0 级，胶稠度 63.0～74.0 毫米，直链淀粉 15.8％～17.2％，粒型（长宽比）3.1。2019 年晚造参加省区试，平均亩产量为 520.96 千克，比对照种粤晶丝苗 2 号（CK）增产 9.01％，增产达极显著水平。2020 年晚造参加省区试，平均亩产量为 464.07 千克，比对照种粤晶丝苗 2 号（CK）增产 4.90％，增产未达显著水平。2020 年晚造生产试验平均亩产量 442.30 千克，比粤晶丝苗 2 号（CK）增产 1.10％，日产量 4.11～4.61 千克。

该品种经过两年区试和一年生产试验，丰产性较好，米质达部标优质 1 级，抗稻瘟病，中感白叶枯病，耐寒性中强。建议粤北以外稻作区早、晚造种植。推荐省品种审定。

（3）巴禾丝苗（复试）　全生育期112～113天，比对照种粤晶丝苗2号（CK）短1～2天。株型中集，分蘖力中等，株高适中，抗倒性强，耐寒性中等。株高95.1～101.4厘米，亩有效穗数18.2万～18.4万穗，穗长22.2～22.7厘米，每穗总粒数152～160粒，结实率81.1%～86.0%，千粒重20.8～21.0克。抗稻瘟病，全群抗性频率93.3%～93.9%，病圃鉴定叶瘟1.0级、穗瘟2.5～3.0级（单点最高7级）；高感白叶枯病（Ⅳ型菌5级、Ⅴ型菌7级、Ⅸ型菌9级）。米质鉴定达部标优质1级，整精米率64.0%～65.7%，垩白度0.1%～0.4%，透明度1.0级，碱消值7.0级，胶稠度66.0～68.0毫米，直链淀粉16.1%～17.1%，粒型（长宽比）3.2～3.4。2019年晚造参加省区试，平均亩产量为481.86千克，比对照种粤晶丝苗2号（CK）增产0.83%，增产未达显著水平。2020年晚造参加省区试，平均亩产量为456.50千克，比对照种粤晶丝苗2号（CK）增产3.19%，增产未达显著水平。2020年晚造生产试验平均亩产量432.38千克，比粤晶丝苗2号（CK）减产1.17%，日产量4.04～4.30千克。

该品种经过两年区试和一年生产试验，产量与对照相当，米质达部标优质1级，抗稻瘟病，高感白叶枯病，耐寒性中等。建议粤北以外稻作区早、晚造种植。栽培上特别注意防治白叶枯病。推荐省品种审定。

（4）凤籼丝苗（复试）　全生育期112～113天，比对照种粤晶丝苗2号（CK）短1～2天。株型中集，分蘖力中等，株高适中，抗倒性中等，耐寒性中等。株高103.2～109.5厘米，亩有效穗数17.1万～17.7万穗，穗长21.5～21.9厘米，每穗总粒数153粒，结实率82.6%～85.5%，千粒重22.7～23.3克。中抗稻瘟病，全群抗性频率86.7%～87.9%，病圃鉴定叶瘟1.0～2.0级、穗瘟3.4～4.5级（单点最高7级）；高感白叶枯病（Ⅳ型菌5级、Ⅴ型菌5级、Ⅸ型菌9级）。米质鉴定达部标优质1级，整精米率64.1%～66.9%，垩白度0.0%～0.9%，透明度1.0级，碱消值7.0级，胶稠度60.0～68.0毫米，直链淀粉15.9%～17.7%，粒型（长宽比）3.0～3.1。2019年晚造参加省区试，平均亩产量为491.67千克，比对照种粤晶丝苗2号（CK）增产2.88%，增产未达显著水平。2020年晚造参加省区试，平均亩产量为446.36千克，比对照种粤晶丝苗2号（CK）增产0.89%，增产未达显著水平。2020年晚造生产试验平均亩产量429.00千克，比粤晶丝苗2号（CK）减产1.94%，日产量3.99～4.35千克。

该品种经过两年区试和一年生产试验，产量与对照相当，米质达部标优质1级，中抗稻瘟病，高感白叶枯病，耐寒性中等。建议粤北以外稻作区早、晚造种植。栽培上特别注意防治白叶枯病。推荐省品种审定。

（5）华航72号（复试）　全生育期116天，比对照种粤晶丝苗2号（CK）长2天。株型中集，分蘖力中等，株高适中，抗倒性强，耐寒性中弱。株高107.1～111.2厘米，亩有效穗数17.5万～18.0万穗，穗长22.9厘米，每穗总粒数131～149粒，结实率85.7%～87.1%，千粒重23.0～23.7克。抗稻瘟病，全群抗性频率86.7%～90.9%，病圃鉴定叶瘟1.2～1.5级、穗瘟1.4～2.0级（单点最高3级）；感白叶枯病（Ⅳ型菌5级、Ⅴ型菌7级、Ⅸ型菌7级）。米质鉴定达部标优质1级，整精米率57.5%～59.0%，垩白度 0.0%～0.3%，透明度 1.0 级，碱消值 7.0 级，胶稠度 64.0～72.0 毫米，直链淀粉 16.0%～17.8%，粒型（长宽比）3.3～3.4。2019 年晚造参加省区试，平均亩产量为 495.29 千克，比对照种粤晶丝苗 2 号（CK）增产 3.64%，增产未达显著水平。2020 年晚造参加省区试，平均亩产量为 423.47 千克，比对照种粤晶丝苗 2 号（CK）减产 4.28%，减产未达显著水平。2020 年晚造生产试验平均亩产量 404.78 千克，比粤晶丝苗 2 号（CK）减产 7.47%，日产量 3.65～4.27 千克。

该品种经过两年区试和一年生产试验，产量与对照相当，米质达部标优质 1 级，抗稻瘟病，感白叶枯病，耐寒性中弱。建议广东省中南和西南稻作区的平原地区早、晚造种植。栽培上注意防治白叶枯病。推荐省品种审定。

3. 感温迟熟组（B组）

（1）南珍占（复试）　全生育期 115 天，与对照种粤晶丝苗 2 号（CK）相当。株型中集，分蘖力中等，株高适中，抗倒性强，耐寒性中弱。株高 104.8～111.4 厘米，亩有效穗数 16.7 万～16.8 万穗，穗长 21.9～22.0 厘米，每穗总粒数 151～163 粒，结实率 83.0%～84.3%，千粒重 25.3～25.5 克。抗稻瘟病，全群抗性频率 84.4%～84.8%，病圃鉴定叶瘟 1.5～1.6 级、穗瘟 1.8～3.0 级（单点最高 7 级）；高感白叶枯病（Ⅳ型菌 5 级、Ⅴ型菌 7 级、Ⅸ型菌 9 级）。米质鉴定达部标优质 1 级，整精米率 61.8%～62.8%，垩白度 0.2%～0.8%，透明度 1.0 级，碱消值 7.0 级，胶稠度 68.0～72.0 毫米，直链淀粉 17.7%～18.2%，粒型（长宽比）3.0～3.1。2019 年晚造参加省区试，平均亩产量为 523.93 千克，比对照种粤晶丝苗 2 号（CK）增产 9.74%，增产达极显著水平。2020 年晚造参加省区试，平均亩产量为 487.43 千克，比对照种粤晶丝苗 2 号（CK）增产 9.62%，增产达极显著水平。2020 年晚造生产试验平均亩产量 457.02 千克，比粤晶丝苗 2 号（CK）增产 4.47%，日产量 4.24～4.56 千克。

该品种经过两年区试和一年生产试验，丰产性好，米质达部标优质 1 级，抗稻瘟病，高感白叶枯病，耐寒性中弱。建议广东省中南和西南稻作区的平原地区早、晚造种植。栽培上特别注意防治白叶枯病。推荐省品种审定。

（2）粤芽丝苗（复试）　全生育期 112～115 天，与对照种粤晶丝苗 2 号（CK）相当。株型中集，分蘖力中等，株高适中，抗倒性强，耐寒性中等。株高 100.1～106.8 厘米，亩有效穗数 17.6 万～19.3 万穗，穗长 22.8～23.0 厘米，每穗总粒数 152～170 粒，结实率 82.7%～84.5%，千粒重 21.7～22.3 克。抗稻瘟病，全群抗性频率 86.7%～93.9%，病圃鉴定叶瘟 1.2～1.5 级、穗瘟 2.0～2.6 级（单点最高 7 级）；感白叶枯病（Ⅳ型菌 5 级、Ⅴ型菌 5 级、Ⅸ型菌 7 级）。米质鉴定达部标优质 2 级，整精米率 61.2%～61.7%，垩白度 0.2%～0.3%，透明度 1.0 级，碱消值 7.0 级，胶稠度 65.0～71.0 毫米，直链淀粉 18.9%～19.2%，粒型（长宽比）3.3～3.5。2019 年晚造参加省区试，平均亩产量为 507.46 千克，比对照种粤晶丝苗 2 号（CK）增产 6.29%，增产达极显著水平。2020 年晚造参加省区试，平均亩产量为 483.24 千克，比对照种粤晶丝苗 2 号（CK）增产 8.68%，增产达极显著水平。2020 年晚造生产试验平均亩产量 448.18 千克，比粤晶丝苗2号（CK）增产2.45%，日产量4.31～4.41千克。

该品种经过两年区试和一年生产试验，丰产性好，米质达部标优质2级，抗稻瘟病，感白叶枯病，耐寒性中等。建议粤北以外稻作区早、晚造种植。栽培上注意防治白叶枯病。推荐省品种审定。

（3）籼莉占2号（复试）　全生育期111～114天，比对照种粤晶丝苗2号（CK）短1～3天。株型中集，分蘖力中等，株高适中，抗倒性强，耐寒性中等。株高101.5～108.2厘米，亩有效穗数18.1万～19.0万穗，穗长21.1～21.9厘米，每穗总粒数139～146粒，结实率86.4%～87.3%，千粒重22.0～23.2克。中感稻瘟病，全群抗性频率75.8%～82.2%，病圃鉴定叶瘟1.5～1.6级、穗瘟4.2～5.0级（单点最高7级）；高感白叶枯病（Ⅳ型菌5级、Ⅴ型菌7级、Ⅸ型菌9级）。米质鉴定达部标优质2级，整精米率62.5%～65.1%，垩白度0.6%，透明度1.0级，碱消值7.0级，胶稠度67.0～69.0毫米，直链淀粉18.5%，粒型（长宽比）3.2。2019年晚造参加省区试，平均亩产量为492.96千克，比对照种粤晶丝苗2号（CK）增产3.25%，增产未达显著水平。2020年晚造参加省区试，平均亩产量为467.78千克，比对照种粤晶丝苗2号（CK）增产5.20%，增产达显著水平。2020年晚造生产试验平均亩产量437.64千克，比粤晶丝苗2号（CK）增产0.04%，日产量4.21～4.32千克。

该品种经过两年区试和一年生产试验，产量与对照相当，米质达部标优质2级，中感稻瘟病，高感白叶枯病，耐寒性中等。建议粤北以外稻作区早、晚造种植。栽培上特别注意防治稻瘟病和白叶枯病。推荐省品种审定。

（4）油占1号（复试）　全生育期112～113天，比对照种粤晶丝苗2号（CK）短2天。株型中集，分蘖力中等，株高适中，抗倒性强，耐寒性中等。株高100.7～107.3厘米，亩有效穗数17.7万～18.7万穗，穗长23.5～24.6厘米，每穗总粒数143～157粒，结实率83.0%～83.6%，千粒重21.1～22.3克。中感稻瘟病，全群抗性频率75.6%～84.8%，病圃鉴定叶瘟2.0～3.5级、穗瘟3.8～5.0级（单点最高7级）；高感白叶枯病（Ⅳ型菌7级、Ⅴ型菌7级、Ⅸ型菌9级）。米质鉴定达部标优质2级，整精米率56.8%～62.8%，垩白度0.1%～0.7%，透明度1.0级，碱消值7.0级，胶稠度68.0～73.0毫米，直链淀粉18.7%～19.0%，粒型（长宽比）3.2～3.3。2019年晚造参加省区试，平均亩产量为482.17千克，比对照种粤晶丝苗2号（CK）增产0.99%，增产未达显著水平。2020年晚造参加省区试，平均亩产量为435.99千克，比对照种粤晶丝苗2号（CK）减产1.95%，减产未达显著水平。2020年晚造生产试验平均亩产量438.70千克，比粤晶丝苗2号（CK）增产0.28%，日产量3.89～4.27千克。

该品种经过两年区试和一年生产试验，产量与对照相当，米质达部标优质2级，中感稻瘟病，高感白叶枯病，耐寒性中等。建议粤北以外稻作区早、晚造种植。栽培上特别注意防治稻瘟病和白叶枯病。推荐省品种审定。

4. 特用稻组

（1）南红8号（复试）　全生育期111～113天，比对照种粤红宝（CK）短1～3天。

株型中集，分蘖力中等，株高适中，抗倒性强，耐寒性中强。株高 107.9 厘米，亩有效穗数 15.6 万穗，穗长 22.5～22.6 厘米，每穗总粒数 154～162 粒，结实率 83.2%～85.1%，千粒重 23.1～23.2 克。抗稻瘟病，全群抗性频率 81.3%～88.9%，病圃鉴定叶瘟 1.4～1.5 级、穗瘟 1.8～3.0 级（单点最高 5 级）；感白叶枯病（Ⅳ 型菌 5 级、Ⅴ 型菌 7 级、Ⅸ 型菌 7 级）。米质鉴定达部标优质 1 级，整精米率 53.3%～62.3%，垩白度 0.0%～1.0%，透明度 1.0 级，碱消值 7.0 级，胶稠度 61.0～69.0 毫米，直链淀粉 16.1%～17.0%，粒型（长宽比）3.3～3.4。2019 年晚造参加省区试，平均亩产量为 454.43 千克，比对照种粤红宝（CK）增产 4.99%，增产未达显著水平。2020 年晚造参加省区试，平均亩产量为 410.83 千克，比对照种粤红宝（CK）增产 9.02%，增产极显著水平。2020 年晚造生产试验平均亩产量 439.02 千克，比粤红宝（CK）增产 17.25%，日产量 3.70～4.02 千克。

该品种经过两年区试和一年生产试验，丰产性较好，红米，米质达部标优质 1 级，抗稻瘟病，感白叶枯病，耐寒性中强。建议粤北以外稻作区早、晚造种植。栽培上注意防治白叶枯病。推荐省品种审定。

（2）清红优 3 号（复试） 全生育期 111～116 天，与对照种粤红宝（CK）相当。株型中集，分蘖力中等，株高适中，抗倒性强，耐寒性中弱。株高 109.9～114.0 厘米，亩有效穗数 16.2 万～17.1 万穗，穗长 24.4 厘米，每穗总粒数 162～167 粒，结实率 81.3%～83.4%，千粒重 21.1～21.8 克。抗稻瘟病，全群抗性频率 95.6%～97.0%，病圃鉴定叶瘟 1.2～1.25 级、穗瘟 2.2～3.5 级（单点最高 7 级）；高感白叶枯病（Ⅳ 型菌 5 级、Ⅴ 型菌 9 级、Ⅸ 型菌 9 级）。米质鉴定达部标优质 2 级，整精米率 55.8%～59.0%，垩白度 0.0%～1.1%，透明度 1.0～2.0 级，碱消值 6.2～6.8 级，胶稠度 64.0～72.0 毫米，直链淀粉 15.5%～16.8%，粒型（长宽比）3.6～3.7。2019 年晚造参加省区试，平均亩产量为 464.43 千克，比对照种粤红宝（CK）增产 7.30%，增产未达显著水平。2020 年晚造参加省区试，平均亩产量为 395.00 千克，比对照种粤红宝（CK）增产 4.82%，增产未达显著水平。2020 年晚造生产试验平均亩产量 414.98 千克，比粤红宝（CK）增产 10.83%，日产量 3.56～4.00 千克。

该品种经过两年区试和一年生产试验，产量与对照相当，红米，米质达部标优质 2 级，抗稻瘟病，高感白叶枯病，耐寒性中弱。建议广东省中南和西南稻作区的平原地区早、晚造种植。栽培上特别注意防治白叶枯病。推荐省品种审定。

5. 香稻组（A 组）

（1）美香油占 4 号（复试） 全生育期 112～114 天，与对照种美香占 2 号（CK）相当。株型中集，分蘖力中等，株高适中，抗倒性强，耐寒性中等。株高 104.9～111.5 厘米，亩有效穗数 17.8 万～19.5 万穗，穗长 23.0～23.3 厘米，每穗总粒数 145～153 粒，结实率 83.6%～84.6%，千粒重 21.3～21.6 克。中抗稻瘟病，全群抗性频率 78.8%～84.4%，病圃鉴定叶瘟 1.25～1.4 级、穗瘟 3.8～4.0 级（单点最高 9 级）；高感白叶枯病（Ⅳ 型菌 5 级、Ⅴ 型菌 7 级、Ⅸ 型菌 9 级）。米质鉴定达部标优质 2 级，整精米率 59.1%～

63.1%，垩白度 0.2%～1.0%，透明度 1.0 级，碱消值 6.8～7.0 级，胶稠度 64.0 毫米，直链淀粉 16.5%～16.8%，粒型（长宽比）3.2～3.3。有香味（2020 年 2-AP 含量 974.66 微克/千克），品鉴食味分 84.3～88.57 分。2019 年晚造参加省区试，平均亩产量为 493.27 千克，比对照种美香占 2 号（CK）增产 13.46%，增产达极显著水平。2020 年晚造参加省区试，平均亩产量为 448.24 千克，比对照种美香占 2 号（CK）增产 11.09%，增产达极显著水平。2020 年晚造生产试验平均亩产量 445.38 千克，比美香占 2 号（CK）增产 6.88%，日产量 4.00～4.33 千克。

该品种经过两年区试和一年生产试验，丰产性好，米质达部标优质 2 级，中抗稻瘟病，高感白叶枯病，耐寒性中等。建议广东省早、晚造种植，粤北稻作区根据生育期慎重选择使用。栽培上注意防治稻瘟病和白叶枯病。推荐省品种审定。

（2）聚香丝苗（复试）　全生育期 112～114 天，与对照种美香占 2 号（CK）相当。株型中集，分蘖力中等，株高适中，抗倒性强，耐寒性中强。株高 105.6～113.7 厘米，亩有效穗数 16.6 万～18.5 万穗，穗长 23.4～23.7 厘米，每穗总粒数 172～176 粒，结实率 78.2%～79.0%，千粒重 21.5 克。中抗稻瘟病，全群抗性频率 93.3%～93.9%，病圃鉴定叶瘟 1.4～2.25 级、穗瘟 2.6～4.0 级（单点最高 5 级）；高感白叶枯病（Ⅳ型菌 5 级、Ⅴ型菌 7 级、Ⅸ型菌 9 级）。米质鉴定达部标优质 2 级，整精米率 57.4%～60.1%，垩白度 0.2%～0.3%，透明度 1.0 级，碱消值 7.0 级，胶稠度 63.0～70.0 毫米，直链淀粉 14.7%～15.8%，粒型（长宽比）3.6～3.7。有香味（2-AP 含量 450.40～583.44 微克/千克），品鉴食味分 85.4～89.14 分。2019 年晚造参加省区试，平均亩产量为 485.37 千克，比对照种美香占 2 号（CK）增产 11.64%，增产达极显著水平。2020 年晚造参加省区试，平均亩产量为 440.17 千克，比对照种美香占 2 号（CK）增产 9.09%，增产达显著水平。2020 年晚造生产试验平均亩产量 447.88 千克，比美香占 2 号（CK）增产 7.48%，日产量 3.86～4.33 千克。

该品种经过两年区试和一年生产试验，丰产性好，米质达部标优质 2 级，中抗稻瘟病，高感白叶枯病，耐寒性中强。建议广东省早、晚造种植，粤北稻作区根据生育期慎重选择使用。栽培上注意防治稻瘟病和白叶枯病。推荐省品种审定。

（3）银湖香占 3 号（复试）　全生育期 115～116 天，比对照种美香占 2 号（CK）长 2～4 天。株型中集，分蘖力中等，株高适中，抗倒性强，耐寒性中等。株高 112.8～119.3 厘米，亩有效穗数 17.1 万～18.7 万穗，穗长 23.1～23.5 厘米，每穗总粒数 141～142 粒，结实率 86.9%～89.6%，千粒重 18.2～19.4 克。高感稻瘟病，全群抗性频率 33.3%～44.4%，病圃鉴定叶瘟 3.4～4.75 级、穗瘟 5.8～8.5 级（单点最高 9 级）；感白叶枯病（Ⅳ型菌 5 级、Ⅴ型菌 9 级、Ⅸ型菌 7 级）。米质鉴定达部标优质 2 级，整精米率 60.8%～64.2%，垩白度 0.2%～0.3%，透明度 1.0 级，碱消值 7.0 级，胶稠度 62.0～64.0 毫米，直链淀粉 14.4%～15.6%，粒型（长宽比）3.7～3.8。有香味（2-AP 含量 734.43～795.15 微克/千克），品鉴食味分 88.57～89.4 分。2019 年晚造参加省区试，平均亩产量为 447.40 千克，比对照种美香占 2 号（CK）增产 2.91%，增产未达显著水平。

2020年晚造参加省区试，平均亩产量为398.14千克，比对照种美香占2号（CK）减产1.32％，减产未达显著水平。2020年晚造生产试验平均亩产量426.89千克，比美香占2号（CK）增产2.44％，日产量3.46～3.86千克。

该品种经过两年区试和一年生产试验，产量与对照相当，米质达部标优质2级，高感稻瘟病，感白叶枯病，耐寒性中等。建议广东省早、晚造种植，粤北稻作区根据生育期慎重选择使用。栽培上注意防治稻瘟病和白叶枯病。推荐省品种审定。

6. 香稻组（B组）

（1）青香优19香（复试） 全生育期110～112天，比对照种美香占2号（CK）短1～2天。株型中集，分蘖力中等，株高适中，抗倒性中等，耐寒性中强。株高105.0～115.2厘米，亩有效穗数17.2万～17.9万穗，穗长23.3～23.5厘米，每穗总粒数159～165粒，结实率79.5％～82.1％，千粒重21.4～22.1克。感稻瘟病，全群抗性频率63.6％～86.7％，病圃鉴定叶瘟2.0～2.5级、穗瘟5.0～7.0级（单点最高7级）；高感白叶枯病（Ⅳ型菌7级、Ⅴ型菌9级、Ⅸ型菌9级）。米质鉴定达部标优质1级，整精米率49.8％～58.7％，垩白度0.3％～0.6％，透明度1.0级，碱消值6.6～7.0级，胶稠度64.0毫米，直链淀粉15.2％～15.8％，粒型（长宽比）4.1～4.2。有香味（2-AP含量605.31～711.44微克/千克），品鉴食味分89.14～92.3分。2019年晚造参加省区试，平均亩产量为489.10千克，比对照种美香占2号（CK）增产13.10％，增产达极显著水平。2020年晚造参加省区试，平均亩产量为468.33千克，比对照种美香占2号（CK）增产14.94％，增产达极显著水平。2020年晚造生产试验平均亩产量439.00千克，比美香占2号（CK）增产5.34％，日产量4.18～4.45千克。

该品种经过两年区试和一年生产试验，丰产性好，米质达部标优质1级，感稻瘟病，高感白叶枯病，耐寒性中强。建议广东省早、晚造种植，粤北稻作区根据生育期慎重选择使用。栽培上特别注意防治稻瘟病和白叶枯病。推荐省品种审定。

（2）青香优99香（复试） 全生育期109～110天，比对照种美香占2号（CK）短3天。株型中集，分蘖力中等，株高适中，抗倒性强，耐寒性中强。株高109.4～113.7厘米，亩有效穗数18.2万～19.9万穗，穗长23.0～23.3厘米，每穗总粒数142～148粒，结实率81.5％～82.9％，千粒重21.3～21.9克。感稻瘟病，全群抗性频率51.5％～82.2％，病圃鉴定叶瘟1.5～2.0级、穗瘟2.5～5.4级（单点最高9级）；中感白叶枯病（Ⅳ型菌5级、Ⅴ型菌9级、Ⅸ型菌1级）。米质鉴定达部标优质2级，整精米率47.2％～57.7％，垩白度0.4％～0.6％，透明度1.0级，碱消值7.0级，胶稠度62.0～72.0毫米，直链淀粉15.6％～16.1％，粒型（长宽比）4.2。有香味（2-AP含量447.73～506.64微克/千克），品鉴食味分88.29～91.1分。2019年晚造参加省区试，平均亩产量为484.87千克，比对照种美香占2号（CK）增产12.13％，增产达极显著水平。2020年晚造参加省区试，平均亩产量为453.43千克，比对照种美香占2号（CK）增产11.28％，增产达显著水平。2020年晚造生产试验平均亩产量431.95千克，比美香占2号（CK）增产3.65％，日产量4.12～4.45千克。

该品种经过两年区试和一年生产试验，丰产性好，米质达部标优质2级，感稻瘟病，中感白叶枯病，耐寒性中强。建议广东省早、晚造种植，粤北稻作区根据生育期慎重选择使用。栽培上特别注意防治稻瘟病。推荐省品种审定。

（3）台香812（复试）　全生育期115～116天，比对照种美香占2号（CK）长3天。株型中集，分蘖力中等，株高适中，抗倒性较弱，耐寒性中等。株高109.0～119.1厘米，亩有效穗数20.0万～21.2万穗，穗长24.4～24.5厘米，每穗总粒数123～133粒，结实率81.5%～83.3%，千粒重19.2～19.3克。中感稻瘟病，全群抗性频率75.8%～88.9%，病圃鉴定叶瘟1.8～2.75级、穗瘟3.4～6.5级（单点最高9级）；感白叶枯病（Ⅳ型菌5级、Ⅴ型菌7级、Ⅸ型菌7级）。米质鉴定未达部标优质级，整精米率34.3%～43.3%，垩白度0.4%，透明度1.0级，碱消值7.0级，胶稠度62.0～64.0毫米，直链淀粉17.0%～17.6%，粒型（长宽比）4.4。有香味（2-AP含量384.91～500.17微克/千克），品鉴食味分92.29～92.9分。2019年晚造参加省区试，平均亩产量为416.83千克，比对照种美香占2号（CK）减产4.13%，减产未达显著水平。2020年晚造参加省区试，平均亩产量为392.19千克，比对照种美香占2号（CK）减产3.75%，减产未达显著水平。2020年晚造生产试验平均亩产量365.55千克，比美香占2号（CK）减产12.28%，日产量3.38～3.62千克。

该品种经过两年区试和一年生产试验，产量与对照相当，米质未达部标优质等级，中感稻瘟病，感白叶枯病，耐寒性中等。建议广东省早、晚造种植，粤北稻作区根据生育期慎重选择使用。栽培上特别注意防治稻瘟病和白叶枯病。推荐省品种审定。

7. 香稻组（C组）

（1）金香优263（复试）　全生育期108～109天，比对照种美香占2号（CK）短4天。株型中集，分蘖力中等，株高适中，抗倒性强，耐寒性中等。株高105.6～110.8厘米，亩有效穗数17.8万～18.7万穗，穗长22.2～22.3厘米，每穗总粒数140～146粒，结实率84.0%～84.3%，千粒重23.5～23.6克。抗稻瘟病，全群抗性频率93.3%～97.0%，病圃鉴定叶瘟1.2～1.5级、穗瘟2.2～3.0级（单点最高7级）；高感白叶枯病（Ⅳ型菌5级、Ⅴ型菌9级、Ⅸ型菌9级）。米质鉴定达部标优质2级，整精米率61.3%～66.4%，垩白度1.2%～1.3%，透明度1.0级，碱消值6.8级，胶稠度68.0～70.0毫米，直链淀粉17.0%～17.5%，粒型（长宽比）3.3～3.4。无香味（2年检测的2-AP含量均为0微克/千克），品鉴食味分79.43～85.7分。2019年晚造参加省区试，平均亩产量为484.20千克，比对照种美香占2号（CK）增产12.40%，增产达显著水平。2020年晚造参加省区试，平均亩产量为469.76千克，比对照种美香占2号（CK）增产17.34%，增产达极显著水平。2020年晚造生产试验平均亩产量487.77千克，比美香占2号（CK）增产17.05%，日产量4.31～4.48千克。

该品种经过两年区试和一年生产试验，丰产性好，米质达部标优质2级，抗稻瘟病，高感白叶枯病，耐寒性中等。建议广东省早、晚造种植，粤北稻作区根据生育期慎重选择使用。栽培上特别注意防治白叶枯病。推荐省品种审定。

（2）耕香优莉丝苗（复试）　　全生育期 113 天，与对照种美香占 2 号（CK）相当。株型中集，分蘖力中等，株高适中，抗倒性中弱，耐寒性中等。株高 109.6～117.6 厘米，亩有效穗数 16.6 万～19.3 万穗，穗长 24.3～24.7 厘米，每穗总粒数 182～184 粒，结实率 73.7%～77.3%，千粒重 20.2～20.5 克。抗稻瘟病，全群抗性频率 81.8%～86.7%，病圃鉴定叶瘟 1.4～1.5 级、穗瘟 2.0～2.2 级（单点最高 5 级）；高感白叶枯病（Ⅳ型菌级 7、Ⅴ型菌 9 级、Ⅸ型菌 9 级）。米质鉴定未达部标优质等级，整精米率 55.6%～59.2%，垩白度 0.2%～0.7%，透明度 1.0～2.0 级，碱消值 4.5～4.8 级，胶稠度 71.0～76.0 毫米，直链淀粉 15.2%～16.4%，粒型（长宽比）3.8～3.9。有香味（2-AP 含量 560.86～634.11 微克/千克），品鉴食味分 90.0～92.3 分。2019 年晚造参加省区试，平均亩产量为 462.60 千克，比对照种美香占 2 号（CK）增产 6.98%，增产未达显著水平。2020 年晚造参加省区试，平均亩产量为 448.81 千克，比对照种美香占 2 号（CK）增产 12.10%，增产达极显著水平。2020 年晚造生产试验平均亩产量 438.38 千克，比美香占 2 号（CK）增产 5.20%，日产量 3.97 千克。

该品种经过两年区试和一年生产试验，丰产性较好，米质未达部标优质等级，抗稻瘟病，高感白叶枯病，耐寒性中等。建议广东省早、晚造种植，粤北稻作区根据生育期慎重选择使用。栽培上特别注意防治白叶枯病。推荐省品种审定。

（3）又香优香丝苗（复试）　　全生育期 110～111 天，比对照种美香占 2 号（CK）短 1～3 天。株型中集，分蘖力中等，株高适中，抗倒性中弱，耐寒性中弱。株高 104.5～112.3 厘米，亩有效穗数 17.9 万～20.9 万穗，穗长 22.7～23.5 厘米，每穗总粒数 154～155 粒，结实率 81.4%～83.9%，千粒重 20.2～20.4 克。感稻瘟病，全群抗性频率 60.6%～80.0%，病圃鉴定叶瘟 1.4～2.25 级、穗瘟 4.2～4.5 级（单点最高 7 级）；高感白叶枯病（Ⅳ型菌 5 级、Ⅴ型菌 7 级、Ⅸ型菌 9 级）。米质鉴定达部标优质 2 级，整精米率 52.0%～58.6%，垩白度 0.6%～0.7%，透明度 1.0 级，碱消值 6.8～7.0 级，胶稠度 71.0～74.0 毫米，直链淀粉 15.9%～16.1%，粒型（长宽比）4.2～4.4。无香味（2 年检测 2-AP 含量均为 0 微克/千克），品鉴食味分 90.57～92.0 分。2019 年晚造参加省区试，平均亩产量为 478.93 千克，比对照种美香占 2 号（CK）增产 10.75%，增产达显著水平。2020 年晚造参加省区试，平均亩产量为 444.48 千克，比对照种美香占 2 号（CK）增产 11.02%，增产达极显著水平。2020 年晚造生产试验平均亩产量 430.25 千克，比美香占 2 号（CK）增产 3.24%，日产量 4.04～4.31 千克。

该品种经过两年区试和一年生产试验，丰产性好，米质达部标优质 2 级，感稻瘟病，高感白叶枯病，耐寒性中弱。建议广东省中南和西南稻作区的平原地区早、晚造种植。栽培上特别注意防治稻瘟病和白叶枯病。推荐省品种审定。

8. 香稻组（D 组）

（1）香雪丝苗（复试）　　全生育期 112～113 天，与对照种美香占 2 号（CK）相当。株型中集，分蘖力中等，株高适中，抗倒性强，耐寒性中强。株高 98.1～100.6 厘米，亩有效穗数 19.7 万～21.5 万穗，穗长 22.3～22.4 厘米，每穗总粒数 114～124 粒，结实率

86.8%～89.8%，千粒重 21.3～21.5 克。高感稻瘟病，全群抗性频率 66.7%～75.6%，病圃鉴定叶瘟 1.8～3.25 级、穗瘟 4.2～8.0 级（单点最高 9 级）；感白叶枯病（Ⅳ型菌 5 级、Ⅴ型菌 7 级、Ⅸ型菌 7 级）。米质鉴定达部标优质 2 级，整精米率 47.8%～58.4%，垩白度 0.2%～0.9%，透明度 1.0 级，碱消值 7.0 级，胶稠度 70.0～78.0 毫米，直链淀粉 16.5%～18.1%，粒型（长宽比）4.2～4.4。有香味（2-AP 含量 519.25～635.0 微克/千克），品鉴食味分 92.0～92.9 分。2019 年晚造参加省区试，平均亩产量为 460.00 千克，比对照种美香占 2 号（CK）增产 6.79%，增产未达显著水平。2020 年晚造参加省区试，平均亩产量为 455.74 千克，比对照种美香占 2 号（CK）增产 12.35%，增产达显著水平。2020 年晚造生产试验平均亩产量 452.62 千克，比美香占 2 号（CK）增产 8.61%，日产量 4.07 千克。

该品种经过两年区试和一年生产试验，丰产性较好，米质达部标优质 2 级，高感稻瘟病，感白叶枯病，耐寒性中强。建议广东省早、晚造种植，粤北稻作区根据生育期慎重选择使用。栽培上特别注意防治稻瘟病和白叶枯病。推荐省品种审定。

（2）恒丰优油香（复试）　全生育期 110～113 天，与对照种美香占 2 号（CK）相当。株型中集，分蘖力中等，株高适中，抗倒性强，耐寒性中等。株高 102.5～111.8 厘米，亩有效穗数 16.9 万～17.0 万穗，穗长 22.2～23.6 厘米，每穗总粒数 165～173 粒，结实率 72.4%～80.6%，千粒重 21.1～22.3 克。中抗稻瘟病，全群抗性频率 93.3%～93.9%，病圃鉴定叶瘟 1.75～1.8 级、穗瘟 3.0～4.5 级（单点最高 7 级）；高感白叶枯病（Ⅳ型菌 7 级、Ⅴ型菌 9 级、Ⅸ型菌 9 级）。米质鉴定达部标优质 3 级，整精米率 55.0%～60.0%，垩白度 0.7%～0.9%，透明度 1.0～2.0 级，碱消值 5.5～5.8 级，胶稠度 66.0～74.0 毫米，直链淀粉 13.8%～16.6%，粒型（长宽比）3.8～4.0。有香味（2020 年 2-AP 含量 1 015.75 微克/千克），品鉴食味分 86.86～90.6 分。2019 年晚造参加省区试，平均亩产量为 475.57 千克，比对照种美香占 2 号（CK）增产 10.40%，增产未达显著水平。2020 年晚造参加省区试，平均亩产量为 428.62 千克，比对照种美香占 2 号（CK）增产 5.66%，增产未达显著水平。2020 年晚造生产试验平均亩产量 445.91 千克，比美香占 2 号（CK）增产 7.00%，日产量 3.79～4.32 千克。

该品种经过两年区试和一年生产试验，丰产性较好，米质达部标优质 3 级，中抗稻瘟病，高感白叶枯病，耐寒性中等。建议广东省早、晚造种植，粤北稻作区根据生育期慎重选择使用。栽培上注意防治稻瘟病和白叶枯病。推荐省品种审定。

（3）象竹香丝苗（复试）　全生育期 114～115 天，比对照种美香占 2 号（CK）长 2 天。株型中集，分蘖力中强，株高适中，抗倒性强，耐寒性中弱。株高 98.5～106.1 厘米，亩有效穗数 21.6 万～21.9 万穗，穗长 23.7～23.9 厘米，每穗总粒数 125～132 粒，结实率 77.5%～81.0%，千粒重 17.5～18.3 克。高感稻瘟病，全群抗性频率 60.6%～66.7%，病圃鉴定叶瘟 2.2～4.0 级、穗瘟 5.4～8.0 级（单点最高 9 级）；高感白叶枯病（Ⅳ型菌 5 级、Ⅴ型菌 7 级、Ⅸ型菌 9 级）。米质鉴定未达部标优质等级，整精米率 30.8%～46.4%，垩白度 0.1%～0.3%，透明度 1.0 级，碱消值 7.0 级，胶稠度 62.0～

63.0毫米，直链淀粉15.3%～18.1%，粒型（长宽比）4.6～4.7。有香味（2-AP含量678.98～803.34微克/千克），品鉴食味分91.4～92.0分。2019年晚造参加省区试，平均亩产量为404.43千克，比对照种美香占2号（CK）减产6.11%，减产未达显著水平。2020年晚造参加省区试，平均亩产量为404.29千克，比对照种美香占2号（CK）减产0.33%，减产未达显著水平。2020年晚造生产试验平均亩产量392.51千克，比美香占2号（CK）减产5.81%，日产量3.52～3.55千克。

该品种经过两年区试和一年生产试验，产量与对照相当，米质未达部标优质等级，高感稻瘟病，高感白叶枯病，耐寒性中弱。建议广东省中南和西南稻作区的平原地区早、晚造种植。栽培上特别注意防治稻瘟病和白叶枯病。推荐省品种审定。

（二）新参试品种

1. 感温中熟组

（1）禾龙占 全生育期114天，比对照种华航31号（CK）长2天。株型中集，分蘖力中等，株高适中，抗倒性强。株高105.0厘米，亩有效穗数17.3万穗，穗长21.9厘米，每穗总粒数147粒，结实率84.8%，千粒重22.7克。米质鉴定达部标优质1级，糙米率81.1%，整精米率61.6%，垩白度0.5%，透明度1.0级，碱消值7.0级，胶稠度72.0毫米，直链淀粉16.0%，粒型（长宽比）3.1。抗稻瘟病，全群抗性频率84.4%，病圃鉴定叶瘟2.0级、穗瘟2.5级（单点最高5级）；高感白叶枯病（Ⅸ型菌9级）。2020年晚造参加省区试，平均亩产量453.54千克，比对照种华航31号（CK）增产3.24%，增产未达显著水平，日产量3.98千克。

该品种产量与对照相当，米质达部标优质1级，抗稻瘟病，2021年安排复试并进行生产试验。

（2）合新油占 全生育期113天，比对照种华航31号（CK）长1天。株型中集，分蘖力中等，株高适中，抗倒性中强。株高114.7厘米，亩有效穗数17.4万穗，穗长23.5厘米，每穗总粒数153粒，结实率86.6%，千粒重23.3克。米质鉴定达部标优质1级，糙米率82.2%，整精米率67.1%，垩白度0.5%，透明度1.0级，碱消值7.0级，胶稠度75.0毫米，直链淀粉13.5%，粒型（长宽比）3.1。抗稻瘟病，全群抗性频率77.8%，病圃鉴定叶瘟1.5级、穗瘟2.5级（单点最高5级）；高感白叶枯病（Ⅸ型菌9级）。2020年晚造参加省区试，平均亩产量453.18千克，比对照种华航31号（CK）增产3.15%，增产未达显著水平，日产量4.01千克。

该品种产量与对照相当，米质达部标优质1级，抗稻瘟病，2021年安排复试并进行生产试验。

（3）凤广丝苗 全生育期113天，比对照种华航31号（CK）长1天。株型中集，分蘖力中等，株高适中，抗倒性中强。株高112.3厘米，亩有效穗数16.7万穗，穗长21.6厘米，每穗总粒数153粒，结实率81.4%，千粒重23.0克。米质鉴定达部标优质2级，糙米率80.6%，整精米率61.6%，垩白度0.1%，透明度1.0级，碱消值7.0级，胶稠度

62.0毫米，直链淀粉15.5%，粒型（长宽比）3.1。抗稻瘟病，全群抗性频率88.9%，病圃鉴定叶瘟1.5级、穗瘟3.5级（单点最高7级）；感白叶枯病（Ⅸ型菌7级）。2020年晚造参加省区试，平均亩产量437.21千克，比对照种华航31号（CK）减产0.48%，减产未达显著水平，日产量3.87千克。

该品种产量与对照相当，米质达部标优质2级，抗稻瘟病，2021年安排复试并进行生产试验。

（4）华航81号 全生育期113天，比对照种华航31号（CK）长1天。株型中集，分蘖力中弱，株高适中，抗倒性强。株高115.1厘米，亩有效穗数16.3万穗，穗长25.0厘米，每穗总粒数142粒，结实率88.2%，千粒重23.2克。米质鉴定达部标优质2级，糙米率80.0%，整精米率58.0%，垩白度0.5%，透明度1.0级，碱消值7.0级，胶稠度64.0毫米，直链淀粉15.6%，粒型（长宽比）3.4。抗稻瘟病，全群抗性频率91.1%，病圃鉴定叶瘟2.0级、穗瘟3.5级（单点最高7级）；高感白叶枯病（Ⅸ型菌9级）。2020年晚造参加省区试，平均亩产量425.20千克，比对照种华航31号（CK）减产3.21%，减产未达显著水平，日产量3.76千克。

该品种产量与对照相当，米质达部标优质2级，抗稻瘟病，2021年安排复试并进行生产试验。

（5）碧玉丝苗2号 全生育期115天，比对照种华航31号（CK）长3天。株型中集，分蘖力中等，植株较高，抗倒性中弱。株高124.1厘米，亩有效穗数18.5万穗，穗长22.0厘米，每穗总粒数121粒，结实率87.8%，千粒重23.5克。米质鉴定达部标优质2级，糙米率80.1%，整精米率57.8%，垩白度1.4%，透明度1.0级，碱消值7.0级，胶稠度74.0毫米，直链淀粉13.2%，粒型（长宽比）3.6。抗稻瘟病，全群抗性频率77.8%，病圃鉴定叶瘟1.0级、穗瘟2.5级（单点最高3级）；高感白叶枯病（Ⅸ型菌9级）。2020年晚造参加省区试，平均亩产量424.26千克，比对照种华航31号（CK）减产3.43%，减产未达显著水平，日产量3.69千克。

该品种产量与对照相当，米质达部标优质2级，抗稻瘟病，2021年安排复试并进行生产试验。

2. 感温迟熟组（A组）

（1）广台7号 全生育期113天，比对照种粤晶丝苗2号（CK）短1天。株型中集，分蘖力中等，株高适中，抗倒性中等。株高108.5厘米，亩有效穗数19.5万穗，穗长20.0厘米，每穗总粒数139粒，结实率89.2%，千粒重19.3克。米质鉴定达部标优质2级，糙米率80.0%，整精米率65.9%，垩白度0.3%，透明度2.0级，碱消值7.0级，胶稠度64.0毫米，直链淀粉15.2%，粒型（长宽比）3.4。高抗稻瘟病，全群抗性频率93.3%，病圃鉴定叶瘟1.25级、穗瘟2.0级（单点最高3级）；高感白叶枯病（Ⅸ型菌9级）。2020年晚造参加省区试，平均亩产量446.74千克，比对照种粤晶丝苗2号（CK）增产0.98%，增产未达显著水平，日产量3.95千克。

该品种产量与对照相当，米质达部标优质2级，高抗稻瘟病，2021年安排复试并进行生产试验。

（2）创籼占 2 号　全生育期 115 天，比对照种粤晶丝苗 2 号（CK）长 1 天。株型中集，分蘖力中等，株高适中，抗倒性强。株高 102.2 厘米，亩有效穗数 18.2 万穗，穗长 22.8 厘米，每穗总粒数 140 粒，结实率 88.4%，千粒重 22.7 克。米质鉴定达部标优质 2 级，糙米率 80.9%，整精米率 63.5%，垩白度 0.1%，透明度 1.0 级，碱消值 7.0 级，胶稠度 72.0 毫米，直链淀粉 18.6%，粒型（长宽比）3.3。抗稻瘟病，全群抗性频率 84.4%，病圃鉴定叶瘟 1.25 级、穗瘟 2.5 级（单点最高 3 级）；感白叶枯病（Ⅸ 型菌 7 级）。2020 年晚造参加省区试，平均亩产量 461.65 千克，比对照种粤晶丝苗 2 号（CK）增产 4.35%，增产未达显著水平，日产量 4.01 千克。

该品种丰产性较好，米质达部标优质 2 级，抗稻瘟病，2021 年安排复试并进行生产试验。

（3）中深 3 号　全生育期 114 天，与对照种粤晶丝苗 2 号（CK）相当。株型中集，分蘖力中等，株高适中，抗倒性强。株高 107.5 厘米，亩有效穗数 20.0 万穗，穗长 21.8 厘米，每穗总粒数 140 粒，结实率 85.2%，千粒重 20.8 克。米质鉴定达部标优质 2 级，糙米率 80.2%，整精米率 61.8%，垩白度 0.4%，透明度 1.0 级，碱消值 7.0 级，胶稠度 65.0 毫米，直链淀粉 17.7%，粒型（长宽比）3.4。抗稻瘟病，全群抗性频率 91.1%，病圃鉴定叶瘟 2.0 级、穗瘟 3.0 级（单点最高 5 级）；高感白叶枯病（Ⅸ 型菌 9 级）。2020 年晚造参加省区试，平均亩产量 455.72 千克，比对照种粤晶丝苗 2 号（CK）增产 3.01%，增产未达显著水平，日产量 4.00 千克。

该品种丰产性较好，米质达部标优质 2 级，抗稻瘟病，2021 年安排复试并进行生产试验。

（4）禅油占　全生育期 112 天，比对照种粤晶丝苗 2 号（CK）短 2 天。株型中集，分蘖力中等，株高适中，抗倒性强。株高 104.0 厘米，亩有效穗数 19.3 万穗，穗长 21.8 厘米，每穗总粒数 142 粒，结实率 84.9%，千粒重 20.7 克。米质鉴定达部标优质 2 级，糙米率 80.8%，整精米率 60.7%，垩白度 0.4%，透明度 1.0 级，碱消值 7.0 级，胶稠度 62.0 毫米，直链淀粉 16.6%，粒型（长宽比）3.4。中抗稻瘟病，全群抗性频率 88.9%，病圃鉴定叶瘟 2.75 级、穗瘟 5.0 级（单点最高 7 级）；高感白叶枯病（Ⅸ 型菌 9 级）。2020 年晚造参加省区试，平均亩产量 444.90 千克，比对照种粤晶丝苗 2 号（CK）增产 0.56%，增产未达显著水平，日产量 3.97 千克。

该品种产量与对照相当，米质达部标优质 2 级，中抗稻瘟病，高感白叶枯病，建议终止试验。

（5）合秀占 2 号　全生育期 113 天，比对照种粤晶丝苗 2 号（CK）短 1 天。株型中集，分蘖力中等，株高适中，抗倒性较强。株高 108.3 厘米，亩有效穗数 16.3 万穗，穗长 23.2 厘米，每穗总粒数 166 粒，结实率 85.2%，千粒重 21.0 克。米质鉴定达部标优质 2 级，糙米率 80.8%，整精米率 64.2%，垩白度 0.2%，透明度 1.0 级，碱消值 7.0 级，胶稠度 65.0 毫米，直链淀粉 15.6%，粒型（长宽比）3.6。中感稻瘟病，全群抗性频率88.9%，病圃鉴定叶瘟2.25级、穗瘟6.0级（单点最高9级）；高感白叶枯病（Ⅸ型菌9级）。2020年晚造参加省区试，平均亩产量437.35千克，比对照种粤晶丝苗2号（CK）减产1.14%，减产未达显著水平，日产量3.87千克。

该品种产量与对照相当，米质达部标优质2级，中感稻瘟病，单点最高穗瘟9级，高感白叶枯病，建议终止试验。

（6）碧玉丝苗5号　全生育期114天，与对照种粤晶丝苗2号（CK）相当。株型中集，分蘖力中等，株高适中，抗倒性中强。株高111.5厘米，亩有效穗数18.7万穗，穗长22.8厘米，每穗总粒数143粒，结实率80.7%，千粒重18.6克。米质鉴定未达部标优质等级，糙米率79.4%，整精米率46.7%，垩白度0.1%，透明度1.0级，碱消值7.0级，胶稠度64.0毫米，直链淀粉15.6%，粒型（长宽比）3.8。高感稻瘟病，全群抗性频率48.9%，病圃鉴定叶瘟6.0级、穗瘟9.0级（单点最高9级）；高感白叶枯病（Ⅸ型菌9级）。2020年晚造参加省区试，平均亩产量379.19千克，比对照种粤晶丝苗2号（CK）减产14.29%，减产达极显著水平，日产量3.33千克。

该品种丰产性差，高感稻瘟病，高感白叶枯病，建议终止试验。

3. 感温迟熟组（B组）

（1）黄广五占　全生育期113天，比对照种粤晶丝苗2号（CK）短1天。株型中集，分蘖力中等，株高适中，抗倒性强。株高105.1厘米，亩有效穗数17.7万穗，穗长22.0厘米，每穗总粒数145粒，结实率84.6%，千粒重24.6克。米质鉴定达部标优质1级，糙米率82.4%，整精米率62.9%，垩白度0.3%，透明度1.0级，碱消值7.0级，胶稠度66.0毫米，直链淀粉17.5%，粒型（长宽比）3.2。中抗稻瘟病，全群抗性频率86.7%，病圃鉴定叶瘟2.5级、穗瘟4.5级（单点最高7级）；高感白叶枯病（Ⅸ型菌9级）。2020年晚造参加省区试，平均亩产量487.97千克，比对照种粤晶丝苗2号（CK）增产9.74%，增产达极显著水平，日产量4.32千克。

该品种丰产性好，米质达部标优质1级，中抗稻瘟病，2021年安排复试并进行生产试验。

（2）黄华油占　全生育期114天，与对照种粤晶丝苗2号（CK）相当。株型中集，分蘖力中等，株高适中，抗倒性中强。株高111.3厘米，亩有效穗数18.9万穗，穗长20.6厘米，每穗总粒数125粒，结实率88.9%，千粒重24.5克。米质鉴定达部标优质1级，糙米率81.9%，整精米率64.0%，垩白度0.2%，透明度1.0级，碱消值7.0级，胶稠度72.0毫米，直链淀粉15.8%，粒型（长宽比）3.0。中抗稻瘟病，全群抗性频率88.9%，病圃鉴定叶瘟2.25级、穗瘟5.5级（单点最高7级）；高感白叶枯病（Ⅸ型菌9级）。2020年晚造参加省区试，平均亩产量481.10千克，比对照种粤晶丝苗2号（CK）增产8.20%，增产达极显著水平，日产量4.22千克。

该品种丰产性好，米质达部标优质1级，中抗稻瘟病，2021年安排复试并生产试验。

（3）黄丝粤占　全生育期112天，比对照种粤晶丝苗2号（CK）短2天。株型中集，分蘖力中等，株高适中，抗倒性中等。株高112.9厘米，亩有效穗数18.9万穗，穗长

22.5 厘米，每穗总粒数 132 粒，结实率 86.0%，千粒重 24.0 克。米质鉴定达部标优质 1 级，糙米率 81.9%，整精米率 61.5%，垩白度 0.7%，透明度 1.0 级，碱消值 7.0 级，胶稠度 76.0 毫米，直链淀粉 16.9%，粒型（长宽比）3.4。抗稻瘟病，全群抗性频率 88.9%，病圃鉴定叶瘟 1.25 级、穗瘟 2.0 级（单点最高 3 级）；高感白叶枯病（Ⅸ型菌 9 级）。2020 年晚造参加省区试，平均亩产量 461.25 千克，比对照种粤晶丝苗 2 号（CK）增产 3.73%，增产未达显著水平，日产量 4.12 千克。

该品种丰产性较好，米质达部标优质 1 级，抗稻瘟病，2021 年安排复试并进行生产试验。

（4）五源占 3 号 全生育期 114 天，与对照种粤晶丝苗 2 号（CK）相当。株型中集，分蘖力中等，株高适中，抗倒性强。株高 111.2 厘米，亩有效穗数 18.8 万穗，穗长 24.0 厘米，每穗总粒数 144 粒，结实率 85.7%，千粒重 21.5 克。米质鉴定达部标优质 2 级，糙米率 81.5%，整精米率 64.0%，垩白度 0.1%，透明度 1.0 级，碱消值 7.0 级，胶稠度 75.0 毫米，直链淀粉 18.9%，粒型（长宽比）3.5。中感稻瘟病，全群抗性频率 75.6%，病圃鉴定叶瘟 3.0 级、穗瘟 4.5 级（单点最高 9 级）；感白叶枯病（Ⅸ型菌 7 级）。2020 年晚造参加省区试，平均亩产量 449.14 千克，比对照种粤晶丝苗 2 号（CK）增产 1.01%，增产未达显著水平，日产量 3.94 千克。

该品种产量与对照相当，中感稻瘟病，单点最高穗瘟 9 级，感白叶枯病，建议终止试验。

（5）华航香占 全生育期 115 天，比对照种粤晶丝苗 2 号（CK）长 1 天。株型中集，分蘖力中等，株高适中，抗倒性强。株高 111.3 厘米，亩有效穗数 19.0 万穗，穗长 22.8 厘米，每穗总粒数 134 粒，结实率 87.0%，千粒重 21.3 克。米质鉴定未达部标优质等级，糙米率 80.4%，整精米率 46.7%，垩白度 0.1%，透明度 1.0 级，碱消值 7.0 级，胶稠度 80.0 毫米，直链淀粉 18.1%，粒型（长宽比）4.0。高感稻瘟病，全群抗性频率 64.4%，病圃鉴定叶瘟 4.5 级、穗瘟 7.0 级（单点最高 9 级）；高感白叶枯病（Ⅸ型菌 9 级）。2020 年晚造参加省区试，平均亩产量 445.76 千克，比对照种粤晶丝苗 2 号（CK）增产 0.25%，增产未达显著水平，日产量 3.88 千克。

该品种产量与对照相当，米质未达部标优质等级，高感稻瘟病，高感白叶枯病，建议终止试验。

（6）兆源占 全生育期 110 天，比对照种粤晶丝苗 2 号（CK）短 4 天。株型中集，分蘖力中等，株高适中，抗倒性中等。株高 110.5 厘米，亩有效穗数 16.7 万穗，穗长 23.3 厘米，每穗总粒数 155 粒，结实率 84.6%，千粒重 22.1 克。米质鉴定未达部标优质等级，糙米率 81.2%，整精米率 61.5%，垩白度 0.6%，透明度 1.0 级，碱消值 7.0 级，胶稠度 56.0 毫米，直链淀粉 26.4%，粒型（长宽比）3.2。感稻瘟病，全群抗性频率 88.9%，病圃鉴定叶瘟 3.75 级、穗瘟 7.5 级（单点最高 9 级）；高感白叶枯病（Ⅸ型菌 9 级）。2020 年晚造参加省区试，平均亩产量 442.88 千克，比对照种粤晶丝苗 2 号（CK）减产 0.4%，减产未达显著水平，日产量 4.03 千克。

该品种产量与对照相当，米质未达部标优质等级，感稻瘟病，高感白叶枯病，建议终止试验。

（7）银珠丝苗　全生育期111天，比对照种粤晶丝苗2号（CK）短3天。株型中集，分蘖力中等，株高适中，抗倒性中弱。株高105.2厘米，亩有效穗数20.2万穗，穗长21.5厘米，每穗总粒数146粒，结实率84.2%，千粒重17.4克。米质鉴定未达部标优质等级，糙米率81.8%，整精米率54.3%，垩白度1.7%，透明度1.0级，碱消值7.0级，胶稠度64.0毫米，直链淀粉25.0%，粒型（长宽比）3.9。高感稻瘟病，全群抗性频率62.2%，病圃鉴定叶瘟5.0级、穗瘟8.5级（单点最高9级）；高感白叶枯病（Ⅸ型菌9级）。2020年晚造参加省区试，平均亩产量409.94千克，比对照种粤晶丝苗2号（CK）减产7.81%，减产达极显著水平，日产量3.69千克。

该品种丰产性差，高感稻瘟病，高感白叶枯病，建议终止试验。

4. 特用稻组

（1）晶两优红占　全生育期113天，比对照种粤红宝（CK）长1天。株型中集，分蘖力中等，株高适中，抗倒性强。株高114.8厘米，亩有效穗数16.9万穗，穗长22.7厘米，每穗总粒数145粒，结实率83.8%，千粒重23.3克。米质鉴定达部标优质2级，糙米率81.5%，整精米率64.0%，垩白度1.6%，透明度2.0级，碱消值6.5级，胶稠度74.0毫米，直链淀粉15.7%，粒型（长宽比）3.0。抗稻瘟病，全群抗性频率93.3%，病圃鉴定叶瘟1.5级、穗瘟3.0级（单点最高7级）；感白叶枯病（Ⅸ型菌7级）。2020年晚造参加省区试，平均亩产量430.47千克，比对照种粤红宝（CK）增产14.23%，增产达极显著水平，日产量3.81千克。

该品种丰产性好，红米，米质达部标优质2级，抗稻瘟病，2021年安排复试并进行生产试验。

（2）合红占2号　全生育期112天，与对照种粤红宝（CK）相当。株型中集，分蘖力中等，株高适中，抗倒性强。株高114.3厘米，亩有效穗数15.4万穗，穗长22.5厘米，每穗总粒数139粒，结实率86.2%，千粒重26.8克。米质鉴定未达部标优质等级，糙米率80.7%，整精米率61.0%，垩白度3.5%，透明度2.0级，碱消值7.0级，胶稠度41.0毫米，直链淀粉26.1%，粒型（长宽比）3.1。高抗稻瘟病，全群抗性频率91.1%，病圃鉴定叶瘟1.75级、穗瘟2.0级（单点最高3级）；感白叶枯病（Ⅸ型菌7级）。2020年晚造参加省区试，平均亩产量430.27千克，比对照种粤红宝（CK）增产14.18%，增产达极显著水平，日产量3.84千克。

该品种丰产性好，红米，高抗稻瘟病，2021年安排复试并生产试验。

（3）兴两优红晶占　全生育期110天，比对照种粤红宝（CK）短2天。株型中集，分蘖力中等，株高适中，抗倒性中等。株高107.7厘米，亩有效穗数16.5万穗，穗长22.3厘米，每穗总粒数165粒，结实率82.4%，千粒重19.5克。米质鉴定达部标优质2级，糙米率81.0%，整精米率61.4%，垩白度0.8%，透明度2.0级，碱消值6.8级，胶稠度62.0毫米，直链淀粉15.5%，粒型（长宽比）3.3。抗稻瘟病，全群抗性频率

97.8%，病圃鉴定叶瘟 1.75 级、穗瘟 3.0 级（单点最高 5 级）；高感白叶枯病（Ⅸ型菌 9 级）。2020 年晚造参加省区试，平均亩产量 390.30 千克，比对照种粤红宝（CK）增产 3.57%，增产未达显著水平，日产量 3.55 千克。

该品种产量与对照相当，红米，米质达部标优质 2 级，抗稻瘟病，2021 年安排复试并进行生产试验。

（4）东红 6 号 全生育期 110 天，比对照种粤红宝（CK）短 2 天。株型中集，分蘖力中等，株高适中，抗倒性强。株高 113.2 厘米，亩有效穗数 17.1 万穗，穗长 21.7 厘米，每穗总粒数 136 粒，结实率 84.7%，千粒重 22.5 克。米质鉴定达部标优质 2 级，糙米率 79.9%，整精米率 60.1%，垩白度 1.0%，透明度 2.0 级，碱消值 7.0 级，胶稠度 70.0 毫米，直链淀粉 15.5%，粒型（长宽比）3.3。高抗稻瘟病，全群抗性频率 91.1%，病圃鉴定叶瘟 1.25 级、穗瘟 2.5 级（单点最高 5 级）；抗白叶枯病（Ⅸ型菌 1 级）。2020 年晚造参加省区试，平均亩产量 386.47 千克，比对照种粤红宝（CK）增产 2.56%，增产未达显著水平，日产量 3.51 千克。

该品种产量与对照相当，红米，米质达部标优质 2 级，高抗稻瘟病，抗白叶枯病，2021 年安排复试并进行生产试验。

（5）广新红占 全生育期 110 天，比对照种粤红宝（CK）短 2 天。株型中集，分蘖力中等，株高适中，抗倒性强。株高 111.0 厘米，亩有效穗数 16.1 万穗，穗长 23.2 厘米，每穗总粒数 154 粒，结实率 83.0%，千粒重 21.2 克。米质鉴定达部标优质 3 级，糙米率 79.0%，整精米率 59.6%，垩白度 0.2%，透明度 2.0 级，碱消值 5.8 级，胶稠度 78.0 毫米，直链淀粉 13.1%，粒型（长宽比）3.2。感稻瘟病，全群抗性频率 80.0%，病圃鉴定叶瘟 3.5 级、穗瘟 8.0 级（单点最高 9 级）；高感白叶枯病（Ⅸ型菌 9 级）。2020 年晚造参加省区试，平均亩产量 396.03 千克，比对照种粤红宝（CK）增产 5.09%，增产达显著水平，日产量 3.60 千克。

该品种感稻瘟病，高感白叶枯病，建议终止试验。

（6）黄广红占 全生育期 111 天，比对照种粤红宝（CK）短 1 天。株型中集，分蘖力中等，株高适中，抗倒性强。株高 111.2 厘米，亩有效穗数 15.3 万穗，穗长 22.4 厘米，每穗总粒数 155 粒，结实率 83.1%，千粒重 23.2 克。米质鉴定达部标优质 2 级，糙米率 81.4%，整精米率 57.2%，垩白度 0.4%，透明度 1.0 级，碱消值 6.9 级，胶稠度 63.0 毫米，直链淀粉 17.4%，粒型（长宽比）3.6。中抗稻瘟病，全群抗性频率 80.0%，病圃鉴定叶瘟 1.75 级、穗瘟 4.0 级（单点最高 5 级）；中感白叶枯病（Ⅸ型菌 5 级）。2020 年晚造参加省区试，平均亩产量 389.77 千克，比对照种粤红宝（CK）增产 3.43%，增产未达显著水平，日产量 3.51 千克。

该品种产量、米质、抗性均与对照相当，红米，建议终止试验。

（7）南宝黑糯 全生育期 112 天，与对照种粤红宝（CK）相当。株型中集，分蘖力中等，株高适中，抗倒性强。株高 112.5 厘米，亩有效穗数 17.7 万穗，穗长 22.3 厘米，每穗总粒数129粒，结实率89.4%，千粒重20.2克。糙米率79.5%，整精米率63.5%，碱消值级4.6，胶稠度98毫米，直链淀粉2.6%，粒型（长宽比）2.9。中抗稻瘟病，全群抗性频率86.7%，病圃鉴定叶瘟1.0级、穗瘟5.0级（单点最高9级）；高感白叶枯病（Ⅸ型菌9级）。2020年晚造参加省区试，平均亩产量372.40千克，比对照种粤红宝（CK）减产1.18%，减产未达显著水平，日产量3.32千克。

该品种产量与对照相当，黑糯米，中抗稻瘟病，单点最高穗瘟9级，高感白叶枯病，建议终止试验。

（8）红晶丝苗 全生育期111天，比对照种粤红宝（CK）短1天。株型中集，分蘖力中等，株高适中，抗倒性强。株高111.1厘米，亩有效穗数17.1万穗，穗长24.2厘米，每穗总粒数155粒，结实率86.2%，千粒重18.5克。米质鉴定达部标优质2级，糙米率82.1%，整精米率61.2%，垩白度0.7%，透明度2.0级，碱消值7.0级，胶稠度66.0毫米，直链淀粉15.4%，粒型（长宽比）3.6。中抗稻瘟病，全群抗性频率100.0%，病圃鉴定叶瘟1.5级、穗瘟4.5级（单点最高7级）；高感白叶枯病（Ⅸ型菌9级）。2020年晚造参加省区试，平均亩产量370.57千克，比对照种粤红宝（CK）减产1.66%，减产未达显著水平，日产量3.34千克。

该品种产量、米质、抗性均与对照相当，红米，建议终止试验。

5. 香稻组（A组）

（1）五香丝苗 全生育期116天，比对照种美香占2号（CK）长3天。株型中集，分蘖力中等，株高适中，抗倒性强。株高121.5厘米，亩有效穗数16.0万穗，穗长24.1厘米，每穗总粒数170粒，结实率81.0%，千粒重21.7克。米质鉴定未达部标优质等级，糙米率78.7%，整精米率48.6%，垩白度0.1%，透明度1.0级，碱消值7.0级，胶稠度62.0毫米，直链淀粉17.1%，粒型（长宽比）4.1。有香味（2-AP含量549.88微克/千克），品鉴食味分93.14分。抗稻瘟病，全群抗性频率86.7%，病圃鉴定叶瘟1.75级、穗瘟2.0级（单点最高3级）；中抗白叶枯病（Ⅸ型菌3级）。2020年晚造参加省区试，平均亩产量467.79千克，比对照种美香占2号（CK）增产15.94%，增产达极显著水平，日产量4.03千克。

该品种丰产性好，抗稻瘟病，中抗白叶枯病，2021年安排复试并进行生产试验。

（2）双香丝苗 全生育期117天，比对照种美香占2号（CK）长4天。株型中集，分蘖力中等，株高适中，抗倒性强。株高109.9厘米，亩有效穗数21.5万穗，穗长22.3厘米，每穗总粒数110粒，结实率85.8%，千粒重20.0克。米质鉴定未达部标优质等级，糙米率79.4%，整精米率49.6%，垩白度0.0%，透明度1.0级，碱消值7.0级，胶稠度60.0毫米，直链淀粉14.9%，粒型（长宽比）4.3。有香味（2-AP含量859.28微克/千克），品鉴食味分92.57分。抗稻瘟病，全群抗性频率82.2%，病圃鉴定叶瘟1.5级、穗瘟3.0级（单点最高7级）；高感白叶枯病（Ⅸ型菌9级）。2020年晚造参加省区试，平均亩产量432.79千克，比对照种美香占2号（CK）增产7.27%，增产未达显著水平，日产量3.70 千克。

该品种丰产性较好，品鉴食味分 92.57 分，抗稻瘟病，2021 年安排复试并进行生产试验。

（3）丰香丝苗　全生育期 114 天，比对照种美香占 2 号（CK）长 1 天。株型中集，分蘖力中等，株高适中，抗倒性强。株高 109.7 厘米，亩有效穗数 19.1 万穗，穗长 23.4 厘米，每穗总粒数 122 粒，结实率 87.9%，千粒重 21.8 克。米质鉴定未达部标优质等级，糙米率 79.5%，整精米率 38.4%，垩白度 0.2%，透明度 1.0 级，碱消值 7.0 级，胶稠度 66.0 毫米，直链淀粉 12.8%，粒型（长宽比）4.6。有香味（2-AP 含量 715.43 微克/千克），品鉴食味分 92.29 分。抗稻瘟病，全群抗性频率 86.7%，病圃鉴定叶瘟 1.75 级、穗瘟 3.0 级（单点最高 5 级）；高感白叶枯病（Ⅸ型菌 9 级）。2020 年晚造参加省区试，平均亩产量 431.69 千克，比对照种美香占 2 号（CK）增产 6.99%，增产未达显著水平，日产量 3.79 千克。

该品种丰产性较好，品鉴食味分 92.29 分，抗稻瘟病，2021 年安排复试并进行生产试验。

（4）广金香 5 号　全生育期 114 天，比对照种美香占 2 号（CK）长 1 天。株型中集，分蘖力中等，株高适中，抗倒性强。株高 115.0 厘米，亩有效穗数 20.6 万穗，穗长 21.7 厘米，每穗总粒数 141 粒，结实率 87.1%，千粒重 20.3 克。米质鉴定达部标优质 2 级，糙米率 81.0%，整精米率 67.8%，垩白度 1.4%，透明度 1.0 级，碱消值 7.0 级，胶稠度 60.0 毫米，直链淀粉 16.9%，粒型（长宽比）3.4。有香味（2-AP 含量 541.39 微克/千克），品鉴食味分 84.29 分。抗稻瘟病，全群抗性频率 80.0%，病圃鉴定叶瘟 1.0 级、穗瘟 2.0 级（单点最高 3 级）；感白叶枯病（Ⅸ型菌 7 级）。2020 年晚造参加省区试，平均亩产量 471.64 千克，比对照种美香占 2 号（CK）增产 16.89%，增产达极显著水平，日产量 4.14 千克。

该品种品鉴食味分偏低，建议终止试验。

（5）金象优莉丝苗　全生育期 112 天，比对照种美香占 2 号（CK）短 1 天。株型中集，分蘖力中强，株高适中，抗倒性强。株高 115.2 厘米，亩有效穗数 18.1 万穗，穗长 23.5 厘米，每穗总粒数 146 粒，结实率 72.5%，千粒重 22.1 克。米质鉴定达部标优质 3 级，糙米率 79.5%，整精米率 53.8%，垩白度 0.6%，透明度 2.0 级，碱消值 5.0 级，胶稠度 72.0 毫米，直链淀粉 13.1%，粒型（长宽比）3.7。有香味（2-AP 含量 769.67 微克/千克），品鉴食味分 86.86 分。抗稻瘟病，全群抗性频率 86.7%，病圃鉴定叶瘟 2.25 级、穗瘟 3.5 级（单点最高 7 级）；高感白叶枯病（Ⅸ型菌 9 级）。2020 年晚造参加省区试，平均亩产量 467.69 千克，比对照种美香占 2 号（CK）增产 15.92%，增产达极显著水平，日产量 4.18 千克。

该品种品鉴食味分偏低，建议终止试验。

（6）金香 196　全生育期 114 天，比对照种美香占 2 号（CK）长 1 天。株型中集，分蘖力中等，株高适中，抗倒性强。株高 111.5 厘米，亩有效穗数 21.2 万穗，穗长 21.0 厘米，每穗总粒数 135 粒，结实率 81.7%，千粒重 16.8 克。米质鉴定达部标优质 3 级，糙米率 81.6%，整精米率 66.7%，垩白度 0.1%，透明度 1.0 级，碱消值 7.0 级，胶稠度 58.0 毫米，直链淀粉 16.0%，粒型（长宽比）3.6。有香味（2-AP 含量 901.60 微克/千克），品鉴食味分 90.29 分。中感稻瘟病，全群抗性频率 75.6%，病圃鉴定叶瘟 2.0 级、穗瘟 5.5 级（单点最高 7 级）；感白叶枯病（Ⅸ 型菌 7 级）。2020 年晚造参加省区试，平均亩产量 387.14 千克，比对照种美香占 2 号（CK）减产 4.05%，减产未达显著水平，日产量 3.40 千克。

该品种产量偏低，中感稻瘟病，建议终止试验。

（7）金农香占　全生育期 115 天，比对照种美香占 2 号（CK）长 2 天。株型中集，分蘖力中等，株高适中，抗倒性中等。株高 112.8 厘米，亩有效穗数 20.6 万穗，穗长 22.9 厘米，每穗总粒数 139 粒，结实率 84.4%，千粒重 18.4 克。米质鉴定未达部标优质等级，糙米率 81.4%，整精米率 35.6%，垩白度 0.0%，透明度 1.0 级，碱消值 7.0 级，胶稠度 56.0 毫米，直链淀粉 15.1%，粒型（长宽比）4.6。有香味（2-AP 含量 791.89 微克/千克），品鉴食味分 94.29 分。高感稻瘟病，全群抗性频率 60.0%，病圃鉴定叶瘟 3.25 级、穗瘟 8.0 级（单点最高 9 级）；中抗白叶枯病（Ⅸ 型菌 3 级）。2020 年晚造参加省区试，平均亩产量 421.86 千克，比对照种美香占 2 号（CK）增产 4.56%，增产未达显著水平，日产量 3.67 千克。

该品种产量与对照相当，高感稻瘟病，建议终止试验。

（8）中番香丝苗　全生育期 113 天，与对照种美香占 2 号（CK）相当。株型中集，分蘖力中等，株高适中，抗倒性强。株高 116.7 厘米，亩有效穗数 17.5 万穗，穗长 23.8 厘米，每穗总粒数 171 粒，结实率 83.0%，千粒重 19.1 克。米质鉴定达部标优质 3 级，糙米率 82.3%，整精米率 54.7%，垩白度 0.1%，透明度 1.0 级，碱消值 7.0 级，胶稠度 50.0 毫米，直链淀粉 14.4%，粒型（长宽比）4.4。有香味（2-AP 含量 536.51 微克/千克），品鉴食味分 92.9 分。高感稻瘟病，全群抗性频率 42.2%，病圃鉴定叶瘟 3.5 级、穗瘟 8.5 级（单点最高 9 级）；高感白叶枯病（Ⅸ 型菌 9 级）。2020 年晚造参加省区试，平均亩产量 461.00 千克，比对照种美香占 2 号（CK）增产 14.26%，增产达极显著水平，日产量 4.08 千克。

该品种高感稻瘟病，高感白叶枯病，建议终止试验。

6. 香稻组（B 组）

（1）邦优南香占　全生育期 114 天，比对照种美香占 2 号（CK）长 1 天。株型中集，分蘖力中等，株高适中，抗倒性中弱。株高 117.9 厘米，亩有效穗数 18.2 万穗，穗长 22.8 厘米，每穗总粒数 173 粒，结实率 78.5%，千粒重 19.9 克。米质鉴定达部标优质 3 级，糙米率 80.5%，整精米率 53.8%，垩白度 0.3%，透明度 1.0 级，碱消值 7.0 级，胶稠度 61.0 毫米，直链淀粉 16.3%，粒型（长宽比）3.9。有香味（2-AP 含量 550.06 微克/千克），品鉴食味分 88.29 分。中感稻瘟病，全群抗性频率 86.7%，病圃鉴定叶瘟 1.75 级、穗瘟 6.0 级（单点最高 7 级）；高感白叶枯病（Ⅸ型菌 9 级）。2020 年晚造参加省区试，平均亩产量 487.79 千克，比对照种美香占 2 号（CK）增产 19.72%，增产达极显著水平，日产量 4.28 千克。

该品种丰产性好，米质达部标优质 3 级，品鉴食味分 88.29 分，中感稻瘟病，2021 年安排复试并进行生产试验。

（2）广桂香占 全生育期 116 天，比对照种美香占 2 号（CK）长 3 天。株型中集，分蘖力中等，植株较高，抗倒性中等。株高 118.7 厘米，亩有效穗数 18.6 万穗，穗长 23.4 厘米，每穗总粒数 145 粒，结实率 86.2%，千粒重 19.4 克。米质鉴定未达部标优质等级，糙米率 81.0%，整精米率 50.9%，垩白度 1.3%，透明度 1.0 级，碱消值 7.0 级，胶稠度 64.0 毫米，直链淀粉 17.1%，粒型（长宽比）4.2。无香味（2-AP 含量为 0 微克/千克），品鉴食味分 92.0 分。抗稻瘟病，全群抗性频率 84.4%，病圃鉴定叶瘟 1.25 级、穗瘟 3.5 级（单点最高 7 级）；感白叶枯病（Ⅸ型菌 7 级）。2020 年晚造参加省区试，平均亩产量 464.02 千克，比对照种美香占 2 号（CK）增产 13.88%，增产达显著水平，日产量 4.00 千克。

该品种丰产性较好，品鉴食味分 92.0 分，抗稻瘟病，2021 年安排复试并进行生产试验。

（3）江农香占 1 号 全生育期 116 天，比对照种美香占 2 号（CK）长 3 天。株型中集，分蘖力中等，株高适中，抗倒性中等。株高 112.7 厘米，亩有效穗数 18.4 万穗，穗长 23.8 厘米，每穗总粒数 158 粒，结实率 75.1%，千粒重 20.7 克。米质鉴定达部标优质 3 级，糙米率 80.2%，整精米率 57.3%，垩白度 0.1%，透明度 1.0 级，碱消值 7.0 级，胶稠度 58.0 毫米，直链淀粉 16.4%，粒型（长宽比）4.1。有香味（2-AP 含量 726.88 微克/千克），品鉴食味分 89.14 分。中抗稻瘟病，全群抗性频率 86.7%，病圃鉴定叶瘟 2.0 级、穗瘟 5.0 级（单点最高 7 级）；高感白叶枯病（Ⅸ型菌 9 级）。2020 年晚造参加省区试，平均亩产量 433.05 千克，比对照种美香占 2 号（CK）增产 6.28%，增产未达显著水平，日产量 3.73 千克。

该品种产量与对照相当，米质达部标优质 3 级，品鉴食味分 89.14 分，中抗稻瘟病，2021 年安排复试并进行生产试验。

（4）软华优 7311 全生育期 112 天，比对照种美香占 2 号（CK）短 1 天。株型中集，分蘖力中等，株高适中，抗倒性中弱。株高 121.6 厘米，亩有效穗数 17.3 万穗，穗长 24.3 厘米，每穗总粒数 182 粒，结实率 70.4%，千粒重 20.9 克。米质鉴定达部标优质 1 级，糙米率 81.3%，整精米率 58.0%，垩白度 0.5%，透明度 1.0 级，碱消值 7.0 级，胶稠度 68.0 毫米，直链淀粉 15.8%，粒型（长宽比）4.0。有香味（2-AP 含量 552.93 微克/千克），品鉴食味分 90.57 分。中感稻瘟病，全群抗性频率 82.2%，病圃鉴定叶瘟 2.0 级、穗瘟 6.0 级（单点最高 7 级）；高感白叶枯病（Ⅸ型菌 9 级）。2020 年晚造参加省区试，平均亩产量 411.29 千克，比对照种美香占 2 号（CK）增产 0.94％，增产未达显著水平，日产量 3.67 千克。

该品种产量与对照相当，米质达部标优质 1 级，品鉴食味分 90.57 分，中感稻瘟病，2021 年安排复试并进行生产试验。

（5）匠心香丝苗　全生育期 119 天，比对照种美香占 2 号（CK）长 6 天。株型中集，分蘖力中强，株高适中，抗倒性强。株高 104.8 厘米，亩有效穗数 19.9 万穗，穗长 23.2 厘米，每穗总粒数 116 粒，结实率 79.8％，千粒重 22.8 克。米质鉴定未达部标优质等级，糙米率 80.0％，整精米率 46.3％，垩白度 0.6％，透明度 1.0 级，碱消值 4.2 级，胶稠度 80.0 毫米，直链淀粉 13.7％，粒型（长宽比）4.0。有香味（2-AP 含量 866.63 微克/千克），品鉴食味分 89.71 分。高抗稻瘟病，全群抗性频率 100.0％，病圃鉴定叶瘟 1.25 级、穗瘟 2.5 级（单点最高 5 级）；高感白叶枯病（Ⅸ型菌 9 级）。2020 年晚造参加省区试，平均亩产量 407.43 千克，比对照种美香占 2 号（CK）减产 0.01％，减产未达显著水平，日产量 3.42 千克。

该品种产量与对照相当，品鉴食味分 89.71 分，高抗稻瘟病，2021 年安排复试并进行生产试验。

（6）银两优香雪丝苗　全生育期 111 天，比对照种美香占 2 号（CK）短 2 天。株型中集，分蘖力中等，株高适中，抗倒性强。株高 107.9 厘米，亩有效穗数 19.7 万穗，穗长 22.7 厘米，每穗总粒数 125 粒，结实率 79.2％，千粒重 22.2 克。米质鉴定未达部标优质等级，糙米率 79.8％，整精米率 51.6％，垩白度 0.5％，透明度 2.0 级，碱消值 5.2 级，胶稠度 79.0 毫米，直链淀粉 14.4％，粒型（长宽比）4.3。有香味（2-AP 含量 411.26 微克/千克），品鉴食味分 90.86 分。中感稻瘟病，全群抗性频率 80.0％，病圃鉴定叶瘟 1.75 级、穗瘟 6.0 级（单点最高 7 级）；高感白叶枯病（Ⅸ型菌 9 级）。2020 年晚造参加省区试，平均亩产量 395.60 千克，比对照种美香占 2 号（CK）减产 2.91％，减产未达显著水平，日产量 3.56 千克。

该品种产量偏低，中感稻瘟病，建议终止试验。

（7）香银占　全生育期 109 天，比对照种美香占 2 号（CK）短 4 天。株型中集，分蘖力较强，株高适中，抗倒性强。株高 108.3 厘米，亩有效穗数 21.7 万穗，穗长 21.4 厘米，每穗总粒数 141 粒，结实率 86.7％，千粒重 14.9 克。米质鉴定达部标优质 2 级，糙米率 80.4％，整精米率 65.1％，垩白度 2.5％，透明度 2.0 级，碱消值 7.0 级，胶稠度 66.0 毫米，直链淀粉 13.9％，粒型（长宽比）3.2。有香味（2-AP 含量 463.33 微克/千克），品鉴食味分 86.86 分。高抗稻瘟病，全群抗性频率 93.3％，病圃鉴定叶瘟 1.0 级、穗瘟 2.0 级（单点最高 3 级）；高感白叶枯病（Ⅸ型菌 9 级）。2020 年晚造参加省区试，平均亩产量 389.79 千克，比对照种美香占 2 号（CK）减产 4.33％，减产未达显著水平，日产量 3.58 千克。

该品种产量偏低，品鉴食味分偏低，建议终止试验。

（8）美两优香雪丝苗　全生育期 115 天，比对照种美香占 2 号（CK）长 2 天。株型中集，分蘖力中强，株高适中，抗倒性强。株高 94.2 厘米，亩有效穗数 21.8 万穗，穗长 21.7 厘米，每穗总粒数 104 粒，结实率 59.9%，千粒重 20.8 克。米质鉴定达部标优质 3 级，糙米率 78.8%，整精米率 55.8%，垩白度 0.0%，透明度 1.0 级，碱消值 6.7 级，胶稠度 64.0 毫米，直链淀粉 13.5%，粒型（长宽比）4.1。有香味（2-AP 含量 405.05 微克/千克），品鉴食味分 86.86 分。感稻瘟病，全群抗性频率 71.1%，病圃鉴定叶瘟 4.0 级、穗瘟 6.0 级（单点最高 9 级）；高感白叶枯病（Ⅸ型菌 9 级）。2020 年晚造参加省区试，平均亩产量 217.74 千克，比对照种美香占 2 号（CK）减产 46.56%，减产达极显著水平，日产量 1.89 千克。

该品种丰产性差，品鉴食味分偏低，感稻瘟病，高感白叶枯病，建议终止试验。

7. 香稻组（C 组）

（1）华航香银针　全生育期 117 天，比对照种美香占 2 号（CK）长 4 天。株型中集，分蘖力中等，株高适中，抗倒性强。株高 117.2 厘米，亩有效穗数 17.6 万穗，穗长 23.9 厘米，每穗总粒数 143 粒，结实率 83.2%，千粒重 21.9 克。米质鉴定达部标优质 3 级，糙米率 79.9%，整精米率 54.9%，垩白度 0.2%，透明度 1.0 级，碱消值 7.0 级，胶稠度 60.0 毫米，直链淀粉 15.0%，粒型（长宽比）4.2。有香味（2-AP 含量 1 075.38 微克/千克），品鉴食味分 94.86 分。抗稻瘟病，全群抗性频率 86.7%，病圃鉴定叶瘟 1.25 级、穗瘟 2.0 级（单点最高 3 级）；感白叶枯病（Ⅸ型菌 7 级）。2020 年晚造参加省区试，平均亩产量 458.67 千克，比对照种美香占 2 号（CK）增产 14.57%，增产达极显著水平，日产量 3.92 千克。

该品种丰产性好，米质鉴定达部标优质 3 级，品鉴食味分 94.86 分，抗稻瘟病，2021 年安排复试并进行生产试验。

（2）深香优 6615　全生育期 118 天，比对照种美香占 2 号（CK）长 5 天。株型中集，分蘖力中等，株高适中，抗倒性强。株高 112.5 厘米，亩有效穗数 18.2 万穗，穗长 23.2 厘米，每穗总粒数 138 粒，结实率 77.4%，千粒重 24.1 克。米质鉴定未达部标优质等级，糙米率 80.1%，整精米率 46.0%，垩白度 1.1%，透明度 1.0 级，碱消值 7.0 级，胶稠度 68.0 毫米，直链淀粉 18.0%，粒型（长宽比）4.1。有香味（2-AP 含量 266.66 微克/千克），品鉴食味分 88.29 分。中抗稻瘟病，全群抗性频率 86.7%，病圃鉴定叶瘟 1.75 级、穗瘟 5.0 级（单点最高 7 级）；高感白叶枯病（Ⅸ型菌 9 级）。2020 年晚造参加省区试，平均亩产量 456.21 千克，比对照种美香占 2 号（CK）增产 13.95%，增产达极显著水平，日产量 3.87 千克。

该品种丰产性好，品鉴食味分 88.29 分，中抗稻瘟病，2021 年安排复试并进行生产试验。

（3）粤两优香油占　全生育期 111 天，比对照种美香占 2 号（CK）短 2 天。株型中集，分蘖力中等，株高适中，抗倒性强。株高 112.3 厘米，亩有效穗数 18.6 万穗，穗长

22.8 厘米，每穗总粒数 125 粒，结实率 84.7%，千粒重 23.3 克。米质鉴定未达部标优质等级，糙米率 80.2%，整精米率 48.6%，垩白度 1.0%，透明度 2.0 级，碱消值 5.3 级，胶稠度 70.0 毫米，直链淀粉 15.2%，粒型（长宽比）4.6。有香味（2-AP 含量 770.09 微克/千克），品鉴食味分 89.43 分。中感稻瘟病，全群抗性频率 88.9%，病圃鉴定叶瘟 1.5 级、穗瘟 6.0 级（单点最高 7 级）；高感白叶枯病（Ⅸ型菌 9 级）。2020 年晚造参加省区试，平均亩产量 447.86 千克，比对照种美香占 2 号（CK）增产 11.87%，增产达极显著水平，日产量 4.03 千克。

该品种丰产性好，品鉴食味分 89.43 分，中感稻瘟病，2021 年安排复试并进行生产试验。

（4）馨香优 98 香　全生育期 110 天，比对照种美香占 2 号（CK）短 3 天。株型中集，分蘖力中等，株高适中，抗倒性中强。株高 111.9 厘米，亩有效穗数 17.6 万穗，穗长 23.2 厘米，每穗总粒数 144 粒，结实率 85.1%，千粒重 21.1 克。米质鉴定未达部标优质等级，糙米率 79.8%，整精米率 45.7%，垩白度 1.3%，透明度 1.0 级，碱消值 6.8 级，胶稠度 66.0 毫米，直链淀粉 16.1%，粒型（长宽比）4.2。有香味（2-AP 含量 709.25 微克/千克），品鉴食味分 88.29 分。抗稻瘟病，全群抗性频率 82.2%，病圃鉴定叶瘟 1.75 级、穗瘟 2.0 级（单点最高 3 级）；抗白叶枯病（Ⅸ型菌 1 级）。2020 年晚造参加省区试，平均亩产量 439.10 千克，比对照种美香占 2 号（CK）增产 9.68%，增产达显著水平，日产量 3.99 千克。

该品种丰产性好，品鉴食味分 88.29 分，抗稻瘟病，抗白叶枯病，2021 年安排复试并进行生产试验。

（5）青香优馥香占　全生育期 109 天，比对照种美香占 2 号（CK）短 4 天。株型中集，分蘖力中等，株高适中，抗倒性强。株高 112.5 厘米，亩有效穗数 16.8 万穗，穗长 23.0 厘米，每穗总粒数 136 粒，结实率 85.3%，千粒重 21.8 克。米质鉴定达部标优质 3 级，糙米率 80.2%，整精米率 52.6%，垩白度 1.8%，透明度 1.0 级，碱消值 6.8 级，胶稠度 72.0 毫米，直链淀粉 14.9%，粒型（长宽比）4.0。有香味（2-AP 含量 446.48 微克/千克），品鉴食味分 86.86 分。高感稻瘟病，全群抗性频率 62.2%，病圃鉴定叶瘟 4.0 级、穗瘟 8.5 级（单点最高 9 级）；抗白叶枯病（Ⅸ型菌 1 级）。2020 年晚造参加省区试，平均亩产量 446.67 千克，比对照种美香占 2 号（CK）增产 11.57%，增产达极显著水平，日产量 4.10 千克。

该品种高感稻瘟病，建议终止试验。

（6）香龙优 345　全生育期 117 天，比对照种美香占 2 号（CK）长 4 天。株型中集，分蘖力中等，株高适中，抗倒性强。株高 111.3 厘米，亩有效穗数 18.6 万穗，穗长 21.7 厘米，每穗总粒数 150 粒，结实率 70.3%，千粒重 23.9 克。米质鉴定达部标优质 1 级，糙米率 81.1%，整精米率 58.9%，垩白度 0.5%，透明度 1.0 级，碱消值 6.8 级，胶稠度 70.0 毫米，直链淀粉 16.4%，粒型（长宽比）3.4。无香味（2-AP 含量 0 微克/千克），品鉴食味分82.29分。抗稻瘟病，全群抗性频率91.1％，病圃鉴定叶瘟1.75级、穗瘟3.0级（单点最高5级）；高感白叶枯病（Ⅸ型菌9级）。2020年晚造参加省区试，平均亩产量451.88千克，比对照种美香占2号（CK）增产12.87％，增产达极显著水平，日产量3.86千克。

该品种品鉴食味分偏低，建议终止试验。

（7）深香优9157　全生育期118天，比对照种美香占2号（CK）长5天。株型中集，分蘖力中等，株高适中，抗倒性强。株高116.9厘米，亩有效穗数17.9万穗，穗长24.2厘米，每穗总粒数133粒，结实率74.8％，千粒重24.2克。米质鉴定未达部标优质等级，糙米率80.2％，整精米率42.3％，垩白度0.3％，透明度1.0级，碱消值6.8级，胶稠度66.0毫米，直链淀粉17.3％，粒型（长宽比）4.2。无香味（2-AP含量0微克/千克），品鉴食味分90.29分。感稻瘟病，全群抗性频率64.4％，病圃鉴定叶瘟1.5级、穗瘟5.5级（单点最高7级）；高感白叶枯病（Ⅸ型菌9级）。2020年晚造参加省区试，平均亩产量419.33千克，比对照种美香占2号（CK）增产4.74％，增产未达显著水平，日产量3.55千克。

该品种产量与对照相当，米质未达部标优质等级，感稻瘟病，高感白叶枯病，建议终止试验。

（8）菰香占3号　全生育期113天，与对照种美香占2号（CK）相当。株型中集，分蘖力中等，植株较高，抗倒性较弱。株高121.7厘米，亩有效穗数18.2万穗，穗长24.5厘米，每穗总粒数158粒，结实率82.3％，千粒重18.3克。米质鉴定未达部标优质等级，糙米率79.0％，整精米率48.7％，垩白度0.2％，透明度1.0级，碱消值7.0级，胶稠度66.0毫米，直链淀粉14.8％，粒型（长宽比）4.4。无香味（2-AP含量0微克/千克），品鉴食味分92.57分。抗稻瘟病，全群抗性频率86.7％，病圃鉴定叶瘟1.25级、穗瘟3.5级（单点最高7级）；感白叶枯病（Ⅸ型菌7级）。2020年晚造参加省区试，平均亩产量390.69千克，比对照种美香占2号（CK）减产2.41％，减产未达显著水平，日产量3.46千克。

该品种产量偏低，建议终止试验。

8. 香稻组（D组）

（1）靓优香　全生育期117天，比对照种美香占2号（CK）长4天。株型中集，分蘖力中等，株高适中，抗倒性强。株高109.0厘米，亩有效穗数17.7万穗，穗长23.1厘米，每穗总粒数128粒，结实率85.6％，千粒重23.2克。米质鉴定达部标优质2级，糙米率80.0％，整精米率58.0％，垩白度1.9％，透明度1.0级，碱消值7.0级，胶稠度71.0毫米，直链淀粉17.4％，粒型（长宽比）4.0。有香味（2-AP含量687.23微克/千克），品鉴食味分87.43分。高抗稻瘟病，全群抗性频率91.1％，病圃鉴定叶瘟2.0级、穗瘟2.0级（单点最高3级）；抗白叶枯病（Ⅸ型菌1级）。2020年晚造参加省区试，平均亩产量458.55千克，比对照种美香占2号（CK）增产13.04％，增产达显著水平，日产量3.92

千克。

该品种丰产性好，米质达部标优质 2 级，高抗稻瘟病，抗白叶枯病，2021 年安排复试并进行生产试验。

（2）南泰香丝苗　全生育期 117 天，比对照种美香占 2 号（CK）长 4 天。株型中集，分蘖力中等，株高适中，抗倒性强。株高 109.9 厘米，亩有效穗数 17.6 万穗，穗长 23.6 厘米，每穗总粒数 136 粒，结实率 84.9%，千粒重 21.3 克。米质鉴定达部标优质 3 级，糙米率 80.6%，整精米率 54.6%，垩白度 1.5%，透明度 1.0 级，碱消值 7.0 级，胶稠度 64.0 毫米，直链淀粉 16.4%，粒型（长宽比）4.1。有香味（2-AP 含量 756.12 微克/千克），品鉴食味分 91.14 分。抗稻瘟病，全群抗性频率 88.9%，病圃鉴定叶瘟 1.25 级、穗瘟 3.0 级（单点最高 7 级）；抗白叶枯病（Ⅸ 型菌 1 级）。2020 年晚造参加省区试，平均亩产量 452.60 千克，比对照种美香占 2 号（CK）增产 11.58%，增产达显著水平，日产量 3.87 千克。

该品种丰产性好，米质达部标优质 3 级，品鉴食味分 91.14 分，抗稻瘟病，抗白叶枯病，2021 年安排复试并进行生产试验。

（3）泰优 19 香　全生育期 110 天，比对照种美香占 2 号（CK）短 3 天。株型中集，分蘖力中等，株高适中，抗倒性强。株高 107.1 厘米，亩有效穗数 17.6 万穗，穗长 23.3 厘米，每穗总粒数 154 粒，结实率 78.5%，千粒重 22.9 克。米质鉴定达部标优质 3 级，糙米率 81.0%，整精米率 53.7%，垩白度 0.6%，透明度 1.0 级，碱消值 7.0 级，胶稠度 73.0 毫米，直链淀粉 15.8%，粒型（长宽比）4.4。无香味（2-AP 含量 0 微克/千克），品鉴食味分 88.27 分。中感稻瘟病，全群抗性频率 95.6%，病圃鉴定叶瘟 2.0 级、穗瘟 6.5 级（单点最高 9 级）；高感白叶枯病（Ⅸ 型菌 9 级）。2020 年晚造参加省区试，平均亩产量 449.69 千克，比对照种美香占 2 号（CK）增产 10.86%，增产达显著水平，日产量 4.09 千克。

该品种丰产性好，米质达部标优质 3 级，品鉴食味分 88.27 分，2021 年安排复试并进行生产试验。

（4）粤两优泰香占　全生育期 108 天，比对照种美香占 2 号（CK）短 5 天。株型中集，分蘖力中等，株高适中，抗倒性强。株高 109.0 厘米，亩有效穗数 17.3 万穗，穗长 22.4 厘米，每穗总粒数 132 粒，结实率 83.2%，千粒重 21.3 克。米质鉴定未达部标优质等级，糙米率 81.4%，整精米率 46.2%，垩白度 1.7%，透明度 2.0 级，碱消值 7.0 级，胶稠度 72.0 毫米，直链淀粉 14.9%，粒型（长宽比）4.3。有香味（2-AP 含量 817.74 微克/千克），品鉴食味分 88.86 分。中抗稻瘟病，全群抗性频率 84.4%，病圃鉴定叶瘟 2.0 级、穗瘟 5.5 级（单点最高 7 级）；高感白叶枯病（Ⅸ 型菌 9 级）。2020 年晚造参加省区试，平均亩产量 437.02 千克，比对照种美香占 2 号（CK）增产 7.74%，增产未达显著水平，日产量 4.05 千克。

该品种丰产性较好，品鉴食味分 88.86 分，中抗稻瘟病，2021 年安排复试并进行生产试验。

（5）粤香丝苗　全生育期 114 天，比对照种美香占 2 号（CK）长 1 天。株型中集，分蘖力中等，株高适中，抗倒性强。株高 104.5 厘米，亩有效穗数 19.6 万穗，穗长 23.3 厘米，每穗总粒数 137 粒，结实率 86.6%，千粒重 19.1 克。米质鉴定达部标优质 3 级，糙米率 78.9%，整精米率 63.4%，垩白度 0.2%，透明度 1.0 级，碱消值 7.0 级，胶稠度 70.0 毫米，直链淀粉 14.0%，粒型（长宽比）3.4。有香味（2-AP 含量 842.11 微克/千克），品鉴食味分 89.14 分。中抗稻瘟病，全群抗性频率 82.2%，病圃鉴定叶瘟 2.0 级、穗瘟 5.5 级（单点最高 9 级）；感白叶枯病（Ⅸ型菌 7 级）。2020 年晚造参加省区试，平均亩产量 467.36 千克，比对照种美香占 2 号（CK）增产 15.21%，增产达极显著水平，日产量 4.10 千克。

该品种丰产性好，品鉴食味分 89.14 分，中抗稻瘟病，2021 年安排复试并进行生产试验。

（6）粤香软占　全生育期 116 天，比对照种美香占 2 号（CK）长 3 天。株型中集，分蘖力中等，株高适中，抗倒性强。株高 105.0 厘米，亩有效穗数 19.4 万穗，穗长 22.5 厘米，每穗总粒数 150 粒，结实率 84.1%，千粒重 18.2 克。米质鉴定达部标优质 3 级，糙米率 78.3%，整精米率 61.4%，垩白度 0.4%，透明度 1.0 级，碱消值 6.8 级，胶稠度 68.0 毫米，直链淀粉 13.8%，粒型（长宽比）3.5。有香味（2-AP 含量 711.32 微克/千克），品鉴食味分 88.0 分。中感稻瘟病，全群抗性频率 86.7%，病圃鉴定叶瘟 1.75 级、穗瘟 6.0 级（单点最高 9 级）；感白叶枯病（Ⅸ型菌 7 级）。2020 年晚造参加省区试，平均亩产量 463.07 千克，比对照种美香占 2 号（CK）增产 14.16%，增产达极显著水平，日产量 3.99 千克。

该品种丰产性好，米质鉴定达部标优质 3 级，品鉴食味分 88.0 分，2021 年安排复试并进行生产试验。

（7）客都寿乡 1 号　全生育期 116 天，比对照种美香占 2 号（CK）长 3 天。株型中集，分蘖力中等，株高适中，抗倒性强。株高 112.1 厘米，亩有效穗数 18.7 万穗，穗长 23.3 厘米，每穗总粒数 131 粒，结实率 82.7%，千粒重 18.3 克。米质鉴定未达部标优质等级，糙米率 77.4%，整精米率 41.8%，垩白度 0.5%，透明度 1.0 级，碱消值 7.0 级，胶稠度 74.0 毫米，直链淀粉 14.5%，粒型（长宽比）4.6。有香味（2-AP 含量 897.13 微克/千克），品鉴食味分 95.43 分。感稻瘟病，全群抗性频率 80.0%，病圃鉴定叶瘟 3.5 级、穗瘟 8.5 级（单点最高 9 级）；感白叶枯病（Ⅸ型菌 7 级）。2020 年晚造参加省区试，平均亩产量 390.07 千克，比对照种美香占 2 号（CK）减产 3.84%，减产未达显著水平，日产量 3.36 千克。

该品种产量偏低，感稻瘟病，感白叶枯病，建议终止试验。

晚造常规水稻各试点小区平均产量及生产试验产量见表 2-50 至表 2-58。

表 2-50　感温中熟组各试点小区平均产量（千克）

品种	南雄	梅州	清远	龙川	罗定	肇庆	潮州	惠州	惠来	新会	广州	阳江	高州	湛江	韶关	平均值
双黄占（复试）	9.766 7	8.693 3	9.866 7	8.200 0	9.333 3	9.383 3	8.406 7	11.566 7	12.296 7	9.850 0	9.840 0	9.020 0	9.806 7	7.893 3	9.866 7	9.586 0
七黄占 5 号（复试）	9.400 0	8.980 0	9.683 3	8.236 7	9.113 3	9.450 0	7.740 0	9.530 0	12.020 0	8.783 3	10.700 0	8.063 3	9.456 7	7.186 7	10.033 3	9.225 1
禾新占（复试）	9.166 7	8.303 3	8.316 7	6.906 7	8.283 3	8.933 3	7.573 3	10.366 7	11.060 0	8.000 0	9.453 3	8.583 3	8.140 0	7.400 0	7.916 7	8.560 2
华航玉占（复试）	8.400 0	8.793 3	8.016 7	6.450 0	7.910 0	8.516 7	7.553 3	10.653 3	9.893 3	7.733 3	9.380 0	5.996 7	8.566 7	8.136 7	8.550 0	8.303 3
合莉黄占（复试）	6.800 0	8.066 0	8.816 7	5.036 7	8.670 0	9.230 0	7.770 0	10.473 3	11.360 0	8.483 3	9.386 7	8.466 7	9.293 3	7.740 0	9.150 0	8.582 9
粤桂占 2 号（复试）	8.066 7	7.186 7	7.416 7	5.950 0	9.010 0	8.950 0	8.043 3	10.600 0	11.346 7	8.866 7	10.466 7	9.290 0	9.176 7	8.330 0	8.983 3	8.778 9
凤广丝苗	8.200 0	7.520 0	8.183 3	7.000 0	8.246 7	8.766 7	7.786 7	10.363 3	11.860 0	8.583 3	9.520 0	8.196 7	8.840 0	8.530 0	9.566 7	8.744 2
碧玉丝苗 2 号	8.733 3	8.340 0	9.100 0	7.333 3	8.560 0	8.366 7	7.640 0	9.780 0	10.563 3	8.150 0	9.790 0	7.463 3	8.376 7	6.930 0	8.150 0	8.485 1
华航 81 号	8.800 0	7.866 7	7.866 7	6.530 0	7.893 3	9.266 7	8.056 7	10.513 3	11.033 3	8.366 7	10.050 0	6.700 0	8.366 7	7.283 3	8.966 7	8.504 0
合新油占	9.800 0	7.660 0	7.166 7	7.713 3	8.600 0	8.433 3	7.533 3	10.723 3	11.903 3	8.900 0	10.943 3	8.960 0	9.563 3	8.686 7	9.366 7	9.063 5
禾龙占	8.700 0	7.586 7	8.633 3	8.266 7	9.103 3	9.183 3	7.660 0	10.573 3	12.273 3	8.466 7	10.153 3	8.850 0	9.176 7	8.336 7	9.100 0	9.070 9
华航 31 号（CK）	9.133 3	8.453 3	9.383 3	8.066 7	8.840 0	8.400 0	7.886 7	9.553 3	10.506 7	7.716 7	9.876 7	8.256 7	8.500 0	8.006 7	9.216 7	8.786 5

表 2-51　感温迟熟组（A 组）各试点小区平均产量（千克）

品种	清远	龙川	罗定	肇庆	潮州	惠州	惠来	新会	广州	阳江	高州	湛江	平均值
台农 811（复试）	9.216 7	8.740 0	9.166 7	8.733 3	8.120 0	11.343 3	10.780 0	9.133 3	9.656 7	8.036 7	9.176 7	9.273 3	9.281 4
华航 72 号（复试）	8.416 7	7.770 0	7.853 3	8.366 7	8.193 3	10.630 0	10.310 0	9.133 3	9.920 0	4.986 7	8.373 3	7.680 0	8.469 4
凤籼丝苗（复试）	7.966 7	8.166 7	7.720 0	8.463 3	8.276 7	10.463 3	11.206 7	9.716 7	9.970 0	7.816 7	8.486 7	8.873 3	8.927 2
巴禾丝苗（复试）	8.483 3	8.630 0	9.430 0	7.616 7	8.350 0	10.536 7	11.460 0	9.733 3	10.026 7	6.996 7	9.176 7	9.120 0	9.130 0
五广丝苗（复试）	8.966 7	8.763 3	9.306 7	9.450 0	9.150 0	10.646 7	11.233 3	9.933 3	11.570 0	8.650 0	9.656 7	9.796 7	9.760 3
创籼占 2 号	8.583 3	8.986 7	8.350 0	8.666 7	8.293 3	10.486 7	11.486 7	9.700 0	9.350 0	7.973 3	8.870 0	10.050 0	9.233 1
中深 3 号	8.866 7	8.033 3	8.743 3	9.383 3	8.636 7	10.496 7	10.730 0	9.066 7	9.783 3	7.933 3	8.640 0	9.060 0	9.114 4

（续）

品　种	清远	龙川	罗定	肇庆	潮州	惠州	惠来	新会	广州	阳江	高州	湛江	平均值
禅油占	8.850 0	7.943 3	8.760 0	9.566 7	8.343 3	10.626 7	11.016 7	8.900 0	8.150 0	7.530 0	8.556 7	8.533 3	8.898 1
广台7号	8.450 0	7.733 3	8.590 0	8.783 3	8.066 7	10.460 0	10.590 0	9.050 0	10.813 3	7.093 3	8.686 7	8.900 0	8.934 7
碧玉丝苗5号	7.350 0	3.496 7	7.740 0	8.816 7	7.636 7	10.663 3	10.120 0	8.316 7	9.950 0	2.496 7	7.633 3	6.786 7	7.583 9
合秀占2号	6.200 0	7.240 0	8.813 3	9.366 7	8.163 3	10.373 3	10.333 3	9.300 0	10.433 3	7.036 7	8.730 0	8.973 3	8.746 9
粤晶丝苗2号（CK）	8.633 3	8.110 0	9.176 7	8.400 0	8.610 0	10.500 0	10.176 7	8.883 3	9.680 0	6.830 0	8.560 0	8.616 7	8.848 1

表2-52　感温迟熟组（B组）各试点小区平均产量（千克）

品　种	清远	龙川	罗定	肇庆	潮州	惠州	惠来	新会	广州	阳江	高州	湛江	平均值
南珍占（复试）	9.183 3	8.633 3	9.293 3	10.200 0	9.416 7	11.433 3	11.606 7	9.733 3	11.380 0	7.723 3	8.976 7	9.403 3	9.748 6
粤芽丝苗（复试）	9.450 0	8.986 7	8.870 0	9.296 7	9.240 0	11.430 0	11.406 7	9.783 3	10.246 7	8.200 0	9.300 0	9.766 7	9.664 7
籼莉占2号（复试）	9.033 3	8.800 0	9.170 0	9.266 7	8.426 7	11.576 7	11.250 0	9.066 7	10.200 0	7.810 0	8.563 3	9.103 3	9.355 6
油占1号（复试）	7.816 7	8.583 3	8.180 0	8.406 7	8.210 0	11.306 7	10.310 0	9.050 0	9.683 3	6.733 3	8.033 3	8.323 3	8.719 7
华航香占	10.316 7	6.920 0	8.443 3	8.450 0	8.890 0	10.406 7	11.086 7	9.066 7	10.310 0	6.613 3	8.186 7	8.293 3	8.915 3
黄广五占	9.283 3	8.973 3	9.163 3	9.066 7	8.506 7	12.550 0	11.786 7	10.133 3	10.376 7	8.063 3	9.273 3	9.936 7	9.759 4
黄丝粤占	8.166 7	7.463 3	9.420 0	8.783 3	9.310 0	11.033 3	10.980 0	9.650 0	10.253 3	7.800 0	8.483 3	9.356 7	9.225 0
黄华油占	9.250 0	8.066 7	8.743 3	9.400 0	9.216 7	12.370 0	11.140 0	10.000 0	9.640 0	8.520 0	9.176 7	9.940 0	9.621 9
银珠丝苗	9.383 3	6.650 0	6.803 3	8.200 0	7.973 3	10.513 3	9.526 7	8.416 7	9.743 3	5.716 7	7.646 7	7.813 3	8.198 9
五源占3号	8.783 3	8.916 7	7.303 3	8.616 7	8.913 3	11.296 7	9.820 0	9.233 3	10.340 0	7.003 3	8.880 0	8.686 7	8.982 8
兆粤占	8.900 0	8.383 3	8.686 7	8.416 7	8.793 3	10.696 7	9.976 7	9.466 7	10.090 0	6.050 0	7.906 7	8.923 3	8.857 5
粤晶丝苗2号（CK）	9.050 0	8.426 7	9.256 7	8.333 3	8.816 7	10.450 0	10.290 0	8.383 3	9.780 0	6.853 3	8.530 0	8.546 7	8.893 1

表 2-53　特用稻组各试点小区平均产量（千克）

品　　种	肇庆	潮州	新会	阳江	湛江	平均值
清红优 3 号（复试）	7.233 3	8.076 7	8.800 0	8.020 0	7.370 0	7.900 0
南红 8 号（复试）	8.600 0	7.066 7	8.583 3	8.773 3	8.060 0	8.216 7
晶两优红占	9.316 7	8.283 3	8.616 7	8.586 7	8.243 3	8.609 3
东红 6 号	8.816 7	7.693 3	7.066 7	7.476 7	7.593 3	7.729 3
兴两优红晶占	7.463 3	7.616 7	8.816 7	7.740 0	7.393 3	7.806 0
红晶丝苗	7.850 0	7.136 7	9.450 0	6.726 7	5.893 3	7.411 3
南宝黑糯	8.150 0	7.013 3	7.666 7	7.096 7	7.313 3	7.448 0
广新红占	8.850 0	7.926 7	8.800 0	6.273 3	7.753 3	7.920 7
合红占 2 号	9.566 7	8.150 0	8.666 7	8.903 3	7.740 0	8.605 3
黄广红占	8.383 3	7.313 3	8.383 3	7.650 0	7.246 7	7.795 3
粤红宝（CK）	7.670 0	7.630 0	7.666 7	7.226 7	7.490 0	7.536 7

表 2-54　香稻组（A 组）各试点小区平均产量（千克）

品　　种	乐昌	梅州	连山	肇庆	新会	广州	高州	平均值
聚香丝苗（复试）	9.670 0	10.366 7	7.416 7	7.616 7	8.433 3	10.313 3	7.806 7	8.803 3
银湖香占 3 号（复试）	6.916 7	9.366 7	5.766 7	8.256 7	8.216 7	10.130 0	7.086 7	7.962 9
金农香占	9.516 7	9.500 0	7.483 3	7.656 7	7.883 3	9.266 7	7.753 3	8.437 1
中番香丝苗	10.116 7	10.600 0	8.483 3	8.616 7	8.233 3	10.513 3	7.976 7	9.220 0
金象优莉丝苗	11.523 3	11.033 3	8.050 0	8.166 7	8.500 0	10.273 3	7.930 0	9.353 8
双香丝苗	7.646 7	10.333 3	6.550 0	8.483 3	9.133 3	10.240 0	8.203 3	8.655 7
丰香丝苗	9.476 7	10.066 7	7.683 3	8.023 3	8.916 7	8.803 3	7.466 7	8.633 8
金香 196	8.616 7	9.366 7	4.533 3	7.616 7	7.700 0	9.400 0	6.966 7	7.742 9
五香丝苗	10.246 7	10.766 7	8.333 3	8.200 0	8.683 3	11.470 0	7.790 0	9.355 7
广金香 5 号	10.350 0	10.933 3	8.116 7	8.316 7	8.816 7	10.786 7	8.710 0	9.432 9
美香油占 4 号（复试）	9.200 0	10.200 0	7.966 7	8.016 7	8.950 0	10.413 3	8.006 7	8.964 8
美香占 2 号（CK）	8.950 0	9.566 7	6.916 7	7.466 7	7.666 7	8.663 3	7.256 7	8.069 5

表 2-55　香稻组（B 组）各试点小区平均产量（千克）

品　　种	乐昌	梅州	连山	肇庆	新会	广州	高州	平均值
青香优 19 香（复试）	10.303 3	11.900 0	7.850 0	8.733 3	8.816 7	9.630 0	8.333 3	9.366 7
青香优 99 香（复试）	9.620 0	11.366 7	8.200 0	8.400 0	8.616 7	9.106 7	8.170 0	9.068 6
软华优 7311	8.766 7	10.633 3	6.533 3	8.116 7	7.583 3	8.593 3	7.353 3	8.225 7
匠心香丝苗	7.633 3	9.233 3	7.916 7	7.366 7	7.933 3	9.340 0	7.616 7	8.148 6
香银占	8.533 3	9.633 3	6.283 3	6.850 0	7.800 0	8.683 3	6.786 7	7.795 7
江农香占 1 号	8.980 0	9.900 0	7.683 3	7.233 3	8.166 7	10.250 0	8.413 3	8.660 9
广桂香占	9.253 3	10.833 3	8.433 3	8.050 0	8.783 3	11.466 7	8.143 3	9.280 5

（续）

品　种	乐昌	梅州	连山	肇庆	新会	广州	高州	平均值
美两优香雪丝苗	3.766 7	5.466 7	4.333 3	1.683 3	7.350 0	2.156 7	5.726 7	4.354 8
银两优香雪丝苗	8.333 3	8.400 0	8.233 3	7.026 7	7.433 3	9.070 0	6.886 7	7.911 9
邦优南香占	10.180 0	11.200 0	8.550 0	8.423 3	9.066 7	11.593 3	9.276 7	9.755 7
台香 812（复试）	8.326 7	9.366 7	7.233 3	7.066 7	7.483 3	8.726 7	6.703 3	7.843 8
美香占 2 号（CK）	9.223 3	9.800 0	7.000 0	7.340 0	7.850 0	8.623 3	7.206 7	8.149 0

表 2-56　香稻组（C 组）各试点小区平均产量（千克）

品　种	乐昌	梅州	连山	肇庆	新会	广州	高州	平均值
耕香优莉丝苗（复试）	10.766 7	10.733 3	7.566 7	7.750 0	8.800 0	9.363 3	7.853 3	8.976 2
金香优 263（复试）	10.750 0	10.500 0	8.333 3	8.083 3	9.066 7	10.536 7	8.496 7	9.395 2
深香优 6615	9.853 3	10.100 0	7.450 0	8.140 0	8.333 3	11.086 7	8.906 7	9.124 3
深香优 9157	8.200 0	8.633 3	7.033 3	8.216 7	8.516 7	9.993 3	8.113 3	8.386 7
蔬香占 3 号	9.000 0	9.600 0	4.900 0	6.883 3	8.016 7	9.500 0	6.796 7	7.813 8
粤两优香油占	10.923 3	10.466 7	7.966 7	7.636 7	7.916 7	9.513 3	8.276 7	8.957 2
青香优馥香占	10.750 0	10.266 7	7.900 0	8.216 7	8.433 3	9.116 7	7.850 0	8.933 3
馨香优 98 香	10.300 0	10.333 3	7.716 7	7.166 7	8.466 7	9.533 3	7.956 7	8.781 9
华航香银针	10.250 0	9.966 7	7.633 3	8.136 7	9.033 3	10.373 3	8.820 0	9.173 3
香龙优 345	8.833 3	10.533 3	7.783 3	8.183 3	9.466 7	9.743 3	8.720 0	9.037 6
又香优香丝苗（复试）	9.016 7	9.800 0	7.766 7	8.233 3	9.133 3	10.000 0	8.276 7	8.889 5
美香占 2 号（CK）	9.433 3	9.100 0	6.866 7	7.133 3	7.850 0	8.423 3	7.243 3	8.007 1

表 2-57　香稻组（D 组）各试点小区平均产量（千克）

品　种	乐昌	梅州	连山	肇庆	新会	广州	高州	平均值
恒丰优油香（复试）	6.683 3	10.600 0	7.766 7	8.696 7	8.916 7	9.526 7	7.816 7	8.572 4
象竹香丝苗（复试）	8.016 7	8.933 3	6.666 7	7.146 7	8.150 0	10.770 0	6.916 7	8.085 7
粤香丝苗	10.320 0	10.666 7	8.333 3	8.550 0	8.633 3	10.556 7	8.370 0	9.347 1
粤香软占	10.120 0	10.300 0	8.416 7	8.250 0	7.750 0	11.616 7	8.376 7	9.261 4
南泰香丝苗	8.833 3	9.566 7	8.633 3	7.433 3	8.916 7	11.950 0	8.030 0	9.051 9
泰优 19 香	9.883 3	10.600 0	8.133 3	8.266 7	8.533 3	9.556 7	7.983 3	8.993 8
客都寿乡 1 号	6.416 7	8.766 7	6.283 3	7.800 0	8.783 3	10.020 0	6.540 0	7.801 4
粤两优泰香占	9.400 0	10.900 0	7.133 3	6.506 7	7.116 7	12.193 3	7.933 3	8.740 5
靓优香	9.453 3	10.100 0	7.950 0	8.146 7	9.000 0	11.336 7	8.210 0	9.171 0
香雪丝苗（复试）	10.966 7	10.833 3	8.216 7	7.150 0	8.183 3	10.373 3	8.080 0	9.114 8
美香占 2 号（CK）	8.703 3	9.833 3	7.233 3	7.283 3	7.700 0	8.796 7	7.240 0	8.112 8

表 2-58　生产试验产量

组　别	品　种	平均亩产量（千克）	较 CK 变化百分比（%）
感温中熟组	双黄占（复试）	470.48	10.94
	粤桂占 2 号（复试）	464.54	9.54
	七黄占 5 号（复试）	458.28	8.06
	合莉美占（复试）	454.00	7.05
	禾新占（复试）	435.38	2.66
	华航 31 号（CK）	424.10	—
	华航玉占（复试）	419.42	−1.10
感温迟熟组	五广丝苗（复试）	487.84	11.51
	南珍占（复试）	457.02	4.47
	粤芽丝苗（复试）	448.18	2.45
	台农 811（复试）	442.30	1.10
	油占 1 号（复试）	438.70	0.28
	籼莉占 2 号（复试）	437.64	0.04
	粤晶丝苗 2 号（CK）	437.48	—
	巴禾丝苗（复试）	432.38	−1.17
	凤籼丝苗（复试）	429.00	−1.94
	华航 72 号（复试）	404.78	−7.47
特用稻组	南红 8 号（复试）	439.02	17.25
	清红优 3 号（复试）	414.98	10.83
	粤红宝（CK）	374.44	—
香稻组	金香优 263（复试）	487.78	17.05
	香雪丝苗（复试）	452.62	8.62
	聚香丝苗（复试）	447.88	7.48
	恒丰优油香（复试）	445.91	7.00
	美香油占 4 号（复试）	445.38	6.88
	青香优 19 香（复试）	439.00	5.35
	耕香优莉丝苗（复试）	438.38	5.20
	青香优 99 香（复试）	431.96	3.66
	又香优香丝苗（复试）	430.25	3.25
	银湖香占 3 号（复试）	426.88	2.44
	美香占 2 号（CK）	416.72	—
	象竹香丝苗（复试）	392.50	−5.81
	台香 812（复试）	365.54	−12.28

第三章　广东省 2020 年早造杂交水稻品种区域试验总结

一、试验概况

(一)参试品种

2020 年早造安排参试的新品种 65 个,复试品种 27 个,参试品种共 92 个(不含对照)。试验分中早熟组(A 组、B 组、C 组)、中迟熟组(A 组、B 组、C 组)、迟熟组(A 组、B 组、C 组)。中早熟组有 27 个品种,均以华优 665(CK)作对照;中迟熟组有 33 个品种,均以五丰优 615(CK)作对照;迟熟组有 32 个品种,均以深两优 58 香油占(CK)作对照(表 3-1)。

生产试验有 29 个品种(含 3 个对照种),中早熟组有 9 个,中迟熟组有 7 个,迟熟组有 13 个,信两优 127(复试)无生产试验。

表 3-1　参试品种

序号	中早熟组(A 组)	中早熟组(B 组)	中早熟组(C 组)	中迟熟组(A 组)	中迟熟组(B 组)	中迟熟组(C 组)	迟熟组(A 组)	迟熟组(B 组)	迟熟组(C 组)
1	安优 1001(复试)	广泰优 1521(复试)	潢优 1523(复试)	中恒优金丝苗(复试)	裕优合莉油占(复试)	金美优丝苗(复试)	信两优 127(复试)	群优 836(复试)	深两优 9815(复试)
2	五优美占(复试)	吉优 1001(复试)	中升优 101(复试)	万丰优丝占(复试)	宽仁优 6377(复试)	粤秀优 360(复试)	金泰优 1521(复试)	胜优 1321(复试)	广龙优华占(复试)
3	粤创优金丝苗(复试)	吉田优 1179(复试)	中银优金丝苗	恒丰优 53	勤两优华宝	建优 421	粤品优 5511(复试)	聚两优 53	C 两优 098(复试)
4	启源优492	广泰优496	金恒优金丝苗	耕香优银粘	粤禾优3628	银恒优金桂丝苗	晶两优华宝(复试)	本两优华占(复试)	特优 9068(复试)
5	裕优 075	安优晶占	吉田优1378	中映优银粘	集香优6155	软华优157	中泰优银粘	香龙优 1826(复试)	粤秀优晟占
6	银两优 1 号	庆优喜占	妙两优3287	胜优合莉油占	广泰优5630	胜优1179	深两优 2018	来香优 178	胜优晶占

（续）

序号	中早熟组（A组）	中早熟组（B组）	中早熟组（C组）	中迟熟组（A组）	中迟熟组（B组）	中迟熟组（C组）	迟熟组（A组）	迟熟组（B组）	迟熟组（C组）
7	诚优亨占	胜优锋占	隆优1624	裕优丝占	台两优粤福占	益两优象牙占	香龙优泰占	宽仁优国泰	兴两优492
8	诚优5373	耕香优41	深香优1127	莹两优821	泰优晶占	恒丰优3316	兴两优124	中泰优5511	金恒优金桂丝苗
9	广泰优568	金象优飞燕丝苗	深香优6553	韵两优570	Y两优8619	深香优1269	川种优360	春9两优121	隆晶优1179
10	华优665（CK）	华优665（CK）	华优665（CK）	中银优珍丝苗	青香优新禾占	金香优301	玮两优1019	金隆优086	软华优651
11				台两优405	耕香优新丝苗	川种优622	深两优58香油占（CK）	C两优557	春两优20
12				五丰优615（CK）	五丰优615（CK）	五丰优615（CK）		深两优58香油占（CK）	深两优58香油占（CK）

（二）承试单位

1. 中早熟组（A组、B组、C组）

承试单位8个，分别是连山县农业科学研究所、南雄市农业科学研究所、英德市农业科学研究所、梅州市农林科学院粮油研究所、乐昌市农业科学研究所、蕉岭县农业科学研究所、韶关市农业科技推广中心、和平县良种繁育场。

2. 中迟熟组（A组、B组、C组）

承试单位13个，分别是高州市良种繁育场、梅州市农林科学院粮油研究所、龙川县农业科学研究所、潮州市农业科技发展中心、清远市农业科技推广服务中心、罗定市农业发展中心、湛江市农业科学研究院、惠来县农业科学研究所、阳江市农业科学研究所、广州市农业科学研究院、江门市新会区农业农村综合服务中心、惠州市农业科学研究所、肇庆市农业科学研究所。

3. 迟熟组（A组、B组、C组）

承试单位12个，分别是高州市良种繁育场、龙川县农业科学研究所、潮州市农业科技发展中心、清远市农业科技推广服务中心、罗定市农业发展中心、湛江市农业科学研究院、惠来县农业科学研究所、阳江市农业科学研究所、广州市农业科学研究院、江门市新会区农业农村综合服务中心、惠州市农业科学研究所、肇庆市农业科学研究所。

4. 生产试验

中早熟组承试单位5个，分别是连山县农业科学研究所、南雄市农业科学研究所、乐昌市农业科学研究所、韶关市农业科技推广中心、平县良种繁育场。

中迟熟组承试单位8个，分别是信宜市农业技术推广中心、茂名市农业良种示范推广中心、雷州市农业技术推广中心、阳春市农业技术推广中心、潮州市潮安区农业工作总站、乐昌市农业科学研究所、云浮市农业科学及技术推广中心、惠州市农业科学研究所。

迟熟组承试单位 8 个，分别是信宜市农业技术推广中心、茂名市农业良种示范推广中心、雷州市农业技术推广中心、阳春市农业技术推广中心、潮州市潮安区农业工作总站、乐昌市农业科学研究所、云浮市农业科学及技术推广中心、惠州市农业科学研究所。

（三）试验方法

各试点统一按《广东省农作物品种试验办法》进行试验和记载。区域试验采用随机区组排列，小区面积 0.02 亩，长方形，3 次重复，同组试验安排在同一田块进行，统一种植规格。生产试验采用大区随机排列，不设重复，大区面积不少于 0.5 亩。栽培管理按当地的生产水平进行，试验期间防虫不防病，在各个生育阶段对组合的生长特征、经济性状进行田间调查记载和室内考种。区域试验产量联合方差分析采用试点效应随机模型，品种间差异多重比较采用最小显著差数法（LSD 法），品种动态稳产性分析采用 Shukla 互作方差分解法。

（四）米质分析

稻米品质检验委托农业农村部稻米及制品质量监督检验测试中心依据《食用稻品种品质》（NY/T 593—2013）（以下简称"部标"）进行鉴定。样品为当造收获的种子，中早熟组由乐昌市农业科学研究所采集，其他组由江门市新会区农业农村综合服务中心采集，经广东省农业技术推广中心统一编号标识后提供。

（五）抗性鉴定

参试品种的稻瘟病和白叶枯病抗性由广东省农业科学院植物保护研究所进行鉴定。样品由广东省农业技术推广中心统一编号标识。采用人工接菌与病区自然诱发相结合法进行鉴定。

（六）耐寒鉴定

复试品种的耐寒性委托华南农业大学农学院采用人工气候室模拟鉴定。样品由广东省农业技术推广中心统一编号标识。

（七）影响因素

2020 年早造前期气温较低，部分品种发芽率偏低，中后期气候条件较好，开花至成熟期间光照充足，气温较高，大部分品种结实正常。清远、梅州试点杂交中迟熟组（A 组、B 组）部分种子发芽率偏低，该点数据不纳入统计；梅州试点杂交中迟熟组（C 组）部分种子发芽率偏低，该点数据不纳入统计。

二、试验结果

（一）产量

对产量进行联合方差分析表明，各组品种间 F 值均达极显著水平，说明各组品种间产量存在极显著差异（表 3-2 至表 3-10）。

表3-2　中早熟组（A组）产量方差分析

变异来源	df	SS	MS	F 值
地点内区组	16	1.124 2	0.070 3	0.720 2
地点	7	99.129 9	14.161 4	11.623 2**
品种	9	18.122 0	2.013 6	1.652 7**
品种×地点	63	76.757 6	1.218 4	12.488 1**
试验误差	144	14.049 0	0.097 6	—
总变异	239	209.182 7	—	—

表3-3　中早熟组（B组）产量方差分析

变异来源	df	SS	MS	F 值
地点内区组	16	1.798 1	0.112 4	1.164 1
地点	7	121.468 8	17.352 7	18.744 0**
品种	9	25.344 8	2.816 1	3.041 9**
品种×地点	63	58.323 7	0.925 8	9.589 2**
试验误差	144	13.902 2	0.096 5	—
总变异	239	220.837 6	—	—

表3-4　中早熟组（C组）产量方差分析

变异来源	df	SS	MS	F 值
地点内区组	16	2.764 6	0.172 8	1.675 1
地点	7	61.531 5	8.790 2	7.146 9**
品种	9	28.875 1	3.208 3	2.608 5**
品种×地点	63	77.486 2	1.229 9	11.924 1**
试验误差	144	14.853 2	0.103 1	—
总变异	239	185.510 6	—	—

表3-5　中迟熟组（A组）产量方差分析

变异来源	df	SS	MS	F 值
地点内区组	22	1.504 3	0.068 4	0.928 7
地点	10	219.380 1	21.938 0	18.093 5**
品种	11	108.749 6	9.886 3	8.153 8**
品种×地点	110	133.372 7	1.212 5	16.467 8**

（续）

变异来源	df	SS	MS	F值
试验误差	242	17.817 8	0.073 6	—
总变异	395	480.824 4	—	—

表3-6 中迟熟组（B组）产量方差分析

变异来源	df	SS	MS	F值
地点内区组	22	1.466 4	0.066 7	0.936 0
地点	10	221.598 8	22.159 9	14.755 3**
品种	11	100.036 5	9.094 2	6.055 5**
品种×地点	110	165.200 6	1.501 8	21.090 4**
试验误差	242	17.232 5	0.071 2	—
总变异	395	505.534 9	—	—

表3-7 中迟熟组（C组）产量方差分析

变异来源	df	SS	MS	F值
地点内区组	24	1.800 7	0.075 0	1.002 8
地点	11	375.783 7	34.162 2	26.894 2**
品种	11	158.475 0	14.406 8	11.341 8**
品种×地点	121	153.699 5	1.270 2	16.976 7**
试验误差	264	19.753 2	0.074 8	—
总变异	431	709.512 2	—	—

表3-8 迟熟组（A组）产量方差分析

变异来源	df	SS	MS	F值
地点内区组	24	3.775 8	0.157 3	2.220 9
地点	11	295.818 5	26.892 6	28.920 9**
品种	10	42.158 6	4.215 9	4.533 8**
品种×地点	110	102.285 3	0.929 9	13.126 4**
试验误差	240	17.001 4	0.070 8	—
总变异	395	461.039 6	—	—

表3-9 迟熟组（B组）产量方差分析

变异来源	df	SS	MS	F值
地点内区组	24	2.075 5	0.086 5	1.130 2
地点	11	349.279 8	31.752 7	34.993 0**
品种	11	48.702 3	4.427 5	4.879 3**
品种×地点	121	109.795 7	0.907 4	11.858 3**
试验误差	264	20.201 4	0.076 5	—
总变异	431	530.054 7	—	—

表 3-10　迟熟组（C组）产量方差分析

变异来源	df	SS	MS	F 值
地点内区组	24	2.166 6	0.090 3	1.191 4
地点	11	455.818 6	41.438 1	35.005 6**
品种	11	64.315 9	5.846 9	4.939 3**
品种×地点	121	143.234 4	1.183 8	15.622 7**
试验误差	264	20.003 7	0.075 8	
总变异	431	685.539 2	—	

早造杂交水稻各组品种产量情况见表 3-11 至表 3-22。

表 3-11　中早熟组参试品种产量情况

组别	品　种	小区平均产量（千克）	折合平均亩产量（千克）	较CK变化百分比（%）	较较平均变化百分比（%）	差异显著性 0.05	差异显著性 0.01	产量名次	比CK增产试点比例（%）	日产量（千克）
A组	安优 1001（复试）	9.853 8	492.69	1.84	4.48	a	A	1	62.50	3.85
	五优美占（复试）	9.773 7	488.69	1.01	3.63	a	A	2	62.50	3.85
	华优 665（CK）	9.675 8	483.79	—	2.59	ab	A	3	—	3.87
	银两优 1 号	9.563 7	478.19	−1.16	1.40	ab	A	4	37.50	3.68
	广泰优 568	9.430 4	471.52	−2.54	−0.01	ab	A	5	37.50	3.68
	裕优 075	9.399 2	469.96	−2.86	−0.34	ab	A	6	37.50	3.62
	启源优 492	9.324 2	466.21	−3.63	−1.14	ab	A	7	25.00	3.67
	粤创优金丝苗（复试）	9.158 7	457.94	−5.34	−2.89	b	A	8	37.50	3.72
	诚优亨占	9.075 0	453.75	−6.21	−3.78	b	A	9	37.50	3.72
	诚优 5373	9.059 6	452.98	−6.37	−3.94	b	A	10	37.50	3.74
B组	安优晶占	9.926 2	496.31	0.48	4.83	a	A	1	50.00	3.85
	华优 665（CK）	9.879 2	493.96	—	4.34	ab	AB	2	—	3.98
	庆优喜占	9.744 6	487.23	−1.36	2.92	ab	ABC	3	37.50	3.90
	吉优 1001（复试）	9.717 9	485.90	−1.63	2.64	ab	ABC	4	50.00	3.77
	广泰优 1521（复试）	9.598 3	479.92	−2.84	1.37	abc	ABC	5	37.50	3.81
	广泰优 496	9.369 6	468.48	−5.16	−1.04	bc	ABC	6	25.00	3.66
	耕香优 41	9.152 1	457.60	−7.36	−3.34	c	BC	7	25.00	3.72
	金象优飞燕丝苗	9.133 3	456.67	−7.55	−3.54	c	C	8	12.50	3.71
	胜优锋占	9.100 4	455.02	−7.88	−3.89	c	C	9	12.50	3.67
	吉田优 1179（复试）	9.062 5	453.13	−8.27	−4.29	c	C	10	25.00	3.49
C组	潢优 1523（复试）	9.880 8	494.04	2.76	3.64	a	A	1	50.00	3.95
	中升优 101（复试）	9.844 6	492.23	2.38	3.26	a	A	2	75.00	3.91
	吉田优 1378	9.782 5	489.13	1.73	2.61	a	A	3	75.00	3.76
	华优 665（CK）	9.615 8	480.79	—	0.86	a	A	4	—	3.88

（续）

组别	品　种	小区平均产量（千克）	折合平均亩产量（千克）	较CK变化百分比（%）	较组平均变化百分比（%）	差异显著性 0.05	差异显著性 0.01	产量名次	比CK增产试点比例（%）	日产量（千克）
C组	妙两优3287	9.602 9	480.15	−0.13	0.72	a	A	5	37.50	3.75
	金恒优金丝苗	9.562 5	478.12	−0.56	0.30	a	A	6	50.00	3.83
	深香优6553	9.545 4	477.27	−0.73	0.12	a	A	7	50.00	3.73
	中银优金丝苗	9.462 9	473.15	−1.59	−0.74	a	A	8	50.00	3.82
	隆优1624	9.457 9	472.90	−1.64	−0.80	a	A	9	62.50	3.69
	深香优1127	8.584 6	429.23	−10.72	−9.96	b	B	10	25.00	3.58

表3-12　中迟熟组参试品种产量情况

组别	品　种	小区平均产量（千克）	折合平均亩产量（千克）	较CK变化百分比（%）	较组平均变化百分比（%）	差异显著性 0.05	差异显著性 0.01	产量名次	比CK增产试点比例（%）	日产量（千克）
A组	中映优银粘	10.588 5	529.42	9.56	7.09	a	A	1	72.73	4.17
	裕优丝占	10.505 8	525.29	8.71	6.25	a	AB	2	81.82	4.20
	万丰优丝占（复试）	10.469 4	523.47	8.33	5.88	a	ABC	3	90.91	4.12
	恒丰优53	10.251 5	512.58	6.08	3.68	ab	ABCD	4	63.64	4.07
	台两优405	10.101 2	505.06	4.52	2.16	abc	ABCDE	5	63.64	4.07
	韵两优570	9.900 9	495.05	2.45	0.13	bcd	ABCDEF	6	36.36	3.81
	莹两优821	9.844 2	492.21	1.86	−0.44	bcde	BCDEF	7	45.45	3.91
	中银优珍丝苗	9.761 2	488.06	1.00	−1.28	bcde	CDEF	8	36.36	3.87
	五丰优615（CK）	9.664 2	483.21	—	−2.26	cde	DEF	9	—	3.90
	中恒优金丝苗（复试）	9.513 9	475.70	−1.55	−3.78	de	EF	10	18.18	3.78
	耕香优银粘	9.353 3	467.67	−3.22	−5.40	e	FG	11	36.36	3.74
	胜优合莉油占	8.699 1	434.95	−9.99	−12.02	f	G	12	9.09	3.45
B组	粤禾优3628	10.615 5	530.77	10.72	7.61	a	A	1	81.82	4.21
	裕优合莉油占（复试）	10.584 8	529.24	10.40	7.30	ab	A	2	100.00	4.20
	台两优粤福占	10.041 8	502.09	4.74	1.79	abc	AB	3	54.55	4.08
	Y两优8619	10.014 5	500.73	4.45	1.52	bc	AB	4	63.64	3.88
	宽仁优6377（复试）	10.006 4	500.32	4.37	1.43	bc	AB	5	63.64	4.10
	勤两优华宝	9.997 6	499.88	4.28	1.34	bc	AB	6	54.55	3.94
	泰优晶占	9.980 0	499.00	4.09	1.16	c	AB	7	81.82	4.02
	青香优新禾占	9.938 5	496.92	3.66	0.74	c	ABC	8	45.45	3.94
	集香优6155	9.708 2	485.41	1.26	−1.59	cd	BC	9	45.45	3.79
	五丰优615（CK）	9.587 6	479.38	—	−2.81	cd	BC	10	—	3.87
	耕香优新丝苗	9.148 8	457.44	−4.58	−7.26	de	CD	11	18.18	3.63
	广泰优5630	8.757 9	437.89	−8.65	−11.22	e	D	12	18.18	3.59

（续）

组别	品　　种	小区平均产量（千克）	折合平均亩产量（千克）	较CK变化百分比（%）	较组平均变化百分比（%）	差异显著性 0.05	差异显著性 0.01	产量名次	比CK增产试点比例（%）	日产量（千克）
	恒丰优3316	10.586 1	529.31	10.12	6.68	a	A	1	83.33	4.27
	银恒优金桂丝苗	10.530 3	526.51	9.54	6.12	a	A	2	91.67	4.18
	金香优301	10.525 0	526.25	9.48	6.07	a	A	3	83.33	4.21
	川种优622	10.407 5	520.38	8.26	4.88	a	AB	4	66.67	4.07
	建优421	10.241 4	512.07	6.53	3.21	ab	ABC	5	58.33	4.10
C组	金美优丝苗（复试）	10.235 8	511.79	6.47	3.15	ab	ABCD	6	75.00	4.06
	软华优157	9.814 2	490.71	2.09	−1.10	bc	BCDE	7	41.67	3.96
	粤秀优360（复试）	9.807 2	490.36	2.02	−1.17	bc	BCDE	8	41.67	3.92
	五丰优615（CK）	9.613 3	480.67	—	−3.12	c	CDE	9	—	3.88
	胜优1179	9.541 4	477.07	−0.75	−3.85	c	DE	10	33.33	3.76
	深香优1269	9.325 8	466.29	−2.99	−6.02	c	E	11	25.00	3.53
	益两优象牙占	8.448 6	422.43	−12.12	−14.86	d	F	12	8.33	3.33

表3-13　迟熟组参试品种产量情况

组别	品　　种	小区平均产量（千克）	折合平均亩产量（千克）	较CK变化百分比（%）	较组平均变化百分比（%）	差异显著性 0.05	差异显著性 0.01	产量名次	比CK增产试点比例（%）	日产量（千克）
	粤品优5511（复试）	10.619 7	530.99	7.04	5.05	a	A	1	66.67	4.15
	中泰优银粘	10.486 9	524.35	5.70	3.74	ab	AB	2	75.00	4.06
	兴两优124	10.314 7	515.74	3.96	2.04	abc	AB	3	66.67	4.00
	香龙优泰占	10.257 5	512.87	3.38	1.47	abc	AB	4	50.00	4.07
	信两优127（复试）	10.227 2	511.36	3.08	1.17	abc	AB	5	66.67	3.93
A组	金泰优1521（复试）	10.212 8	510.64	2.93	1.03	abc	AB	6	75.00	4.09
	玮两优1019	10.126 9	506.35	2.07	0.18	bc	ABC	7	50.00	3.87
	深两优58香油占（CK）	9.921 7	496.08	—	−1.85	cd	BCD	8	—	3.85
	川种优360	9.905 6	495.28	−0.16	−2.01	cd	BCD	9	33.33	3.90
	晶两优华宝（复试）	9.616 4	480.82	−3.08	−4.87	d	CD	10	25.00	3.64
	深两优2018	9.510 0	475.50	−4.15	−5.93	d	D	11	25.00	3.66
	C两优557	10.719 7	535.99	6.58	4.16	a	A	1	91.67	4.12
	胜优1321（复试）	10.713 9	535.69	6.52	4.10	a	A	2	83.33	4.22
B组	群优836（复试）	10.619 4	530.97	5.58	3.18	ab	AB	3	100.00	4.12
	来香优178	10.617 2	530.86	5.56	3.16	ab	AB	4	66.67	4.15
	香龙优1826（复试）	10.514 4	525.72	4.54	2.16	ab	ABC	5	83.33	4.14
	金隆优086	10.337 8	516.89	2.78	0.45	abc	ABC	6	75.00	4.10

（续）

组别	品　　种	小区平均产量（千克）	折合平均亩产量（千克）	较CK变化百分比（%）	较组平均变化百分比（%）	差异显著性 0.05	差异显著性 0.01	产量名次	比CK增产试点比例（%）	日产量（千克）
B组	本两优华占（复试）	10.255 3	512.76	1.96	−0.36	bc	ABC	7	58.33	4.10
	春9两优121	10.061 1	503.06	0.03	−2.24	cd	BCD	8	41.67	3.93
	深两优58香油占（CK）	10.057 8	502.89	—	−2.28	cd	BCD	9	—	3.90
	聚两优53（复试）	9.987 5	499.38	−0.70	−2.96	cd	CD	10	41.67	3.90
	宽仁优国泰	9.983 3	499.17	−0.74	−3.00	cd	CD	11	58.33	3.93
	中泰优5511	9.636 4	481.82	−4.19	−6.37	d	D	12	25.00	3.79
C组	金恒优金桂丝苗	10.547 5	527.38	5.53	5.61	a	A	1	83.33	4.09
	兴两优492	10.293 3	514.67	2.99	3.06	ab	AB	2	75.00	3.96
	隆晶优1179	10.248 3	512.42	2.54	2.61	abc	AB	3	75.00	3.97
	特优9068（复试）	10.172 2	508.61	1.78	1.85	abcd	AB	4	66.67	3.97
	C两优098（复试）	10.166 4	508.32	1.72	1.79	abcd	AB	5	58.33	4.00
	深两优9815（复试）	10.147 5	507.37	1.53	1.60	abcd	AB	6	66.67	3.84
	深两优58香油占（CK）	9.994 7	499.74	—	0.07	bcd	AB	7	—	3.87
	胜优晶占	9.971 4	498.57	−0.23	−0.16	bcd	AB	8	50.00	3.93
	粤秀优晟占	9.930 3	496.51	−0.65	−0.58	bcd	AB	9	50.00	3.85
	春两优20	9.743 1	487.15	−2.52	−2.45	cd	B	10	33.33	3.75
	广龙优华占（复试）	9.681 4	484.07	−3.13	−3.07	d	B	11	50.00	3.75
	软华优651	8.956 7	447.83	−10.39	−10.32	e	C	12	0.00	3.50

表 3-14　中早熟组（A组）各品种产量 Shukla 方差及其显著性检验（F 测验）

品　　种	Shukla方差	df	F值	P值	互作方差	品种均值（千克）	Shukla变异系数（%）	差异显著性 0.05	差异显著性 0.01
启源优492	0.696 2	7	21.406 3	0	0.062 0	9.324 2	8.948 3	a	A
裕优075	0.539 9	7	16.600 4	0	0.079 2	9.399 2	7.817 2	ab	A
诚优亨占	0.530 7	7	16.318 6	0	0.054 9	9.075 0	8.027 4	ab	A
诚优5373	0.524 1	7	16.115 0	0	0.077 2	9.059 6	7.990 8	ab	A
粤创优金丝苗（复试）	0.497 7	7	15.304 7	0	0.072 8	9.158 8	7.703 0	ab	A
华优665（CK）	0.310 9	7	9.559 3	0	0.037 1	9.675 8	5.762 4	ab	A
安优1001（复试）	0.287 2	7	8.832 6	0	0.042 7	9.853 8	5.439 1	ab	A
银两优1号	0.284 9	7	8.761 8	0	0.042 6	9.563 8	5.581 5	ab	A
五优美占（复试）	0.206 0	7	6.333 3	0	0.017 7	9.815 4	4.623 7	ab	A
广泰优568	0.183 7	7	5.649 3	0	0.024 0	9.430 4	4.545 1	b	A

注：Bartlett 卡方检验 P＝0.716 17，各品种的稳定性差异不显著。

表 3-15　中早熟组（B 组）各品种产量 Shukla 方差及其显著性检验（F 测验）

品　　种	Shukla 方差	df	F 值	P 值	互作方差	品种均值（千克）	Shukla 变异系数（%）	差异显著性 0.05	差异显著性 0.01
安优晶占	0.720 2	7	22.380 8	0	0.088 6	9.926 3	8.549 7	a	A
庆优喜占	0.560 2	7	17.407 0	0	0.081 5	9.744 6	7.680 7	a	A
耕香优 41	0.490 3	7	15.235 7	0	0.067 2	9.152 1	7.650 9	a	A
吉田优 1179（复试）	0.261 7	7	8.132 1	0	0.035 9	9.062 5	5.644 9	a	AB
吉优 1001（复试）	0.258 2	7	8.024 2	0	0.034 8	9.717 9	5.229 1	a	AB
广泰优 496	0.250 0	7	7.769 3	0	0.029 7	9.369 6	5.336 7	a	AB
华优 665（CK）	0.237 0	7	7.365 9	0	0.031 6	9.879 2	4.928 2	ab	AB
胜优锋占	0.190 8	7	5.928 1	0	0.027 1	9.100 4	4.799 6	abc	AB
广泰优 1521（复试）	0.062 8	7	1.952 7	0.065 5	0.009 1	9.598 3	2.611 7	bc	B
金象优飞燕丝苗	0.054 6	7	1.696 5	0.114 3	0.006 6	9.133 3	2.558 3	c	B

注：Bartlett 卡方检验 P＝0.025 16，各品种的稳定性差异显著。

表 3-16　中早熟组（C 组）各品种产量 Shukla 方差及其显著性检验（F 测验）

品　　种	Shukla 方差	df	F 值	P 值	互作方差	品种均值（千克）	Shukla 变异系数（%）	差异显著性 0.05	差异显著性 0.01
深香优 1127	0.915 1	7	26.614	0	0.126 6	8.584 6	11.143 1	a	A
中银优金丝苗	0.575 8	7	16.746 7	0	0.031 4	9.462 9	8.018 8	ab	A
妙两优 3287	0.538 3	7	15.654 8	0	0.062 2	9.602 9	7.639 9	ab	A
深香优 6553	0.437 4	7	12.720 5	0	0.065 1	9.545 4	6.928 3	abc	A
潢优 1523（复试）	0.401 5	7	11.676 7	0	0.059 8	9.880 8	6.412 6	abc	A
吉田优 1378	0.325 6	7	9.470 7	0	0.030 5	9.782 5	5.833 2	abc	A
中升优 101（复试）	0.296 9	7	8.636 5	0	0.030 9	9.844 6	5.535 3	abc	A
隆优 1624	0.245 3	7	7.133 7	0	0.030 0	9.457 9	5.236 4	abc	A
华优 665（CK）	0.225 0	7	6.545 2	0	0.030 8	9.615 8	4.933 4	bc	A
金恒优金丝苗	0.139 0	7	4.042 1	0.000 5	0.021 4	9.562 5	3.898 5	c	A

注：Bartlett 卡方检验 P＝0.434 60，各品种的稳定性差异不显著。

表 3-17　中迟熟组（A 组）各品种产量 Shukla 方差及其显著性检验（F 测验）

品　　种	Shukla 方差	df	F 值	P 值	互作方差	品种均值（千克）	Shukla 变异系数（%）	差异显著性 0.05	差异显著性 0.01
五丰优 615（CK）	2.029 1	10	82.676 8	0	0.157 6	9.664 2	14.739 5	a	A
耕香优银粘	0.543 7	10	22.151 8	0	0.053 9	9.353 3	7.883 1	ab	AB
台两优 405	0.355 8	10	14.496 9	0	0.034 0	10.101 2	5.905 0	bc	ABC
中映优银粘	0.337 8	10	13.762 0	0	0.034 7	10.588 5	5.488 6	bc	ABC

（续）

品　　种	Shukla 方差	df	F 值	P 值	互作方差	品种均值（千克）	Shukla 变异系数（%）	差异显著性 0.05	差异显著性 0.01
中银优珍丝苗	0.287 6	10	11.717 2	0	0.027 0	9.761 2	5.493 7	bc	BC
裕优丝占	0.244 0	10	9.940 5	0	0.020 7	10.505 8	4.701 5	bcd	BC
莹两优 821	0.241 6	10	9.845 9	0	0.021 7	9.844 2	4.993 5	bcd	BC
胜优合莉油占	0.229 1	10	9.336 0	0	0.016 9	8.699 1	5.502 6	cd	BC
万丰优丝占（复试）	0.169 8	10	6.919 4	0	0.015 4	10.469 4	3.936 1	cd	BC
中恒优金丝苗（复试）	0.168 1	10	6.848 1	0	0.017 3	9.513 9	4.309 1	cd	BC
韵两优 570	0.164 6	10	6.705 1	0	0.013 6	9.900 9	4.097 2	cd	BC
恒丰优 53	0.078 9	10	3.214 1	0.000 7	0.008 5	10.251 5	2.739 7	d	C

注：Bartlett 卡方检验 $P=0.000\,00$，各品种的稳定性差异极显著。

表 3-18　中迟熟组（B 组）各品种产量 Shukla 方差及其显著性检验（F 测验）

品　　种	Shukla 方差	df	F 值	P 值	互作方差	品种均值（千克）	Shukla 变异系数（%）	差异显著性 0.05	差异显著性 0.01
五丰优 615（CK）	1.214 7	10	51.175 5	0	0.085 8	9.587 6	11.495 5	a	A
泰优晶占	0.762 3	10	32.115 2	0	0.040 0	9.980 0	8.748 5	ab	AB
广泰优 5630	0.681 7	10	28.719 8	0	0.048 7	8.757 9	9.427 5	abc	AB
台两优粤福占	0.636 2	10	26.804 5	0	0.064 9	10.041 8	7.943 2	abc	ABC
粤禾优 3628	0.515 7	10	21.727 0	0	0.048 1	10.615 5	6.765 0	abc	ABC
宽仁优 6377（复试）	0.481 1	10	20.269 7	0	0.043 5	10.006 4	6.931 9	abc	ABC
勤两优华宝	0.408 1	10	17.194 4	0	0.026 9	9.997 6	6.390 1	abc	ABC
Y 两优 8619	0.331 1	10	13.950 3	0	0.030 2	10.014 5	5.746 0	bcd	ABC
集香优 6155	0.316 5	10	13.336 1	0	0.019 7	9.708 2	5.795 4	bcd	ABC
青香优新禾占	0.278 9	10	11.751 8	0	0.029 1	9.938 5	5.314 2	bcd	ABC
耕香优新丝苗	0.246 2	10	10.373 5	0	0.025 8	9.148 8	5.423 8	cd	BC
裕优合莉油占（复试）	0.134 5	10	5.667 2	0	0.013 7	10.584 8	3.465 0	d	C

注：Bartlett 卡方检验 $P=0.072\,99$，各品种的稳定性差异不显著。

表 3-19　中迟熟组（C 组）各品种产量 Shukla 方差及其显著性检验（F 测验）

品　　种	Shukla 方差	df	F 值	P 值	互作方差	品种均值（千克）	Shukla 变异系数（%）	差异显著性 0.05	差异显著性 0.01
五丰优 615（CK）	2.186 3	11	87.659 8	0	0.177 5	9.613 3	15.380 9	a	A
金香优 301	0.545 6	11	21.875 8	0	0.044 6	10.525 0	7.018 0	b	AB
川种优 622	0.497 9	11	19.964 5	0	0.028 2	10.407 5	6.780 1	bc	AB
益两优象牙占	0.477 8	11	19.158 1	0	0.041 6	8.448 6	8.181 8	bc	BC

（续）

品　　种	Shukla 方差	df	F 值	P 值	互作方差	品种均值（千克）	Shukla 变异系数（%）	差异显著性 0.05	差异显著性 0.01
软华优 157	0.259 1	11	10.388 9	0	0.022 5	9.814 2	5.186 6	bcd	BCD
银恒优金桂丝苗	0.224 5	11	9.001 3	0	0.019 7	10.530 3	4.499 6	bcd	BCD
建优 421	0.220 4	11	8.835 2	0	0.020 2	10.241 4	4.583 6	bcd	BCD
粤秀优 360（复试）	0.188 7	11	7.565 3	0	0.012 7	9.807 2	4.429 2	cde	BCD
恒丰优 3316	0.164 4	11	6.590 6	0	0.010 5	10.586 1	3.829 9	de	BCD
胜优 1179	0.134 0	11	5.373 9	0	0.012 7	9.541 4	3.837 0	de	BCD
深香优 1269	0.107 2	11	4.296 2	0	0.008 5	9.325 8	3.510 0	de	CD
金美优丝苗（复试）	0.075 1	11	3.011 1	0.000 8	0.007 0	10.235 8	2.677 3	e	D

注：Bartlett 卡方检验 $P = 0.000\ 00$，各品种的稳定性差异极显著。

表 3-20　迟熟组（A 组）各品种产量 Shukla 方差及其显著性检验（F 测验）

品　　种	Shukla 方差	df	F 值	P 值	互作方差	品种均值（千克）	Shukla 变异系数（%）	差异显著性 0.05	差异显著性 0.01
金泰优 1521（复试）	0.677 8	11	28.704 2	0	0.052 8	10.212 8	8.061 3	a	A
信两优 127（复试）	0.530 2	11	22.453 5	0	0.047 0	10.227 2	7.119 7	ab	AB
深两优 58 香油占（CK）	0.446 4	11	18.905 8	0	0.039 3	9.921 7	6.734 3	abc	ABC
中泰优银粘	0.445 8	11	18.878 5	0	0.035 5	10.486 9	6.366 6	abc	ABC
川种优 360	0.248 8	11	10.535 6	0	0.017 8	9.905 6	5.035 3	abcd	ABC
玮两优 1019	0.244 5	11	10.356 5	0	0.022 7	10.126 9	4.883 1	abcd	ABC
香龙优泰占	0.219 8	11	9.309 6	0	0.020 2	10.257 5	4.570 9	bcd	ABC
粤品优 5511（复试）	0.183 1	11	7.755 6	0	0.016 8	10.619 7	4.029 7	cd	ABC
兴两优 124	0.154 5	11	6.542 7	0	0.012 0	10.314 7	3.810 6	d	ABC
深两优 2018	0.149 4	11	6.325 5	0	0.013 5	9.510 0	4.063 9	d	BC
晶两优华宝（复试）	0.109 2	11	4.623 7	0	0.000 6	9.616 4	3.436 0	d	C

注：Bartlett 卡方检验 $P = 0.037\ 33$，各品种的稳定性差异显著。

表 3-21　迟熟组（B 组）各品种产量 Shukla 方差及其显著性检验（F 测验）

品　　种	Shukla 方差	df	F 值	P 值	互作方差	品种均值（千克）	Shukla 变异系数（%）	差异显著性 0.05	差异显著性 0.01
本两优华占（复试）	0.585 8	11	22.965 1	0	0.049 2	10.255 3	7.463 0	a	A
中泰优 5511	0.459 3	11	18.008 4	0	0.036 5	9.636 4	7.033 2	ab	AB
香龙优 1826（复试）	0.407 3	11	15.968 6	0	0.037 2	10.514 4	6.069 8	ab	AB
来香优 178	0.361 1	11	14.158 8	0	0.032 5	10.617 2	5.660 2	ab	AB
春 9 两优 121	0.274 8	11	10.772 0	0	0.024 3	10.061 1	5.209 9	abc	AB

（续）

品　种	Shukla 方差	df	F 值	P 值	互作方差	品种均值（千克）	Shukla变异系数（%）	差异显著性 0.05	差异显著性 0.01
深两优 58 香油占（CK）	0.267 6	11	10.492 3	0	0.024 5	10.057 8	5.143 5	abc	AB
胜优 1321（复试）	0.252 7	11	9.906 3	0	0.023 3	10.713 9	4.691 8	abc	AB
金隆优 086	0.244 4	11	9.579 8	0	0.020 6	10.337 8	4.781 7	abc	AB
宽仁优国泰	0.243 7	11	9.556 1	0	0.019 4	9.983 3	4.945 3	abc	AB
C 两优 557	0.237 4	11	9.307 2	0	0.020 2	10.719 7	4.545 2	abc	AB
群优 836（复试）	0.177 5	11	6.960 4	0	0.016 2	10.619 4	3.967 7	bc	AB
聚两优 53（复试）	0.118 0	11	4.625 1	0	0.010 8	9.987 5	3.439 0	c	B

注：Bartlett 卡方检验 $P = 0.452\ 08$，各品种的稳定性差异不显著。

表 3-22　迟熟组（C 组）各品种产量 Shukla 方差及其显著性检验（F 测验）

品　种	Shukla 方差	df	F 值	P 值	互作方差	品种均值（千克）	Shukla变异系数（%）	差异显著性 0.05	差异显著性 0.01
广龙优华占（复试）	1.008 0	11	39.909 7	0	0.092 5	9.681 4	10.370 4	a	A
胜优晶占	0.698 9	11	27.670 8	0	0.059 7	9.971 4	8.383 9	ab	AB
软华优 651	0.684 3	11	27.093 2	0	0.048 0	8.956 7	9.235 8	ab	AB
春两优 20	0.495 7	11	19.625 6	0	0.044 1	9.743 1	7.226 2	abc	AB
特优 9068（复试）	0.339 5	11	13.441 1	0	0.024 5	10.172 2	5.727 9	bc	ABC
深两优 9815（复试）	0.332 0	11	13.143 0	0	0.030 3	10.147 5	5.677 8	bc	ABC
粤秀优晟占	0.282 0	11	11.164 1	0	0.026 1	9.930 3	5.347 4	bcd	ABC
C 两优 098（复试）	0.219 9	11	8.706 7	0	0.020 2	10.166 4	4.612 7	cd	BC
兴两优 492	0.198 6	11	7.864 7	0	0.018 3	10.293 3	4.329 9	cd	BC
隆晶优 1179	0.194 0	11	7.680 3	0	0.016 0	10.248 3	4.297 6	cd	BC
金恒优金桂丝苗	0.180 0	11	7.132 2	0	0.013 8	10.547 5	4.024 0	cd	BC
深两优 58 香油占（CK）	0.102 1	11	4.040 6	0	0.009 6	9.994 7	3.196 3	d	C

注：Bartlett 卡方检验 $P = 0.004\ 03$，各品种的稳定性差异极显著。

1. 中早熟组（A 组）

该组品种亩产量为 452.98～492.69 千克，对照种华优 665（CK）亩产量 483.79 千克。比对照种增产的品种有 2 个，分别是安优 1001（复试）、五优美占（复试），分别比对照增产 1.84%、1.01%，增产均未达显著水平。其余 7 个品种均比对照减产，减产均未达显著水平，其中减产幅度最大的是诚优 5373，比对照减产 6.37%。

2. 中早熟组（B 组）

该组品种亩产量为 453.13～496.31 千克，对照种华优 665（CK）亩产量 493.96 千克。比对照种增产的组合只有安优晶占，增产 0.48%，增产未达显著水平。其余 8 个品种均比对照减产，减产达极显著水平的品种分别是金象优飞燕丝苗、胜优锋占、吉田优

1179（复试），分别比对照减产 7.55％、7.88％、8.27％；剩余品种减产达显著水平的品种是耕香优 41，比对照减产 7.36％。

3. 中早熟组（C 组）

该组品种亩产量为 429.23～494.04 千克，对照种华优 665（CK）亩产量 480.79 千克。比对照种增产的品种有 3 个，分别是潢优 1523（复试）、中升优 101（复试）、吉田优 1378，分别比对照增产 2.76％、2.38％、1.73％，增产均未达显著水平。其余 6 个品种均比对照减产，减产达极显著水平的品种是深香优 1127，比对照减产 9.96％。

4. 中迟熟组（A 组）

该组品种亩产量为 434.95～529.42 千克，对照种五丰优 615（CK）亩产量 483.21 千克。比对照种增产的品种有 8 个，增产达极显著水平的有 3 个，剩余品种增产达显著水平的有 1 个，增幅名列前 3 位的中映优银粘、裕优丝占、万丰优丝占（复试）分别比对照增产 9.56％、8.71％、8.33％。其余 3 个品种均比对照减产，减产达极显著水平的品种是胜优合莉油占，比对照减产 9.99％。

5. 中迟熟组（B 组）

该组品种亩产量为 437.89～530.77 千克，对照种五丰优 615（CK）亩产量 479.38 千克。比对照种增产的品种有 9 个，增产达极显著水平的品种是粤禾优 3628、裕优合莉油占（复试），分别比对照增产 10.72％、10.40％。减产达极显著水平的品种是广泰优 5630，比对照减产 8.65％。

6. 中迟熟组（C 组）

该组品种亩产量为 422.43～529.31 千克，对照种五丰优 615（CK）亩产量 480.67 千克。比对照种增产的品种有 8 个，增产达极显著水平的有 4 个，剩余品种增产达显著水平的有 2 个，增幅名列前 3 位的恒丰优 3316、银恒优金桂丝苗、金香优 301 分别比对照增产 10.12％、9.54％、9.48％。其余 3 个品种均比对照减产，减产达极显著水平的品种是益两优象牙占，比对照减产 12.12％。

7. 迟熟组（A 组）

该组品种亩产量为 475.50～530.99 千克，对照种深两优 58 香油占（CK）亩产量 496.08 千克。比对照种增产的品种有 7 个，增产达极显著水平的有 1 个，剩余品种增产达显著水平的有 1 个，增幅名列前 3 位的粤品优 5511（复试）、中泰优银粘（复试）、兴两优 124 分别比对照增产 7.04％、5.70％、3.96％。其余 3 个品种均比对照减产，减产均未达显著水平，减幅最大的是深两优 2018，比对照减产 4.15％。

8. 迟熟组（B 组）

该组品种亩产量为 481.82～535.99 千克，对照种深两优 58 香油占（CK）亩产量 502.89 千克。比对照种增产的品种有 8 个，增产达极显著水平的有 2 个，剩余品种增产达显著水平的有 3 个，增幅名列前 3 位的 C 两优 557、胜优 1321（复试）、群优 836（复试）分别比对照增产 6.58％、6.52％、5.58％。其余 3 个品种均比对照减产，减产均未达显著水平，减幅最大的是中泰优 5511，比对照减产 4.19％。

9. 迟熟组（C 组）

该组品种亩产量为 447.83～527.38 千克，对照种深两优 58 香油占（CK）亩产量

499.74 千克。比对照种增产的品种有 6 个,其中增产达显著水平的品种是金恒优金桂丝苗,比对照增产 5.53%。其余 5 个品种均比对照减产,减产达极显著水平的品种是软华优 651,比对照减产 10.39%。

(二)米质

早造杂交水稻品种各组稻米米质检测结果见表 3-23 至表 3-25。

表 3-23　中早熟组稻米米质检测结果

组别	品　　种	部标等级	糙米率(%)	整精米率(%)	垩白度(%)	透明度(级)	碱消值(级)	胶稠度(毫米)	直链淀粉(%)	粒型(长宽比)
A组	安优 1001(复试)	—	82.6	45.9	1.5	2	5.8	70	25.2	3.0
	五优美占(复试)	—	80.8	39.6	0.9	2	4.6	72	16.6	2.8
	粤创优金丝苗(复试)	—	82.1	46.8	0.6	2	5.3	75	14.9	2.8
	启源优 492	—	83.1	35.3	0	2	4.6	77	15.5	3.1
	裕优 075	—	80.9	47.5	0.5	2	3.5	84	14.2	3.1
	银两优 1 号	—	81.1	30.0	2.0	2	6.0	72	15.0	3.0
	诚优亨占	3	81.9	54.1	0.6	2	6.2	74	16.5	3.7
	诚优 5373	3	83.0	52.7	0.5	1	6.2	68	15.2	3.6
	广泰优 568	—	82.1	36.3	0.4	2	5.2	76	14.8	3.0
	华优 665(CK)	—	82.7	38.2	0.4	2	5.0	78	20.9	2.7
B组	广泰优 1521(复试)	—	80.1	45.2	0.1	2	4.6	78	15.0	3.0
	吉优 1001(复试)	—	81.6	41.3	0.6	2	5.6	73	25.6	3.0
	吉田优 1179(复试)	—	80.5	40.6	0.2	2	4.7	78	16.0	3.0
	广泰优 496	—	81.8	43.9	0.8	1	6.8	61	17.1	3.0
	安优晶占	—	81.8	43.2	0.8	2	5.5	77	22.8	2.9
	庆优喜占	—	80.8	35.8	1.9	2	6.7	66	15.9	3.2
	胜优锋占	—	82.3	29.6	0.2	2	4.0	65	15.2	3.3
	耕香优 41	—	82.5	39.4	0.4	2	3.4	76	14.7	3.2
	金象优飞燕丝苗	—	80.8	46.0	0.4	2	4.2	80	13.7	3.7
	华优 665(CK)	—	82.7	38.2	0.4	2	5.0	78	20.9	2.7
C组	潢优 1523(复试)	—	83.1	37.9	0.9	2	5.2	70	15.4	3.1
	中升优 101(复试)	—	82.8	29.4	2.2	1	6.0	60	15.3	3.0
	中银优金丝苗	—	82.0	41.0	0.3	2	3.2	78	13.8	3.3
	金恒优金丝苗	—	82.2	39.8	0.4	2	3.2	78	14.0	3.3
	吉田优 1378	—	81.0	44.8	0.2	2	4.2	66	16.0	3.1
	妙两优 3287	2	82.0	60.3	0.2	2	6.8	73	14.6	3.1
	隆优 1624	—	81.0	43.7	0.2	2	3.6	72	15.7	3.7

（续）

组别	品　种	部标等级	糙米率（%）	整精米率（%）	垩白度（%）	透明度（级）	碱消值（级）	胶稠度（毫米）	直链淀粉（%）	粒型（长宽比）
C 组	深香优 1127	—	82.4	46.8	0.2	2	3.2	62	15.0	3.5
	深香优 6553	—	80.9	44.4	0.5	1	6.8	70	15.3	3.6
	华优 665（CK）	—	82.7	38.2	0.4	2	5.0	78	20.9	2.7

表 3-24　中迟熟组稻米米质检测结果

组别	品　种	部标等级	糙米率（%）	整精米率（%）	垩白度（%）	透明度（级）	碱消值（级）	胶稠度（毫米）	直链淀粉（%）	粒型（长宽比）
A 组	中恒优金丝苗（复试）	—	81.1	51.4	0.5	2	4.8	72	14.9	3.6
	万丰优丝占（复试）	2	80.2	60.0	0.1	2	6.9	68	16.5	3.1
	恒丰优 53	—	80.4	53.4	0.1	1	3.0	76	13.7	3.4
	耕香优银粘	3	79.5	54.3	0.4	2	6.9	73	14.7	3.4
	中映优银粘	—	80.3	53.4	0.6	2	4.6	74	14.8	3.1
	胜优合莉油占	3	78.6	54.0	1.0	2	6.7	54	16.9	3.2
	裕优丝占	—	79.0	57.0	0.8	2	3.8	78	14.5	3.3
	莹两优 821	2	79.1	59.5	1.0	1	6.6	74	15.6	3.2
	韵两优 570	3	78.9	56.4	0.1	2	6.8	77	15.5	3.6
	中银优珍丝苗	—	76.9	50.8	0.2	2	3.0	78	14.7	3.5
	台两优 405	3	81.8	60.4	1.5	1	5.5	54	21.0	3.2
	五丰优 615（CK）	—	79.5	62.4	0.9	2	3.2	75	14.4	2.9
B 组	裕优合莉油占（复试）	—	78.7	50.2	0.7	2	3.7	61	17.6	3.3
	宽仁优 6377（复试）	2	80.6	56.5	1.2	1	6.7	68	15.6	3.1
	勤两优华宝	—	77.4	56.5	0.2	2	3.0	78	14.7	3.1
	粤禾优 3628	—	80.2	49.0	0.1	2	3.2	80	13.1	3.0
	集香优 6155	—	77.8	59.4	0.1	2	3.2	75	14.2	3.4
	广泰优 5630	—	79.9	47.2	2.6	1	6.7	66	16.8	3.6
	台两优粤福占	—	81.3	61.3	1.6	2	4.8	68	15.3	3.1
	泰优晶占	—	81.0	50.1	1.0	1	6.8	72	15.9	3.7
	Y 两优 8619	—	77.3	46.7	0.1	2	4.2	73	12.9	3.2
	青香优新禾占	—	80.2	45.3	0.3	2	6.7	68	14.2	3.6
	耕香优新丝苗	2	79.0	59.1	0	2	6.3	63	14.5	3.4
	五丰优 615（CK）	—	79.5	62.4	0.9	2	3.2	75	14.4	2.9
C 组	金美优丝苗（复试）	—	77.5	51.0	0.6	2	6.4	66	14.9	3.6
	粤秀优 360（复试）	2	80.7	55.7	2.2	2	6.2	73	14.0	3.5

（续）

组别	品　种	部标等级	糙米率（%）	整精米率（%）	垩白度（%）	透明度（级）	碱消值（级）	胶稠度（毫米）	直链淀粉（%）	粒型（长宽比）
C组	建优421	—	79.6	53.0	0.9	2	5.2	38	21.6	3.2
	银恒优金桂丝苗	2	81.4	56.1	1.8	2	6.7	66	15.4	3.3
	软华优157	2	79.1	57.6	0.5	2	6.7	71	15.5	3.3
	胜优1179	3	79.3	53.4	0.7	2	6.6	57	15.5	3.2
	益两优象牙占	—	79.3	47.6	0.9	1	4.3	78	14.8	4.1
	恒丰优3316	—	81.4	47.7	1.4	2	5.2	40	21.6	3.2
	深香优1269	—	74.8	38.8	0.2	2	6.5	64	14.7	3.8
	金香优301	2	79.2	58.9	1.4	1	6.7	68	16.1	3.1
	川种优622	—	78.0	47.4	0.3	1	6.8	65	15.5	3.4
	五丰优615（CK）	—	79.5	62.4	0.9	2	3.2	75	14.4	2.9

表3-25　迟熟组稻米米质检测结果

组别	品　种	部标等级	糙米率（%）	整精米率（%）	垩白度（%）	透明度（级）	碱消值（级）	胶稠度（毫米）	直链淀粉（%）	粒型（长宽比）
A组	信两优127（复试）	—	80.5	45.9	0.9	2	6.0	74	27.2	3.2
	金泰优1521（复试）	—	78.2	49.2	1.4	2	5.0	74	15.4	3.3
	粤品优5511（复试）	—	81.7	44.1	1.9	2	4.2	78	20.8	3.1
	晶两优华宝（复试）	—	77.9	55.0	0.3	2	4.7	74	15.8	3.1
	中泰优银粘	—	80.7	51.8	0.3	2	4.9	72	13.6	3.2
	深两优2018	3	78.3	56.0	0.2	2	6.5	72	14.9	3.2
	香龙优泰占	—	81.0	59.6	1.4	2	4.0	74	14.1	3.2
	兴两优124	3	78.0	55.3	1.5	2	5.1	78	14.1	3.2
	川种优360	3	79.2	53.8	1.4	2	6.7	73	14.4	3.2
	玮两优1019	—	77.8	52.0	0.5	2	3.2	81	13.2	3.3
	深两优58香油占（CK）	—	78.2	48.9	2.5	2	7.0	34	22.0	3.2
B组	群优836（复试）	—	79.5	51.2	0.2	2	6.8	70	15.5	3.4
	胜优1321（复试）	3	80.6	53.5	1.1	2	6.7	66	14.4	3.3
	聚两优53（复试）	—	79.8	55.3	0.1	2	3.0	84	12.7	3.4
	本两优华占（复试）	—	79.4	58.0	0.4	2	3.2	82	13.1	3.3
	香龙优1826（复试）	3	78.8	53.8	0.8	1	6.7	72	15.8	3.7
	来香优178	—	80.1	51.3	1.5	2	5.3	70	13.7	3.2
	宽仁优国泰	3	80.1	52.8	0.6	2	6.5	66	15.3	3.2
	中泰优5511	—	78.7	49.0	0.6	2	3.5	78	14.5	3.4

（续）

组别	品　　种	部标等级	糙米率（%）	整精米率（%）	垩白度（%）	透明度（级）	碱消值（级）	胶稠度（毫米）	直链淀粉（%）	粒型（长宽比）
B组	春9两优121	—	80.7	56.2	6.6	2	6.7	44	24.1	3.1
	金隆优086	—	79.7	45.4	0	2	4.5	73	13.9	3.6
	C两优557	—	78.6	57.0	0.2	2	3.0	76	14.5	3.2
	深两优58香油占（CK）	—	78.2	48.9	2.5	2	7.0	34	22.0	3.2
C组	深两优9815（复试）	3	78.4	53.6	1.0	2	6.4	68	15.2	3.2
	广龙优华占（复试）	—	79.3	47.1	2.0	2	4.0	71	23.7	3.3
	C两优098（复试）	3	79.7	58.9	0.8	2	5.1	64	14.9	3.3
	特优9068（复试）	—	80.4	53.7	7.6	3	5.3	48	22.6	2.5
	粤秀优晟占	—	78.6	46.1	2.7	2	6.4	66	15.7	3.4
	胜优晶占	—	79.6	49.0	0.3	2	6.7	62	15.5	3.3
	兴两优492	3	80.5	60.6	1.2	2	5.2	62	15.1	3.0
	金恒优金桂丝苗	—	79.4	44.0	0.3	2	4.9	70	15.6	3.5
	隆晶优1179	3	79.9	56.8	0.2	2	6.3	56	16.9	3.3
	软华优651	2	81.4	63.6	1.0	2	6.5	60	15.8	3.0
	春两优20	—	79.9	52.7	0.7	2	5.2	49	21.6	3.3
	深两优58香油占（CK）	—	78.2	48.9	2.5	2	7.0	34	22.0	3.2

1. 复试品种

根据两年鉴定结果，按米质从优原则，宽仁优6377（复试）、万丰优丝占（复试）、粤秀优360（复试）、胜优1321（复试）、深两优9815（复试）达到部标2级。香龙优1826（复试）、C两优098（复试）达到部标3级，其余品种均未达到优质食用稻品种标准。

2. 新参试品种

首次鉴定结果，妙两优3287、莹两优821、耕香优新丝苗、银恒优金桂丝苗、软华优157、金香优301、软华优651达部标优质2级。诚优亨占、诚优5373、耕香优银粘、胜优合莉油占、台两优405、胜优1179、深两优2018、兴两优124、川种优360、宽仁优国泰、兴两优492、隆晶优1179达部标优质3级，其余品种均未达到优质食用稻品种标准。

（三）抗病性

早造杂交水稻各组品种抗病性鉴定结果见表3-26至表3-28。

表 3-26　中早熟组品种抗病性鉴定结果

组别	品　　种	稻瘟病					白叶枯病	
		总抗性频率（%）	叶、穗瘟病级（级）			综合评价	IX 型菌（级）	抗性评价
			叶瘟	穗瘟	单点穗瘟最高级			
A组	安优 1001（复试）	94.1	1.5	3.0	5	抗	9	高感
	五优美占（复试）	94.1	1.0	3.5	5	抗	7	感
	粤创优金丝苗（复试）	94.1	1.3	3.5	5	抗	3	中抗
	启源优 492	100.0	2.0	3.5	7	抗	7	感
	裕优 075	100.0	1.8	4.0	5	中抗	1	抗
	银两优 1 号	70.6	1.0	2.0	3	抗	7	感
	诚优亨占	88.2	1.5	3.5	7	抗	3	中抗
	诚优 5373	100.0	2.0	3.0	5	抗	3	中抗
	广泰优 568	100.0	1.0	2.0	3	高抗	9	高感
	华优 665（CK）	47.1	2.8	6.0	9	感	9	高感
B组	广泰优 1521（复试）	100.0	1.0	2.5	3	高抗	9	高感
	吉优 1001（复试）	100.0	1.0	3.0	3	抗	7	感
	吉田优 1179（复试）	76.5	2.0	5.5	7	中感	7	感
	广泰优 496	88.2	2.8	5.0	7	中抗	7	感
	安优晶占	100.0	1.5	3.5	5	抗	9	高感
	庆优喜占	100.0	1.3	3.0	5	抗	7	感
	胜优锋占	64.7	2.8	5.0	9	感	9	高感
	耕香优 41	100.0	1.5	3.5	7	抗	9	高感
	金象优飞燕丝苗	100.0	1.3	2.0	3	高抗	9	高感
	华优 665（CK）	47.1	2.8	6.0	9	感	9	高感
C组	潢优 1523（复试）	76.5	1.0	2.0	3	抗	9	高感
	中升优 101（复试）	94.1	1.3	2.5	3	高抗	7	感
	中银优金丝苗	100.0	1.3	3.0	5	抗	1	抗
	金恒优金丝苗	100.0	1.3	3.5	5	抗	1	抗
	吉田优 1378	70.6	1.8	3.5	7	中抗	9	高感
	妙两优 3287	94.1	1.8	4.0	7	中抗	7	感
	隆优 1624	58.8	1.3	3.0	5	中感	5	中感
	深香优 1127	76.5	1.8	4.0	5	中感	9	高感
	深香优 6553	94.1	2.8	4.0	7	中抗	9	高感
	华优 665（CK）	47.1	2.8	6.0	9	感	9	高感

表 3-27 中迟熟组品种抗病性鉴定结果

组别	品　种	稻瘟病					白叶枯病	
		总抗性频率（%）	叶、穗瘟病级（级）			综合评价	IX型菌（级）	抗性评价
			叶瘟	穗瘟	单点穗瘟最高级			
A组	中恒优金丝苗（复试）	64.7	1.3	2.5	3	抗	7	感
	万丰优丝占（复试）	94.1	1.8	2.5	3	高抗	9	高感
	恒丰优53	100.0	3.3	5.5	7	中抗	9	高感
	耕香优银粘	88.2	1.0	2.5	3	抗	1	抗
	中映优银粘	100.0	1.0	3.0	7	抗	7	感
	胜优合莉油占	64.7	2.8	5.5	7	感	9	高感
	裕优丝占	100.0	1.8	2.5	3	高抗	9	高感
	莹两优821	100.0	2.5	5.5	7	中抗	7	感
	韵两优570	88.2	1.5	2.0	3	抗	7	感
	中银优珍丝苗	82.4	1.8	2.0	3	抗	1	抗
	台两优405	94.1	2.3	4.0	5	中抗	1	抗
	五丰优615（CK）	52.9	2.5	6.0	9	感	9	高感
B组	裕优合莉油占（复试）	88.2	3.3	6.0	7	中感	9	高感
	宽仁优6377（复试）	88.2	1.5	2.5	3	抗	9	高感
	勤两优华宝	100.0	1.0	1.5	3	高抗	7	感
	粤禾优3628	100.0	1.0	3.0	3	抗	3	中抗
	集香优6155	82.4	2.3	5.5	7	中抗	7	感
	广泰优5630	94.1	2.3	5.5	7	中抗	9	高感
	台两优粤福占	88.2	2.0	2.5	7	抗	1	抗
	泰优晶占	94.1	2.8	6.5	7	中感	7	感
	Y两优8619	41.2	2.8	6.0	7	感	7	感
	青香优新禾占	82.4	1.5	2.5	3	抗	7	感
	耕香优新丝苗	88.2	1.0	2.5	3	抗	7	感
	五丰优615（CK）	52.9	2.5	6.0	9	感	9	高感
C组	金美优丝苗（复试）	94.1	1.3	1.5	3	高抗	7	感
	粤秀优360（复试）	94.1	1.5	4.0	7	中抗	9	高感
	建优421	100.0	1.5	3.0	3	抗	9	高感
	银恒优金桂丝苗	94.1	2.0	5.0	7	中抗	9	高感
	软华优157	93.8	1.5	4.0	7	中抗	9	高感
	胜优1179	76.5	2.8	4.0	7	中感	7	感
	益两优象牙占	100.0	1.8	4.0	7	中抗	7	感
	恒丰优3316	100.0	1.0	2.5	3	高抗	7	感
	深香优1269	94.1	1.0	1.5	3	高抗	7	感

（续）

组别	品　　种	稻瘟病					白叶枯病	
		总抗性频率（%）	叶、穗瘟病级（级）			综合评价	IX 型菌（级）	抗性评价
			叶瘟	穗瘟	单点穗瘟最高级			
C 组	金香优 301	100.0	1.5	3.5	7	抗	7	感
	川种优 622	88.2	1.5	1.0	1	抗	7	感
	五丰优 615（CK）	52.9	2.5	6.0	9	感	9	高感

表 3-28　迟熟组品种抗病性鉴定结果

组别	品　　种	稻瘟病					白叶枯病	
		总抗性频率（%）	叶、穗瘟病级（级）			综合评价	IX 型菌（级）	抗性评价
			叶瘟	穗瘟	单点穗瘟最高级			
A 组	信两优 127（复试）	100.0	1.3	3.0	7	抗	7	感
	金泰优 1521（复试）	100.0	2.0	3.8	7	抗	9	高感
	粤品优 5511（复试）	94.1	1.8	2.5	3	高抗	1	抗
	晶两优华宝（复试）	94.1	1.0	1.3	3	高抗	1	抗
	中泰优银粘	100.0	1.3	1.5	3	高抗	1	抗
	深两优 2018	100.0	1.8	2.0	3	高抗	7	感
	香龙优泰占	82.4	1.0	1.5	3	抗	9	高感
	兴两优 124	82.4	1.0	2.5	3	抗	7	感
	川种优 360	82.4	1.8	3.0	5	抗	7	感
	玮两优 1019	100.0	1.3	1.5	3	高抗	7	感
	深两优 58 香油占（CK）	58.8	2.0	5.0	7	感	9	高感
B 组	群优 836（复试）	94.1	2.5	3.5	5	抗	9	高感
	胜优 1321（复试）	82.4	1.8	6.0	7	中感	7	感
	聚两优 53（复试）	100.0	1.3	2.0	3	高抗	9	高感
	本两优华占（复试）	88.2	1.5	4.0	7	中抗	7	感
	香龙优 1826（复试）	82.4	1.5	2.5	3	抗	7	感
	来香优 178	88.2	1.5	2.5	3	抗	9	高感
	宽仁优国泰	58.8	2.3	2.5	3	抗	9	高感
	中泰优 5511	70.6	1.3	2.5	3	抗	9	高感
	春 9 两优 121	76.5	1.3	2.0	3	抗	9	高感
	金隆优 086	76.5	1.0	3.0	3	中抗	7	感
	C 两优 557	76.5	2.0	2.0	3	抗	7	感
	深两优 58 香油占（CK）	58.8	2.0	5.0	7	感	9	高感
C 组	深两优 9815（复试）	82.4	2.0	1.5	3	抗	7	感
	广龙优华占（复试）	100.0	1.5	2.5	3	高抗	7	感

（续）

组别	品 种	稻瘟病					白叶枯病	
		总抗性频率（%）	叶、穗瘟病级（级）			综合评价	IX 型菌（级）	抗性评价
			叶瘟	穗瘟	单点穗瘟最高级			
	C 两优 098（复试）	76.5	1.8	4.0	7	中感	7	感
	特优 9068（复试）	76.5	1.8	1.5	3	抗	3	中抗
	粤秀优晟占	88.2	2.5	5.5	7	中抗	7	感
	胜优晶占	76.5	1.8	5.5	7	中感	9	高感
C 组	兴两优 492	82.4	1.0	2.0	3	抗	9	高感
	金恒优金桂丝苗	76.5	1.5	3.0	3	中抗	7	感
	隆晶优 1179	82.4	1.3	4.5	7	中抗	9	高感
	软华优 651	58.8	3.3	6.5	7	感	7	感
	春两优 20	88.2	1.0	2.0	3	抗	7	感
	深两优 58 香油占（CK）	58.8	2.0	5.0	7	感	9	高感

1. 稻瘟病抗性

（1）复试品种　根据两年鉴定结果，按抗病性从差原则，中升优 101（复试）、万丰优丝占（复试）、晶两优华宝（复试）、广龙优华占（复试）为高抗；安优 1001（复试）、五优美占（复试）、粤创优金丝苗（复试）、广泰优 1521（复试）、吉优 1001（复试）、潢优 1523（复试）、中恒优金丝苗（复试）、宽仁优 6377（复试）、金美优丝苗（复试）、信两优 127（复试）、金泰优 1521（复试）、粤品优 5511（复试）、群优 836（复试）、聚两优 53（复试）、香龙优 1826（复试）、深两优 9815（复试）、特优 9068（复试）为抗；粤秀优 360（复试）、本两优华占（复试）为中抗；裕优合莉油占（复试）、吉田优 1179（复试）、胜优 1321（复试）、C 两优 098（复试）为中感。

（2）新参试品种　首次鉴定结果，广泰优 568、金象优飞燕丝苗、裕优丝占、勤两优华宝、恒丰优 3316、深香优 1269、中泰优银粘、深两优 2018、玮两优 1019 为高抗；启源优 492、银两优 1 号、诚优亨占、诚优 5373、安优晶占、庆优喜占、中银优金丝苗、金恒优金丝苗、耕香优 41、耕香优银粘、中映优银粘、韵两优 570、中银优珍丝苗、粤禾优 3628、台两优粤福占、青香优新禾占、耕香优新丝苗、建优 421、金香优 301、川种优 622、香龙优泰占、兴两优 124、川种优 360、来香优 178、宽仁优国泰、中泰优 5511、春 9 两优 121、C 两优 557、兴两优 492、春两优 20 为抗；裕优 075、吉田优 1378、妙两优 3287、深香优 6553、恒丰优 53、莹两优 821、台两优 405、集香优 6155、广泰优 5630、银恒优金桂丝苗、软华优 157、益两优象牙占、金隆优 086、金恒优金桂丝苗、隆晶优 1179、粤秀优晟占、广泰优 496 为中抗；隆优 1624、深香优 1127、泰优晶占、胜优 1179、胜优晶占为中感；胜优锋占、胜优合莉油占、Y 两优 8619、软华优 651 为感。

2. 白叶枯病抗性

（1）复试品种 根据两年鉴定结果，按抗病性从差原则，粤品优 5511（复试）、晶两优华宝（复试）为抗；粤创优金丝苗（复试）、特优 9068（复试）为中抗；五优美占（复试）、吉优 1001（复试）、吉田优 1179（复试）、中升优 101（复试）、中恒优金丝苗（复试）、金美优丝苗（复试）、信两优 127（复试）、胜优 1321（复试）、本两优华占（复试）、香龙优 1826（复试）、深两优 9815（复试）、广龙优华占（复试）、C 两优 098（复试）为感；群优 836（复试）、聚两优 53（复试）、安优 1001（复试）、广泰优 1521（复试）、潢优 1523（复试）、万丰优丝占（复试）、裕优合莉油占（复试）、宽仁优 6377（复试）、粤秀优 360（复试）、金泰优 1521（复试）为高感。

（2）新参试品种 首次鉴定结果，裕优 075、中银优金丝苗、金恒优金丝苗、耕香优银粘、中银优珍丝苗、台两优 405、台两优粤福占、中泰优银粘为抗；诚优亨占、诚优 5373、粤禾优 3628 为中抗；隆优 1624 为中感；启源优 492、银两优 1 号、广泰优 496、庆优喜占、妙两优 3287、中映优银粘、莹两优 821、韵两优 570、勤两优华宝、集香优 6155、泰优晶占、Y 两优 8619、青香优新禾占、耕香优新丝苗、胜优 1179、益两优象牙占、恒丰优 3316、深香优 1269、金香优 301、川种优 622、深两优 2018、兴两优 124、川种优 360、玮两优 1019、金隆优 086、C 两优 557、粤秀优晟占、金恒优金桂丝苗、软华优 651、春两优 20 为感；广泰优 568、安优晶占、胜优锋占、耕香优 41、金象优飞燕丝苗、吉田优 1378、深香优 1127、深香优 6553、恒丰优 53、胜优合莉油占、裕优丝占、建优 421、银恒优金桂丝苗、软华优 157、广泰优 5630、香龙优泰占、来香优 178、宽仁优国泰、中泰优 5511、春 9 两优 121、胜优晶占、兴两优 492、隆晶优 1179 为高感。

（四）耐寒性

人工气候室模拟耐寒性鉴定结果：宽仁优 6377（复试）、本两优华占（复试）为强；吉优 1001（复试）、中恒优金丝苗（复试）、裕优合莉油占（复试）、金美优丝苗（复试）、信两优 127（复试）、聚两优 53（复试）、香龙优 1826（复试）、深两优 9815（复试）共 8 个品种为中强，其余复试品种耐寒性均为中（表 3-29）。

表 3-29 耐寒性鉴定结果

组别	品种	孕穗期低温结实率降低值（百分点）	开花期低温结实率降低值（百分点）	孕穗期耐寒性	开花期耐寒性
中早熟组	安优 1001（复试）	−12.1	−13.7	中	中
	五优美占（复试）	−7.3	−13.4	中强	中
	粤创优金丝苗（复试）	−14.3	−15.8	中	中
	广泰优 1521（复试）	−11.2	−16.3	中	中

（续）

组别	品 种	孕穗期低温结实率降低值（百分点）	开花期低温结实率降低值（百分点）	孕穗期耐寒性	开花期耐寒性
中早熟组	吉优 1001（复试）	−7.8	−8.2	中强	中强
	吉田优 1179（复试）	−12.3	−16.9	中	中
	潢优 1523（复试）	−12.4	−18.7	中	中
	中升优 101（复试）	−10.3	−14.6	中	中
	华优 665（CK）	−6.3	−7.4	中强	中强
中迟熟组	中恒优金丝苗（复试）	−7.2	−8.7	中强	中强
	万丰优丝占（复试）	−11.5	−13.4	中	中
	裕优合莉油占（复试）	−8.8	−8.2	中强	中强
	宽仁优 6377（复试）	−4.1	−4.6	强	强
	金美优丝苗（复试）	−7.5	−8.3	中强	中强
	粤秀优 360（复试）	−8.6	−12.8	中强	中
	五丰优 615（CK）	−6.1	−8.5	中强	中强
迟熟组	信两优 127（复试）	−7.2	−6.9	中强	中强
	金泰优 1521（复试）	−12.5	−14.3	中	中
	粤品优 5511（复试）	−14.3	−17.7	中	中
	晶两优华宝（复试）	−10.4	−15.6	中	中
	群优 836（复试）	−8.9	−11.2	中强	中
	胜优 1321（复试）	−11.1	−13.7	中	中
	聚两优 53（复试）	−7.3	−8.4	中强	中强
	本两优华占（复试）	−3.5	−4.2	强	强
	香龙优 1826（复试）	−8.5	−7.6	中强	中强
	深两优 9815（复试）	−5.1	−6.3	中强	中强
	广龙优华占（复试）	−12.4	−14.6	中	中
	C 两优 098（复试）	−13.2	−14.7	中	中
	特优 9068（复试）	−10.8	−13.1	中	中
	深两优 58 香油占（CK）	−13.5	−14.9	中	中

（五）主要农艺性状

早造杂交水稻各组品种主要农艺性状见表 3-30 至表 3-34。

表 3-30　中早熟组（A 组、B 组）品种主要农艺性状综合表

组别	品种	全生育期（天）	基本苗数（万苗/亩）	最高苗数（万苗/亩）	分蘖率（%）	有效穗数（万穗/亩）	成穗率（%）	株高（厘米）	穗长（厘米）	总粒数（粒/穗）	实粒数（粒/穗）	结实率（%）	千粒重（克）	抗倒情况（试点数）（个）直	斜	倒
中早熟组 A 组	安优 1001（复试）	128	4.7	25.1	452.9	15.7	63.0	107.9	22.1	142	123	87.2	27.8	7	1	0
	五优美占（复试）	127	4.0	24.2	585.3	15.2	63.9	109.9	21.8	164	142	86.5	25.6	7	1	0
	粤创优金丝苗（复试）	123	5.0	26.3	435.2	17.2	66.8	97.8	20.1	139	121	86.8	24.5	7	0	1
	启源优 492	127	5.3	26.4	431.0	17.3	66.8	104.2	21.7	151	116	78.1	25.9	7	0	1
	裕优 075	130	5.3	26.5	425.6	17.8	68.2	115.4	21.2	143	117	81.5	25.1	7	0	1
	银两优 1 号	130	5.2	28.9	475.1	17.8	63.2	104.4	21.7	129	106	82.5	27.2	7	1	0
	诚优亨占	122	5.2	26.1	419.9	17.5	68.2	99.9	21.1	132	110	83.6	24.5	5	0	3
	诚优 5373	121	5.1	26.0	431.1	17.5	68.8	98.2	21.8	136	113	83.6	25.8	7	0	1
	广泰优 568	128	5.0	27.8	469.3	18.0	66.2	109.6	20.8	125	103	82.6	28.2	6	0	2
	华优 665（CK）	124	5.3	27.6	441.3	17.6	64.5	110.5	21.7	138	122	88.5	24.2	6	0	2
中早熟组 B 组	广泰优 1521（复试）	126	4.8	25.2	462.1	16.7	66.5	106.0	20.1	145	121	83.3	24.9	5	1	2
	吉优 1001（复试）	129	5.2	26.7	447.7	16.6	62.7	109.4	21.8	138	114	82.9	26.8	7	1	0
	吉田优 1179（复试）	130	5.4	26.5	425.1	17.9	68.8	110.0	21.5	152	121	80.0	23.3	6	2	0
	广泰优 496	128	4.8	26.6	483.4	17.2	65.4	105.8	20.8	144	117	81.4	25.5	7	1	0
	安优晶占	129	4.8	26.7	464.9	17.2	65.0	104.3	21.3	137	117	85.1	27.1	8	0	0
	庆优喜占	125	5.0	26.0	447.1	17.0	66.0	111.3	21.2	133	112	84.1	27.5	6	1	1
	胜优锋占	124	5.0	27.9	481.0	17.5	63.2	109.6	21.4	143	121	84.1	23.1	6	1	1
	耕香优 41	123	5.1	27.4	461.7	17.9	66.1	98.9	20.8	154	127	83.0	21.1	7	0	1
	金象优飞燕丝苗	123	4.7	26.9	485.1	18.4	68.7	108.4	21.8	128	113	89.0	22.5	6	1	1
	华优 665（CK）	124	5.3	28.4	455.7	17.9	63.7	109.9	21.6	138	121	87.8	24.2	6	0	2

表3-31 中早熟组（C组）和中迟熟组（A组）品种主要农艺性状综合表

组别	品种	全生育期（天）	基本苗数（万苗/亩）	最高苗数（万苗/亩）	分蘖率（%）	有效穗数（万穗/亩）	成穗率（%）	株高（厘米）	穗长（厘米）	总粒数（粒/穗）	实粒数（粒/穗）	结实率（%）	千粒重（克）	抗倒情况（试点数）（个）直	斜	倒
中早熟组（C组）	潢优1523（复试）	125	5.2	26.2	417.6	17.2	67.1	105.4	21.3	141	118	82.7	27.1	7	1	0
	中升优101（复试）	126	5.3	27.1	438.5	16.9	62.9	109.6	21.5	150	126	83.8	25.7	6	2	0
	中银优金丝苗	124	5.1	27.1	448.8	17.3	64.5	105.7	20.4	128	113	88.6	25.5	6	1	1
	金桓优金丝苗	125	5.2	28.4	471.6	18.9	67.4	104.5	21.8	131	112	85.9	24.8	8	0	0
	吉田优1378	130	5.2	26.5	439.1	17.3	67.0	110.1	22.0	157	132	84.1	23.8	7	1	0
	妙两优3287	128	5.2	30.3	503.1	18.7	62.2	101.1	21.7	136	117	86.6	23.3	7	1	0
	隆优1624	128	5.3	28.0	458.7	18.6	67.2	112.1	22.2	128	110	86.5	24.3	6	1	1
	深香优1127	120	5.6	27.0	403.4	17.8	66.6	105.0	20.0	123	102	83.4	25.8	5	2	1
	深香优6553	128	5.3	29.5	485.7	18.1	62.2	114.4	21.3	136	116	85.1	24.3	7	1	0
	华优665（CK）	124	5.3	28.4	464.8	17.8	63.1	110.6	21.5	133	118	88.8	24.4	5	1	2
中迟熟组（A组）	中恒优金丝苗（复试）	126	6.0	31.3	438.2	18.9	60.6	105.5	22.6	140	116	83.0	22.9	11	0	0
	万丰优丝占（复试）	127	6.0	28.7	383.0	16.6	58.1	105.8	22.7	166	144	85.6	22.7	11	0	0
	佰丰优53	126	5.7	28.6	418.0	17.5	61.7	115.9	23.3	159	132	83.4	24.5	11	0	0
	耕香优银粘	125	6.3	31.1	406.2	17.6	57.8	109.1	21.3	163	127	78.1	21.4	11	0	0
	中映优银粘	127	5.9	30.6	425.5	17.3	57.3	110.6	21.7	153	124	81.0	25.8	11	0	0
	胜优合莉油占	126	6.4	30.8	389.9	18.2	59.3	109.6	21.9	145	117	80.1	23.1	11	0	0
	裕优丝占	125	5.7	28.5	407.7	18.1	64.1	110.3	21.8	153	125	81.6	24.7	11	0	0
	莹两优821	126	6.0	32.0	452.9	18.8	59.3	112.7	22.1	128	109	85.1	26.1	9	2	0
	韵两优570	130	5.8	32.3	481.8	18.6	58.0	120.3	24.5	133	116	87.0	23.4	11	0	0
	中银优珍苗	126	6.0	31.2	430.9	18.3	59.1	110.7	22.4	132	113	85.4	24.8	11	1	0
	台丰优405	124	5.5	26.1	391.0	16.4	63.4	116.1	22.8	163	139	85.3	23.7	10	1	0
	五丰优615（CK）	124	5.7	27.2	390.2	16.6	61.8	109.0	22.6	157	129	81.3	23.1	11	0	0

表 3-32 中迟熟组（B 组、C 组）品种主要农艺性状综合表

组别	品种	全生育期（天）	基本苗数（万苗/亩）	最高苗数（万苗/亩）	分蘖率（%）	有效穗数（万穗/亩）	成穗率（%）	株高（厘米）	穗长（厘米）	总粒数（粒/穗）	实粒数（粒/穗）	结实率（%）	千粒重（克）	抗倒情况（试点数）（个）直	斜	倒
中迟熟组（B组）	裕优合莉油占（复试）	126	6.0	29.5	403.9	17.7	60.4	109.0	21.7	149	127	84.9	23.6	10	1	0
	宽仁优 6377（复试）	122	6.1	31.9	429.0	18.7	58.9	103.6	20.9	125	110	88.0	25.0	11	0	0
	勤两优华宝	127	6.0	33.2	457.0	19.2	58.5	106.8	21.8	138	115	83.6	24.3	11	0	0
	粤禾优 3628	126	5.9	31.3	447.6	17.8	56.6	105.2	19.9	125	112	89.1	27.2	11	0	0
	集香优 6155	128	6.3	30.8	399.0	18.7	61.0	108.3	21.7	161	131	81.5	20.0	11	0	0
	广泰优 5630	122	6.7	34.2	427.7	19.0	56.0	113.5	22.3	129	102	79.1	24.0	10	0	1
	台两优粤福占	123	5.1	26.6	462.6	15.8	60.4	112.9	23.2	163	138	84.8	24.1	11	0	0
	泰优晶占	124	6.0	31.3	427.8	18.0	57.7	107.4	22.6	142	118	82.4	24.1	10	1	0
	Y 两优 8619	129	5.9	28.6	395.0	17.1	60.3	111.1	24.2	142	118	83.9	26.1	11	0	0
	青香优新禾占	126	6.0	28.8	387.0	17.5	61.4	113.4	23.2	138	118	85.4	25.2	11	0	0
	耕香优新丝苗	126	6.5	30.8	387.1	17.2	56.4	113.7	23.1	150	126	83.9	22.6	11	0	0
	五丰优 615（CK）	124	6.0	29.3	408.1	16.9	58.1	109.4	22.7	159	129	80.5	23.0	11	0	0
中迟熟组（C组）	金美优丝苗（复试）	126	6.1	29.7	398.1	18.2	61.8	111.9	23.5	149	129	86.8	23.4	10	0	1
	粤秀优 360（复试）	125	6.4	32.4	425.3	18.3	57.3	112.7	23.3	137	115	84.0	24.1	9	1	1
	建优 421	125	5.7	30.0	433.5	17.6	59.0	106.2	21.9	141	121	86.0	25.5	10	1	0
	银恒优金桂丝苗	126	5.9	30.2	414.4	18.1	58.3	108.6	22.1	150	127	84.4	24.6	11	0	0
	软华优 157	124	5.5	27.7	418.7	16.4	59.4	119.1	22.4	163	141	86.1	22.5	10	1	0
	胜优 1179	127	6.2	31.8	426.0	17.8	56.4	110.7	22.1	141	118	83.1	23.9	11	0	0
	益丰优象牙占	127	6.4	37.1	512.0	19.8	53.9	125.5	24.3	127	103	80.8	21.6	10	0	1
	恒丰优 3316	124	6.1	31.3	442.1	18.7	60.6	110.7	21.9	153	133	86.6	22.4	9	2	0
	深香优 1269	132	6.2	32.2	436.7	17.0	53.3	124.4	24.7	133	109	128.8	26.3	11	0	0
	金香 301	125	5.4	31.3	500.1	17.7	57.0	106.9	21.9	152	130	85.4	23.7	11	0	0
	川种优 622	128	5.8	30.2	435.3	17.7	58.9	106.3	24.9	137	118	86.5	25.3	11	0	0
	五丰优 615（CK）	124	5.7	28.1	400.2	16.6	59.9	109.1	22.5	157	129	80.7	22.8	10	1	0

表3-33 迟熟组（A组，B组）品种主要农艺性状综合表

组别	品种	全生育期（天）	基本苗数（万苗/亩）	最高苗数（万苗/亩）	分蘖率（%）	有效穗数（万穗/亩）	成穗率（%）	株高（厘米）	穗长（厘米）	总粒数（粒/穗）	实粒数（粒/穗）	结实率（%）	千粒重（克）	抗倒情况（试点数）（个） 直	斜	倒
迟熟组（A组）	信两优127（复试）	130	5.7	30.8	466.2	16.3	53.2	127.3	22.1	170	137	80.4	23.9	10	1	1
	金泰优1521（复试）	125	5.6	29.8	452.2	16.8	56.7	110.1	22.4	147	122	83.1	26.1	12	0	0
	粤品优5511（复试）	128	6.3	35.3	474.7	19.6	56.0	111.9	22.5	133	113	85.3	26.0	12	0	0
	晶两优华宝（复试）	132	6.2	35.7	491.3	19.4	55.0	112.8	22.8	132	111	83.9	23.9	12	0	0
	中泰优银粘	129	5.8	31.3	441.8	17.3	55.5	117.3	22.7	154	124	80.9	25.9	12	0	0
	深两优2018	130	6.6	36.6	471.5	17.5	48.1	115.1	24.1	145	126	86.8	22.9	12	0	0
	香龙优泰占	126	6.0	28.6	377.8	16.6	58.4	115.8	22.5	130	113	86.9	27.9	12	0	0
	兴两优124	129	6.4	32.1	415.3	18.2	57.2	105.1	21.9	149	127	85.1	22.8	12	0	0
	川种优360	127	6.0	32.6	452.1	17.7	54.3	104.2	24.4	145	122	84.3	25.0	12	0	0
	珀两优1019	131	5.9	32.0	461.1	17.3	54.5	114.1	22.8	124	108	87.6	27.2	12	0	0
	深两优58香油占（CK）	129	6.2	33.6	442.8	17.9	53.4	115.8	23.8	151	128	84.7	23.5	11	1	0
迟熟组（B组）	群优836（复试）	129	6.2	33.6	452.7	18.1	54.8	118.0	23.9	158	129	81.6	23.1	11	0	1
	胜优1321（复试）	127	6.3	32.1	418.6	18.2	57.1	106.3	21.8	147	125	85.3	23.8	12	0	0
	聚两优53（复试）	128	5.6	30.7	459.4	17.4	56.8	112.1	23.0	134	113	84.0	25.3	11	1	0
	本两优华占（复试）	125	6.3	34.0	456.7	18.9	56.9	108.6	21.3	133	122	91.6	22.1	10	0	2
	香龙优1826（复试）	127	6.1	31.4	428.0	17.8	57.2	120.3	23.9	129	112	86.4	27.2	12	0	0
	来香优178	128	6.2	31.4	413.6	18.3	59.2	106.4	21.5	152	127	83.2	24.0	12	0	0
	宽仁优国泰	127	6.1	33.3	469.7	18.6	56.1	101.7	21.6	120	104	86.6	27.7	12	0	0
	中泰优5511	127	5.9	31.5	437.2	17.5	56.1	113.8	24.5	136	117	86.2	23.2	11	1	0
	春9两优121	128	5.6	30.1	458.9	16.2	54.1	113.1	22.7	154	130	84.1	26.9	12	0	0
	金隆优086	126	6.4	29.4	376.3	16.8	57.5	112.5	23.8	154	135	87.7	23.8	11	0	1
	C两优557	130	5.7	33.7	494.1	18.0	53.9	105.6	22.1	141	122	86.1	24.3	12	0	0
	深两优58香油占（CK）	129	6.3	33.2	438.0	17.9	54.0	116.1	24.3	152	129	84.7	23.2	12	0	0

表3-34　迟熟组（C组）品种主要农艺性状综合表

组别	品种	全生育期（天）	基本苗数（万苗/亩）	最高苗数（万苗/亩）	分蘖率（%）	有效穗数（万穗/亩）	成穗率（%）	株高（厘米）	穗长（厘米）	总粒数（粒/穗）	实粒数（粒/穗）	结实率（%）	千粒重（克）	抗倒情况（试点数）（个） 直	斜	倒
迟熟组（C组）	深两优9815（复试）	132	6.1	35.0	479.4	18.1	51.9	111.3	23.8	144	126	87.6	23.2	11	1	0
	广龙优华占（复试）	129	6.1	32.3	440.9	18.5	58.2	109.1	22.6	150	124	83.1	22.2	12	0	0
	C两优098（复试）	127	5.9	31.7	449.1	17.4	55.2	109.6	22.9	140	118	84.3	25.5	12	0	0
	特优9068（复试）	128	6.1	32.1	436.4	17.1	53.6	113.8	21.6	138	119	85.7	27.9	12	0	0
	粤秀优晟占	129	6.3	33.1	436.1	18.0	54.9	119.3	23.7	129	104	81.1	27.8	12	0	0
	胜优晶占	127	6.0	32.6	463.4	17.8	55.0	107.4	22.0	153	126	81.5	24.3	12	0	0
	兴两优492	130	6.3	31.1	406.2	18.3	59.0	105.2	21.7	157	133	84.6	22.4	12	0	0
	金恒优金桂丝苗	129	6.3	32.0	420.6	18.6	58.7	110.1	23.7	143	120	84.4	25.0	11	1	0
	隆晶优1179	129	6.1	31.4	419.0	18.0	57.5	110.8	22.9	141	118	84.2	25.4	12	0	0
	软华优651	128	6.4	28.9	360.4	16.7	57.8	128.0	22.7	153	122	79.3	23.6	12	0	0
	春两优20	130	5.8	32.3	472.1	17.1	53.2	115.3	22.5	147	124	83.5	24.4	12	0	0
	深两优58香油占（CK）	129	6.1	33.6	467.2	17.8	54.0	115.8	24.2	149	127	85.2	23.2	11	1	0

三、品种评述

(一) 复试品种

1. 中早熟组（A 组、B 组、C 组）

（1）**安优 1001**（复试）　全生育期 127～128 天，比华优 665（CK）长 3～4 天。株型中集，分蘖力中强，株高适中，抗倒性中强，耐寒性中等。株高 105.4～107.9 厘米，亩有效穗数 15.7 万～16.6 万穗，穗长 22.1～23.2 厘米，每穗总粒数 142～155 粒，结实率 80.4%～87.2%，千粒重 26.1～27.8 克。抗稻瘟病，全群抗性频率 94.1%～100.0%，病圃鉴定叶瘟 1.5～1.6 级、穗瘟 2.6～3.0 级（单点最高 5 级）；高感白叶枯病（Ⅳ型菌 7 级、Ⅴ型菌 9 级、Ⅸ型菌 9 级）。米质鉴定未达部标优质等级，整精米率 45.9%～52.7%，垩白度 1.5%～4.9%，透明度 2.0 级，碱消值 5.8～6.2 级，胶稠度 64～70 毫米，直链淀粉 25.2%～26.4%，粒型（长宽比）3.0。2019 年早造参加省区试，平均亩产量为 506.54 千克，比对照种华优 665（CK）增产 8.49%，增产达显著水平。2020 年早造参加省区试，平均亩产量为 492.69 千克，比对照种华优 665（CK）增产 1.84%，增产未达显著水平。2020 年早造生产试验平均亩产量 467.63 千克，比华优 665（CK）减产 2.09%，日产量 3.85～3.99 千克。

该品种经过两年区试和一年生产试验，丰产性较好，米质未达部标优质等级，抗稻瘟病，高感白叶枯病，耐寒性中等。建议粤北和中北稻作区早、晚造种植。栽培上特别注意防治白叶枯病。推荐省品种审定。

（2）**五优美占**（复试）　全生育期 127 天，比华优 665（CK）长 3 天。株型中集，分蘖力较强，株高适中，抗倒性中强，耐寒性中等。株高 104.1～109.9 厘米，亩有效穗数 15.2 万～17.1 万穗，穗长 21.8～22.4 厘米，每穗总粒数 162～164 粒，结实率 83.7%～86.5%，千粒重 23.7～25.6 克。抗稻瘟病，全群抗性频率 94.1%～100.0%，病圃鉴定叶瘟 1.0～2.2 级、穗瘟 3.4～3.5 级（单点最高 5 级）；感白叶枯病（Ⅳ型菌 7 级、Ⅴ型菌 7 级、Ⅸ型菌 7 级）。米质鉴定未达部标优质等级，整精米率 39.6%～54.5%，垩白度 0.9%～2.5%，透明度 2.0 级，碱消值 4.6～5.1 级，胶稠度 47～72 毫米，直链淀粉 16.6%～18.5%，粒型（长宽比）2.7～2.8。2019 年早造参加省区试，平均亩产量为 506.4 千克，比对照种华优 665（CK）增产 8.46%，增产达显著水平。2020 年早造参加省区试，平均亩产量为 488.69 千克，比对照种华优 665（CK）增产 1.01%，增产未达显著水平。2020 年早造生产试验平均亩产量 480.76 千克，比华优 665（CK）增产 0.65%，日产量 3.85～3.99 千克。

该品种经过两年区试和一年生产试验，丰产性较好，米质未达部标优质等级，抗稻瘟病，感白叶枯病，耐寒性中等。建议粤北和中北稻作区早、晚造种植。推荐省品种审定。

（3）**粤创优金丝苗**（复试）　全生育期 121～123 天，比华优 665（CK）短 1～3 天。株型中集，分蘖力中等，株高适中，抗倒性中等，耐寒性中等。株高 90.7～97.8 厘米，亩有效穗数 17.2 万～17.8 万穗，穗长 19.9～20.1 厘米，每穗总粒数 139～143 粒，结实率 83.7%～86.8%，千粒重 23.8～24.5 克。抗稻瘟病，全群抗性频率 94.1%～100.0%，病圃鉴定叶瘟 1.3～1.8 级、穗瘟 3.5～3.8 级（单点最高 7 级）；中抗白叶枯病（Ⅳ型菌 3 级、Ⅴ型菌 3 级、Ⅸ型菌 3 级）。米质鉴定未达部标优质等级，整精米率 46.8％～56.7％，垩白度 0.6％～1.5％，透明度 2.0 级，碱消值 4.2～5.3 级，胶稠度 75～76 毫米，直链淀粉 14.9％～15.0％，粒型（长宽比）2.7～2.8。2019 年早造参加省区试，平均亩产量为 448.92 千克，比对照种华优 665（CK）减产 3.85％，减产未达显著水平。2020 年早造参加省区试，平均亩产量为 457.94 千克，比对照种华优 665（CK）减产 5.34％，减产未达显著水平。2020 年早造生产试验平均亩产量 454.02 千克，比华优 665（CK）减产 4.94％，日产量 3.71～3.72 千克。

该品种经过两年区试和一年生产试验，产量与对照相当，米质未达部标优质等级，抗稻瘟病，中抗白叶枯病，耐寒性中等。建议粤北和中北稻作区早、晚造种植。推荐省品种审定。

（4）吉优 1001（复试） 全生育期 126～129 天，比华优 665（CK）长 2～5 天。株型中集，分蘖力中强，株高适中，抗倒性中强，耐寒性中强。株高 103.8～109.4 厘米，亩有效穗数 16.6 万～17.5 万穗，穗长 21.8～22.5 厘米，每穗总粒数 138～155 粒，结实率 80.7％～82.9％，千粒重 25.4～26.8 克。抗稻瘟病，全群抗性频率 92.9％～100.0％，病圃鉴定叶瘟 1.0～1.6 级、穗瘟 2.6～3.0 级（单点最高 3 级）；感白叶枯病（Ⅳ型菌 5 级、Ⅴ型菌 7 级、Ⅸ型菌 7 级）。米质鉴定未达部标优质等级，整精米率 41.3％～53.1％，垩白度 0.6％～3.9％，透明度 2.0 级，碱消值 5.6～6.2 级，胶稠度 73～68. 毫米，直链淀粉 25.6％～25.8％，粒型（长宽比）2.9～3.0。2019 年早造参加省区试，平均亩产量为 505.60 千克，比对照种华优 665（CK）增产 6.75％，增产未达显著水平。2020 年早造参加省区试，平均亩产量为 485.90 千克，比对照种华优 665（CK）减产 1.63％，减产未达显著水平。2020 年早造生产试验平均亩产量 476.82 千克，比华优 665（CK）减产 0.17％，日产量 3.77～4.01 千克。

该品种经过两年区试和一年生产试验，产量与对照相当，米质未达部标优质等级，抗稻瘟病，感白叶枯病，耐寒性中强。建议粤北和中北稻作区早、晚造种植。栽培上注意防治白叶枯病。推荐省品种审定。

（5）广泰优 1521（复试） 全生育期 126 天，比华优 665（CK）长 2 天。株型中集，分蘖力中强，株高适中，抗倒性中弱，耐寒性中等。株高 99.8～106.0 厘米，亩有效穗数 16.7 万～19.2 万穗，穗长 20.0～20.1 厘米，每穗总粒数 145～149 粒，结实率 77.9％～83.3％，千粒重 23.7～24.9 克。抗稻瘟病，全群抗性频率 85.7％～100.0％，病圃鉴定叶瘟 1.0～2.2 级、穗瘟 2.5～3.4 级（单点最高 5 级）；高感白叶枯病（Ⅳ型菌 5 级、Ⅴ型菌 7 级、Ⅸ型菌 9 级）。米质鉴定达部标优质 3 级，整精米率 45.2％～53.6％，垩白度 0.1％～0.2％，透明度 1.0～2.0 级，碱消值 4.6～5.2 级，胶稠度 72～78 毫米，直链淀粉 14.2％～15.0％，粒型（长宽比）3.0～3.5。2019 年早造参加省区试，平均亩产量为 513.54 千克，比对照种华优 665（CK）增产 8.42％，增产达显著水平。2020 年早造参加省区试，平均亩产量为 479.92 千克，比对照种华优 665（CK）减产 2.84％，减产未达显著水平。2020 年早造生产试验平均亩产量 488.52 千克，比华优 665（CK）增产 2.28％，日产量 3.81～4.08 千克。

该品种经过两年区试和一年生产试验，产量与对照相当，米质达部标优质3级，抗稻瘟病，高感白叶枯病，耐寒性中等。建议粤北和中北稻作区早、晚造种植。栽培上特别注意白叶枯病。推荐省品种审定。

（6）吉田优1179（复试）　全生育期127～130天，比华优665（CK）长3～6天。株型中集，分蘖力中等，株高适中，抗倒性中等，耐寒性中等。株高104.1～110.0厘米，亩有效穗数17.9万～18.4万穗，穗长21.5～21.8厘米，每穗总粒数152～157粒，结实率79.0%～80.0%，千粒重22.6～23.3克。中感稻瘟病，全群抗性频率76.5%～92.9%，病圃鉴定叶瘟2.0级、穗瘟3.8～5.5级（单点最高7级）；感白叶枯病（Ⅳ型菌7级、Ⅴ型菌7级、Ⅸ型菌7级）。米质鉴定未达部标优质等级，整精米率40.6%～45.4%，垩白度0.2%～0.9%，透明度1.0～2.0级，碱消值4.7级，胶稠度68～78毫米，直链淀粉15.6%～16.0%，粒型（长宽比）3.0～3.1。2019年早造参加省区试，平均亩产量为484.25千克，比对照种华优665（CK）增产4.92%，增产未达显著水平。2020年早造参加省区试，平均亩产量为453.13千克，比对照种华优665（CK）减产8.27%，减产达极显著水平。2020年早造生产试验平均亩产量481.85千克，比华优665（CK）增产0.88%，日产量3.49～3.81千克。

该品种经过两年区试和一年生产试验，丰产性较差，米质未达部标优质等级，中感稻瘟病，感白叶枯病，耐寒性中等。建议广东省中北稻作区早、晚造种植。栽培上特别注意防治稻瘟病和白叶枯病。推荐省品种审定。

（7）潢优1523（复试）　全生育期124～125天，与对照种华优665（CK）相当。株型中集，分蘖力中等，株高适中，抗倒性中强，耐寒性中等。株高99.3～105.4厘米，亩有效穗数17.2万穗，穗长21.3～21.6厘米，每穗总粒数141～147粒，结实率82.7%～83.4%，千粒重25.2～27.1克。抗稻瘟病，全群抗性频率76.5%～93.9%，病圃鉴定叶瘟1.0～1.8级、穗瘟2.0～3.4级（单点最高5级）；高感白叶枯病（Ⅳ型菌7级、Ⅴ型菌7级、Ⅸ型菌9级）。米质鉴定未达部标优质等级，整精米率37.9%～47.6%，垩白度0.9%～2.0%，透明度1.0～2.0级，碱消值4.6～5.2级，胶稠度70毫米，直链淀粉15.4%～16.0%，粒型（长宽比）3.0～3.1。2019年早造参加省区试，平均亩产量为467.37千克，比对照种华优665（CK）增产1.26%，增产未达显著水平。2020年早造参加省区试，平均亩产量为494.04千克，比对照种华优665（CK）增产2.76%，增产达未显著水平。2020年早造生产试验平均亩产量517.24千克，比华优665（CK）增产8.29%，日产量3.77～3.95千克。

该品种经过两年区试和一年生产试验，产量与对照相当，米质未达部标优质等级，抗稻瘟病，高感白叶枯病，耐寒性中等。建议粤北和中北稻作区早、晚造种植。栽培上特别注意防治白叶枯病。推荐省品种审定。

（8）中升优101（复试）　全生育期124～126天，比对照种华优665（CK）长0～2天。株型中集，分蘖力中等，株高适中，抗倒性中等，耐寒性中等。株高101.6～109.6厘米，亩有效穗数16.8万～16.9万穗，穗长21.5～21.8厘米，每穗总粒数150～163粒，结实率78.8%～83.8%，千粒重24.3～25.7克。高抗稻瘟病，全群抗性频率92.9%～94.1%，病圃鉴定叶瘟1.3～1.6级、穗瘟2.5～2.6级（单点最高5级）；感白叶枯病

（Ⅳ型菌 5 级、Ⅴ型菌 9 级、Ⅸ型菌 7 级）。米质鉴定未达部标优质等级，整精米率 27.3%～29.4%，垩白度 2.2%～3.7%，透明度 1.0 级，碱消值 6.0～6.3 级，胶稠度 60～70 毫米，直链淀粉 15.2%～15.3%，粒型（长宽比）3.0～3.1。2019 年早造参加省区试，平均亩产量为 450.58 千克，比对照种华优 665（CK）减产 2.38%，减产未达显著水平。2020 年早造参加省区试，平均亩产量为 492.23 千克，比对照种华优 665（CK）增产 2.38%，增产未达显著水平。2020 年早造生产试验平均亩产量 496.85 千克，比华优 665（CK）增产 4.02%，日产量 3.63～3.91 千克。

该品种经过两年区试和一年生产试验，产量与对照相当，米质鉴定未达部标优质等级，高抗稻瘟病，感白叶枯病，耐寒性中等。建议粤北和中北稻作区早、晚造种植。栽培上注意防治白叶枯病。推荐省品种审定。

2. 中迟熟组（A 组、B 组、C 组）

（1）万丰优丝占（复试）　全生育期 122～127 天，比五丰优 615（CK）长 2～3 天。株型中集，分蘖力中等，株高适中，抗倒性中强，耐寒性中等。株高 97.9～105.8 厘米，亩有效穗数 16.0 万～16.6 万穗，穗长 21.9～22.7 厘米，每穗总粒数 166～172 粒，结实率 83.7%～85.6%，千粒重 22.0～22.7 克。高抗稻瘟病，全群抗性频率 93.9%～94.1%，病圃鉴定叶瘟 1.4～1.8 级、穗瘟 2.2～2.5 级（单点最高 3 级）；高感白叶枯病（Ⅳ型菌 5 级、Ⅴ型菌 9 级、Ⅸ型菌 9 级）。米质鉴定达部标优质 2 级，整精米率 60.0%～65.3%，垩白度 0.1%～0.8%，透明度 2.0 级，碱消值 4.8～6.9 级，胶稠度 68～82 毫米，直链淀粉 13.7%～16.5%，粒型（长宽比）2.9～3.1。2019 年早造参加省区试，平均亩产量为 484.58 千克，比对照种五丰优 615（CK）增产 6.80%，增产达极显著水平。2020 年早造参加省区试，平均亩产量为 523.47 千克，比对照种五丰优 615（CK）增产 8.33%，增产达极显著水平。2020 年早造生产试验平均亩产量 548.73 千克，比五丰优 615（CK）增产 6.89%，日产量 3.97～4.12 千克。

该品种经过两年区试和一年生产试验，丰产性好，米质达部标优质 2 级，高抗稻瘟病，高感白叶枯病，耐寒性中等。建议粤北以外稻作区早、晚造种植。栽培上特别注意防治白叶枯病。推荐省品种审定。

（2）中恒优金丝苗（复试）　全生育期 123～126 天，比五丰优 615（CK）长 2 天。株型中集，分蘖力中强，株高适中，抗倒性中强，耐寒性中强。株高 98.4～105.5 厘米，亩有效穗数 17.8 万～18.9 万穗，穗长 22.6～22.8 厘米，每穗总粒数 140～142 粒，结实率 83.0%～85.3%，千粒重 22.7～22.9 克。抗稻瘟病，全群抗性频率 64.7%～85.7%，病圃鉴定叶瘟 1.3～1.4 级、穗瘟 2.2～2.5 级（单点最高 5 级）；感白叶枯病（Ⅳ型菌 1 级、Ⅴ型菌 1 级、Ⅸ型菌 7 级）。米质鉴定未达部标优质等级，整精米率 51.4%～60.0%，垩白度 0.5%～2.1%，透明度 2.0 级，碱消值 4.2～4.8 级，胶稠度 72～79 毫米，直链淀粉 14.9%～15.3%，粒型（长宽比）3.4～3.6。2019 年早造参加省区试，平均亩产量 454.51 千克，比对照种五丰优 615（CK）减产 2.14%，减产未达显著水平。2020 年早造参加省区试，平均亩产量为 475.70 千克，比对照种五丰优 615（CK）减产 1.55%，减产未达显著水平。2020 年早造生产试验平均亩产量 485.91 千克，比五丰优 615（CK）减产 5.34%，日产量 3.67～3.78 千克。

该品种经过两年区试和一年生产试验，产量与对照相当，米质未达部标优质等级，抗稻瘟病，感白叶枯病，耐寒性中强。建议粤北以外稻作区早、晚造种植。栽培上注意防治白叶枯病。推荐省品种审定。

（3）裕优合莉油占（复试）　全生育期122～126天，比五丰优615（CK）长2天。株型中集，分蘖力中强，株高适中，抗倒性中强，耐寒性中强。株高101.9～109.0厘米，亩有效穗数17.0万～17.7万穗，穗长21.7～22.0厘米，每穗总粒数149～159粒，结实率82.8%～84.9%，千粒重22.2～23.6克。中感稻瘟病，全群抗性频率88.2%～100.0%，病圃鉴定叶瘟1.8～3.3级、穗瘟2.6～6.0级（单点最高7级）；高感白叶枯病（Ⅳ型菌5级、Ⅴ型菌9级、Ⅸ型菌9级）。米质鉴定达部标优质3级，整精米率50.2%～55.1%，垩白度0.7%～2.3%，透明度2.0级，碱消值3.7～5.2级，胶稠度61～77毫米，直链淀粉17.6%～20.7%，粒型（长宽比）3.0～3.3。2019年早造参加省区试，平均亩产量为465.56千克，比对照种五丰优615（CK）增产2.61%，增产未达显著水平。2020年早造参加省区试，平均亩产量为529.24千克，比对照种五丰优615（CK）增产10.40%，增产达极显著水平。2020年早造生产试验平均亩产量535.82千克，比五丰优615（CK）增产4.38%，日产量3.82～4.20千克。

该品种经过两年区试和一年生产试验，丰产性较好，米质达部标优质3级，中感稻瘟病，高感白叶枯病，耐寒性中强。建议粤北以外稻作区早、晚造种植。栽培上特别注意防治稻瘟病和白叶枯病。推荐省品种审定。

（4）宽仁优6377（复试）　全生育期119～122天，比五丰优615（CK）短1～2天。株型中集，分蘖力中等，株高适中，抗倒性中强，耐寒性强。株高96.8～103.6厘米，亩有效穗数16.4万～18.7万穗，穗长20.2～20.9厘米，每穗总粒数125～137粒，结实率88.0%～88.2%，千粒重24.6～25.0克。抗稻瘟病，全群抗性频率88.2%～92.9%，病圃鉴定叶瘟1.4～1.5级、穗瘟2.5～3.8级（单点最高5级）；高感白叶枯病（Ⅳ型菌5级、Ⅴ型菌5级、Ⅸ型菌9级）。米质鉴定达部标优质2级，整精米率56.5%～57.9%，垩白度1.2%～1.6%，透明度1.0～2.0级，碱消值6.6～6.7级，胶稠度68～74毫米，直链淀粉14.7%～15.6%，粒型（长宽比）2.9～3.1。2019年早造参加省区试，平均亩产量为459.36千克，比对照种五丰优615（CK）增产1.24%，增产未达显著水平。2020年早造参加省区试，平均亩产量为500.32千克，比对照种五丰优615（CK）增产4.37%，增产未达显著水平。2020年早造生产试验平均亩产量511.54千克，比五丰优615（CK）减产0.35%，日产量3.86～4.10千克。

该品种经过两年区试和一年生产试验，产量与对照相当，米质达部标优质2级，抗稻瘟病，高感白叶枯病，耐寒性强。建议粤北以外稻作区早、晚造种植。栽培上特别注意防治白叶枯病。推荐省品种审定。

（5）金美优丝苗（复试）　全生育期122～126天，比五丰优615（CK）长2天。株型中集，分蘖力中等，株高适中，抗倒性中等，耐寒性中强。株高103.1～111.9厘米，亩有效穗数15.9万～18.2万穗，穗长23.5～23.6厘米，每穗总粒数149～153粒，结实率86.8%，千粒重23.0～23.4克。抗稻瘟病，全群抗性频率85.7%～94.1%，病圃鉴定叶瘟1.3～2.0级、穗瘟1.5～3.4级（单点最高5级）；感白叶枯病（Ⅳ型菌3级、Ⅴ型菌 7 级、Ⅸ型菌 7 级）。米质鉴定达部标优质 3 级，整精米率 51.0%～56.6%，垩白度 0.6%～0.7%，透明度 2.0 级，碱消值 6.2～6.4 级，胶稠度 66～76 毫米，直链淀粉 14.4%～14.9%，粒型（长宽比）3.5～3.6。2019 年早造参加省区试，平均亩产量为 466.50 千克，比对照种五丰优 615（CK）增产 3.09%，增产未达显著水平。2020 年早造参加省区试，平均亩产量为 511.79 千克，比对照种五丰优 615（CK）增产 6.47%，增产达显著水平。2020 年早造生产试验平均亩产量 541.39 千克，比五丰优 615（CK）增产 5.46%，日产量 3.82～4.06 千克。

该品种经过两年区试和一年生产试验，丰产性较好，米质达部标优质 3 级，抗稻瘟病，感白叶枯病，耐寒性中强。建议粤北以外稻作区早、晚造种植。栽培上注意防治白叶枯病。推荐省品种审定。

（6）粤秀优 360（复试） 全生育期 121～125 天，比五丰优 615（CK）长 1 天。株型中集，分蘖力中强等，株高适中，抗倒性中等，耐寒性中等。株高 101.0～112.7 厘米，亩有效穗数 16.8 万～18.3 万穗，穗长 22.7～23.3 厘米，每穗总粒数 137～147 粒，结实率 82.8%～84.0%，千粒重 23.8～24.1 克。中抗稻瘟病，全群抗性频率 85.7%～94.1%，病圃鉴定叶瘟 1.2～1.5 级、穗瘟 3.0～4.0 级（单点最高 7 级）；高感白叶枯病（Ⅳ型菌 5 级、Ⅴ型菌 7 级、Ⅸ型菌 9 级）。米质鉴定达部标优质 2 级，整精米率 55.7%～58.5%，垩白度 1.5%～2.2%，透明度 2.0 级，碱消值 6.2～6.6 级，胶稠度 72～73 毫米，直链淀粉 14.0%～14.2%，粒型（长宽比）3.3～3.5。2019 年早造参加省区试，平均亩产量为 431.26 千克，比对照种五丰优 615（CK）减产 4.69%，减产未达显著水平。2020 年早造参加省区试，平均亩产量为 490.36 千克，比对照种五丰优 615（CK）增产 2.02%，增产未达显著水平。2020 年早造生产试验平均亩产量 525.90 千克，比五丰优 615（CK）增产 2.45%，日产量 3.56～3.92 千克。

该品种经过两年区试和一年生产试验，产量与对照相当，米质达部标优质 2 级，中抗稻瘟病，高感白叶枯病，耐寒性中等。建议粤北以外稻作区早、晚造种植。栽培上特别注意防治稻瘟病和白叶枯病。推荐省品种审定。

3. 迟熟组（A 组、B 组、C 组）

（1）粤品优 5511（复试） 全生育期 123～128 天，与对照种深两优 58 香油占（CK）相当。株型中集，分蘖力中强，株高适中，抗倒性中强，耐寒性中等。株高 104.5～111.9 厘米，亩有效穗数 17.1 万～19.6 万穗，穗长 22.4～22.5 厘米，每穗总粒数 133～135 粒，结实率 83.3%～85.3%，千粒重 25.2～26.0 克。抗稻瘟病，全群抗性频率 78.6%～94.1%，病圃鉴定叶瘟 1.6～1.8 级、穗瘟 2.5～2.6 级（单点最高 5 级）；抗白叶枯病（Ⅳ型菌 1 级、Ⅴ型菌 1 级、Ⅸ型菌 1 级）。米质鉴定未达部标优质等级，整精米率 44.1%～45.1%，垩白度 1.9%～4.2%，透明度 2.0 级，碱消值 4.1～4.2 级，胶稠度 61～78 毫米，直链淀粉 20.5%～20.8%，粒型（长宽比）2.8～3.1。2019 年早造参加省区试，平均亩产量为 466.73 千克，比对照种深两优 58 香油占（CK）增产 5.78%，增产未达显著水平。2020 年早造参加省区试，平均亩产量为 530.99 千克，比对照种深两优 58 香油占（CK）增产 7.04%，增产达极显著水平。2020 年早造生产试验平均亩产量 533.89 千克，比深两优 58 香油占（CK）增产 7.92%，日产量 3.79～4.15 千克。

该品种经过两年区试和一年生产试验，丰产性较好，米质未达部标优质等级，抗稻瘟病，抗白叶枯病，耐寒性中等。建议粤北以外稻作区早、晚造种植。推荐省品种审定。

（2）信两优127（复试）　全生育期128～130天，比深两优58香油占（CK）长1～5天。株型中集，分蘖力中强，植株较高，抗倒性中等，耐寒性中强。株高118.2～127.3厘米，亩有效穗数16.3万～16.8万穗，穗长22.1～22.2厘米，每穗总粒数163～170粒，结实率75.5%～80.4%，千粒重23.5～23.9克。抗稻瘟病，全群抗性频率100.0%，病圃鉴定叶瘟1.3～1.6级、穗瘟1.4～3.0级（单点最高7级）；感白叶枯病（Ⅳ型菌5级、Ⅴ型菌7级、Ⅸ型菌7级）。米质鉴定未达部标优质等级，整精米率45.9%～51.6%，垩白度0.9%～1.0%，透明度1.0～2.0级，碱消值6.0级，胶稠度68～74毫米，直链淀粉26.5%～27.2%，粒型（长宽比）3.2。2019年早造参加省区试，平均亩产量为456.33千克，比对照种深两优58香油占（CK）增产2.92%，增产未达显著水平。2020年早造参加省区试，平均亩产量为511.36千克，比对照种深两优58香油占（CK）增产3.08%，增产未达显著水平，日产量3.59～3.93千克。

该品种经过两年区试，产量与对照相当，米质未达部标优质等级，抗稻瘟病，感白叶枯病，耐寒性中强。建议粤北以外稻作区早、晚造种植。栽培上注意防治白叶枯病（缺生产试验）。

（3）金泰优1521（复试）　全生育期120～125天，比深两优58香油占（CK）短3～4天。株型中集，分蘖力中强，株高适中，抗倒性中强，耐寒性中等。株高98.9～110.1厘米，亩有效穗数16.3万～16.8万穗，穗长21.6～22.4厘米，每穗总粒数133～147粒，结实率83.0%～83.1%，千粒重25.7～26.1克。抗稻瘟病，全群抗性频率85.7%～100.0%，病圃鉴定叶瘟1.6～2.0级、穗瘟3.0～3.8级（单点最高7级）；高感白叶枯病（Ⅳ型菌5级、Ⅴ型菌7级、Ⅸ型菌9级）。米质鉴定未达部标优质等级，整精米率49.2%～54.4%，垩白度1.2%～1.4%，透明度2.0级，碱消值4.7～5.0级，胶稠度74～75毫米，直链淀粉14.6%～15.4%，粒型（长宽比）3.1～3.3。2019年早造参加省区试，平均亩产量为431.39千克，比对照种深两优58香油占（CK）减产2.7%，减产未达显著水平。2020年早造参加省区试，平均亩产量为510.64千克，比对照种深两优58香油占（CK）增产2.93%，增产未达显著水平。2020年早造生产试验平均亩产量530.52千克，比深两优58香油占（CK）增产7.23%，日产量3.59～4.09千克。

该品种经过两年区试和一年生产试验，产量与对照相当，米质未达部标优质等级，抗稻瘟病，高感白叶枯病，耐寒性中等。建议粤北以外稻作区早、晚造种植。栽培上特别注意防治白叶枯病。推荐省品种审定。

（4）晶两优华宝（复试）　全生育期131～132天，比深两优58香油占（CK）长3～8天。株型中集，分蘖力中强，株高适中，抗倒性中强，耐寒性中等。株高110.2～112.8厘米，亩有效穗数16.7万～19.4万穗，穗长22.8～23.4厘米，每穗总粒数132～152粒，结实率81.1%～83.9%，千粒重23.6～23.9克。高抗稻瘟病，全群抗性频率92.9%～94.1%，病圃鉴定叶瘟1.0～1.2级、穗瘟1.0～1.3级（单点最高3级）；抗白叶枯病（Ⅳ型菌1级、Ⅴ型菌3级、Ⅸ型菌1级）。米质鉴定未达部标优质等级，整精米率55.0%～57.7%，垩白度0.3%～0.6%，透明度2.0级，碱消值4.7级，胶稠度74～78

毫米，直链淀粉 15.0%～15.8%，粒型（长宽比）3.0～3.1。2019 年早造参加省区试，平均亩产量为 452.11 千克，比对照种深两优 58 香油占（CK）增产 2.46%，增产未达显著水平。2020 年早造参加省区试，平均亩产量为 480.82 千克，比对照种深两优 58 香油占（CK）减产 3.08%，减产未达显著水平。2020 年早造生产试验平均亩产量 493.52 千克，比深两优 58 香油占（CK）减产 0.24%，日产量 3.45～3.64 千克。

该品种经过两年区试和一年生产试验，丰产量与对照相当，米质未达部标优质等级，高抗稻瘟病，抗白叶枯病，耐寒性中等。建议粤北以外稻作区早、晚造种植。推荐省品种审定。

（5）胜优 1321（复试）　全生育期 124～127 天，与深两优 58 香油占（CK）生育期相当。株型中集，分蘖力中等，株高适中，抗倒性强，耐寒性中强。株高 96.4～106.3 厘米，亩有效穗数 17.8 万～18.2 万穗，穗长 21.8～22.1 厘米，每穗总粒数 144～147 粒，结实率 81.6%～85.3%，千粒重 23.4～23.8 克。中感稻瘟病，全群抗性频率 82.4%～85.7%，病圃鉴定叶瘟 1.8 级、穗瘟 5.4～6.0 级（单点最高 7 级）；感白叶枯病（Ⅳ型菌 5 级、Ⅴ型菌 7 级、Ⅸ型菌 7 级）。米质鉴定达部标优质 2 级，整精米率 53.5%～59.8%，垩白度 0.7%～1.1%，透明度 2.0 级，碱消值 6.0～6.7 级，胶稠度 66～71 毫米，直链淀粉 14.2%～14.4%，粒型（长宽比）3.1～3.3。2019 年早造参加省区试，平均亩产量为 448.24 千克，比对照种深两优 58 香油占（CK）增产 1.59%，增产未达显著水平。2020 年早造参加省区试，平均亩产量为 535.69 千克，比对照种深两优 58 香油占（CK）增产 6.52%，增产达极显著水平。2020 年早造生产试验平均亩产量 536.85 千克，比深两优 58 香油占（CK）增产 8.51%，日产量 3.61～4.22 千克。

该品种经过两年区试和一年生产试验，丰产性较好，米质达部标优质 2 级，中感稻瘟病，感白叶枯病，耐寒性中强。建议粤北稻作区和中北稻作区早、晚造种植。栽培上特别注意防治稻瘟病和白叶枯病。推荐省品种审定。

（6）群优 836（复试）　全生育期 126～129 天，与对照种深两优 58 香油占（CK）相当。株型中集，分蘖力中强，株高适中，抗倒性中强，耐寒性中等。株高 108.9～118.0 厘米，亩有效穗数 17.0 万～18.1 万穗，穗长 23.9～24.7 厘米，每穗总粒数 158～164 粒，结实率 77.7%～81.6%，千粒重 22.2～23.1 克。抗稻瘟病，全群抗性频率 92.9%～94.1%，病圃鉴定叶瘟 2.0～2.5 级、穗瘟 3.5～3.8 级（单点最高 7 级）；高感白叶枯病（Ⅳ型菌 5 级、Ⅴ型菌 9 级、Ⅸ型菌 9 级）。米质鉴定未达部标优质等级，整精米率 49.9%～51.2%，垩白度 0.2%～1.9%，透明度 2.0 级，碱消值 6.5～6.8 级，胶稠度 70 毫米，直链淀粉 15.2%～15.5%，粒型（长宽比）3.3～3.4。2019 年早造参加省区试，平均亩产量为 449.92 千克，比对照种深两优 58 香油占（CK）增产 1.97%，增产未达显著水平。2020 年早造参加省区试，平均亩产量为 530.97 千克，比对照种深两优 58 香油占（CK）增产 5.58%，增产达显著水平。2020 年早造生产试验平均亩产量 513.05 千克，比深两优 58 香油占（CK）增产 3.70%，日产量 3.57～4.12 千克。

该品种经过两年区试和一年生产试验，丰产性较好，米质未达部标优质等级，抗稻瘟病，高感白叶枯病，耐寒性中等。建议粤北以外稻作区早、晚造种植。栽培上特别注意防治白叶枯病。推荐省品种审定。

（7）香龙优 1826（复试）　全生育期 124～127 天，与对照种深两优 58 香油占（CK）相当。株型中集，分蘖力中等，株高适中，抗倒性中强，耐寒性中强。株高 113.0～120.3 厘米，亩有效穗数 16.3 万～17.8 万穗，穗长 23.9～24.9 厘米，每穗总粒数 129～132 粒，结实率 85.5%～86.4%，千粒重 27.2 克。抗稻瘟病，全群抗性频率 82.4%～90.9%，病圃鉴定叶瘟 1.0～1.5 级、穗瘟 2.4～2.5 级（单点最高 7 级）；感白叶枯病（Ⅳ型菌 5 级、Ⅴ型菌 9 级、Ⅸ型菌 7 级）。米质鉴定达部标优质 3 级，整精米率 53.8%～54.5%，垩白度 0.2%～0.8%，透明度 1.0～2.0 级，碱消值 6.5～6.7 级，胶稠度 72 毫米，直链淀粉 15.4%～15.8%，粒型（长宽比）3.4～3.7。2019 年早造参加省区试，平均亩产量为 463.29 千克，比对照种深两优 58 香油占（CK）增产 4.99%，增产达显著水平。2020 年早造参加省区试，平均亩产量为 525.72 千克，比对照种深两优 58 香油占（CK）增产 4.54%，增产达显著水平。2020 年早造生产试验平均亩产量 514.80 千克，比深两优 58 香油占（CK）增产 4.06%，日产量 3.74～4.14 千克。

该品种经过两年区试和一年生产试验，丰产性好，米质达部标优质 3 级，抗稻瘟病，感白叶枯病，耐寒性中强。建议粤北以外稻作区早、晚造种植。栽培上注意防治白叶枯病。推荐省品种审定。

（8）本两优华占（复试）　全生育期 121～125 天，比深两优 58 香油占（CK）短 2～4 天。株型中集，分蘖力中强，株高适中，抗倒性中弱，耐寒性强。株高 100.2～108.6 厘米，亩有效穗数 18.9 万～19.2 万穗，穗长 21.0～21.3 厘米，每穗总粒数 133～136 粒，结实率 89.9%～91.6%，千粒重 22.1～22.2 克。中抗稻瘟病，全群抗性频率 88.2%～90.9%，病圃鉴定叶瘟 1.2～1.5 级、穗瘟 3.0～4.0 级（单点最高 7 级）；感白叶枯病（Ⅳ型菌 5 级、Ⅴ型菌 7 级、Ⅸ型菌 7 级）。米质鉴定未达部标优质等级，整精米率 58.0%～63.7%，垩白度 0.3%～0.4%，透明度 2.0 级，碱消值 3.2～4.0 级，胶稠度 78～82 毫米，直链淀粉 13.1%～13.2%，粒型（长宽比）3.1～3.3。2019 年早造参加省区试，平均亩产量为 464.61 千克，比对照种深两优 58 香油占（CK）增产 5.29%，增产达显著水平。2020 年早造参加省区试，平均亩产量为 512.76 千克，比对照种深两优 58 香油占（CK）增产 1.96%，增产未达显著水平。2020 年早造生产试验平均亩产量 520.06 千克，比深两优 58 香油占（CK）增产 5.12%，日产量 3.84～4.10 千克。

该品种经过两年区试和一年生产试验，丰产性较好，米质未达部标优质等级，中抗稻瘟病，感白叶枯病，耐寒性强。建议粤北以外稻作区早、晚造种植。栽培上注意防治稻瘟病和白叶枯病。推荐省品种审定。

（9）聚两优 53（复试）　全生育期 124～128 天，与深两优 58 香油占（CK）生育期相当。株型中集，分蘖力中强，株高适中，抗倒性中强，耐寒性中强。株高 103.3～112.1 厘米，亩有效穗数 17.1 万～17.4 万穗，穗长 22.9～23.0 厘米，每穗总粒数 129～134 粒，结实率 84.0%～85.3%，千粒重 25.3～25.6 克。抗稻瘟病，全群抗性频率 85.7%～100.0%，病圃鉴定叶瘟 1.3～2.0 级、穗瘟 2.0～3.0 级（单点最高 5 级）；高感白叶枯病（Ⅳ型菌 5 级、Ⅴ型菌 7 级、Ⅸ型菌 9 级）。米质鉴定未达部标优质等级，整精米率 55.3%～58.6%，垩白度 0.1%～0.6%，透明度 2.0 级，碱消值 3.0～4.1 级，胶稠度 82～84 毫米，直链淀粉 12.7%～13.0%，粒型（长宽比）3.1～3.4。2019 年早造参加省区试，平均亩产量为431.65千克，比对照种深两优58香油占（CK）减产2.17％，减产未达显著水平。2020年早造参加省区试，平均亩产量为499.38千克，比对照种深两优58香油占（CK）减产0.7％，减产未达显著水平。2020年早造生产试验平均亩产量538.66千克，比深两优58香油占（CK）增产8.88％，日产量3.48～3.90千克。

该品种经过两年区试和一年生产试验，产量与对照相当，米质未达部标优质等级，抗稻瘟病，高感白叶枯病，耐寒性中强。建议粤北以外稻作区早、晚造种植。栽培上注意防治白叶枯病。推荐省品种审定。

（10）特优9068（复试） 全生育期123～128天，与对照种深两优58香油占（CK）相当。株型中集，分蘖力中等，株高适中，抗倒性中强，耐寒性中强。株高104.5～113.8厘米，亩有效穗数16.2万～17.1万穗，穗长21.5～21.6厘米，每穗总粒数136～138粒，结实率85.6％～85.7％，千粒重26.9～27.9克。抗稻瘟病，全群抗性频率76.5％～92.9％，病圃鉴定叶瘟1.8级、穗瘟1.5～3.0级（单点最高5级）；中抗白叶枯病（Ⅳ型菌1级、Ⅴ型菌1级、Ⅸ型菌3级）。米质鉴定未达部标优质等级，整精米率53.7％～57.9％，垩白度7.6％～10.6％，透明度2.0～3.0级，碱消值5.2～5.3级，胶稠度48～62毫米，直链淀粉21.5％～22.6％，粒型（长宽比）2.3～2.5。2019年早造参加省区试，平均亩产量为446.68千克，比对照种深两优58香油占（CK）增产1.23％，增产未达显著水平。2020年早造参加省区试，平均亩产量为508.61千克，比对照种深两优58香油占（CK）增产1.78％，增产未达显著水平。2020年早造生产试验平均亩产量515.21千克，比深两优58香油占（CK）增产4.14％，日产量3.63～3.97千克。

该品种经过两年区试和一年生产试验，产量与对照相当，米质未达部标优质等级，抗稻瘟病，中抗白叶枯病，耐寒性中强。建议粤北以外稻作区早、晚造种植。推荐省品种审定。

（11）C两优098（复试） 全生育期123～127天，与对照种深两优58香油占（CK）相当。株型中集，分蘖力中强，株高适中，抗倒性强，耐寒性中强。株高101.8～109.6厘米，亩有效穗数16.6万～17.4万穗，穗长21.8～22.9厘米，每穗总粒数133～140粒，结实率84.3％～85.4％，千粒重25.5克。中感稻瘟病，全群抗性频率76.5％～85.7％，病圃鉴定叶瘟1.4～1.8级、穗瘟3.4～4.0级（单点最高7级）；感白叶枯病（Ⅳ型菌3级、Ⅴ型菌1级、Ⅸ型菌7级）。米质鉴定达部标优质3级，整精米率58.9％～60.9％，垩白度0.8％～1.8％，透明度2.0级，碱消值4.5～5.1级，胶稠度64～76毫米，直链淀粉14.9％，粒型（长宽比）3.0～3.3。2019年早造参加省区试，平均亩产量为451.06千克，比对照种深两优58香油占（CK）增产2.22％，增产未达显著水平。2020年早造参加省区试，平均亩产量为508.32千克，比对照种深两优58香油占（CK）增产1.72％，增产未达显著水平。2020年早造生产试验平均亩产量511.53千克，比深两优58香油占（CK）增产3.40％，日产量3.67～4.00千克。

该品种经过两年区试和一年生产试验，产量与对照相当，米质达部标优质3级，中感稻瘟病，感白叶枯病，耐寒性中强。建议粤北以外稻作区早、晚造种植。栽培上特别注意防治稻瘟病和白叶枯病。推荐省品种审定。

（12）深两优9815（复试） 全生育期129～132天，比深两优58香油占（CK）长

3~6天。株型中集，分蘖力中强，株高适中，抗倒性较强，耐寒性中强。株高108.8~111.3厘米，亩有效穗数16.5万~18.1万穗，穗长23.8~24.1厘米，每穗总粒数144~147粒，结实率87.4%~87.6%，千粒重23.2~23.6克。抗稻瘟病，全群抗性频率82.4%~92.9%，病圃鉴定叶瘟1.2~2.0级、穗瘟1.5~3.0级（单点最高5级）；感白叶枯病（Ⅳ型菌5级、Ⅴ型菌5级、Ⅸ型菌7级）。米质鉴定达部标优质2级，整精米率53.6%~59.4%，垩白度1.0%~1.4%，透明度2.0级，碱消值6.3~6.4级，胶稠度68~74毫米，直链淀粉14.3%~15.2%，粒型（长宽比）3.1~3.2。2019年早造参加省区试，平均亩产量为461.67千克，比对照种深两优58香油占（CK）增产4.62%，增产未达显著水平。2020年早造参加省区试，平均亩产量为507.37千克，比对照种深两优58香油占（CK）增产1.53%，增产未达显著水平。2020年早造生产试验平均亩产量505.26千克，比深两优58香油占（CK）增产2.13%，日产量3.58~3.84千克。

该品种经过两年区试和一年生产试验，产量与对照相当，米质达部标优质2级，抗稻瘟病，感白叶枯病，耐寒性中强。建议粤北以外稻作区早、晚造种植。栽培上注意防治白叶枯病。推荐省品种审定。

（13）广龙优华占（复试）　全生育期122~129天，与对照种深两优58香油占（CK）相当。株型中集，分蘖力中强，株高适中，抗倒性强，耐寒性中等。株高95.1~109.1厘米，亩有效穗数18.5万~18.8万穗，穗长21.0~22.6厘米，每穗总粒数150~158粒，结实率80.7%~83.1%，千粒重21.5~22.2克。高抗稻瘟病，全群抗性频率97.0%~100.0%，病圃鉴定叶瘟1.2~1.5级、穗瘟2.0~2.5级（单点最高3级）；感白叶枯病（Ⅳ型菌5级、Ⅴ型菌7级、Ⅸ型菌7级）。米质鉴定未达部标优质等级，整精米率47.1%~54.2%，垩白度1.8%~2.0%，透明度2.0级，碱消值4.0~4.5级，胶稠度71~78毫米，直链淀粉22.8%~23.7%，粒型（长宽比）3.1~3.3。2019年早造参加省区试，平均亩产量为454.56千克，比对照种深两优58香油占（CK）增产3.01%，增产未达显著水平。2020年早造参加省区试，平均亩产量为484.07千克，比对照种深两优58香油占（CK）减产3.13%，减产未达显著水平。2020年早造生产试验平均亩产量535.30千克，比深两优58香油占（CK）增产8.20%，日产量3.73~3.75千克。

该品种经过两年区试和一年生产试验，产量与对照相当，米质未达部标优质等级，高抗稻瘟病，感白叶枯病，耐寒性中等。建议粤北以外稻作区早、晚造种植。栽培上注意防治白叶枯病。推荐省品种审定。

（二）新参试品种

1. 中早熟组（A组、B组、C组）

（1）启源优492　全生育期127天，比对照种华优665（CK）长3天。株型中集，分蘖力中等，株高适中，抗倒性中等。株高104.2厘米，亩有效穗数17.3万穗，穗长21.7厘米，每穗总粒数151粒，结实率78.1%，千粒重25.9克。米质鉴定未达部标优质等级，糙米率83.1%，整精米率35.3%，垩白度0.0%，透明度2.0级，碱消值4.6级，胶稠度77毫米，直链淀粉15.5%，粒型（长宽比）3.1。抗稻瘟病，全群抗性频率100.0%，病圃鉴定叶瘟2.0级、穗瘟3.5级（单点最高7级）；感白叶枯病（Ⅸ型菌7

级）。2020 年早造参加省区试，平均亩产量 466.21 千克，比对照种华优 665（CK）减产 3.63%，减产未达显著水平，日产量 3.67 千克。

该品种产量与对照相当，米质未达部标优质等级，抗稻瘟病，感白叶枯病，2021 年安排复试并进行生产试验。

（2）诚优亨占 全生育期 122 天，比对照种华优 665（CK）短 2 天。株型中集，分蘖力中等，株高适中，抗倒性弱。株高 99.9 厘米，亩有效穗数 17.5 万穗，穗长 21.1 厘米，每穗总粒数 132 粒，结实率 83.6%，千粒重 24.5 克。米质鉴定达部标优质 3 级，糙米率 81.9%，整精米率 54.1%，垩白度 0.6%，透明度 2.0 级，碱消值 6.2 级，胶稠度 74 毫米，直链淀粉 16.5%，粒型（长宽比）3.7。抗稻瘟病，全群抗性频率 88.2%，病圃鉴定叶瘟 1.5 级、穗瘟 3.5 级（单点最高 7 级）；中抗白叶枯病（Ⅸ型菌 3 级）。2020 年早造参加省区试，平均亩产量 453.75 千克，比对照种华优 665（CK）减产 6.21%，减产未达显著水平，日产量 3.72 千克。

该品种产量与对照相当，米质达部标优质 3 级，抗稻瘟病，中抗白叶枯病，2021 年安排复试并进行生产试验。

（3）诚优 5373 全生育期 121 天，比对照种华优 665（CK）短 3 天。株型中集，分蘖力中等，株高适中，抗倒性中等。株高 98.2 厘米，亩有效穗数 17.5 万穗，穗长 21.8 厘米，每穗总粒数 136 粒，结实率 83.6%，千粒重 25.8 克。米质鉴定达部标优质 3 级，糙米率 83.0%，整精米率 52.7%，垩白度 0.5%，透明度 1.0 级，碱消值 6.2 级，胶稠度 68 毫米，直链淀粉 15.2%，粒型（长宽比）3.6。抗稻瘟病，全群抗性频率 100.0%，病圃鉴定叶瘟 2.0 级、穗瘟 3.0 级（单点最高 5 级）；中抗白叶枯病（Ⅸ型菌 3 级）。2020 年早造参加省区试，平均亩产量 452.98 千克，比对照种华优 665（CK）减产 6.37%，减产未达显著水平，日产量 3.74 千克。

该品种产量与对照相当，米质达部标优质 3 级，抗稻瘟病，中抗白叶枯病，2021 年安排复试并进行生产试验。

（4）庆优喜占 全生育期 125 天，比对照种华优 665（CK）长 1 天。株型中集，分蘖力中等，株高适中，抗倒性中等。株高 111.3 厘米，亩有效穗数 17.0 万穗，穗长 21.2 厘米，每穗总粒数 133 粒，结实率 84.1%，千粒重 27.5 克。米质鉴定未达部标优质等级，糙米率 80.8%，整精米率 35.8%，垩白度 1.9%，透明度 2.0 级，碱消值 6.7 级，胶稠度 66 毫米，直链淀粉 15.9%，粒型（长宽比）3.2。抗稻瘟病，全群抗性频率 100.0%，病圃鉴定叶瘟 1.3 级、穗瘟 3.0 级（单点最高 5 级）；感白叶枯病（Ⅸ型菌 7 级）。2020 年早造参加省区试，平均亩产量 487.23 千克，比对照种华优 665（CK）减产 1.36%，减产未达显著水平，日产量 3.90 千克。

该品种产量与对照相当，米质未达部标优质等级，抗稻瘟病，感白叶枯病，2021 年安排复试并进行生产试验。

（5）金恒优金丝苗 全生育期 125 天，比对照种华优 665（CK）长 1 天。株型中集，分蘖力较强，株高适中，抗倒性强。株高 104.5 厘米，亩有效穗数 18.9 万穗，穗长 21.8 厘米，每穗总粒数 131 粒，结实率 85.9%，千粒重 24.8 克。米质鉴定未达部标优质等级，糙米率 82.2%，整精米率 39.8%，垩白度 0.4%，透明度 2.0 级，碱消值 3.2 级，胶稠度 78 毫米，直链淀粉 14.0％，粒型（长宽比）3.3。抗稻瘟病，全群抗性频率 100.0％，病圃鉴定叶瘟 1.3 级、穗瘟 3.5 级（单点最高 5 级）；抗白叶枯病（Ⅸ型菌 1 级）。2020 年早造参加省区试，平均亩产量 478.12 千克，比对照种华优 665（CK）减产 0.56％，减产未达显著水平，日产量 3.83 千克。

该品种产量与对照相当，米质未达部标优质等级，抗稻瘟病，抗白叶枯病，2021 年安排复试并进行生产试验。

（6）中银优金丝苗　全生育期 124 天，与对照种华优 665（CK）生育期相当。株型中集，分蘖力中等，株高适中，抗倒性中等。株高 105.7 厘米，亩有效穗数 17.3 万穗，穗长 20.4 厘米，每穗总粒数 128 粒，结实率 88.6％，千粒重 25.5 克。米质鉴定未达部标优质等级，糙米率 82.0％，整精米率 41.0％，垩白度 0.3％，透明度 2.0 级，碱消值 3.2 级，胶稠度 78 毫米，直链淀粉 13.8％，粒型（长宽比）3.3。抗稻瘟病，全群抗性频率 100.0％，病圃鉴定叶瘟 1.3 级、穗瘟 3.0 级（单点最高 5 级）；抗白叶枯病（Ⅸ型菌 1 级）。2020 年早造参加省区试，平均亩产量 473.15 千克，比对照种华优 665（CK）减产 1.59％，减产未达显著水平，日产量 3.82 千克。

该品种产量与对照相当，米质未达部标优质等级，抗稻瘟病，抗白叶枯病，2021 年安排复试并进行生产试验。

（7）广泰优 568　全生育期 128 天，比对照种华优 665（CK）长 4 天。株型中集，分蘖力较强，株高适中，抗倒性中强。株高 109.6 厘米，亩有效穗数 18.0 万穗，穗长 20.8 厘米，每穗总粒数 125 粒，结实率 82.6％，千粒重 28.2 克。米质鉴定未达部标优质等级，糙米率 82.1％，整精米率 36.3％，垩白度 0.4％，透明度 2.0 级，碱消值 5.2 级，胶稠度 76 毫米，直链淀粉 14.8％，粒型（长宽比）3.0。高抗稻瘟病，全群抗性频率 100.0％，病圃鉴定叶瘟 1.0 级、穗瘟 2.0 级（单点最高 3 级）；高感白叶枯病（Ⅸ型菌 9 级）。2020 年早造参加省区试，平均亩产量 471.52 千克，比对照种华优 665（CK）减产 2.54％，减产未达显著水平，日产量 3.68 千克。

该品种生育期比对照长 4 天，建议终止试验。

（8）耕香优 41　全生育期 123 天，比对照种华优 665（CK）短 1 天。株型中集，分蘖力中强，株高适中，抗倒性中等。株高 98.9 厘米，亩有效穗数 17.9 万穗，穗长 20.8 厘米，每穗总粒数 154 粒，结实率 83.0％，千粒重 21.1 克。米质鉴定未达部标优质等级，糙米率 82.5％，整精米率 39.4％，垩白度 0.4％，透明度 2.0 级，碱消值 3.4 级，胶稠度 76 毫米，直链淀粉 14.7％，粒型（长宽比）3.2。抗稻瘟病，全群抗性频率 100.0％，病圃鉴定叶瘟 1.5 级、穗瘟 3.5 级（单点最高 7 级）；高感白叶枯病（Ⅸ型菌 9 级）。2020 年早造参加省区试，平均亩产量 457.60 千克，比对照种华优 665（CK）减产 7.36％，减产达显著水平，日产量 3.72 千克。

该品种丰产性较差，米质未达部标优质等级，抗稻瘟病，高感白叶枯病，建议终止试验。

（9）金象优飞燕丝苗　全生育期 123 天，比对照种华优 665（CK）短 1 天。株型中集，分蘖力较强，株高适中，抗倒性中等。株高 108.4 厘米，亩有效穗数 18.4 万穗，穗长 21.8 厘米，每穗总粒数 128 粒，结实率 89.0％，千粒重 22.5 克。米质鉴定未达部标优质等级，糙米率 80.8%，整精米率 46.0%，垩白度 0.4%，透明度 2.0 级，碱消值 4.2 级，胶稠度 80 毫米，直链淀粉 13.7%，粒型（长宽比）3.7。高抗稻瘟病，全群抗性频率 100.0%，病圃鉴定叶瘟 1.3 级、穗瘟 2.0 级（单点最高 3 级）；高感白叶枯病（Ⅸ型菌 9 级）。2020 年早造参加省区试，平均亩产量 456.67 千克，比对照种华优 665（CK）减产 7.55%，减产达极显著水平，日产量 3.71 千克。

该品种丰产性较差，米质未达部标优质等级，高抗稻瘟病，高感白叶枯病，建议终止试验。

（10）银两优 1 号 全生育期 130 天，比对照种华优 665（CK）长 6 天。株型中集，分蘖力较强，株高适中，抗倒性中强。株高 104.4 厘米，亩有效穗数 17.8 万穗，穗长 21.7 厘米，每穗总粒数 129 粒，结实率 82.5%，千粒重 27.2 克。米质鉴定未达部标优质等级，糙米率 81.1%，整精米率 30.0%，垩白度 2.0%，透明度 2.0 级，碱消值 6.0 级，胶稠度 72 毫米，直链淀粉 15.0%，粒型（长宽比）3.0。抗稻瘟病，全群抗性频率 70.6%，病圃鉴定叶瘟 1.0 级、穗瘟 2.0 级（单点最高 3 级）；感白叶枯病（Ⅸ型菌 7 级）。2020 年早造参加省区试，平均亩产量 478.19 千克，比对照种华优 665（CK）减产 1.16%，减产未达显著水平，日产量 3.68 千克。

该品种生育期比对照种华优 665（CK）长 6 天，建议终止试验。

（11）裕优 075 全生育期 130 天，比对照种华优 665（CK）长 6 天。株型中集，分蘖力中等，株高适中，抗倒性中等。株高 115.4 厘米，亩有效穗数 17.8 万穗，穗长 21.2 厘米，每穗总粒数 143 粒，结实率 81.5%，千粒重 25.1 克。米质鉴定未达部标优质等级，糙米率 80.9%，整精米率 47.5%，垩白度 0.5%，透明度 2.0 级，碱消值 3.5 级，胶稠度 84 毫米，直链淀粉 14.2%，粒型（长宽比）3.1。中抗稻瘟病，全群抗性频率 100.0%，病圃鉴定叶瘟 1.8 级、穗瘟 4.0 级（单点最高 5 级）；抗白叶枯病（Ⅸ型菌 1 级）。2020 年早造参加省区试，平均亩产量 469.96 千克，比对照种华优 665（CK）减产 2.86%，减产未达显著水平，日产量 3.62 千克。

该品种生育期比对照种华优 665（CK）长 6 天，建议终止试验。

（12）安优晶占 全生育期 129 天，比对照种华优 665（CK）长 5 天。株型中集，分蘖力中强，株高适中，抗倒性强。株高 104.3 厘米，亩有效穗数 17.2 万穗，穗长 21.3 厘米，每穗总粒数 137 粒，结实率 85.1%，千粒重 27.1 克。米质鉴定未达部标优质等级，糙米率 81.8%，整精米率 43.2%，垩白度 0.8%，透明度 2.0 级，碱消值 5.5 级，胶稠度 77 毫米，直链淀粉 22.8%，粒型（长宽比）2.9。抗稻瘟病，全群抗性频率 100.0%，病圃鉴定叶瘟 1.5 级、穗瘟 3.5 级（单点最高 5 级）；高感白叶枯病（Ⅸ型菌 9 级）。2020 年早造参加省区试，平均亩产量 496.31 千克，比对照种华优 665（CK）增产 0.48%，增产达显著水平，日产量 3.85 千克。

该品种生育期比对照种华优 665（CK）长 5 天，建议终止试验。

（13）广泰优 496 全生育期 128 天，比对照种华优 665（CK）长 4 天。株型中集，分蘖力较强，株高适中，抗倒性中强。株高 105.8 厘米，亩有效穗数 17.2 万穗，穗长 20.8 厘米，每穗总粒数 144 粒，结实率 81.4%，千粒重 25.5 克。米质鉴定未达部标优质等级，糙米率 81.8%，整精米率 43.9%，垩白度 0.8%，透明度 1.0 级，碱消值 6.8 级，胶稠度61毫米，直链淀粉17.1％，粒型（长宽比）3.0。中抗稻瘟病，全群抗性频率88.2％，病圃鉴定叶瘟2.8级、穗瘟5.0级（单点最高7级）；感白叶枯病（Ⅸ型菌7级）。2020年早造参加省区试，平均亩产量468.48千克，比对照种华优665（CK）减产5.16％，减产未达显著水平，日产量3.66千克。

该品种生育期比对照种华优665（CK）长4天，建议终止试验。

（14）胜优锋占　全生育期124天，与对照种华优665（CK）生育期相当。株型中集，分蘖力较强，株高适中，抗倒性中等。株高109.6厘米，亩有效穗数17.5万穗，穗长21.4厘米，每穗总粒数143粒，结实率84.1％，千粒重23.1克。米质鉴定未达部标优质等级，糙米率82.3％，整精米率29.6％，垩白度0.2％，透明度2.0级，碱消值4.0级，胶稠度65毫米，直链淀粉15.2％，粒型（长宽比）3.3。感稻瘟病，全群抗性频率64.7％，病圃鉴定叶瘟2.8级、穗瘟5.0级（单点最高9级）；高感白叶枯病（Ⅸ型菌9级）。2020年早造参加省区试，平均亩产量455.02千克，比对照种华优665（CK）减产7.88％，减产达极显著水平，日产量3.67千克。

该品种丰产性较差，米质未达部标优质等级，感稻瘟病（单点最高9级），高感白叶枯病，建议终止试验。

（15）吉田优1378　全生育期130天，比对照种华优665（CK）长6天。株型中集，分蘖力中等，株高适中，抗倒性中强。株高110.1厘米，亩有效穗数17.3万穗，穗长22.0厘米，每穗总粒数157粒，结实率84.1％，千粒重23.8克。米质鉴定未达部标优质等级，糙米率81.0％，整精米率44.8％，垩白度0.2％，透明度2.0级，碱消值4.2级，胶稠度66毫米，直链淀粉16.0％，粒型（长宽比）3.1。中抗稻瘟病，全群抗性频率70.6％，病圃鉴定叶瘟1.8级、穗瘟3.5级（单点最高7级）；高感白叶枯病（Ⅸ型菌9级）。2020年早造参加省区试，平均亩产量489.13千克，比对照种华优665（CK）增产1.73％，增产达未显著水平，日产量3.76千克。

该品种生育期比对照种华优665（CK）长6天，建议终止试验。

（16）妙两优3287　全生育期128天，比对照种华优665（CK）长4天。株型中集，分蘖力较强，株高适中，抗倒性中强。株高101.1厘米，亩有效穗数18.7万穗，穗长21.7厘米，每穗总粒数136粒，结实率86.6％，千粒重23.3克。米质鉴定达部标优质2级，糙米率82.0％，整精米率60.3％，垩白度0.2％，透明度2.0级，碱消值6.8级，胶稠度73毫米，直链淀粉14.6％，粒型（长宽比）3.1。中抗稻瘟病，全群抗性频率94.1％，病圃鉴定叶瘟1.8级、穗瘟4.0级（单点最高7级）；感白叶枯病（Ⅸ型菌7级）。2020年早造参加省区试，平均亩产量480.15千克，比对照种华优665（CK）减产0.13％，减产未达显著水平，日产量3.75千克。

该品种生育期比对照种华优665（CK）长4天，建议终止试验。

（17）深香优6553　全生育期128天，比对照种华优665（CK）长4天。株型中集，分蘖力较强，株高适中，抗倒性中强。株高114.4厘米，亩有效穗数18.1万穗，穗长21.3厘米，每穗总粒数136粒，结实率85.1％，千粒重24.3克。米质鉴定未达部标优质等级，糙米率80.9％，整精米率44.4％，垩白度0.5％，透明度1.0级，碱消值6.8级，胶稠度70毫米，直链淀粉15.3％，粒型（长宽比）3.6。中抗稻瘟病，全群抗性频率

94.1%、病圃鉴定叶瘟 2.8 级、穗瘟 4.0 级（单点最高 7 级）；高感白叶枯病（Ⅸ型菌 9 级）。2020 年早造参加省区试，平均亩产量 477.27 千克，比对照种华优 665（CK）减产 0.73%，减产未达显著水平，日产量 3.73 千克。

该品种生育期比对照种华优 665（CK）长 4 天，建议终止试验。

（18）隆优 1624　全生育期 128 天，比对照种华优 665（CK）长 4 天。株型中集，分蘖力中强，株高适中，抗倒性中等。株高 112.1 厘米，亩有效穗数 18.6 万穗，穗长 22.2 厘米，每穗总粒数 128 粒，结实率 86.5%，千粒重 24.3 克。米质鉴定未达部标优质等级，糙米率 81.0%，整精米率 43.7%，垩白度 0.2%，透明度 2.0 级，碱消值 3.6 级，胶稠度 72 毫米，直链淀粉 15.7%，粒型（长宽比）3.7。中感稻瘟病，全群抗性频率 58.8%，病圃鉴定叶瘟 1.3 级、穗瘟 3.0 级（单点最高 5 级）；中感白叶枯病（Ⅸ型菌 5 级）。2020 年早造参加省区试，平均亩产量 472.90 千克，比对照种华优 665（CK）减产 1.64%，减产未达显著水平，日产量 3.69 千克。

该品种生育期比对照种华优 665（CK）长 4 天，建议终止试验。

（19）深香优 1127　全生育期 120 天，比对照种华优 665（CK）短 4 天。株型中集，分蘖力中等，株高适中，抗倒性中弱。株高 105.0 厘米，亩有效穗数 17.8 万穗，穗长 20.0 厘米，每穗总粒数 123 粒，结实率 83.4%，千粒重 25.8 克。米质鉴定未达部标优质等级，糙米率 82.4%，整精米率 46.8%，垩白度 0.2%，透明度 2.0 级，碱消值 3.2 级，胶稠度 62 毫米，直链淀粉 15.0%，粒型（长宽比）3.5。中感稻瘟病，全群抗性频率 76.5%，病圃鉴定叶瘟 1.8 级、穗瘟 4.0 级（单点最高 5 级）；高感白叶枯病（Ⅸ型菌 9 级）。2020 年早造参加省区试，平均亩产量 429.23 千克，比对照种华优 665（CK）减产 10.72%，减产达极显著水平，日产量 3.58 千克。

该品种丰产性差，米质未达部标优质等级，中感稻瘟病，高感白叶枯病，建议终止试验。

2. 中迟熟组（A 组、B 组、C 组）

（1）中映优银粘　全生育期 127 天，比对照种五丰优 615（CK）长 3 天。株型中集，分蘖力中等，株高适中，抗倒性中强。株高 110.6 厘米，亩有效穗数 17.3 万穗，穗长 21.7 厘米，每穗总粒数 153 粒，结实率 81.0%，千粒重 25.8 克。米质鉴定未达部标优质等级，糙米率 80.3%，整精米率 53.4%，垩白度 0.6%，透明度 2.0 级，碱消值 4.6 级，胶稠度 74 毫米，直链淀粉 14.8%，粒型（长宽比）3.1。抗稻瘟病，全群抗性频率 100.0%，病圃鉴定叶瘟 1.0 级、穗瘟 3.0 级（单点最高 7 级）；感白叶枯病（Ⅸ型菌 7 级）。2020 年早造参加省区试，平均亩产量 529.42 千克，比对照种五丰优 615（CK）增产 9.56%，增产达极显著水平，日产量 4.17 千克。

该品种丰产性好，米质未达部标优质等级，抗稻瘟病，感白叶枯病，2021 年安排复试并进行生产试验。

（2）裕优丝占　全生育期 125 天，比对照种五丰优 615（CK）长 1 天。株型中集，分蘖力中等，株高适中，抗倒性中强。株高 110.3 厘米，亩有效穗数 18.1 万穗，穗长 21.8 厘米，每穗总粒数 153 粒，结实率 81.6%，千粒重 24.7 克。米质鉴定未达部标优质等级，糙米率 79.0%，整精米率 57.0%，垩白度 0.8%，透明度 2.0 级，碱消值 3.8 级，胶稠度78毫米，直链淀粉14.5％，粒型（长宽比）3.3。高抗稻瘟病，全群抗性频率100.0％，病圃鉴定叶瘟1.8级、穗瘟2.5级（单点最高3级）；高感白叶枯病（Ⅸ型菌9级）。2020年早造参加省区试，平均亩产量525.29千克，比对照种五丰优615（CK）增产8.71％，增产达极显著水平，日产量4.20千克。

该品种丰产性好，米质未达部标优质等级，高抗稻瘟病，高感白叶枯病，2021年安排复试并进行生产试验。

（3）恒丰优53　全生育期126天，比对照种五丰优615（CK）长2天。株型中集，分蘖力中等，株高适中，抗倒性中强。株高115.9厘米，亩有效穗数17.5万穗，穗长23.3厘米，每穗总粒数159粒，结实率83.4％，千粒重24.5克。米质鉴定未达部标优质等级，糙米率80.4％，整精米率53.4％，垩白度0.1％，透明度1.0级，碱消值3.0级，胶稠度76毫米，直链淀粉13.7％，粒型（长宽比）3.4。中抗稻瘟病，全群抗性频率100.0％，病圃鉴定叶瘟3.3级、穗瘟5.5级（单点最高7级）；高感白叶枯病（Ⅸ型菌9级）。2020年早造参加省区试，平均亩产量512.58千克，比对照种五丰优615（CK）增产6.08％，增产达显著水平，日产量4.07千克。

该品种丰产性较好，米质未达部标优质等级，中抗稻瘟病，高感白叶枯病，2021年安排复试并进行生产试验。

（4）莹两优821　全生育期126天，比对照种五丰优615（CK）长2天。株型中集，分蘖力中强，株高适中，抗倒性中强。株高112.7厘米，亩有效穗数18.8万穗，穗长22.1厘米，每穗总粒数128粒，结实率85.1％，千粒重26.1克。米质鉴定达部标优质2级，糙米率79.1％，整精米率59.5％，垩白度1.0％，透明度1.0级，碱消值6.6级，胶稠度74毫米，直链淀粉15.6％，粒型（长宽比）3.2。中抗稻瘟病，全群抗性频率100.0％，病圃鉴定叶瘟2.5级、穗瘟5.5级（单点最高7级）；感白叶枯病（Ⅸ型菌7级）。2020年早造参加省区试，平均亩产量492.21千克，比对照种五丰优615（CK）增产1.86％，增产未达显著水平，日产量3.91千克。

该品种产量与对照相当，米质达部标优质2级，中抗稻瘟病，感白叶枯病，2021年安排复试并进行生产试验。

（5）中银优珍丝苗　全生育期126天，比对照种五丰优615（CK）长2天。株型中集，分蘖力中等，株高适中，抗倒性中强。株高110.7厘米，亩有效穗数18.3万穗，穗长22.4厘米，每穗总粒数132粒，结实率85.4％，千粒重24.8克。米质鉴定未达部标优质等级，糙米率76.9％，整精米率50.8％，垩白度0.2％，透明度2.0级，碱消值3.0级，胶稠度78毫米，直链淀粉14.7％，粒型（长宽比）3.5。抗稻瘟病，全群抗性频率82.4％，病圃鉴定叶瘟1.8级、穗瘟2.0级（单点最高3级）；抗白叶枯病（Ⅸ型菌1级）。2020年早造参加省区试，平均亩产量488.06千克，比对照种五丰优615（CK）增产1.00％，增产未达显著水平，日产量3.87千克。

该品种产量与对照相当，米质未达部标优质等级，抗稻瘟病，抗白叶枯病，2021年安排复试并进行生产试验。

（6）耕香优银粘　全生育期125天，比对照种五丰优615（CK）长1天。株型中集，分蘖力中等，株高适中，抗倒性中强。株高109.1厘米，亩有效穗数17.6万穗，穗长

21.3 厘米，每穗总粒数 163 粒，结实率 78.1%，千粒重 21.4 克。米质鉴定达部标优质 3 级，糙米率 79.5%，整精米率 54.3%，垩白度 0.4%，透明度 2.0 级，碱消值 6.9 级，胶稠度 73 毫米，直链淀粉 14.7%，粒型（长宽比）3.4。抗稻瘟病，全群抗性频率 88.2%，病圃鉴定叶瘟 1.0 级、穗瘟 2.5 级（单点最高 3 级）；抗白叶枯病（Ⅸ 型菌 1 级）。2020 年早造参加省区试，平均亩产量 467.67 千克，比对照种五丰优 615（CK）减产 3.22%，减产未达显著水平，日产量 3.74 千克。

该品种产量与对照相当，米质达部标优质 3 级，抗稻瘟病，抗白叶枯病，2021 年安排复试并进行生产试验。

（7）粤禾优 3628　全生育期 126 天，比对照种五丰优 615（CK）长 2 天。株型中集，分蘖力中等，株高适中，抗倒性强。株高 105.2 厘米，亩有效穗数 17.8 万穗，穗长 19.9 厘米，每穗总粒数 125 粒，结实率 89.1%，千粒重 27.2 克。米质鉴定未达部标优质等级，糙米率 80.2%，整精米率 49.0%，垩白度 0.1%，透明度 2.0 级，碱消值 3.2 级，胶稠度 80 毫米，直链淀粉 13.1%，粒型（长宽比）3.0。抗稻瘟病，全群抗性频率 100.0%，病圃鉴定叶瘟 1.0 级、穗瘟 3.0 级（单点最高 3 级）；中抗白叶枯病（Ⅸ 型菌 3 级）。2020 年早造参加省区试，平均亩产量 530.77 千克，比对照种五丰优 615（CK）增产 10.72%，增产达极显著水平，日产量 4.21 千克。

该品种丰产性好，米质未达部标优质等级，抗稻瘟病，中抗白叶枯病，2021 年安排复试并进行生产试验。

（8）台两优粤福占　全生育期 123 天，比对照种五丰优 615（CK）短 1 天。株型中集，分蘖力中强，株高适中，抗倒性中强。株高 112.9 厘米，亩有效穗数 15.8 万穗，穗长 23.2 厘米，每穗总粒数 163 粒，结实率 84.8%，千粒重 24.1 克。米质鉴定未达部标优质等级，糙米率 81.3%，整精米率 61.3%，垩白度 1.6%，透明度 2.0 级，碱消值 4.8 级，胶稠度 68 毫米，直链淀粉 15.3%，粒型（长宽比）3.1。抗稻瘟病，全群抗性频率 88.2%，病圃鉴定叶瘟 2.0 级、穗瘟 2.5 级（单点最高 7 级）；抗白叶枯病（Ⅸ 型菌 1 级）。2020 年早造参加省区试，平均亩产量 502.09 千克，比对照种五丰优 615（CK）增产 4.74%，增产未达显著水平，日产量 4.08 千克。

该品种产量与对照相当，米质未达部标优质等级，抗稻瘟病，抗白叶枯病，2021 年安排复试并进行生产试验。

（9）勤两优华宝　全生育期 127 天，比对照种五丰优 615（CK）长 3 天。株型中集，分蘖力中强，株高适中，抗倒性强。株高 106.8 厘米，亩有效穗数 19.2 万穗，穗长 21.8 厘米，每穗总粒数 138 粒，结实率 83.6%，千粒重 24.3 克。米质鉴定未达部标优质等级，糙米率 77.4%，整精米率 56.5%，垩白度 0.2%，透明度 2.0 级，碱消值 3.0 级，胶稠度 78 毫米，直链淀粉 14.7%，粒型（长宽比）3.1。高抗稻瘟病，全群抗性频率 100.0%，病圃鉴定叶瘟 1.0 级、穗瘟 1.5 级（单点最高 3 级）；感白叶枯病（Ⅸ 型菌 7 级）。2020 年早造参加省区试，平均亩产量 499.88 千克，比对照种五丰优 615（CK）增产 4.28%，增产未达显著水平，日产量 3.94 千克。

该品种产量与对照相当，米质未达部标优质等级，高抗稻瘟病，感白叶枯病，2021 年安排复试并进行生产试验。

（10）青香优新禾占　全生育期126天，比对照种五丰优615（CK）长2天。株型中集，分蘖力中等，株高适中，抗倒性中强。株高113.4厘米，亩有效穗数17.5万穗，穗长23.2厘米，每穗总粒数138粒，结实率85.4%，千粒重25.2克。米质鉴定未达部标优质等级，糙米率80.2%，整精米率45.3%，垩白度0.3%，透明度2.0级，碱消值6.7级，胶稠度68毫米，直链淀粉14.2%，粒型（长宽比）3.6。抗稻瘟病，全群抗性频率82.4%，病圃鉴定叶瘟1.5级、穗瘟2.5级（单点最高3级）；感白叶枯病（Ⅸ型菌7级）。2020年早造参加省区试，平均亩产量496.92千克，比对照种五丰优615（CK）增产3.66%，增产未达显著水平，日产量3.94千克。

该品种产量与对照相当，米质未达部标优质等级，抗稻瘟病，感白叶枯病，2021年安排复试并进行生产试验。

（11）耕香优新丝苗　全生育期126天，比对照种五丰优615（CK）长2天。株型中集，分蘖力中等，株高适中，抗倒性中强。株高113.7厘米，亩有效穗数17.2万穗，穗长23.1厘米，每穗总粒数150粒，结实率83.9%，千粒重22.6克。米质鉴定达部标优质2级，糙米率79.0%，整精米率59.1%，垩白度0.0%，透明度2.0级，碱消值6.3级，胶稠度63毫米，直链淀粉14.5%，粒型（长宽比）3.4。抗稻瘟病，全群抗性频率88.2%，病圃鉴定叶瘟1.0级、穗瘟2.5级（单点最高3级）；感白叶枯病（Ⅸ型菌7级）。2020年早造参加省区试，平均亩产量457.44千克，比对照种五丰优615（CK）减产4.58%，减产未达显著水平，日产量3.63千克。

该品种产量与对照相当，米质达部标优质2级，抗稻瘟病，感白叶枯病，2021年安排复试并进行生产试验。

（12）恒丰优3316　全生育期124天，与对照种五丰优615（CK）生育期相当。株型中集，分蘖力中等，株高适中，抗倒性中等。株高110.7厘米，亩有效穗数18.7万穗，穗长21.9厘米，每穗总粒数153粒，结实率86.6%，千粒重22.4克。米质鉴定未达部标优质等级，糙米率81.4%，整精米率47.7%，垩白度1.4%，透明度2.0级，碱消值5.2级，胶稠度40毫米，直链淀粉21.6%，粒型（长宽比）3.2。高抗稻瘟病，全群抗性频率100.0%，病圃鉴定叶瘟1.0级、穗瘟2.5级（单点最高3级）；感白叶枯病（Ⅸ型菌7级）。2020年早造参加省区试，平均亩产量529.31千克，比对照种五丰优615（CK）增产10.12%，增产达极显著水平，日产量4.27千克。

该品种丰产性好，米质未达部标优质等级，高抗稻瘟病，感白叶枯病，2021年安排复试并进行生产试验。

（13）银恒优金桂丝苗　全生育期126天，比对照种五丰优615（CK）长2天。株型中集，分蘖力中等，株高适中，抗倒性中强。株高108.6厘米，亩有效穗数18.1万穗，穗长22.1厘米，每穗总粒数150粒，结实率84.4%，千粒重24.6克。米质鉴定达部标优质2级，糙米率81.4%，整精米率56.1%，垩白度1.8%，透明度2.0级，碱消值6.7级，胶稠度66毫米，直链淀粉15.4%，粒型（长宽比）3.3。中抗稻瘟病，全群抗性频率94.1%，病圃鉴定叶瘟2.0级、穗瘟5.0级（单点最高7级）；高感白叶枯病（Ⅸ型菌9级）。2020年早造参加省区试，平均亩产量526.51千克，比对照种五丰优615（CK）增产9.54%，增产达极显著水平，日产量4.18千克。

该品种丰产性好，米质达部标优质 2 级，中抗稻瘟病，高感白叶枯病，2021 年安排复试并进行生产试验。

（14）金香优 301　全生育期 125 天，比对照种五丰优 615（CK）长 1 天。株型中集，分蘖力较强，株高适中，抗倒性强。株高 106.9 厘米，亩有效穗数 17.7 万穗，穗长 21.9 厘米，每穗总粒数 152 粒，结实率 85.4%，千粒重 23.7 克。米质鉴定达部标优质 2 级，糙米率 79.2%，整精米率 58.9%，垩白度 1.4%，透明度 1.0 级，碱消值 6.7 级，胶稠度 68 毫米，直链淀粉 16.1%，粒型（长宽比）3.1。抗稻瘟病，全群抗性频率 100.0%，病圃鉴定叶瘟 1.5 级、穗瘟 3.5 级（单点最高 7 级）；感白叶枯病（Ⅸ型菌 7 级）。2020 年早造参加省区试，平均亩产量 526.25 千克，比对照种五丰优 615（CK）增产 9.48%，增产达极显著水平，日产量 4.21 千克。

该品种丰产性好，米质达部标优质 2 级，抗稻瘟病，感白叶枯病，2021 年安排复试并进行生产试验。

（15）建优 421　全生育期 125 天，比对照种五丰优 615（CK）长 1 天。株型中集，分蘖力中等，株高适中，抗倒性中强。株高 106.2 厘米，亩有效穗数 17.6 万穗，穗长 21.9 厘米，每穗总粒数 141 粒，结实率 86.0%，千粒重 25.5 克。米质鉴定未达部标优质等级，糙米率 79.6%，整精米率 53.0%，垩白度 0.9%，透明度 2.0 级，碱消值 5.2 级，胶稠度 38 毫米，直链淀粉 21.6%，粒型（长宽比）3.2。抗稻瘟病，全群抗性频率 100.0%，病圃鉴定叶瘟 1.5 级、穗瘟 3.0 级（单点最高 3 级）；高感白叶枯病（Ⅸ型菌 9 级）。2020 年早造参加省区试，平均亩产量 512.07 千克，比对照种五丰优 615（CK）增产 6.53%，增产达显著水平，日产量 4.10 千克。

该品种丰产性较好，米质未达部标优质等级，抗稻瘟病，高感白叶枯病，2021 年安排复试并进行生产试验。

（16）软华优 157　全生育期 124 天，与对照种五丰优 615（CK）生育期相当。株型中集，分蘖力中等，植株较高，抗倒性中强。株高 119.1 厘米，亩有效穗数 16.4 万穗，穗长 22.4 厘米，每穗总粒数 163 粒，结实率 86.1%，千粒重 22.5 克。米质鉴定达部标优质 2 级，糙米率 79.1%，整精米率 57.6%，垩白度 0.5%，透明度 2.0 级，碱消值 6.7 级，胶稠度 71 毫米，直链淀粉 15.5%，粒型（长宽比）3.3。中抗稻瘟病，全群抗性频率 93.8%，病圃鉴定叶瘟 1.5 级、穗瘟 4.0 级（单点最高 7 级）；高感白叶枯病（Ⅸ型菌 9 级）。2020 年早造参加省区试，平均亩产量 490.71 千克，比对照种五丰优 615（CK）增产 2.09%，增产未达显著水平，日产量 3.96 千克。

该品种产量与对照相当，米质达部标优质 2 级，中抗稻瘟病，高感白叶枯病，2021 年安排复试并进行生产试验。

（17）台两优 405　全生育期 124 天，比对照种五丰优 615（CK）生育期相当。株型中集，分蘖力中等，株高适中，抗倒性中强。株高 116.1 厘米，亩有效穗数 16.4 万穗，穗长 22.8 厘米，每穗总粒数 163 粒，结实率 85.3%，千粒重 23.7 克。米质鉴定达部标优质 3 级，糙米率 81.8%，整精米率 60.4%，垩白度 1.5%，透明度 1.0 级，碱消值 5.5 级，胶稠度 54 毫米，直链淀粉 21.0%，粒型（长宽比）3.2。中抗稻瘟病，全群抗性频率 94.1%，病圃鉴定叶瘟 2.3 级、穗瘟 4.0 级（单点最高 5 级）；抗白叶枯病（Ⅸ型菌 1

级）。2020 年早造参加省区试，平均亩产量 505.06 千克，比对照种五丰优 615（CK）增产 4.52%，增产未达显著水平，日产量 4.07 千克。

该品种产量与对照相当，米质达部标优质 3 级，中抗稻瘟病，抗白叶枯病，2021 年安排复试并进行生产试验。

（18）胜优合莉油占 全生育期 126 天，比对照种五丰优 615（CK）长 2 天。株型中集，分蘖力中等，株高适中，抗倒性强。株高 109.6 厘米，亩有效穗数 18.2 万穗，穗长 21.9 厘米，每穗总粒数 145 粒，结实率 80.1%，千粒重 23.1 克。米质鉴定达部标优质 3 级，糙米率 78.6%，整精米率 54.0%，垩白度 1.0%，透明度 2.0 级，碱消值 6.7 级，胶稠度 54 毫米，直链淀粉 16.9%，粒型（长宽比）3.2。感稻瘟病，全群抗性频率 64.7%，病圃鉴定叶瘟 2.8 级、穗瘟 5.5 级（单点最高 7 级）；高感白叶枯病（Ⅸ 型菌 9 级）。2020 年早造参加省区试，平均亩产量 434.95 千克，比对照种五丰优 615（CK）减产 9.99%，减产达极显著水平，日产量 3.45 千克。

该品种丰产性差，感稻瘟病，高感白叶枯病，建议终止试验。

（19）泰优晶占 全生育期 124 天，与对照种五丰优 615（CK）生育期相当。株型中集，分蘖力中等，株高适中，抗倒性中强。株高 107.4 厘米，亩有效穗数 18.0 万穗，穗长 22.6 厘米，每穗总粒数 142 粒，结实率 82.4%，千粒重 24.1 克。米质鉴定未达部标优质等级，糙米率 81.0%，整精米率 50.1%，垩白度 1.0%，透明度 1.0 级，碱消值 6.8 级，胶稠度 72 毫米，直链淀粉 15.9%，粒型（长宽比）3.7。中感稻瘟病，全群抗性频率 94.1%，病圃鉴定叶瘟 2.8 级、穗瘟 6.5 级（单点最高 7 级）；感白叶枯病（Ⅸ 型菌 7 级）。2020 年早造参加省区试，平均亩产量 499.00 千克，比对照种五丰优 615（CK）增产 4.09%，增产未达显著水平，日产量 4.02 千克。

该品种产量与对照相当，米质未达部标优质等级，中感稻瘟病，感白叶枯病，建议终止试验。

（20）广泰优 5630 全生育期 122 天，比对照种五丰优 615（CK）短 2 天。株型中集，分蘖力中等，株高适中，抗倒性中等。株高 113.5 厘米，亩有效穗数 19.0 万穗，穗长 22.3 厘米，每穗总粒数 129 粒，结实率 79.1%，千粒重 24.0 克。米质鉴定未达部标优质等级，糙米率 79.9%，整精米率 47.2%，垩白度 2.6%，透明度 1.0 级，碱消值 6.7 级，胶稠度 66 毫米，直链淀粉 16.8%，粒型（长宽比）3.6。中抗稻瘟病，全群抗性频率 94.1%，病圃鉴定叶瘟 2.3 级、穗瘟 5.5 级（单点最高 7 级）；高感白叶枯病（Ⅸ 型菌 9 级）。2020 年早造参加省区试，平均亩产量 437.89 千克，比对照种五丰优 615（CK）减产 8.65%，减产达极显著水平，日产量 3.59 千克。

该品种丰产性差，米质未达部标优质等级，中抗稻瘟病，高感白叶枯病，建议终止试验。

（21）胜优 1179 全生育期 127 天，比对照种五丰优 615（CK）长 3 天。株型中集，分蘖力中等，株高适中，抗倒性中强。株高 110.7 厘米，亩有效穗数 17.8 万穗，穗长 22.1 厘米，每穗总粒数 141 粒，结实率 83.1%，千粒重 23.9 克。米质鉴定达部标优质 3 级，糙米率 79.3%，整精米率 53.4%，垩白度 0.7%，透明度 2.0 级，碱消值 6.6 级，胶稠度 57 毫米，直链淀粉 15.5%，粒型（长宽比）3.2。中感稻瘟病，全群抗性频率

76.5%，病圃鉴定叶瘟 2.8 级、穗瘟 4.0 级（单点最高 7 级）；感白叶枯病（Ⅸ型菌 7 级）。2020 年早造参加省区试，平均亩产量 477.07 千克，比对照种五丰优 615（CK）减产 0.75%，减产未达显著水平，日产量 3.76 千克。

该品种产量与对照相当，米质达部标优质 3 级，中感稻瘟病，感白叶枯病，建议终止试验。

（22）益两优象牙占　全生育期 127 天，比对照种五丰优 615（CK）长 3 天。株型中集，分蘖力较强，植株较高，抗倒性中等。株高 125.5 厘米，亩有效穗数 19.8 万穗，穗长 24.3 厘米，每穗总粒数 127 粒，结实率 80.8%，千粒重 21.6 克。米质鉴定未达部标优质等级，糙米率 79.3%，整精米率 47.6%，垩白度 0.9%，透明度 1.0 级，碱消值 4.3 级，胶稠度 78 毫米，直链淀粉 14.8%，粒型（长宽比）4.1。中抗稻瘟病，全群抗性频率 100.0%，病圃鉴定叶瘟 1.8 级、穗瘟 4.0 级（单点最高 7 级）；感白叶枯病（Ⅸ型菌 7 级）。2020 年早造参加省区试，平均亩产量 422.43 千克，比对照种五丰优 615（CK）减产 12.12%，减产达极显著水平，日产量 3.33 千克。

该品种丰产性差，米质未达部标优质等级，中抗稻瘟病，感白叶枯病，建议终止试验。

（23）韵两优 570　全生育期 130 天，比对照种五丰优 615（CK）长 6 天。株型中集，分蘖力较强，植株较高，抗倒性强。株高 120.3 厘米，亩有效穗数 18.6 万穗，穗长 24.5 厘米，每穗总粒数 133 粒，结实率 87.0%，千粒重 23.4 克。米质鉴定达部标优质 3 级，糙米率 78.9%，整精米率 56.4%，垩白度 0.1%，透明度 2.0 级，碱消值 6.8 级，胶稠度 77 毫米，直链淀粉 15.5%，粒型（长宽比）3.6。抗稻瘟病，全群抗性频率 88.2%，病圃鉴定叶瘟 1.5 级、穗瘟 2.0 级（单点最高 3 级）；感白叶枯病（Ⅸ型菌 7 级）。2020 年早造参加省区试，平均亩产量 495.05 千克，比对照种五丰优 615（CK）增产 2.45%，增产未达显著水平，日产量 3.81 千克。

该品种生育期比对照种五丰优 615（CK）长 6 天，建议终止试验。

（24）Y 两优 8619　全生育期 129 天，比对照种五丰优 615（CK）长 5 天。株型中集，分蘖力中等，株高适中，抗倒性中强。株高 111.1 厘米，亩有效穗数 17.1 万穗，穗长 24.2 厘米，每穗总粒数 142 粒，结实率 83.9%，千粒重 26.1 克。米质鉴定未达部标优质等级，糙米率 77.3%，整精米率 46.7%，垩白度 0.1%，透明度 2.0 级，碱消值 4.2 级，胶稠度 73 毫米，直链淀粉 12.9%，粒型（长宽比）3.2。感稻瘟病，全群抗性频率 41.2%，病圃鉴定叶瘟 2.8 级、穗瘟 6.0 级（单点最高 7 级）；感白叶枯病（Ⅸ型菌 7 级）。2020 年早造参加省区试，平均亩产量 500.73 千克，比对照种五丰优 615（CK）增产 4.45%，增产未达显著水平，日产量 3.88 千克。

该品种生育期比对照种五丰优 615（CK）长 5 天，建议终止试验。

（25）集香优 6155　全生育期 128 天，比对照种五丰优 615（CK）长 4 天。株型中集，分蘖力中等，株高适中，抗倒性中强。株高 108.3 厘米，亩有效穗数 18.7 万穗，穗长 21.7 厘米，每穗总粒数 161 粒，结实率 81.5%，千粒重 20.0 克。米质鉴定未达部标优质等级，糙米率 77.8%，整精米率 59.4%，垩白度 0.1%，透明度 2.0 级，碱消值 3.2

级，胶稠度 75 毫米，直链淀粉 14.2%，粒型（长宽比）3.4。中抗稻瘟病，全群抗性频率 82.4%，病圃鉴定叶瘟 2.3 级、穗瘟 5.5 级（单点最高 7 级）；感白叶枯病（Ⅸ型菌 7 级）。2020 年早造参加省区试，平均亩产量 485.41 千克，比对照种五丰优 615（CK）增产 1.26%，增产未达显著水平，日产量 3.79 千克。

该品种生育期比对照种五丰优 615（CK）长 4 天，建议终止试验。

（26）川种优 622　全生育期 128 天，比对照种五丰优 615（CK）长 4 天。株型中集，分蘖力中等，株高适中，抗倒性中强。株高 106.3 厘米，亩有效穗数 17.7 万穗，穗长 24.9 厘米，每穗总粒数 137 粒，结实率 86.5%，千粒重 25.3 克。米质鉴定未达部标优质等级，糙米率 78.0%，整精米率 47.4%，垩白度 0.3%，透明度 1.0 级，碱消值 6.8 级，胶稠度 65 毫米，直链淀粉 15.5%，粒型（长宽比）3.4。抗稻瘟病，全群抗性频率 88.2%，病圃鉴定叶瘟 1.5 级、穗瘟 1.0 级（单点最高 1 级）；感白叶枯病（Ⅸ型菌 7 级）。2020 年早造参加省区试，平均亩产量 520.38 千克，比对照种五丰优 615（CK）增产 8.26%，增产达极显著水平，日产量 4.07 千克。

该品种生育期比对照种五丰优 615（CK）长 4 天，建议终止试验。

（27）深香优 1269　全生育期 132 天，比对照种五丰优 615（CK）长 8 天。株型中集，分蘖力中等，植株较高，抗倒性中强。株高 124.4 厘米，亩有效穗数 17.0 万穗，穗长 24.7 厘米，每穗总粒数 133 粒，结实率 128.8%，千粒重 26.3 克。米质鉴定未达部标优质等级，糙米率 74.8%，整精米率 38.8%，垩白度 0.2%，透明度 2.0 级，碱消值 6.5 级，胶稠度 64 毫米，直链淀粉 14.7%，粒型（长宽比）3.8。高抗稻瘟病，全群抗性频率 94.1%，病圃鉴定叶瘟 1.0 级、穗瘟 1.5 级（单点最高 3 级）；感白叶枯病（Ⅸ型菌 7 级）。2020 年早造参加省区试，平均亩产量 466.29 千克，比对照种五丰优 615（CK）减产 2.99%，减产未达显著水平，日产量 3.53 千克。

该品种生育期比对照种五丰优 615（CK）长 8 天，建议终止试验。

3. 迟熟组（A 组、B 组、C 组）

（1）中泰优银粘　全生育期 129 天，与对照种深两优 58 香油占（CK）生育期相当。株型中集，分蘖力中等，株高适中，抗倒性中强。株高 117.3 厘米，亩有效穗数 17.3 万穗，穗长 22.7 厘米，每穗总粒数 154 粒，结实率 80.9%，千粒重 25.9 克。米质鉴定未达部标优质等级，糙米率 80.7%，整精米率 51.8%，垩白度 0.3%，透明度 2.0 级，碱消值 4.9 级，胶稠度 72 毫米，直链淀粉 13.6%，粒型（长宽比）3.2。高抗稻瘟病，全群抗性频率 100.0%，病圃鉴定叶瘟 1.3 级、穗瘟 1.5 级（单点最高 3 级）；抗白叶枯病（Ⅸ型菌 1 级）。2020 年早造参加省区试，平均亩产量 524.35 千克，比对照种深两优 58 香油占（CK）增产 5.70%，增产达显著水平，日产量 4.06 千克。

该品种丰产性好，米质未达部标优质等级，高抗稻瘟病，抗白叶枯病，2021 年安排复试并进行生产试验。

（2）兴两优 124　全生育期 129 天，比对照种深两优 58 香油占（CK）生育期相当。株型中集，分蘖力中等，株高适中，抗倒性中强。株高 105.1 厘米，亩有效穗数 18.2 万穗，穗长 21.9 厘米，每穗总粒数 149 粒，结实率 85.1%，千粒重 22.8 克。米质鉴定达部标优质3级，糙米率78.0%，整精米率55.3%，垩白度1.5%，透明度2.0级，碱消值5.1级，胶稠度78毫米，直链淀粉14.1%，粒型（长宽比）3.2。抗稻瘟病，全群抗性频率82.4%，病圃鉴定叶瘟1.0级、穗瘟2.5级（单点最高3级）；感白叶枯病（Ⅸ型菌7级）。2020年早造参加省区试，平均亩产量515.74千克，比对照种深两优58香油占（CK）增产3.96%，增产未达显著水平，日产量4.00千克。

该品种产量与对照相当，米质达部标优质3级，抗稻瘟病，感白叶枯病，2021年安排复试并进行生产试验。

（3）香龙优泰占　全生育期126天，比对照种深两优58香油占（CK）短3天。株型中集，分蘖力中等，株高适中，抗倒性中强。株高115.8厘米，亩有效穗数16.6万穗，穗长22.5厘米，每穗总粒数130粒，结实率86.9%，千粒重27.9克。米质鉴定未达部标优质等级，糙米率81.0%，整精米率59.6%，垩白度1.4%，透明度2.0级，碱消值4.0级，胶稠度74毫米，直链淀粉14.1%，粒型（长宽比）3.2。抗稻瘟病，全群抗性频率82.4%，病圃鉴定叶瘟1.0级、穗瘟1.5级（单点最高3级）；高感白叶枯病（Ⅸ型菌9级）。2020年早造参加省区试，平均亩产量512.87千克，比对照种深两优58香油占（CK）增产3.38%，增产未达显著水平，日产量4.07千克。

该品种产量与对照相当，米质未达部标优质等级，抗稻瘟病，高感白叶枯病，2021年安排复试并进行生产试验。

（4）玮两优1019　全生育期131天，比对照种深两优58香油占（CK）长2天。株型中集，分蘖力中强，株高适中，抗倒性中强。株高114.1厘米，亩有效穗数17.3万穗，穗长22.8厘米，每穗总粒数124粒，结实率87.6%，千粒重27.2克。米质鉴定未达部标优质等级，糙米率77.8%，整精米率52.0%，垩白度0.5%，透明度2.0级，碱消值3.2级，胶稠度81毫米，直链淀粉13.2%，粒型（长宽比）3.3。高抗稻瘟病，全群抗性频率100.0%，病圃鉴定叶瘟1.3级、穗瘟1.5级（单点最高3级）；感白叶枯病（Ⅸ型菌7级）。2020年早造参加省区试，平均亩产量506.35千克，比对照种深两优58香油占（CK）增产2.07%，增产未达显著水平，日产量3.87千克。

该品种产量与对照相当，米质未达部标优质等级，高抗稻瘟病，感白叶枯病，2021年安排复试并进行生产试验。

（5）川种优360　全生育期127天，比对照种深两优58香油占（CK）短2天。株型中集，分蘖力中强，株高适中，抗倒性强。株高104.2厘米，亩有效穗数17.7万穗，穗长24.4厘米，每穗总粒数145粒，结实率84.3%，千粒重25.0克。米质鉴定达部标优质3级，糙米率79.2%，整精米率53.8%，垩白度1.4%，透明度2.0级，碱消值6.7级，胶稠度73毫米，直链淀粉14.4%，粒型（长宽比）3.2。抗稻瘟病，全群抗性频率82.4%，病圃鉴定叶瘟1.8级、穗瘟3.0级（单点最高5级）；感白叶枯病（Ⅸ型菌7级）。2020年早造参加省区试，平均亩产量495.28千克，比对照种深两优58香油占（CK）减产0.16%，减产未达显著水平，日产量3.90千克。

该品种产量与对照相当，米质达部标优质3级，抗稻瘟病，感白叶枯病，2021年安排复试并进行生产试验。

(6) 深两优 2018   全生育期 130 天,比对照种深两优 58 香油占(CK)长 1 天。株型中集,分蘖力较强,株高适中,抗倒性中强。株高 115.1 厘米,亩有效穗数 17.5 万穗,穗长 24.1 厘米,每穗总粒数 145 粒,结实率 86.8%,千粒重 22.9 克。米质鉴定达部标优质 3 级,糙米率 78.3%,整精米率 56.0%,垩白度 0.2%,透明度 2.0 级,碱消值 6.5级,胶稠度 72 毫米,直链淀粉 14.9%,粒型(长宽比)3.2。高抗稻瘟病,全群抗性频率 100.0%,病圃鉴定叶瘟 1.8 级、穗瘟 2.0 级(单点最高 3 级);感白叶枯病(Ⅸ型菌 7级)。2020 年早造参加省区试,平均亩产量 475.50 千克,比对照种深两优 58 香油占(CK)减产 4.15%,减产未达显著水平,日产量 3.66 千克。

该品种产量与对照相当,米质达部标优质 3 级,高抗稻瘟病,感白叶枯病,2021 年安排复试并进行生产试验。

(7) C 两优 557   全生育期 130 天,比对照种深两优 58 香油占(CK)长 1 天。株型中集,分蘖力较强,株高适中,抗倒性中强。株高 105.6 厘米,亩有效穗数 18.0 万穗,穗长 22.1 厘米,每穗总粒数 141 粒,结实率 86.1%,千粒重 24.3 克。米质鉴定未达部标优质等级,糙米率 78.6%,整精米率 57.0%,垩白度 0.2%,透明度 2.0 级,碱消值 3.0 级,胶稠度 76 毫米,直链淀粉 14.5%,粒型(长宽比)3.2。抗稻瘟病,全群抗性频率 76.5%,病圃鉴定叶瘟 2.0 级、穗瘟 2.0 级(单点最高 3 级);感白叶枯病(Ⅸ型菌 7级)。2020 年早造参加省区试,平均亩产量 535.99 千克,比对照种深两优 58 香油占(CK)增产 6.58%,增产达极显著水平,日产量 4.12 千克。

该品种丰产性好,米质未达部标优质等级,抗稻瘟病,感白叶枯病,2021 年安排复试并进行生产试验。

(8) 来香优 178   全生育期 128 天,比对照种深两优 58 香油占(CK)短 1 天。株型中集,分蘖力中等,株高适中,抗倒性中强。株高 106.4 厘米,亩有效穗数 18.3 万穗,穗长 21.5 厘米,每穗总粒数 152 粒,结实率 83.2%,千粒重 24.0 克。米质鉴定未达部标优质等级,糙米率 80.1%,整精米率 51.3%,垩白度 1.5%,透明度 2.0 级,碱消值 5.3 级,胶稠度 70 毫米,直链淀粉 13.7%,粒型(长宽比)3.2。抗稻瘟病,全群抗性频率 88.2%,病圃鉴定叶瘟 1.5 级、穗瘟 2.5 级(单点最高 3 级);高感白叶枯病(Ⅸ型菌 9 级)。2020 年早造参加省区试,平均亩产量 530.86 千克,比对照种深两优 58 香油占(CK)增产 5.56%,增产达显著水平,日产量 4.15 千克。

该品种丰产性较好,米质未达部标优质等级,抗稻瘟病,高感白叶枯病,2021 年安排复试并进行生产试验。

(9) 春 9 两优 121   全生育期 128 天,比对照种深两优 58 香油占(CK)短 1 天。株型中集,分蘖力中强,株高适中,抗倒性中强。株高 113.1 厘米,亩有效穗数 16.2 万穗,穗长 22.7 厘米,每穗总粒数 154 粒,结实率 84.1%,千粒重 26.9 克。米质鉴定未达部标优质等级,糙米率 80.7%,整精米率 56.2%,垩白度 6.6%,透明度 2.0 级,碱消值 6.7 级,胶稠度 44 毫米,直链淀粉 24.1%,粒型(长宽比)3.1。抗稻瘟病,全群抗性频率 76.5%，病圃鉴定叶瘟 1.3 级、穗瘟 2.0 级（单点最高 3 级）；高感白叶枯病（Ⅸ 型菌 9 级）。2020 年早造参加省区试，平均亩产量 503.06 千克，比对照种深两优 58 香油占（CK）增产 0.03%，增产未达显著水平，日产量 3.93 千克。

该品种产量与对照相当，米质未达部标优质等级，抗稻瘟病，高感白叶枯病，2021 年安排复试并进行生产试验。

（10）宽仁优国泰　全生育期 127 天，比对照种深两优 58 香油占（CK）短 2 天。株型中集，分蘖力中强，株高适中，抗倒性强。株高 101.7 厘米，亩有效穗数 18.6 万穗，穗长 21.6 厘米，每穗总粒数 120 粒，结实率 86.6%，千粒重 27.7 克。米质鉴定达部标优质 3 级，糙米率 80.1%，整精米率 52.8%，垩白度 0.6%，透明度 2.0 级，碱消值 6.5 级，胶稠度 66 毫米，直链淀粉 15.3%，粒型（长宽比）3.2。抗稻瘟病，全群抗性频率 58.8%，病圃鉴定叶瘟 2.3 级、穗瘟 2.5 级（单点最高 3 级）；高感白叶枯病（Ⅸ 型菌 9 级）。2020 年早造参加省区试，平均亩产量 499.17 千克，比对照种深两优 58 香油占（CK）减产 0.74%，减产未达显著水平，日产量 3.93 千克。

该品种产量与对照相当，米质达部标优质 3 级，抗稻瘟病，高感白叶枯病，2021 年安排复试并进行生产试验。

（11）中泰优 5511　全生育期 127 天，比对照种深两优 58 香油占（CK）短 2 天。株型中集，分蘖力中等，株高适中，抗倒性中强。株高 113.8 厘米，亩有效穗数 17.5 万穗，穗长 24.5 厘米，每穗总粒数 136 粒，结实率 86.2%，千粒重 23.2 克。米质鉴定未达部标优质等级，糙米率 78.7%，整精米率 49.0%，垩白度 0.6%，透明度 2.0 级，碱消值 3.5 级，胶稠度 78 毫米，直链淀粉 14.5%，粒型（长宽比）3.4。抗稻瘟病，全群抗性频率 70.6%，病圃鉴定叶瘟 1.3 级、穗瘟 2.5 级（单点最高 3 级）；高感白叶枯病（Ⅸ 型菌 9 级）。2020 年早造参加省区试，平均亩产量 481.82 千克，比对照种深两优 58 香油占（CK）减产 4.19%，减产未达显著水平，日产量 3.79 千克。

该品种产量与对照相当，米质未达部标优质等级，抗稻瘟病，高感白叶枯病，2021 年安排复试并进行生产试验。

（12）金恒优金桂丝苗　全生育期 129 天，与对照种深两优 58 香油占（CK）生育期相当。株型中集，分蘖力中等，株高适中，抗倒性中强。株高 110.1 厘米，亩有效穗数 18.6 万穗，穗长 23.7 厘米，每穗总粒数 143 粒，结实率 84.4%，千粒重 25.0 克。米质鉴定未达部标优质等级，糙米率 79.4%，整精米率 44.0%，垩白度 0.3%，透明度 2.0 级，碱消值 4.9 级，胶稠度 70 毫米，直链淀粉 15.6%，粒型（长宽比）3.5。中抗稻瘟病，全群抗性频率 76.5%，病圃鉴定叶瘟 1.5 级、穗瘟 3.0 级（单点最高 3 级）；感白叶枯病（Ⅸ 型菌 7 级）。2020 年早造参加省区试，平均亩产量 527.38 千克，比对照种深两优 58 香油占（CK）增产 5.53%，增产达显著水平，日产量 4.09 千克。

该品种丰产性好，米质未达部标优质等级，中抗稻瘟病，感白叶枯病，2021 年安排复试并进行生产试验。

（13）兴两优 492　全生育期 130 天，比对照种深两优 58 香油占（CK）长 1 天。株型中集，分蘖力中等，株高适中，抗倒性强。株高105.2厘米，亩有效穗数18.3万穗，穗长21.7厘米，每穗总粒数157粒，结实率84.6%，千粒重22.4克。米质鉴定达部标优质3级，糙米率80.5%，整精米率60.6%，垩白度1.2%，透明度2.0级，碱消值5.2级，胶稠度62毫米，直链淀粉15.1%，粒型（长宽比）3.0。抗稻瘟病，全群抗性频率82.4%，病圃鉴定叶瘟1.0级、穗瘟2.0级（单点最高3级）；高感白叶枯病（Ⅸ型菌9级）。2020年早造参加省区试，平均亩产量514.67千克，比对照种深两优58香油占（CK）增产2.99%，增产未达显著水平，日产量3.96千克。

该品种产量与对照相当，米质达部标优质3级，抗稻瘟病，高感白叶枯病，2021年安排复试并进行生产试验。

（14）春两优20　全生育期130天，比对照种深两优58香油占（CK）长1天。株型中集，分蘖力中强，株高适中，抗倒性中强。株高115.3厘米，亩有效穗数17.1万穗，穗长22.5厘米，每穗总粒数147粒，结实率83.5%，千粒重24.4克。米质鉴定未达部标优质等级，糙米率79.9%，整精米率52.7%，垩白度0.7%，透明度2.0级，碱消值5.2级，胶稠度49毫米，直链淀粉21.6%，粒型（长宽比）3.3。抗稻瘟病，全群抗性频率88.2%，病圃鉴定叶瘟1.0级、穗瘟2.0级（单点最高3级）；感白叶枯病（Ⅸ型菌7级）。2020年早造参加省区试，平均亩产量487.15千克，比对照种深两优58香油占（CK）减产2.52%，减产未达显著水平，日产量3.75千克。

该品种产量与对照相当，米质未达部标优质等级，抗稻瘟病，感白叶枯病，2021年安排复试并进行生产试验。

（15）金隆优086　全生育期126天，比对照种深两优58香油占（CK）短3天。株型中集，分蘖力中等，株高适中，抗倒性中等。株高112.5厘米，亩有效穗数16.8万穗，穗长23.8厘米，每穗总粒数154粒，结实率87.7%，千粒重23.8克。米质鉴定未达部标优质等级，糙米率79.7%，整精米率45.4%，垩白度0.0%，透明度2.0级，碱消值4.5级，胶稠度73毫米，直链淀粉13.9%，粒型（长宽比）3.6。中抗稻瘟病，全群抗性频率76.5%，病圃鉴定叶瘟1.0级、穗瘟3.0级（单点最高3级）；感白叶枯病（Ⅸ型菌7级）。2020年早造参加省区试，平均亩产量516.89千克，比对照种深两优58香油占（CK）增产2.78%，增产未达显著水平，日产量4.10千克。

该品种产量与对照相当，米质未达部标优质等级，中抗稻瘟病，感白叶枯病，建议终止试验。

（16）隆晶优1179　全生育期129天，与对照种深两优58香油占（CK）生育期相当。株型中集，分蘖力中等，株高适中，抗倒性中强。株高110.8厘米，亩有效穗数18.0万穗，穗长22.9厘米，每穗总粒数141粒，结实率84.2%，千粒重25.4克。米质鉴定达部标优质3级，糙米率79.9%，整精米率56.8%，垩白度0.2%，透明度2.0级，碱消值6.3级，胶稠度56毫米，直链淀粉16.9%，粒型（长宽比）3.3。中抗稻瘟病，全群抗性频率82.4%，病圃鉴定叶瘟1.3级、穗瘟4.5级（单点最高7级）；高感白叶枯病（Ⅸ型菌 9 级）。2020 年早造参加省区试，平均亩产量 512.42 千克，比对照种深两优 58 香油占（CK）增产 2.54％，增产未达显著水平，日产量 3.97 千克。

该品种产量与对照相当，米质达部标优质 3 级，中抗稻瘟病，高感白叶枯病，建议终止试验。

（17）胜优晶占　全生育期 127 天，比对照种深两优 58 香油占（CK）短 2 天。株型中集，分蘖力中强，株高适中，抗倒性强。株高 107.4 厘米，亩有效穗数 17.8 万穗，穗长 22.0 厘米，每穗总粒数 153 粒，结实率 81.5％，千粒重 24.3 克。米质鉴定未达部标优质等级，糙米率 79.6％，整精米率 49.0％，垩白度 0.3％，透明度 2.0 级，碱消值 6.7 级，胶稠度 62 毫米，直链淀粉 15.5％，粒型（长宽比）3.3。中感稻瘟病，全群抗性频率 76.5％，病圃鉴定叶瘟 1.8 级、穗瘟 5.5 级（单点最高 7 级）；高感白叶枯病（Ⅸ型菌 9 级）。2020 年早造参加省区试，平均亩产量 498.57 千克，比对照种深两优 58 香油占（CK）减产 0.23％，减产未达显著水平，日产量 3.93 千克。

该品种产量与对照相当，米质未达部标优质等级，中感稻瘟病，高感白叶枯病，建议终止试验。

（18）粤秀优晟占　全生育期 129 天，与对照种深两优 58 香油占（CK）生育期相当。株型中集，分蘖力中等，植株较高，抗倒性较强。株高 119.3 厘米，亩有效穗数 18.0 万穗，穗长 23.7 厘米，每穗总粒数 129 粒，结实率 81.1％，千粒重 27.8 克。米质鉴定未达部标优质等级，糙米率 78.6％，整精米率 46.1％，垩白度 2.7％，透明度 2.0 级，碱消值 6.4 级，胶稠度 66 毫米，直链淀粉 15.7％，粒型（长宽比）3.4。中抗稻瘟病，全群抗性频率 88.2％，病圃鉴定叶瘟 2.5 级、穗瘟 5.5 级（单点最高 7 级）；感白叶枯病（Ⅸ型菌 7 级）。2020 年早造参加省区试，平均亩产量 496.51 千克，比对照种深两优 58 香油占（CK）减产 0.65％，减产未达显著水平，日产量 3.85 千克。

该品种产量与对照相当，米质未达部标优质等级，中抗稻瘟病，感白叶枯病，建议终止试验。

（19）软华优 651　全生育期 128 天，比对照种深两优 58 香油占（CK）短 1 天。株型中集，分蘖力中弱，植株较高，抗倒性中强。株高 128.0 厘米，亩有效穗数 16.7 万穗，穗长 22.7 厘米，每穗总粒数 153 粒，结实率 79.3％，千粒重 23.6 克。米质鉴定达部标优质 2 级，糙米率 81.4％，整精米率 63.6％，垩白度 1.0％，透明度 2.0 级，碱消值 6.5 级，胶稠度 60 毫米，直链淀粉 15.8％，粒型（长宽比）3.0。感稻瘟病，全群抗性频率 58.8％，病圃鉴定叶瘟 3.3 级、穗瘟 6.5 级（单点最高 7 级）；感白叶枯病（Ⅸ型菌 7 级）。2020 年早造参加省区试，平均亩产量 447.83 千克，比对照种深两优 58 香油占（CK）减产 10.39％，减产达极显著水平，日产量 3.50 千克。

该品种丰产性差，感稻瘟病，感白叶枯病，建议终止试验。

早造杂交水稻各试点小区平均产量及生产试验产量见表 3-35 至表 3-38。

表 3-35 中早熟组各试点小区平均产量（千克）

组别	品　种	和平	蕉岭	乐昌	连山	梅州	南雄	韶关	英德	平均值
	安优 1001（复试）	9.663 3	10.733 3	9.950 0	10.116 7	9.760 0	10.940 0	8.000 0	9.666 7	9.853 8
	五优美占（复试）	9.710 0	10.066 7	9.503 3	9.433 3	9.180 0	11.043 3	9.353 3	9.900 0	9.773 7
	粤创优金丝苗（复试）	9.846 7	9.766 7	9.616 7	9.333 3	8.846 7	10.133 3	8.733 3	6.993 3	9.158 8
	启源优 492	9.580 0	9.850 0	9.900 0	9.183 3	7.980 0	9.500 0	9.756 7	8.843 3	9.324 2
	裕优 075	10.073 3	9.183 3	8.966 7	8.566 7	10.213 3	10.900 0	8.080 0	9.210 0	9.399 2
A组	银两优 1 号	10.300 0	9.650 0	10.200 0	8.733 3	8.740 0	10.816 7	8.406 7	9.663 3	9.563 7
	诚优亨占	8.613 3	10.266 7	9.883 3	8.183 3	9.066 7	10.833 3	8.573 3	7.180 0	9.075 0
	诚优 5373	9.796 7	10.000 0	9.350 0	7.816 7	9.986 7	9.450 0	8.016 7	8.060 0	9.059 6
	广泰优 568	8.746 7	10.400 0	10.016 7	9.033 3	9.260 0	10.866 7	8.063 3	9.056 7	9.430 4
	华优 665（CK）	9.553 3	9.983 3	10.633 3	9.986 7	8.773 3	11.366 7	8.246 7	8.863 3	9.675 8
	广泰优 1521（复试）	9.680 0	9.850 0	9.550 0	8.550 0	9.746 7	11.233 3	9.713 3	8.463 3	9.598 3
	吉优 1001（复试）	10.320 0	9.550 0	8.750 0	9.283 3	9.786 7	11.300 0	9.470 0	9.283 3	9.717 9
	吉田优 1179（复试）	9.920 0	9.833 3	8.783 3	7.670 0	9.066 7	9.800 0	9.090 0	8.336 7	9.062 5
	广泰优 496	10.026 7	9.416 7	8.820 0	8.766 7	10.100 0	10.383 3	8.563 3	8.880 0	9.369 6
B组	安优晶占	11.783 3	10.350 0	9.566 7	8.316 7	10.326 7	11.433 3	8.433 3	9.200 0	9.926 2
	庆优喜占	8.970 0	10.250 0	9.950 0	9.483 3	9.140 0	12.033 3	9.580 0	8.550 0	9.744 6
	胜优锋占	9.813 3	8.633 3	9.766 7	8.720 0	9.353 3	10.200 0	8.383 3	7.933 3	9.100 4
	耕香优 41	9.836 7	8.516 7	10.016 7	8.033 3	8.866 7	10.700 0	9.813 3	7.433 3	9.152 1
	金象优飞燕丝苗	9.700 0	9.433 3	9.730 0	8.216 7	9.000 0	10.600 0	8.400 0	7.986 7	9.133 3
	华优 665（CK）	9.633 3	9.816 7	10.670 0	9.116 7	9.353 3	11.366 7	9.796 7	9.280 0	9.879 2
	潢优 1523（复试）	9.623 3	9.666 7	11.400 0	9.466 7	9.840 0	10.133 3	10.283 3	8.633 3	9.880 8
	中升优 101（复试）	9.926 7	10.116 7	10.333 3	8.833 3	10.130 0	9.733 3	10.333 3	9.350 0	9.844 6
	中银优金丝苗	9.656 7	9.816 7	10.783 3	8.950 0	10.080 0	10.466 7	8.896 7	7.053 3	9.462 9
	金恒优金丝苗	10.033 3	9.616 7	10.583 3	9.333 3	9.913 3	9.533 3	9.290 0	8.196 7	9.562 5
	吉田优 1378	10.056 7	10.350 0	9.666 7	9.883 3	9.580 0	10.166 7	8.713 3	9.843 3	9.782 5
C组	妙两优 3287	9.713 3	9.550 0	11.800 0	9.333 3	9.313 3	10.116 7	8.433 3	8.563 3	9.602 9
	隆优 1624	9.826 7	10.066 7	9.416 7	8.650 0	9.753 3	9.866 7	8.550 0	9.533 3	9.457 9
	深香优 1127	9.736 7	9.800 0	7.516 7	8.066 7	8.846 7	8.566 7	8.793 3	7.350 0	8.584 6
	深香优 6553	10.003 3	9.683 3	9.733 3	8.600 0	9.226 7	11.066 7	8.450 0	9.600 0	9.545 4
	华优 665（CK）	9.596 7	10.000 0	10.283 3	9.500 0	9.426 7	10.933 3	8.303 3	8.883 3	9.615 8

表 3-36　中迟熟组各试点小区平均产量（千克）

组别	品种	潮州	高州	广州	惠来	惠州	龙川	罗定	江门	阳江	湛江	肇庆	平均值
A组	中恒优金丝苗（复试）	9.426 7	9.266 7	10.163 3	9.880 0	9.146 7	9.376 7	10.436 7	11.100 0	8.066 7	9.090 0	8.700 0	8.050 3
	万丰优丝占（复试）	9.450 0	10.703 3	11.280 0	11.413 3	9.753 3	10.666 7	10.600 0	11.500 0	9.793 3	10.510 0	9.493 3	8.858 7
	恒丰优53	9.943 3	10.793 3	11.203 3	11.230 0	9.936 7	10.820 0	10.076 7	10.966 7	8.943 3	10.073 3	8.780 0	8.674 4
	耕香优银粘	10.266 7	10.840 0	9.263 3	10.653 3	8.436 7	9.156 7	9.356 7	9.733 3	7.743 3	8.703 3	8.733 3	7.914 4
	中映优银粘	10.703 3	10.156 7	11.703 3	12.586 7	9.926 7	10.086 7	10.340 0	11.166 7	10.036 7	10.713 3	9.053 3	8.959 5
	胜优合莉油占	8.430 0	8.250 0	10.136 7	9.106 7	8.083 3	9.056 7	8.920 0	9.350 0	7.816 7	8.240 0	8.300 0	7.360 8
	裕优丝占	10.240 0	11.080 0	12.336 7	11.170 0	9.540 0	10.676 7	10.310 0	11.716 7	9.246 7	10.540 0	8.706 7	8.889 5
	莹两优821	10.263 3	10.703 3	10.430 0	10.646 7	9.983 3	8.996 7	9.270 0	10.766 7	8.870 0	9.506 7	8.850 0	8.329 7
	韵两优570	9.543 3	9.980 0	11.173 3	11.406 7	10.166 7	9.266 7	10.300 0	10.616 7	7.943 3	9.840 0	8.673 3	8.377 7
	中银优珍丝苗	9.680 0	9.320 0	11.033 3	10.340 0	9.920 0	8.783 3	9.343 3	11.183 3	8.960 0	9.803 3	9.006 7	8.259 5
	台两优405	10.023 3	9.676 7	10.096 7	11.370 0	9.806 7	10.333 3	10.563 3	11.416 7	9.763 3	9.683 3	8.380 0	8.547 2
	五丰优615（CK）	9.986 7	10.083 3	10.600 0	10.540 0	9.513 3	10.300 0	10.520 0	11.083 3	4.376 7	9.876 7	9.426 7	8.177 4
B组	裕优合莉油占（复试）	10.630 0	10.423 3	11.470 0	11.613 3	9.706 7	9.830 0	11.240 0	11.683 3	9.686 7	9.856 7	10.293 3	8.956 4
	宽仁优6377（复试）	8.676 7	9.930 0	10.106 7	10.773 3	9.380 0	9.723 3	10.786 7	11.550 0	9.210 0	10.500 0	9.433 3	8.466 9
	勤两优华宝	9.193 3	10.613 3	10.596 7	10.863 3	9.113 3	9.373 3	10.843 3	10.233 3	9.646 7	9.583 3	9.913 3	8.459 5
	粤禾优3628	10.503 3	9.766 7	11.236 7	11.866 7	10.533 3	9.726 7	9.720 0	12.316 7	10.360 0	10.753 3	9.986 7	8.982 3
	集香优6155	10.480 0	10.220 0	10.666 7	10.070 0	9.666 7	9.103 3	10.296 7	9.650 0	8.410 0	9.456 7	9.200 0	8.214 6
	广泰优5630	8.420 0	11.203 3	10.733 3	10.170 0	9.473 3	6.383 3	8.733 3	10.716 7	6.926 7	8.750 0	7.546 7	7.410 5
	台两优粤福占	9.813 3	10.146 7	10.110 0	11.300 0	10.256 7	9.083 3	8.656 7	12.333 3	9.550 0	9.083 3	10.126 7	8.496 9
	泰优晶占	9.763 3	10.276 7	11.500 0	11.266 7	10.636 7	9.496 7	10.213 3	11.683 3	6.400 0	8.970 0	9.573 3	8.444 6
	Y两优8619	9.823 3	9.570 0	10.666 7	11.400 0	10.630 0	9.266 7	10.840 0	10.016 7	8.640 0	9.573 3	9.733 3	8.473 8
	青香优新禾占	10.870 0	11.203 3	10.733 3	10.653 3	9.686 7	8.970 0	9.650 0	10.633 3	8.553 3	9.030 0	9.340 0	8.409 5
	耕香优新丝苗	9.436 7	10.176 7	9.483 3	10.560 0	8.073 3	8.270 0	8.943 3	10.233 3	8.326 7	8.226 7	8.906 7	7.741 3
	五丰优615（CK）	9.620 0	10.216 7	10.763 3	10.473 3	9.260 0	9.493 3	10.266 7	11.200 0	5.146 7	9.493 3	9.530 0	8.112 6

（续）

组别	品种	潮州	高州	广州	惠来	惠州	龙川	罗定	江门	阳江	湛江	肇庆	平均值
	金美优丝苗（复试）	10.500 0	10.170 0	11.556 7	11.686 7	9.776 7	10.233 3	10.210 0	10.083 3	11.533 3	9.000 0	9.206 7	8.873 3
	粤秀优360（复试）	10.620 0	8.940 0	11.353 3	11.113 3	9.640 0	10.120 0	9.880 0	9.200 0	11.850 0	8.013 3	8.823 3	8.133 3
	建优421	9.683 3	10.006 7	12.036 7	11.493 3	9.663 3	10.010 0	10.090 0	9.950 0	11.966 7	9.690 0	9.340 0	8.966 7
	银桓优金桂丝苗	10.950 0	9.903 3	12.366 7	12.673 3	9.826 7	10.766 7	10.263 3	9.283 3	11.466 7	8.750 0	10.293 3	9.820 0
	软华优157	9.426 7	8.910 0	11.870 0	10.873 3	9.523 3	9.600 0	9.296 7	9.133 3	11.250 0	9.026 7	9.026 7	9.833 3
C组	胜优1179	9.723 3	8.683 3	11.496 7	10.206 7	9.350 0	9.780 0	9.836 7	8.933 3	11.216 7	8.193 3	9.023 3	8.053 3
	益两优象牙占	9.093 3	8.423 3	8.993 3	10.113 3	8.456 7	8.820 0	8.976 7	8.450 0	10.383 3	6.300 0	6.876 7	6.496 7
	恒丰优3316	10.163 3	9.963 3	11.866 7	11.853 3	10.723 3	10.566 7	10.086 7	10.366 7	11.750 0	9.450 0	10.640 0	9.603 3
	深香优1269	9.570 0	8.243 3	11.300 0	10.826 7	8.910 0	9.266 7	10.246 7	8.783 3	10.400 0	7.670 0	8.460 0	8.233 3
	金香优301	10.123 3	8.733 3	11.566 7	11.400 0	9.703 3	11.003 3	11.290 0	10.200 0	12.000 0	9.933 3	9.373 3	10.973 3
	川种优622	9.633 3	9.583 3	11.233 3	12.213 3	9.760 0	10.430 0	10.643 3	10.583 3	10.716 7	9.913 3	9.613 3	10.566 7
	五丰优615（CK）	9.806 7	9.720 0	10.836 7	11.206 7	9.246 7	10.150 0	10.216 7	9.716 7	11.133 3	3.823 3	9.690 0	9.813 3

表3-37 迟熟组各试点小区平均产量（千克）

组别	品种	潮州	高州	广州	惠来	惠州	龙川	罗定	清远	江门	阳江	湛江	肇庆	平均值
	信两优127（复试）	10.353 3	9.826 7	9.426 7	10.453 3	10.336 7	10.016 7	12.666 7	10.850 0	11.066 7	9.260 0	9.776 7	8.693 3	10.227 2
	金泰优1521（复试）	9.350 0	9.750 0	10.433 3	11.300 0	9.760 0	11.380 0	9.863 3	9.716 7	12.016 7	8.803 3	10.353 3	9.826 7	10.212 8
	粤品优5511（复试）	11.153 3	10.076 7	10.526 7	11.193 3	9.986 7	10.760 0	12.066 7	9.733 3	12.433 3	9.246 7	10.106 7	10.153 3	10.619 7
	晶两优华宝（复试）	9.676 7	9.340 0	9.293 3	11.120 0	8.843 3	9.813 3	11.243 3	9.766 7	11.516 7	7.363 3	8.553 3	8.866 7	9.616 4
	中泰优银粘	11.773 3	10.496 7	9.296 7	11.786 7	9.293 3	10.683 3	11.233 3	10.733 3	11.183 3	9.530 0	9.813 3	10.020 0	10.486 9
A组	深两优2018	9.293 3	9.146 7	8.890 0	11.093 3	8.556 7	9.503 3	10.586 7	9.900 0	10.616 7	8.250 0	8.496 7	9.786 7	9.510 0
	香龙优泰占	10.343 3	10.336 7	9.726 7	11.253 3	8.726 7	10.700 0	11.140 0	9.816 7	12.183 3	9.023 3	9.980 0	9.860 0	10.257 5
	兴两优124	10.070 0	10.363 3	9.663 3	11.173 3	10.423 3	10.620 0	12.230 0	10.266 7	11.766 7	7.986 7	9.820 0	9.393 3	10.314 7
	川种优360	9.870 0	9.970 0	9.433 3	10.746 7	9.836 7	10.230 0	11.713 3	9.916 7	11.300 0	6.980 0	8.896 7	9.973 3	9.905 6
	玮两优1019	9.910 0	10.120 0	10.130 0	11.980 0	9.623 3	9.480 0	12.113 3	10.033 3	10.683 3	8.610 0	9.106 7	9.733 3	10.126 9
	深两优58香油占（CK）	8.760 0	9.303 3	10.130 0	11.293 3	9.113 3	10.373 3	12.313 3	10.066 7	10.400 0	7.670 0	9.390 0	10.246 7	9.921 7

（续）

组别	品种	潮州	高州	广州	惠来	惠州	龙川	罗定	清远	江门	阳江	湛江	肇庆	平均值
	群优836（复试）	10.340 0	9.630 0	11.033 3	12.223 3	9.376 7	10.736 7	12.413 3	11.266 7	11.000 0	8.853 3	10.240 0	10.320 0	10.619 4
	胜优1321（复试）	10.870 0	10.763 3	9.680 0	12.453 3	9.586 7	11.146 7	11.096 7	11.183 3	12.300 0	8.746 7	10.480 0	10.260 0	10.713 9
	聚两优53（复试）	9.900 0	9.356 7	9.700 0	11.860 0	9.336 7	10.373 3	11.246 7	10.183 3	10.850 0	8.696 7	8.813 3	9.533 3	9.987 5
	本两优华占（复试）	9.593 3	9.596 7	10.776 7	12.186 7	9.950 0	10.483 3	11.653 3	9.650 0	12.650 0	8.456 7	9.420 0	8.646 7	10.255 3
	香龙优1826（复试）	10.580 0	9.506 7	10.530 0	10.366 7	9.103 3	11.000 0	12.476 7	10.866 7	12.366 7	9.276 7	10.020 0	10.080 0	10.514 5
B组	禾香优178	11.286 7	10.446 7	9.900 0	11.706 7	9.153 3	11.910 0	11.543 3	10.600 0	11.683 3	8.040 0	10.136 7	11.000 0	10.617 2
	兖仁优国泰	9.820 0	9.570 0	9.363 3	11.130 0	8.296 7	9.906 7	11.333 3	10.650 0	10.683 3	8.946 7	9.786 7	10.313 3	9.983 3
	中泰优5511	10.413 3	9.410 0	9.253 3	11.473 3	9.130 0	9.553 3	10.240 0	9.883 3	11.383 3	6.360 0	9.183 3	9.353 3	9.636 4
	春9两优121	9.850 0	10.080 0	9.970 0	10.553 3	9.626 7	10.293 3	11.300 0	10.283 3	11.283 3	7.860 0	8.833 3	10.800 0	10.061 1
	金隆优086	10.383 3	10.000 0	10.396 7	11.220 0	10.040 0	10.646 7	11.383 3	10.700 0	11.533 3	8.453 3	10.436 7	8.860 0	10.337 8
	C两优557	9.660 0	10.333 3	11.033 3	12.046 7	9.546 7	10.566 7	12.290 0	10.683 3	11.466 7	9.376 7	10.513 3	11.120 0	10.719 7
	深两优58香油占（CK）	8.933 3	9.400 0	10.163 3	11.686 7	9.293 3	10.633 3	12.130 0	10.516 7	10.316 7	8.300 0	9.526 7	9.793 3	10.057 8
	深两优9815（复试）	8.520 0	9.280 0	10.330 0	12.320 0	9.856 7	10.883 3	12.266 7	10.183 3	9.966 7	8.230 0	10.006 7	9.926 7	10.147 5
	广龙优华占（复试）	8.813 3	10.330 0	9.226 7	10.260 0	10.186 7	8.466 7	12.606 7	8.583 3	11.133 3	7.000 0	9.176 7	10.393 3	9.681 4
	C两优098（复试）	8.566 7	10.553 3	10.973 3	10.776 7	8.650 0	10.613 3	12.653 3	9.766 7	10.766 7	9.410 0	9.566 7	9.700 0	10.166 4
	特优9068（复试）	8.386 7	10.253 3	10.866 7	11.836 7	9.433 3	11.086 7	12.840 0	9.150 0	11.350 0	8.880 0	9.316 7	8.666 7	10.172 2
C组	粤秀优晟占	9.803 3	9.546 7	11.373 3	11.373 3	8.850 0	9.736 7	12.133 3	8.833 3	10.616 7	8.256 7	9.180 0	9.460 0	9.930 3
	胜优晶占	8.710 0	10.430 0	9.993 3	12.010 0	8.693 3	8.463 3	12.943 3	8.550 0	11.450 0	8.940 0	10.046 7	9.426 7	9.971 4
	兴两优492	8.536 7	10.326 7	11.200 0	11.550 0	9.833 3	11.170 0	12.236 7	8.983 3	10.700 0	9.140 0	10.156 7	9.686 7	10.293 3
	金恒优金桂丝苗	9.426 7	10.453 3	11.036 7	11.800 0	9.500 0	10.943 3	13.370 0	10.150 0	11.566 7	9.003 3	10.393 3	8.926 7	10.547 5
	隆晶优1179	9.083 3	10.096 7	11.136 7	11.180 0	9.423 3	11.053 3	12.460 0	9.700 0	9.666 7	8.970 0	10.143 3	10.066 7	10.248 3
	软华优651	8.483 3	8.496 7	9.566 7	8.260 0	8.010 0	9.686 7	10.793 3	9.233 3	9.566 7	6.980 0	9.196 7	9.206 7	8.956 7
	春两优20	8.960 0	10.243 3	9.623 3	11.906 7	8.676 7	9.556 7	11.476 7	10.466 7	9.283 3	7.713 3	9.570 0	9.440 0	9.743 1
	深两优58香油占（CK）	8.770 0	9.443 3	10.366 7	11.813 3	9.403 3	10.413 3	12.120 0	10.083 3	10.166 7	8.133 3	9.610 0	9.613 3	9.994 7

表 3-38　生产试验产量

组别	品　　种	平均亩产量（千克）	较 CK 变化百分比（%）
中早熟组	潢优 1523（复试）	517.24	8.29
	中升优 101（复试）	496.85	4.02
	广泰优 1521（复试）	488.52	2.28
	吉田优 1179（复试）	481.85	0.88
	五优美占（复试）	480.76	0.65
	华优 665（CK）	477.64	0.00
	吉优 1001（复试）	476.82	−0.17
	安优 1001（复试）	467.63	−2.09
	粤创优金丝苗（复试）	454.02	−4.94
中迟熟组	万丰优丝占（复试）	548.73	6.89
	金美优丝苗（复试）	541.39	5.46
	裕优合莉油占（复试）	535.82	4.38
	粤秀优 360（复试）	525.90	2.45
	五丰优 615（CK）	513.34	0.00
	宽仁优 6377（复试）	511.55	−0.35
	中恒优金丝苗（复试）	485.91	−5.34
迟熟组	聚两优 53（复试）	538.66	8.88
	胜优 1321（复试）	536.85	8.51
	广龙优华占（复试）	535.31	8.20
	粤品优 5511（复试）	533.89	7.92
	金泰优 1521（复试）	530.52	7.23
	本两优华占（复试）	520.07	5.12
	特优 9068（复试）	515.21	4.14
	香龙优 1826（复试）	514.80	4.06
	群优 836（复试）	513.05	3.70
	C 两优 098（复试）	511.54	3.40
	深两优 9815（复试）	505.26	2.13
	深两优 58 香油占（CK）	494.73	0.00
	晶两优华宝（复试）	493.52	−0.24

第四章　广东省 2020 年晚造杂交水稻品种区域试验总结

一、试验概况

(一) 参试品种

2020 年晚造安排参试的新品种 59 个，复试品种 28 个，参试品种共 87 个 (不含对照)。试验分感温中熟组 (A 组、B 组、C 组)、感温迟熟组 (A 组、B 组、C 组)、弱感光组 (A 组、B 组)。感温中熟组有 33 个品种，均以深优 9708 (CK) 作对照；感温迟熟组有 32 个品种，均以广 8 优 2168 (CK) 作对照；弱感光组有 22 个品种，均以吉丰优 1002 (CK) 作对照 (表 4-1)。

生产试验有 28 个 (不含对照)，感温中熟组有 16 个，感温迟熟组有 10 个，弱感光组有 2 个。

表 4-1　参试品种

序号	感温中熟组 (A 组)	感温中熟组 (B 组)	感温中熟组 (C 组)	感温迟熟组 (A 组)	感温迟熟组 (B 组)	感温迟熟组 (C 组)	弱感光组 (A 组)	弱感光组 (B 组)
1	五优 098 (复试)	诚优 5305 (复试)	发两优粤美占 (复试)	隆两优 305 (复试)	金隆优 078 (复试)	晶两优 3888 (复试)	泼优 9157	秋香优 1255
2	裕优 086 (复试)	粤禾优 226 (复试)	诚优 5378 (复试)	粤秀优文占 (复试)	C 两优 9815 (复试)	广 8 优 864 (复试)	粤禾优 981	峰软优天弘丝苗
3	星优 135 (复试)	天弘优福农占 (复试)	台两优 451 (复试)	野优珍丝苗 (复试)	胜优 078	胜优 083	金象优 579	航 5 优 212
4	五优 1704 (复试)	粤创优珍丝苗 (复试)	两优香丝苗 (复试)	广 8 优源美丝苗	金龙优 520	金隆优 088	长优 9336	金龙优 292
5	野香优莉丝 (复试)	中丝优银粘	金香优 351	臻两优 785	贵优 2168	航 1 两优 212	庆香优珍丝苗	广星优金晶占
6	裕优 083	泰丰优 1132	胜优油香	中恒优玉丝苗	深香优 9261	金龙优 345	信两优新象牙占	南新优 698
7	金隆优 075	深香优 9374	贵优 76	春两优 30	峰软优 49	贵优 117	765 两优 1597	贵优 55

（续）

序号	感温中熟组（A组）	感温中熟组（B组）	感温中熟组（C组）	感温迟熟组（A组）	感温迟熟组（B组）	感温迟熟组（C组）	弱感光组（A组）	弱感光组（B组）
8	耕香优178	峰软优天弘油占	五乡优1055	隆两优902	荃广优银泰香占	珍野优粤福占	琪两优1352	诚优荀占
9	胜优088	青香优028	诚优305	耕香优852	韶优2101	贵优313	秋银优8860	Ⅱ优5522
10	粒粒优香丝苗	航93两优212	中银优金丝苗	皓两优146	晶两优1441（复试）	又美优金丝苗	泼优9531	金恒优5522
11	丛两优6100（复试）	青香优086（复试）	纳优6388（复试）	南两优918（复试）	广8优2168（CK）	金龙优260（复试）	吉优5522（复试）	南两优6号（复试）
12	深优9708（CK）	深优9708（CK）	深优9708（CK）	广8优2168（CK）		广8优2168（CK）	吉丰优1002（CK）	吉丰优1002（CK）

（二）承试单位

1. 感温中熟组

承试单位 8 个，分别是梅州市农林科学院粮油研究所、蕉岭县农业科学研究所、南雄市农业科学研究所、连山县农业科学研究所、乐昌市现代农业产业发展中心、英德市农业科学研究所、韶关市农业科技推广中心、和平县良种繁育场。

2. 感温迟熟组

承试单位 13 个，分别是梅州市农林科学院粮油研究所、高州市良种繁育场、肇庆市农业科学研究所、潮州市农业科技发展中心、清远市农业科技推广服务中心、广州市农业科学研究院、罗定市农业发展中心、湛江市农业科学研究院、阳江市农业科学研究所、江门市新会区农业农村综合服务中心、龙川县农业科学研究所、惠来县农业科学研究所、惠州市农业科学研究所。

3. 弱感光组

承试单位 12 个，分别是高州市良种繁育场、肇庆市农业科学研究所、潮州市农业科技发展中心、清远市农业科技推广服务中心、广州市农业科学研究院、罗定市农业发展中心、湛江市农业科学研究院、阳江市农业科学研究所、江门市新会区农业农村综合服务中心、龙川县农业科学研究所、惠来县农业科学研究所、惠州市农业科学研究所。

4. 生产试验

感温中熟组承试单位 5 个，由南雄市农业科学研究所、连山县农业科学研究所、乐昌市现代农业产业发展中心、韶关市农业科技推广中心、和平县良种繁育场承担。

感温迟熟组承试单位 7 个，由信宜市农业技术推广中心、茂名市农业良种示范推广中心、雷州市农业技术推广中心、阳春市农业技术推广中心、潮州市潮安区农业工作总站、惠州市农业科学研究所、云浮市农业科学及技术推广中心承担。

弱感光组承试单位 7 个，由信宜市农业技术推广中心、茂名市农业良种示范推广中心、雷州市农技中心、阳春市农技中心、潮州市潮安区农业工作总站、惠州市农业科学研究所、云浮市农业科学及技术推广中心承担。

（三）试验方法

各试点统一按《广东省农作物品种试验办法》进行试验和记载。区域试验采用随机区组排列，小区面积 0.02 亩，长方形，3 次重复，同组试验安排在同一田块进行，统一种植规格。生产试验采用大区随机排列，不设重复，大区面积不少于 0.5 亩。栽培管理按当地的生产水平进行，试验期间防虫不防病，在各个生育阶段对品种的生长特征、经济性状进行田间调查记载和室内考种。区域试验产量联合方差分析采用试点效应随机模型，品种间差异多重比较采用最小显著差数法（LSD 法），品种动态稳产性分析采用 Shukla 互作方差分解法。

（四）米质分析

稻米品质检验委托农业农村部稻米及制品质量监督检验测试中心依据《食用稻品种品质》（NY/T 593—2013）（以下简称"部标"）进行鉴定。样品为当造收获的种子，感温中熟组由乐昌市现代农业产业发展中心采集，其他组由江门市新会区农业农村综合服务中心采集，经广东省农业技术推广中心统一编号标识后提供。

（五）抗性鉴定

参试品种的稻瘟病和白叶枯病抗性由广东省农业科学院植物保护研究所进行鉴定。样品由广东省农业技术推广中心统一编号标识。采用人工接菌与病区自然诱发相结合法进行鉴定。

（六）耐寒鉴定

复试品种耐寒性委托华南农业大学农学院采用人工气候室模拟鉴定。样品由广东省农业技术推广中心统一编号标识。

二、试验结果

（一）产量

对产量进行联合方差分析表明，各组品种间 F 值均达极显著水平，说明各组品种间产量存在极显著差异（表 4-2 至表 4-9）。

表 4-2　感温中熟组（A 组）产量方差分析

变异来源	df	SS	MS	F 值
地点内区组	16	2.585 0	0.161 6	1.210 2
地点	7	114.779 8	16.397 1	18.164 2**
品种	11	15.647 4	1.422 5	1.575 8**
品种×地点	77	69.509 3	0.902 7	6.761 6**
试验误差	176	23.497 0	0.133 5	—
总变异	287	226.018 5	—	—

表 4-3 感温中熟组（B 组）产量方差分析

变异来源	df	SS	MS	F 值
地点内区组	16	2.638 6	0.164 9	1.818 6
地点	7	137.212 8	19.601 8	21.544 1**
品种	11	11.929 3	1.084 5	1.191 9**
品种×地点	77	70.058 3	0.909 8	10.033 7**
试验误差	176	15.959 6	0.090 7	—
总变异	287	237.798 5	—	—

表 4-4 感温中熟组（C 组）产量方差分析

变异来源	df	SS	MS	F 值
地点内区组	16	2.134 8	0.133 4	1.114 3
地点	7	150.848 3	21.549 8	27.655 9**
品种	11	38.994 4	3.544 9	4.549 4**
品种×地点	77	59.999 1	0.779 2	6.507 4**
试验误差	176	21.074 6	0.119 7	—
总变异	287	273.051 3	—	—

表 4-5 感温迟熟组（A 组）产量方差分析

变异来源	df	SS	MS	F 值
地点内区组	26	1.820 7	0.070 0	1.049 5
地点	12	539.854 7	44.987 9	59.671 4**
品种	11	57.173 7	5.197 6	6.894 0**
品种×地点	132	99.518 4	0.753 9	11.299 5**
试验误差	286	19.082 5	0.066 7	—
总变异	467	717.450 0	—	—

表 4-6 感温迟熟组（B 组）产量方差分析

变异来源	df	SS	MS	F 值
地点内区组	26	2.704 7	0.104 0	0.968 1
地点	12	516.574 7	43.047 9	44.862 8**
品种	10	68.195 2	6.819 5	7.107 0**
品种×地点	120	115.145 5	0.959 5	8.930 1**
试验误差	260	27.937 3	0.107 5	—
总变异	428	730.557 5	—	—

表 4-7 感温迟熟组（C 组）产量方差分析

变异来源	df	SS	MS	F 值
地点内区组	26	2.101 9	0.080 8	0.990 4
地点	12	478.049 1	39.837 4	48.397 5**

（续）

变异来源	df	SS	MS	F 值
品种	11	60.438 1	5.494 4	6.675 0**
品种×地点	132	108.653 1	0.823 1	10.084 8**
试验误差	286	23.343 5	0.081 6	—
总变异	467	672.585 7	—	—

表 4-8 弱感光组（A 组）产量方差分析

变异来源	df	SS	MS	F 值
地点内区组	24	1.602 0	0.066 7	0.905 7
地点	11	391.553 7	35.595 8	18.446 1**
品种	11	224.615 7	20.419 6	10.581 6**
品种×地点	121	233.496 1	1.929 7	26.182 8**
试验误差	264	19.457 3	0.073 7	—
总变异	431	870.724 7	—	—

表 4-9 弱感光组（B 组）产量方差分析

变异来源	df	SS	MS	F 值
地点内区组	24	2.049 2	0.085 4	1.065 7
地点	11	474.231 8	43.112 0	32.381 1**
品种	11	42.351 3	3.850 1	2.891 8**
品种×地点	121	161.098 6	1.331 4	16.616 9**
试验误差	264	21.152 4	0.080 1	—
总变异	431	700.883 3	—	—

晚造杂交水稻各组品种产量情况见表 4-10 至表 4-20。

表 4-10 感温中熟组参试品种产量情况

组别	品　　种	小区平均产量（千克）	折合平均亩产量（千克）	较 CK 变化百分比（%）	较组平均变化百分比（%）	差异显著性 0.05	差异显著性 0.01	产量名次	比 CK 增产试点比例（%）	日产量（千克）
A组	粒粒优香丝苗	9.087 1	454.35	1.37	2.92	a	A	1	50.00	3.99
	金隆优 075	9.050 8	452.54	0.96	2.51	a	A	2	50.00	3.90
	五优 098（复试）	8.983 7	449.19	0.21	1.76	a	A	3	50.00	4.01
	野香优莉丝（复试）	8.967 1	448.35	0.03	1.57	a	A	4	62.50	3.87
	深优 9708（CK）	8.964 6	448.23	—	1.54	a	A	5	—	4.00
	星优 135（复试）	8.892 5	444.63	−0.80	0.72	a	AB	6	37.50	3.90
	裕优 083	8.887 5	444.37	−0.86	0.66	a	AB	7	62.50	3.90
	五优 1704（复试）	8.787 9	439.40	−1.97	−0.46	a	AB	8	50.00	3.85

（续）

组别	品　种	小区平均产量（千克）	折合平均亩产量（千克）	较CK变化百分比（%）	较组平均变化百分比（%）	差异显著性 0.05	差异显著性 0.01	产量名次	比CK增产试点比例（%）	日产量（千克）
A组	丛两优6100（复试）	8.773 8	438.69	−2.13	−0.62	a	AB	9	37.50	3.81
	裕优086（复试）	8.687 9	434.40	−3.09	−1.59	ab	AB	10	62.50	3.84
	胜优088	8.682 5	434.13	−3.15	−1.66	ab	AB	11	50.00	3.81
	耕香优178	8.180 0	409.00	−8.75	−7.35	b	B	12	25.00	3.53
B组	峰软优天弘油占	9.162 1	458.10	1.69	2.24	a	A	1	62.50	4.02
	诚优5305（复试）	9.130 8	456.54	1.35	1.89	a	A	2	62.50	3.97
	中丝优银粘	9.117 5	455.87	1.20	1.74	a	A	3	50.00	3.96
	青香优086（复试）	9.112 5	455.63	1.14	1.69	a	A	4	62.50	3.96
	天弘优福农占（复试）	9.078 3	453.92	0.76	1.31	a	A	5	62.50	3.95
	航93两优212	9.048 3	452.42	0.43	0.97	a	A	6	62.50	3.93
	青香优028	9.037 5	451.87	0.31	0.85	a	A	7	62.50	3.93
	深优9708（CK）	9.009 6	450.48	—	0.54	ab	A	8	—	4.02
	深香优9374	8.903 7	445.19	−1.17	−0.64	ab	A	9	37.50	3.81
	粤创优珍丝苗（复试）	8.772 9	438.65	−2.63	−2.10	ab	A	10	37.50	3.88
	粤禾优226（复试）	8.690 0	434.50	−3.55	−3.03	ab	A	11	25.00	3.85
	泰丰优1132	8.472 5	423.63	−5.96	−5.45	b	A	12	25.00	3.78
C组	诚优305	9.497 5	474.88	0.91	4.75	a	A	1	75.00	4.17
	纳优6388（复试）	9.477 5	473.87	0.69	4.53	ab	A	2	62.50	4.12
	深优9708（CK）	9.412 1	470.60	—	3.81	ab	AB	3	—	4.20
	台两优451（复试）	9.359 2	467.96	−0.56	3.23	ab	AB	4	37.50	4.07
	发两优粤美占（复试）	9.339 2	466.96	−0.77	3.01	ab	AB	5	37.50	4.06
	贵优76	9.205 4	460.27	−2.20	1.53	abc	ABC	6	37.50	3.97
	金香优351	9.098 3	454.92	−3.33	0.35	abc	ABC	7	50.00	3.96
	五乡优1055	8.984 6	449.23	−4.54	−0.90	bcd	ABCD	8	37.50	3.98
	胜优油香	8.765 8	438.29	−6.87	−3.32	cde	BCD	9	12.50	3.71
	诚优5378（复试）	8.752 5	437.62	−7.01	−3.47	cde	BCD	10	25.00	4.05
	两优香丝苗（复试）	8.561 2	428.06	−9.04	−5.57	de	CD	11	25.00	3.66
	中银优金丝苗	8.345 8	417.29	−11.33	−7.95	e	D	12	12.50	3.83

表4-11　感温迟熟组参试品种产量情况

组别	品　种	小区平均产量（千克）	折合平均亩产量（千克）	较CK变化百分比（%）	较组平均变化百分比（%）	差异显著性 0.05	差异显著性 0.01	产量名次	比CK增产试点比例（%）	日产量（千克）
A组	春两优30	9.814 1	490.71	6.36	6.48	a	A	1	84.62	4.30
	广8优源美丝苗	9.603 3	480.17	4.08	4.19	ab	AB	2	69.23	4.37

（续）

组别	品　　种	小区平均产量（千克）	折合平均亩产量（千克）	较CK变化百分比（%）	较组平均变化百分比（%）	差异显著性 0.05	差异显著性 0.01	产量名次	比CK增产试点比例（%）	日产量（千克）
A组	隆两优 305（复试）	9.595 1	479.76	3.99	4.10	ab	AB	3	69.23	4.28
	臻两优 785	9.516 2	475.81	3.14	3.24	ab	ABC	4	69.23	4.17
	南两优 918（复试）	9.453 6	472.68	2.46	2.56	ab	ABC	5	69.23	4.15
	广 8 优 2168（CK）	9.226 9	461.35	—	0.11	bc	BCD	6	—	4.08
	粤秀优文占（复试）	9.053 1	452.65	−1.88	−1.78	cd	CD	7	46.15	4.19
	隆两优 902	9.005 1	450.26	−2.40	−2.30	cd	CD	8	38.46	3.92
	耕香优 852	8.909 2	445.46	−3.44	−3.34	cd	D	9	23.08	4.01
	野优珍丝苗（复试）	8.850 0	442.50	−4.09	−3.99	cd	D	10	23.08	4.10
	中恒优玉丝苗	8.849 5	442.47	−4.09	−3.99	cd	D	11	15.38	3.99
	皓两优 146	8.731 8	436.59	−5.37	−5.27	d	D	12	15.38	3.97
B组	C 两优 9815（复试）	9.690 5	484.53	6.42	5.75	a	A	1	69.23	4.49
	金龙优 520	9.489 5	474.47	4.21	3.55	ab	AB	2	69.23	4.20
	峰软优 49	9.431 5	471.58	3.58	2.92	abc	AB	3	61.54	4.29
	贵优 2168	9.413 3	470.67	3.38	2.72	abc	AB	4	76.92	4.20
	深香优 9261	9.317 4	465.87	2.32	1.67	abc	AB	5	76.92	3.98
	金隆优 078（复试）	9.277 9	463.90	1.89	1.24	abc	AB	6	61.54	4.22
	胜优 078	9.230 3	461.51	1.37	0.72	bc	AB	7	46.15	4.20
	广 8 优 2168（CK）	9.105 9	455.29	—	−0.63	bc	B	8	—	4.03
	晶两优 1441（复试）	9.045 6	452.28	−0.66	−1.29	c	BC	9	46.15	3.97
	荃广优银泰香占	8.465 4	423.27	−7.03	−7.62	d	CD	10	7.69	3.71
	韶优 2101	8.336 2	416.81	−8.45	−9.03	d	D	11	15.38	3.72
C组	又美优金丝苗	9.519 2	475.96	4.18	3.94	a	A	1	69.23	4.25
	金龙优 260（复试）	9.446 2	472.31	3.38	3.14	ab	A	2	69.23	4.22
	金龙优 345	9.432 8	471.64	3.24	2.99	ab	A	3	76.92	4.10
	珍野优粤福占	9.345 4	467.27	2.28	2.04	ab	A	4	53.85	4.33
	广 8 优 864（复试）	9.321 8	466.09	2.02	1.78	ab	A	5	61.54	4.20
	晶两优 3888（复试）	9.153 6	457.68	0.18	−0.06	ab	A	6	46.15	4.01
	金隆优 088	9.142 6	457.13	0.06	−0.18	ab	A	7	46.15	4.16
	广 8 优 2168（CK）	9.136 9	456.85	—	−0.24	ab	A	8	—	4.04
	贵优 313	9.121 0	456.05	−0.17	−0.41	ab	A	9	61.54	4.11
	胜优 083	9.120 5	456.03	−0.18	−0.42	ab	A	10	46.15	4.18
	贵优 117	9.097 4	454.87	−0.43	−0.67	b	A	11	38.46	4.10
	航 1 两优 212	8.066 4	403.32	−11.72	−11.93	c	B	12	15.38	3.63

表 4-12 弱感光组参试品种产量情况

组别	品　　种	小区平均产量（千克）	折合平均亩产量（千克）	较CK变化百分比（%）	较组平均变化百分比（%）	差异显著性 0.05	差异显著性 0.01	产量名次	比CK增产试点比例（%）	日产量（千克）
A组	粤禾优981	10.029 7	501.49	1.62	9.61	a	A	1	66.67	4.32
	吉优5522（复试）	9.964 2	498.21	0.95	8.89	ab	AB	2	58.33	4.26
	吉丰优1002（CK）	9.870 0	493.50	—	7.86	abc	AB	3	—	4.18
	庆香优珍丝苗	9.377 5	468.87	−4.99	2.48	bcd	ABC	4	25.00	4.08
	金象优579	9.339 4	466.97	−5.38	2.06	bcd	ABC	5	25.00	4.06
	秋银优8860	9.328 1	466.40	−5.49	1.94	bcd	ABC	6	25.00	4.02
	765两优1597	9.270 0	463.50	−6.08	1.30	cde	ABC	7	33.33	4.25
	信两优新象牙占	9.246 1	462.31	−6.32	1.04	cde	ABC	8	8.33	4.02
	琪两优1352	9.134 7	456.74	−7.45	−0.17	de	BC	9	25.00	4.27
	泼优9157	8.629 2	431.46	−12.57	−5.70	ef	CD	10	0.00	3.66
	泼优9531	8.182 5	409.12	−17.10	−10.58	f	DE	11	0.00	3.79
	长优9336	7.437 2	371.86	−24.65	−18.73	g	E	12	0.00	3.68
B组	Ⅱ优5522	9.704 4	485.22	1.30	4.70	a	A	1	66.67	4.11
	贵优55	9.586 7	479.33	0.07	3.43	ab	AB	2	41.67	4.10
	吉丰优1002（CK）	9.579 7	478.99	—	3.36	ab	AB	3	—	4.06
	诚优苟占	9.386 4	469.32	−2.02	1.27	abc	AB	4	50.00	4.15
	峰软优天弘丝苗	9.386 4	469.32	−2.02	1.27	abc	AB	5	41.67	4.12
	金恒优5522	9.355 0	467.75	−2.35	0.93	abc	AB	6	33.33	3.96
	南新优698	9.315 0	465.75	−2.76	0.50	abc	AB	7	41.67	3.98
	秋香优1255	9.276 9	463.85	−3.16	0.09	abc	AB	8	25.00	4.07
	南两优6号（复试）	9.161 1	458.06	−4.37	−1.16	bc	ABC	9	41.67	3.92
	广星优金晶占	8.999 4	449.97	−6.06	−2.91	cd	ABC	10	16.67	3.75
	金龙优292	8.962 5	448.13	−6.44	−3.30	cd	BC	11	33.33	4.07
	航5优212	8.511 4	425.57	−11.15	−8.17	d	C	12	0.00	3.52

表 4-13 感温中熟组（A组）各品种产量 Shukla 方差及其显著性检验（F测验）

品　　种	Shukla方差	df	F值	P值	互作方差	品种均值（千克）	Shukla变异系数（%）	差异显著性 0.05	差异显著性 0.01
丛两优6100（复试）	0.268 5	7	6.033 6	0	0.029 2	8.773 8	5.906 0	abcd	ABC
耕香优178	0.508 4	7	11.423 2	0	0.066 4	8.180 0	8.716 2	ab	AB
金隆优075	0.268 3	7	6.028 8	0	0.028 9	9.050 8	5.722 9	abcd	ABC
粒粒优香丝苗	1.012 9	7	22.761 1	0	0.147 1	9.087 1	11.075 5	a	A
深优9708（CK）	0.262 8	7	5.906 2	0	0.030 4	8.964 6	5.718 9	bcde	ABC

（续）

品　　种	Shukla 方差	df	F 值	P 值	互作方差	品种均值（千克）	Shukla 变异系数（%）	差异显著性 0.05	差异显著性 0.01
胜优 088	0.302 9	7	6.807 2	0	0.044 4	8.682 5	6.339 1	abc	ABC
五优 098（复试）	0.070 0	7	1.572 9	0.146 2	0.010 5	8.983 8	2.945	ef	C
五优 1704（复试）	0.063 9	7	1.435 1	0.193 9	0.009 4	8.787 9	2.875 7	f	C
星优 135（复试）	0.423 3	7	9.512 0	0	0.060 7	8.892 5	7.316 5	abc	ABC
野香优莉丝（复试）	0.071 5	7	1.605 9	0.136 5	0.009 8	8.967 1	2.981 2	def	C
裕优 083	0.131 7	7	2.959 2	0.005 9	0.018 6	8.887 5	4.083 2	cdef	BC
裕优 086（复试）	0.226 7	7	5.094 5	0	0.030 3	8.687 9	5.480 6	bcdef	ABC

注：Bartlett 卡方检验 P＝0.004 87，各品种的稳定性差异极显著。

表 4-14　感温中熟组（B 组）各品种产量 Shukla 方差及其显著性检验（F 测验）

品　　种	Shukla 方差	df	F 值	P 值	互作方差	品种均值（千克）	Shukla 变异系数（%）	差异显著性 0.05	差异显著性 0.01
诚优 5305（复试）	0.145 5	7	4.814 9	0.000 1	0.021 8	9.130 8	4.178 1	bcde	BC
峰软优天弘油占	0.120 4	7	3.982 0	0.000 5	0.016 2	9.162 1	3.786 6	bcde	BC
航 93 两优 212	0.055 2	7	1.826 6	0.084 8	0.002 7	9.048 3	2.596 8	e	C
青香优 028	0.174 3	7	5.765 2	0	0.025 4	9.037 5	4.619 1	bcde	BC
青香优 086（复试）	0.407 0	7	13.465 4	0	0.043 7	9.112 5	7.001 1	ab	AB
深香优 9374	0.099 2	7	3.282 4	0.002 6	0.014 2	8.903 8	3.537 6	cde	BC
深优 9708（CK）	0.085 9	7	2.842 6	0.007 8	0.013 4	9.009 6	3.253 5	de	BC
泰丰优 1132	1.410 5	7	46.665 1	0	0.146 8	8.472 5	14.017 7	a	A
天弘优福农占（复试）	0.285 8	7	9.455 2	0	0.026 9	9.078 3	5.888 7	bcd	ABC
粤创优珍丝苗（复试）	0.370 0	7	12.242 2	0	0.043 7	8.772 9	6.933 9	bc	ABC
粤禾优 226（复试）	0.308 0	7	10.190 5	0	0.040 7	8.690 0	6.386 6	bcd	ABC

注：Bartlett 卡方检验 P＝0.000 37，各品种的稳定性差异极显著。

表 4-15　感温中熟组（C 组）各品种产量 Shukla 方差及其显著性检验（F 测验）

品　　种	Shukla 方差	df	F 值	P 值	互作方差	品种均值（千克）	Shukla 变异系数（%）	差异显著性 0.05	差异显著性 0.01
诚优 305	0.153 2	7	3.838 9	0.000 7	0.019 0	9.497 5	4.121 5	bcd	AB
诚优 5378（复试）	0.620 0	7	15.532 8	0	0.042 7	8.752 5	8.996 1	a	A
发两优粤美占（复试）	0.104 5	7	2.618 2	0.013 5	0.011 3	9.339 2	3.461 5	cd	AB
贵优 76	0.258 1	7	6.465 6	0	0.036 4	9.205 4	5.518 5	abc	AB
金香优 351	0.445 5	7	11.161 3	0	0.064 9	9.098 3	7.336 0	ab	A
两优香丝苗（复试）	0.156 8	7	3.928 2	0.000 5	0.022 3	8.561 3	4.625 1	bcd	AB

（续）

品　　种	Shukla 方差	df	F 值	P 值	互作方差	品种均值（千克）	Shukla 变异系数（%）	差异显著性	
								0.05	0.01
纳优 6388（复试）	0.104 2	7	2.609 9	0.013 8	0.014 0	9.477 5	3.405 5	cd	AB
深优 9708（CK）	0.375 2	7	9.399 5	0	0.027 3	9.412 1	6.507 7	abc	AB
胜优油香	0.252 3	7	6.321 0	0	0.027 8	8.765 8	5.730 1	abc	AB
台两优 451（复试）	0.268 0	7	6.714 6	0	0.032 1	9.359 2	5.531 4	abc	AB
五乡优 1055	0.316 1	7	7.918 3	0	0.035 5	8.984 6	6.257 2	abc	AB
中银优金丝苗	0.063 1	7	1.580 5	0.143 9	0.007 1	8.345 8	3.009 5	d	B

注：Bartlett 卡方检验 $P=0.136\ 84$，各品种的稳定性差异不显著。

表 4-16　感温迟熟组（A 组）各品种产量 Shukla 方差及其显著性检验（F 测验）

品　　种	Shukla 方差	df	F 值	P 值	互作方差	品种均值（千克）	Shukla 变异系数（%）	差异显著性	
								0.05	0.01
春两优 30	0.095 2	12	4.278 6	0	0.008 2	9.814 1	3.143 2	c	B
耕香优 852	0.241 3	12	10.847 3	0	0.015 2	8.909 2	5.513 1	abc	AB
广 8 优 2168（CK）	0.469 6	12	21.115 6	0	0.039 6	9.226 9	7.427 1	a	A
广 8 优源美丝苗	0.318 4	12	14.316 4	0	0.022 0	9.603 3	5.875 8	ab	AB
皓两优 146	0.197 4	12	8.876 6	0	0.016 3	8.731 8	5.088 5	abc	AB
隆两优 305（复试）	0.193 8	12	8.714 4	0	0.013 8	9.595 1	4.588 2	abc	AB
隆两优 902	0.465 0	12	20.907 5	0	0.036 2	9.005 1	7.572 4	a	A
南两优 918（复试）	0.142 2	12	6.394 7	0	0.009 4	9.453 6	3.989 2	bc	AB
野优珍丝苗（复试）	0.204 2	12	9.181 5	0	0.016 8	8.850 0	5.106 1	abc	AB
粤秀优文占（复试）	0.487 1	12	21.902 0	0	0.041 0	9.053 1	7.709 4	a	A
臻两优 785	0.111 4	12	5.008 1	0	0.007 8	9.516 2	3.507 1	c	B
中恒优玉丝苗	0.090 1	12	4.051 8	0	0.005 0	8.849 5	3.392 2	c	B

注：Bartlett 卡方检验 $P=0.013\ 24$，各品种的稳定性差异显著。

表 4-17　感温迟熟组（B 组）各品种产量 Shukla 方差及其显著性检验（F 测验）

品　　种	Shukla 方差	df	F 值	P 值	互作方差	品种均值（千克）	Shukla 变异系数（%）	差异显著性	
								0.05	0.01
C 两优 9815（复试）	0.363 0	12	10.134 9	0	0.030 3	9.690 5	6.217 4	ab	A
峰软优 49	0.254 4	12	7.101 5	0	0.018 3	9.431 5	5.347 3	ab	AB
广 8 优 2168（CK）	0.576 0	12	16.082 5	0	0.048 2	9.105 9	8.334 9	a	A
贵优 2168	0.190 7	12	5.323 1	0	0.012 7	9.413 3	4.638 6	bc	AB
金龙优 520	0.368 3	12	10.283 6	0	0.030 3	9.489 5	6.395 5	ab	A
金隆优 078（复试）	0.182 8	12	5.103 9	0	0.015 0	9.277 9	4.608 3	bc	AB

（续）

品　　种	Shukla 方差	df	F 值	P 值	互作方差	品种均值（千克）	Shukla 变异系数（%）	差异显著性 0.05	差异显著性 0.01
晶两优 1441（复试）	0.191 3	12	5.342 1	0	0.015 8	9.045 6	4.835 7	bc	AB
荃广优银泰香占	0.393 2	12	10.976 6	0	0.033 1	8.465 4	7.406 8	ab	A
韶优 2101	0.355 6	12	9.926 9	0	0.027 0	8.336 2	7.153 0	ab	A
深香优 9261	0.569 3	12	15.893 3	0	0.045 8	9.317 4	8.097 6	a	A
胜优 078	0.073 9	12	2.062 1	0.019 8	0.004 1	9.230 3	2.944 3	c	B
C 两优 9815（复试）	0.363 0	12	10.134 9	0	0.030 3	9.690 5	6.217 4	ab	A

注：Bartlett 卡方检验 $P＝0.047\ 26$，各品种的稳定性差异显著。

表 4-18　感温迟熟组（C 组）各品种产量 Shukla 方差及其显著性检验（F 测验）

品　　种	Shukla 方差	df	F 值	P 值	互作方差	品种均值（千克）	Shukla 变异系数（%）	差异显著性 0.05	差异显著性 0.01
广 8 优 2168（CK）	0.466 4	12	17.142 1	0	0.031 1	9.136 9	7.474 3	a	A
广 8 优 864（复试）	0.293 1	12	10.771 9	0	0.023 2	9.321 8	5.807 5	abc	A
贵优 117	0.059 0	12	2.169 6	0.013 3	0.004 5	9.097 4	2.670 6	d	B
贵优 313	0.131 7	12	4.842 4	0	0.011 2	9.121 0	3.979 5	cd	AB
航 1 两优 212	0.501 6	12	18.434 7	0	0.033 4	8.066 4	8.779 6	a	A
金龙优 260（复试）	0.305 8	12	11.240 8	0	0.025 7	9.446 2	5.854 4	abc	A
金龙优 345	0.150 7	12	5.540 1	0	0.011 2	9.432 8	4.115 8	bcd	AB
金隆优 088	0.218 5	12	8.029 5	0	0.017 0	9.142 6	5.112 3	abc	AB
晶两优 3888（复试）	0.299 3	12	10.999 1	0	0.016 9	9.153 6	5.976 2	abc	A
胜优 083	0.260 9	12	9.589 6	0	0.019 8	9.120 5	5.600 4	abc	A
又美优金丝苗	0.224 2	12	8.240 6	0	0.019 0	9.519 2	4.974 1	abc	AB

注：Bartlett 卡方检验 $P＝0.052\ 66$，各品种的稳定性差异不显著。

表 4-19　弱感光组（A 组）各品种产量 Shukla 方差及其显著性检验（F 测验）

品　　种	Shukla 方差	df	F 值	P 值	互作方差	品种均值（千克）	Shukla 变异系数（%）	差异显著性 0.05	差异显著性 0.01
765 两优 1597	0.684 3	11	27.855 2	0	0.062 3	9.270 0	8.923 8	bcd	ABC
吉丰优 1002（CK）	0.209 0	11	8.506 4	0	0.019 4	9.870 0	4.631 6	ef	CD
吉优 5522（复试）	0.113 6	11	4.624 3	0	0.010 8	9.964 2	3.382 7	f	D
金象优 579	0.813 2	11	33.100 6	0	0.073 3	9.339 4	9.655 5	abc	ABC
泼优 9157	0.476 8	11	19.409 8	0	0.040 5	8.629 2	8.002 4	cde	ABCD
泼优 9531	1.347 0	11	54.831 1	0	0.122 0	8.182 5	14.184 2	ab	AB
琪两优 1352	0.481 6	11	19.601 9	0	0.043 6	9.134 7	7.596 8	bcde	ABCD

（续）

品　　种	Shukla方差	df	F 值	P 值	互作方差	品种均值（千克）	Shukla变异系数（％）	差异显著性	
								0.05	0.01
庆香优珍丝苗	0.504 8	11	20.546 6	0	0.046 0	9.377 5	7.576 4	bcde	ABCD
秋银优 8860	0.332 9	11	13.551 3	0	0.014 9	9.328 1	6.185 5	cde	BCD
信两优新象牙占	0.378 2	11	15.395 8	0	0.023 2	9.246 1	6.651 5	cde	BCD
粤禾优 981	0.251 1	11	10.222 0	0	0.016 6	10.029 7	4.996 4	def	CD
长优 9336	2.126 3	11	86.548 8	0	0.183 1	7.437 2	19.606 4	a	A

注：Bartlett 卡方检验 $P=0.000\ 04$，各品种的稳定性差异极显著。

表 4-20　弱感光组（B组）各品种产量 Shukla 方差及其显著性检验（F 测验）

品　　种	Shukla方差	df	F 值	P 值	互作方差	品种均值（千克）	Shukla变异系数（％）	差异显著性	
								0.05	0.01
Ⅱ优 5522	0.418 8	11	15.682 5	0	0.025 9	9.704 4	6.668 9	b	ABC
诚优荀占	0.220 9	11	8.271 0	0	0.018 5	9.386 4	5.007 2	b	C
峰软优天弘丝苗	0.340 0	11	12.731 5	0	0.030 9	9.386 4	6.212 4	b	BC
广星优金晶占	0.197 1	11	7.378 7	0	0.018 2	8.999 4	4.932 8	b	C
贵优 55	0.193 6	11	7.250 5	0	0.016 9	9.586 7	4.590 2	b	C
航 5 优 212	0.266 0	11	9.960 2	0	0.012 4	8.511 4	6.059 7	b	C
吉丰优 1002（CK）	0.042 6	11	1.594 4	0.100 2	0.004 0	9.579 7	2.154 1	c	D
金恒优 5522	0.200 4	11	7.504 1	0	0.018 5	9.355 0	4.785 5	b	C
金龙优 292	1.684 1	11	63.057 0	0	0.152 0	8.962 5	14.479 6	a	A
南两优 6 号（复试）	1.256 5	11	47.046 5	0	0.102 3	9.161 1	12.235 8	a	AB
南新优 698	0.293 9	11	11.002 9	0	0.027 2	9.315 0	5.819 5	b	BC
秋香优 1255	0.211 6	11	7.923 7	0	0.019 5	9.276 9	4.958 8	b	C

注：Bartlett 卡方检验 $P=0.000\ 00$，各品种的稳定性差异极显著。

1. 感温中熟组（A组）

该组品种亩产量为 409.00～454.35 千克，对照种深优 9708（CK）亩产量 448.23 千克。除粒粒优香丝苗、金隆优 075、五优 098（复试）分别比对照增产 1.37％、0.96％、0.21％外，其余品种均比对照减产，减产幅度为 0.80％～8.75％。

2. 感温中熟组（B组）

该组品种亩产量为 423.63～458.10 千克，对照种深优 9708（CK）亩产量 450.48 千克。除深香优 9374、粤创优珍丝苗（复试）、粤禾优 226（复试）、泰丰优 1132 比对照种减产 1.17％、2.63％、3.55％、5.96％外，其余品种均比对照种增产。增幅名列前三位的峰软优天弘油占、诚优 5305（复试）、中丝优银粘分别比对照增产 1.69％、1.35％、1.20％。

3. 感温中熟组（C组）

该组品种亩产量为 417.29～474.88 千克，对照种深优 9708（CK）亩产量 470.60

千克。除诚优 305、纳优 6388（复试）分别比对照增产 0.91%、0.69%外，其余品种均比对照减产，减产幅度为 0.56%～11.3%。

4. 感温迟熟组（A 组）

该组品种亩产量为 436.59～490.71 千克，对照种广 8 优 2168（CK）亩产量 461.35 千克。除春两优 30、广 8 优源美丝苗、隆两优 305（复试）、臻两优 785、南两优 918（复试）分别比对照增产 6.36%、4.08%、3.99%、3.14%、2.46%外，其余品种均比对照减产，减产幅度为 1.88%～5.37%。

5. 感温迟熟组（B 组）

该组品种亩产量为 416.81～484.53 千克，对照种广 8 优 2168（CK）亩产量 455.29 千克。除晶两优 1441（复试）、荃广优银泰香占、韶优 2101 比对照种减产 0.66%、7.03%、8.45%外，其余品种均比对照种增产。增幅名列前三位的 C 两优 9815（复试）、金龙优 520、峰软优 49 分别比对照增产 6.42%、4.21%、3.58%。

6. 感温迟熟组（C 组）

该组品种亩产量为 403.32～475.96 千克，对照种广 8 优 2168（CK）亩产量 456.85 千克。除贵优 313、胜优 083、贵优 117、航 1 两优 212 比对照种减产 0.17%、0.18%、0.43%、11.72%外，其余品种均比对照种增产。增幅名列前三位的又美优金丝苗、金龙优 260（复试）、金龙优 345 分别比对照增产 4.18%、3.38%、3.24%。

7. 弱感光组（A 组）

该组品种亩产量为 371.86～501.49 千克，对照种吉丰优 1002（CK）亩产量 493.50 千克。除粤禾优 981、吉优 5522（复试）分别比对照增产 1.62%、0.95%外，其余品种均比对照减产，减产幅度为 4.99%～24.6%。

8. 弱感光组（B 组）

该组品种亩产量为 425.57～485.22 千克，对照种吉丰优 1002（CK）亩产量 478.99 千克。除Ⅱ优 5522、贵优 55 分别比对照增产 1.30%、0.07%外，其余品种均比对照减产，减产幅度为 2.02%～11.1%。

（二）米质

晚造杂交水稻品种各组稻米米质检测结果见表 4-21 至表 4-23。

表 4-21 感温中熟组稻米米质检测结果

组别	品　　种	部标等级	糙米率（%）	整精米率（%）	垩白度（%）	透明度（级）	碱消值（级）	胶稠度（毫米）	直链淀粉（干基）（%）	粒型（长宽比）
	五优 098（复试）	3	82.4	53.6	1.9	1	6.2	59	16.8	3.0
	裕优 086（复试）	—	82.0	54.8	0.9	1	4.4	81	16.9	3.2
A 组	星优 135（复试）	—	82.9	45.0	1.8	1	7.0	64	17.8	3.5
	五优 1704（复试）	—	82.6	55.4	1.0	1	4.6	68	17.1	2.8
	野香优莉丝（复试）	—	82.5	37.4	0.3	1	7.0	62	18.8	3.9

（续）

组别	品　　种	部标等级	糙米率（%）	整精米率（%）	垩白度（%）	透明度（级）	碱消值（级）	胶稠度（毫米）	直链淀粉（干基）（%）	粒型（长宽比）
	裕优 083	—	82.7	50.9	2.1	1	6.2	74	17.1	3.5
	金隆优 075	—	82.5	44.3	1.6	1	6.5	65	17.4	3.5
	耕香优 178	—	82.3	55.4	0.6	1	6.9	48	16.2	3.3
A组	胜优 088	—	83.1	48.2	1.3	1	7.0	64	17.0	3.3
	粒粒优香丝苗	—	81.9	48.8	0.6	1	6.5	64	16.6	3.7
	丛两优 6100（复试）	3	83.5	53.9	1.4	1	6.7	68	17.1	3.2
	深优 9708（CK）	3	82.0	58.1	3.5	2	6.6	78	15.1	2.9
	诚优 5305（复试）	—	82.5	41.1	0.8	2	6.9	50	17.5	3.5
	粤禾优 226（复试）	2	82.5	55.8	0.8	1	6.2	75	16.9	3.3
	天弘优福农占（复试）	—	82.5	46.5	0.4	1	7.0	62	17.4	3.8
	粤创优珍丝苗（复试）	2	82.6	57.6	0.9	1	6.2	68	17.9	3.0
	中丝优银粘	—	82.8	52.2	0.2	1	6.8	46	16.9	3.4
B组	泰丰优 1132	3	83.0	54.2	0.4	1	6.8	68	16.9	3.7
	深香优 9374	—	81.7	19.8	0.2	1	7.0	44	17.7	3.7
	峰软优天弘油占	1	83.0	58.2	0.6	1	7.0	61	17.5	3.4
	青香优 028	—	82.5	47.2	2.0	1	6.4	74	17.3	3.5
	航 93 两优 212	3	82.5	53.0	2.0	1	6.1	72	17.2	3.4
	青香优 086（复试）	—	82.5	40.6	2.0	1	6.5	76	18.0	3.6
	深优 9708（CK）	3	82.0	58.1	3.5	2	6.6	78	15.1	2.9
	发两优粤美占（复试）	—	82.4	44.3	1.6	1	6.2	74	17.0	3.8
	诚优 5378（复试）	—	82.8	47.9	3.4	1	6.3	45	19.5	3.1
	台两优 451（复试）	—	83.8	51.0	0.6	1	6.8	53	22.4	3.4
	两优香丝苗（复试）	—	82.8	28.3	1.0	1	6.4	49	21.8	4.0
	金香优 351	3	83.1	53.2	0.7	1	7.0	50	17.4	3.3
C组	胜优油香	—	83.3	33.8	0.7	1	7.0	49	17.3	3.8
	贵优 76	—	83.8	47.7	0.3	1	6.5	68	17.6	3.6
	五乡优 1055	—	83.5	36.2	2.5	1	5.5	84	17.8	3.8
	诚优 305	—	84.2	46.6	1.0	1	6.3	65	16.7	3.9
	中银优金丝苗	3	83.0	54.8	1.2	1	5.6	82	17.5	3.5
	纳优 6388（复试）	3	83.4	54.4	1.1	1	5.7	76	17.0	3.5
	深优 9708（CK）	3	82.0	58.1	3.5	2	6.6	78	15.1	2.9

表 4-22　感温迟熟组稻米米质检测结果

组别	品　种	部标等级	糙米率（%）	整精米率（%）	垩白度（%）	透明度（级）	碱消值（级）	胶稠度（毫米）	直链淀粉（干基）（%）	粒型（长宽比）
A组	隆两优 305（复试）	—	81.8	63.6	1.2	2	3.8	80	14.5	3.4
	粤秀优文占（复试）	3	80.1	53.0	0.2	1	7.0	72	16.6	3.6
	野优珍丝苗（复试）	2	80.7	61.5	0.4	2	6.3	74	15.4	3.6
	广 8 优源美丝苗	2	81.5	58.8	0.2	2	7.0	74	16.1	3.6
	臻两优 785	2	80.4	62.3	1.7	2	6.2	77	15.1	3.2
	中恒优玉丝苗	—	81.4	51.6	0.4	1	6.8	74	15.6	3.8
	春两优 30	—	80.7	58.8	2.0	1	6.4	74	23.7	3.4
	隆两优 902	—	79.8	56.7	0.8	2	3.5	83	13.8	3.2
	耕香优 852	3	80.2	58.7	1.0	2	5.1	74	14.1	3.5
	皓两优 146	—	81.8	54.3	1.8	1	7.0	72	22.6	4.0
	南两优 918（复试）	2	80.8	57.0	0.4	1	6.6	75	15.2	3.4
	广 8 优 2168（CK）	2	80.9	57.6	1.4	2	6.4	80	13.6	3.6
B组	金隆优 078（复试）	3	80.3	53.8	1.0	1	7.0	72	15.3	3.8
	C 两优 9815（复试）	3	79.6	55.4	1.0	2	5.3	79	14.8	3.3
	胜优 078	3	80.1	54.8	1.2	1	7.0	67	14.5	3.6
	金龙优 520	2	81.3	57.8	0.1	1	7.0	76	17.1	3.3
	贵优 2168	3	81.3	54.1	1.9	2	5.6	74	14.5	3.6
	深香优 9261	—	81.2	50.0	0.2	1	7.0	75	17.7	3.8
	峰软优 49	3	81.8	61.5	0.1	1	5.5	80	15.7	3.3
	荃广优银泰香占	—	80.2	50.8	1.0	1	7.0	83	17.1	3.9
	韶优 2101	2	82.3	55.9	0.8	1	7.0	77	17.7	3.8
	晶两优 1441（复试）	2	80.6	60.9	1.3	2	7.0	76	16.4	3.2
	广 8 优 2168（CK）	2	80.9	57.6	1.4	2	6.4	80	13.6	3.6
C组	晶两优 3888（复试）	1	81.1	64.0	1.0	1	7.0	76	15.0	3.1
	广 8 优 864（复试）	1	81.7	59.8	0.2	1	7.0	72	15.7	3.6
	胜优 083	2	80.2	56.9	1.2	2	7.0	74	13.7	3.5
	金隆优 088	3	80.2	53.3	0.1	1	6.8	75	16.4	3.8
	航 1 两优 212	3	80.7	59.6	0.9	2	5.6	81	14.5	3.3
	金龙优 345	2	79.9	55.7	0.3	1	7.0	75	16.8	3.4
	贵优 117	2	80.8	57.7	0.7	2	6.2	78	15.9	3.7
	珍野优粤福占	1	81.5	61.4	0.6	1	7.0	70	16.1	3.4
	贵优 313	1	81.3	60.2	0.1	1	7.0	74	16.7	3.8
	又美优金丝苗	3	81.3	54.6	1.0	2	6.4	82	17.9	3.7
	金龙优 260（复试）	2	81.4	60.6	0.3	1	7.0	75	18.7	3.4
	广 8 优 2168（CK）	2	80.9	57.6	1.4	2	6.4	80	13.6	3.6

表 4-23　弱感光组稻米米质检测结果

组别	品　　种	部标等级	糙米率（%）	整精米率（%）	垩白度（%）	透明度（级）	碱消值（级）	胶稠度（毫米）	直链淀粉（干基）（%）	粒型（长宽比）
A组	泼优 9157	—	80.3	33.9	0.3	1	6.0	81	19.3	4.1
	粤禾优 981	—	81.5	58.7	0.9	2	4.6	80	14.6	2.9
	金象优 579	2	80.4	56.9	0.6	1	7.0	74	16.2	3.4
	长优 9336	2	81.7	56.8	1.6	1	6.7	80	16.2	3.2
	庆香优珍丝苗	3	80.6	52.0	0.4	1	5.8	85	16.2	4.0
	信两优新象牙占	—	82.0	52.3	0.8	1	6.7	80	24.6	3.9
	765 两优 1597	3	80.8	61.6	0.1	2	5.7	76	15.8	3.7
	琪两优 1352	3	81.1	65.6	0.4	2	5.6	78	15.7	3.3
	秋银优 8860	—	80.5	52.1	1.3	1	4.1	81	15.7	3.8
	泼优 9531	3	81.8	52.4	0.2	1	5.0	80	18.0	4.0
	吉优 5522（复试）	—	82.5	44.3	1.6	1	5.7	76	23.3	2.9
	吉丰优 1002（CK）	—	81.2	52.1	1.4	1	6.3	76	24.5	3.0
B组	秋香优 1255	2	80.5	61.5	0.1	2	6.2	76	15.3	3.5
	峰软优天弘丝苗	1	81.7	64.5	0.9	1	7.0	76	15.8	3.4
	航 5 优 212	—	81.5	56.9	0.9	1	6.4	86	23.2	3.1
	金龙优 292	2	80.9	62.4	0.5	2	6.4	74	15.6	3.4
	广星优金晶占	—	82.0	54.7	2.4	1	6.7	64	24.0	3.2
	南新优 698	2	81.9	61.7	2.5	1	7.0	76	17.3	2.9
	贵优 55	2	81.6	59.9	1.6	1	7.0	76	17.0	3.4
	诚优苟占	2	81.6	57.0	2.0	1	7.0	76	17.4	3.8
	Ⅱ优 5522	—	81.7	46.7	5.4	2	5.1	60	23.5	2.5
	金恒优 5522	—	80.6	35.2	2.1	1	4.0	84	17.1	3.3
	南两优 6 号（复试）	3	81.5	53.6	1.5	1	5.8	78	16.9	3.3
	吉丰优 1002（CK）	—	81.2	52.1	1.4	1	6.3	76	24.5	3.0

1. 复试品种

根据两年鉴定结果，按米质从优原则，野香优莉丝（复试）、诚优 5305（复试）、天弘优福农占（复试）、金隆优 078（复试）、晶两优 1441（复试）、广 8 优 864（复试）、晶两优 3888（复试）达到部标 1 级，星优 135（复试）、丛两优 6100（复试）、粤创优珍丝苗（复试）、粤禾优 226（复试）、两优香丝苗（复试）、南两优 918（复试）、粤秀优文占（复试）、野优珍丝苗（复试）、金龙优 260（复试）达到部标 2 级，五优 098（复试）、青香优 086（复试）、纳优 6388（复试）、台两优 451（复试）、发两优粤美占（复试）、诚优 5378（复试）、C 两优 9815（复试）、南两优 6 号（复试）达到部标 3 级，其余品种均未达到优质食用稻品种标准。

2. 新参试品种

首次鉴定结果，峰软优天弘油占、珍野优粤福占、贵优 313、峰软优天弘丝苗达到部标 1 级，广 8 优源美丝苗、臻两优 785、金龙优 520、韶优 2101、胜优 083、金龙优 345、贵优 117、金象优 579、长优 9336、秋香优 1255、金龙优 292、南新优 698、贵优 55、诚优荀占达到部标 2 级，泰丰优 1132、航 93 两优 212、金香优 351、中银优金丝苗、耕香优 852、胜优 078、贵优 2168、峰软优 49、金隆优 088、航 1 两优 212、又美优金丝苗、庆香优珍丝苗、765 两优 1597、琪两优 1352、泼优 9531 达到部标 3 级，其余品种均未达到优质食用稻品种标准。

（三）抗病性

晚造杂交水稻各组品种抗病性鉴定结果见表 4-24 至表 4-26。

表 4-24　感温中熟组品种抗病性鉴定结果

组别	品　种	稻瘟病				综合评价	白叶枯病	
		总抗性频率（%）	叶、穗瘟病级（级）				Ⅸ型菌（级）	抗性评价
			叶瘟	穗瘟	单点穗瘟最高级			
A组	五优 098（复试）	91.1	1.25	4.5	7	中抗	1	抗
	裕优 086（复试）	88.9	1.25	4.0	7	中抗	1	抗
	星优 135（复试）	88.9	2.25	4.0	7	中抗	9	高感
	五优 1704（复试）	95.6	2.50	5.0	9	中抗	1	抗
	野香优莉丝（复试）	97.8	2.00	5.0	9	中抗	9	高感
	裕优 083	88.9	1.50	2.0	3	抗	1	抗
	金隆优 075	95.6	2.75	5.0	7	中抗	1	抗
	耕香优 178	84.4	1.00	4.0	5	中抗	9	高感
	胜优 088	86.7	2.00	4.0	7	中抗	7	感
	粒粒优香丝苗	57.8	4.50	7.0	9	高感	7	感
	丛两优 6100（复试）	97.8	1.25	3.0	5	抗	9	高感
	深优 9708（CK）	95.6	2.25	3.5	5	抗	9	高感
B组	诚优 5305（复试）	88.9	3.00	6.0	7	中感	1	抗
	粤禾优 226（复试）	95.6	1.75	2.5	5	高抗	9	高感
	天弘优福农占（复试）	91.1	2.00	3.0	5	抗	9	高感
	粤创优珍丝苗（复试）	100.0	1.50	2.5	5	高抗	3	中抗
	中丝优银粘	97.7	1.00	2.5	3	高抗	1	抗
	泰丰优 1132	91.1	1.25	3.5	5	抗	9	高感
	深香优 9374	95.6	1.25	2.0	3	高抗	9	高感
	峰软优天弘油占	95.1	1.25	2.0	3	高抗	7	感
	青香优 028	88.9	2.00	4.0	5	中抗	1	抗
	航 93 两优 212	88.9	1.75	4.5	7	中抗	9	高感

（续）

组别	品　　种	稻瘟病					白叶枯病	
		总抗性频率（％）	叶、穗瘟病级（级）			综合评价	Ⅸ型菌（级）	抗性评价
			叶瘟	穗瘟	单点穗瘟最高级			
B组	青香优 086（复试）	84.4	1.75	3.5	5	抗	1	抗
	深优 9708（CK）	95.6	2.25	3.5	5	抗	9	高感
C组	发两优粤美占（复试）	91.1	1.25	3.5	7	抗	7	感
	诚优 5378（复试）	80.0	2.25	6.5	9	中感	1	抗
	台两优 451（复试）	86.7	1.00	3.0	7	抗	1	抗
	两优香丝苗（复试）	91.1	2.00	6.5	9	中感	9	高感
	金香优 351	100.0	1.50	2.5	3	高抗	9	高感
	胜优油香	82.2	1.50	3.5	7	抗	9	高感
	贵优 76	82.2	1.25	3.0	7	抗	7	感
	五乡优 1055	93.3	1.50	5.0	7	中抗	7	感
	诚优 305	84.4	1.75	3.5	7	抗	9	高感
	中银优金丝苗	82.2	2.00	3.5	7	抗	1	抗
	纳优 6388（复试）	100.0	1.00	2.0	3	高抗	9	高感
	深优 9708（CK）	95.6	2.25	3.5	5	抗	9	高感

表 4-25　感温迟熟组品种抗病性鉴定结果

组别	品　　种	稻瘟病					白叶枯病	
		总抗性频率（％）	叶、穗瘟病级（级）			综合评价	Ⅸ型菌（级）	抗性评价
			叶瘟	穗瘟	单点穗瘟最高级			
A组	隆两优 305（复试）	82.2	1.50	1.5	3	抗	9	高感
	粤秀优文占（复试）	80.0	1.25	4.5	7	中抗	9	高感
	野优珍丝苗（复试）	100.0	1.50	4.0	7	中抗	7	感
	广 8 优源美丝苗	95.6	1.50	1.5	3	高抗	7	感
	臻两优 785	100.0	1.25	2.5	5	高抗	9	高感
	中恒优玉丝苗	77.8	2.75	5.5	7	中感	9	高感
	春两优 30	82.2	2.50	2.0	3	抗	9	高感
	隆两优 902	57.8	4.50	6.0	9	感	9	高感
	耕香优 852	93.3	1.75	4.5	7	中抗	9	高感
	皓两优 146	82.2	2.75	5.5	9	中抗	7	感
	南两优 918（复试）	88.9	1.00	2.0	3	抗	7	感
	广 8 优 2168（CK）	88.9	2.00	6.5	9	中感	9	高感
B组	金隆优 078（复试）	91.1	1.00	2.0	3	高抗	9	高感
	C 两优 9815（复试）	86.7	2.50	2.5	5	抗	9	高感

（续）

组别	品　　种	稻瘟病					白叶枯病	
		总抗性频率（%）	叶、穗瘟病级（级）			综合评价	Ⅸ型菌（级）	抗性评价
			叶瘟	穗瘟	单点穗瘟最高级			
B组	胜优 078	77.8	2.75	5.5	7	中感	7	感
	金龙优 520	100.0	1.50	1.5	3	高抗	9	高感
	贵优 2168	75.6	2.50	6.5	9	感	9	高感
	深香优 9261	88.9	1.50	2.0	3	抗	9	高感
	峰软优 49	91.1	1.50	2.5	5	高抗	7	感
	荃广优银泰香占	57.8	4.50	8.0	9	高感	9	高感
	韶优 2101	81.8	3.00	7.0	9	感	9	高感
	晶两优 1441（复试）	80.0	2.50	6.0	9	中感	7	感
	广 8 优 2168（CK）	88.9	2.00	6.5	9	中感	9	高感
C组	晶两优 3888（复试）	84.4	1.25	3.0	5	抗	9	高感
	广 8 优 864（复试）	91.1	2.00	6.0	7	中感	7	感
	胜优 083	82.2	1.75	3.5	5	抗	1	抗
	金隆优 088	86.7	1.75	6.0	7	中感	3	中抗
	航 1 两优 212	73.3	2.00	4.0	7	中感	7	感
	金龙优 345	91.1	2.00	3.0	7	抗	9	高感
	贵优 117	91.1	1.25	3.0	5	抗	9	高感
	珍野优粤福占	88.9	1.25	2.5	3	抗	9	高感
	贵优 313	86.7	1.50	3.0	5	抗	7	感
	又美优金丝苗	88.9	1.50	3.5	7	抗	7	感
	金龙优 260（复试）	93.3	2.50	5.0	7	中抗	9	高感
	广 8 优 2168（CK）	88.9	2.00	6.5	9	中感	9	高感

表 4-26　弱感光组品种抗病性鉴定结果

组别	品　　种	稻瘟病					白叶枯病	
		总抗性频率（%）	叶、穗瘟病级（级）			综合评价	Ⅸ型菌（级）	抗性评价
			叶瘟	穗瘟	单点穗瘟最高级			
A组	泼优 9157	80.0	2.25	6.0	7	中感	9	高感
	粤禾优 981	93.3	2.50	4.5	9	中抗	9	高感
	金象优 579	86.7	1.25	2.0	3	抗	3	中抗
	长优 9336	93.3	2.25	5.0	7	中抗	9	高感
	庆香优珍丝苗	88.9	1.25	3.0	5	抗	9	高感
	信两优新象牙占	93.3	1.25	4.5	7	中抗	9	高感
	765 两优 1597	91.1	1.75	3.5	7	抗	9	高感

（续）

组别	品　　　种	稻瘟病					白叶枯病	
		总抗性频率（%）	叶、穗瘟病级（级）			综合评价	Ⅸ型菌（级）	抗性评价
			叶瘟	穗瘟	单点穗瘟最高级			
A组	琪两优1352	86.7	2.25	4.0	7	中抗	7	感
	秋银优8860	86.7	3.25	3.0	7	抗	9	高感
	泼优9531	82.2	2.25	6.5	7	中感	9	高感
	吉优5522（复试）	97.8	1.50	4.5	7	中抗	1	抗
	吉丰优1002（CK）	95.6	1.50	2.5	3	高抗	7	感
B组	秋香优1255	86.7	1.5	1.50	3	抗	9	高感
	峰软优天弘丝苗	84.4	1.50	3.5	7	抗	7	感
	航5优212	88.9	1.00	3.0	7	抗	9	高感
	金龙优292	100.0	1.25	2.5	3	高抗	7	感
	广星优金晶占	91.1	2.25	3.0	7	抗	7	感
	南新优698	91.1	1.25	2.0	3	高抗	3	中抗
	贵优55	80.0	2.00	5.0	7	中抗	5	中感
	诚优荀占	88.9	1.25	1.5	3	抗	9	高感
	Ⅱ优5522	84.4	1.00	1.5	3	抗	3	中抗
	金恒优5522	86.7	1.00	2.0	3	抗	1	抗
	南两优6号（复试）	100.0	1.50	1.5	3	高抗	9	高感
	吉丰优1002（CK）	95.6	1.50	2.5	3	高抗	7	感

1. 稻瘟病抗性

（1）复试品种　根据两年鉴定结果，按抗病性从差原则，粤禾优226（复试）、纳优6388（复试）、南两优6号（复试）为高抗，丛两优6100（复试）、天弘优福农占（复试）、青香优086（复试）、发两优粤美占（复试）、台两优451（复试）、隆两优305（复试）、南两优918（复试）、金隆优078（复试）、C两优9815（复试）、晶两优3888（复试）为抗，五优098（复试）、裕优086（复试）、星优135（复试）、五优1704（复试）、野香优莉丝（复试）、粤秀优文占（复试）、野优珍丝苗（复试）、金龙优260（复试）、吉优5522（复试）为中抗，诚优5305（复试）、诚优5378（复试）、两优香丝苗（复试）、晶两优1441（复试）、广8优864（复试）为中感。

（2）新参试品种　首次鉴定结果，中丝优银粘、深香优9374、峰软优天弘油占、金香优351、广8优源美丝苗、臻两优785、金龙优520、峰软优49、金龙优292、南新优698为高抗，裕优083、泰丰优1132、胜优油香、贵优76、诚优305、中银优金丝苗、春两优 30、深香优 9261、胜优 083、金龙优 345、贵优 117、珍野优粤福占、贵优 313、又美优金丝苗、金象优 579、庆香优珍丝苗、765 两优 1597、秋银优 8860、秋香优 1255、峰软优天弘丝苗、航 5 优 212、广星优金晶占、诚优荀占、Ⅱ优 5522、金恒优 5522 为抗，金隆优 075、耕香优 178、胜优 088、青香优 028、航 93 两优 212、五乡优 1055、耕香优 852、皓两优 146、粤禾优 981、长优 9336、信两优新象牙占、琪两优 1352、贵优 55 为中抗，中恒优玉丝苗、胜优 078、金隆优 088、航 1 两优 212、泼优 9157、泼优 9531 为中感，隆两优 902、贵优 2168、韶优 2101 为感，粒粒优香丝苗、荃广优银泰香占为高感。

2. 白叶枯病抗性

（1）复试品种 根据两年鉴定结果，按抗病性从差原则，青香优 086（复试）、台两优 451（复试）、吉优 5522（复试）为抗，五优 098（复试）、裕优 086（复试）、五优 1704（复试）、诚优 5305（复试）、粤创优珍丝苗（复试）、诚优 5378（复试）为中抗，发两优粤美占（复试）、野优珍丝苗（复试）、南两优 918（复试）、晶两优 1441（复试）、广 8 优 864（复试）为感，星优 135（复试）、野香优莉丝（复试）、丛两优 6100（复试）、粤禾优 226（复试）、天弘优福农占（复试）、两优香丝苗（复试）、纳优 6388（复试）、隆两优 305（复试）、粤秀优文占（复试）、C 两优 9815（复试）、晶两优 3888（复试）、金龙优 260（复试）、南两优 6 号（复试）为高感。

（2）新参试品种 裕优 083、金隆优 075、中丝优银粘、青香优 028、中银优金丝苗、胜优 083、金恒优 5522 为抗，金隆优 088、金象优 579、南新优 698、Ⅱ优 5522 为中抗，贵优 55 为中感，胜优 088、粒粒优香丝苗、峰软优天弘油占、贵优 76、五乡优 1055、广 8 优源美丝苗、皓两优 146、胜优 078、峰软优 49、航 1 两优 212、贵优 313、又美优金丝苗、琪两优 1352、峰软优天弘丝苗、金龙优 292、广星优金晶占为感，耕香优 178、泰丰优 1132、深香优 9374、航 93 两优 212、金香优 351、胜优油香、诚优 305、臻两优 785、中恒优玉丝苗、春两优 30、隆两优 902、耕香优 852、金龙优 520、贵优 2168、深香优 9261、荃广优银泰香占、韶优 2101、金龙优 345、贵优 117、珍野优粤福占、泼优 9157、粤禾优 981、长优 9336、庆香优珍丝苗、信两优新象牙占、765 两优 1597、秋银优 8860、泼优 9531、秋香优 1255、航 5 优 212、诚优荀占为高感。

（四）耐寒性

人工气候室模拟耐寒性鉴定结果见表 4-27。

表 4-27 耐寒性鉴定结果

品 种	孕穗期低温结实率降低值（百分点）	开花期低温结实率降低值（百分点）	孕穗期耐寒性	开花期耐寒性
五优 098（复试）	−12.2	−13.5	中	中
裕优 086（复试）	−20.8	−23.9	中弱	中弱
星优 135（复试）	−11.3	−15.2	中	中
五优 1704（复试）	−12.4	−16.8	中	中
野香优莉丝（复试）	−12.9	−17.1	中	中

（续）

品　　种	孕穗期低温结实率降低值（百分点）	开花期低温结实率降低值（百分点）	孕穗期耐寒性	开花期耐寒性
丛两优 6100（复试）	−6.9	−7.5	中强	中强
诚优 5305（复试）	−11.5	−14.6	中	中
粤禾优 226（复试）	−15.2	−16.1	中	中
天弘优福农占（复试）	−7.6	−8.3	中强	中强
粤创优珍丝苗（复试）	−11.1	−12.5	中	中
青香优 086（复试）	−18.6	−20.3	中	中弱
发两优粤美占（复试）	−8.3	−11.7	中强	中
诚优 5378（复试）	−7.6	−10.8	中强	中
台两优 451（复试）	−8.1	−8.2	中强	中强
两优香丝苗（复试）	−8.7	−9.6	中强	中强
纳优 6388（复试）	−8.3	−10.5	中强	中
隆两优 305（复试）	−8.4	−10.4	中强	中
粤秀优文占（复试）	−11.2	−12.0	中	中
野优珍丝苗（复试）	−13.5	−13.1	中	中
南两优 918（复试）	−14.7	−12.4	中	中
金隆优 078（复试）	−17.4	−18.7	中	中
C 两优 9815（复试）	−7.9	−11.2	中强	中
晶两优 1441（复试）	−10.2	−11.6	中	中
晶两优 3888（复试）	−11.5	−13.8	中	中
广 8 优 864（复试）	−16.2	−17.1	中	中
金龙优 260（复试）	−13.6	−17.9	中	中
吉优 5522（复试）	−20.2	−25.4	中弱	中弱
南两优 6 号（复试）	−7.8	−10.0	中强	中

（五）主要农艺性状

晚造杂交水稻各组品种主要农艺性状见表 4-28 至表 4-31。

三、品种评述

（一）复试品种

1. 感温中熟组（A 组、B 组、C 组）

（1）五优 098（复试）　全生育期 111～112 天，与对照种深优 9708（CK）相当。株型中集，分蘖力中等，株高适中，抗倒性中强，耐寒性中等。株高 99.4～111.7 厘米，亩

表 4-28　感温中熟组（A 组、B 组）品种主要农艺性状综合表

组别	品　种	全生育期（天）	基本苗数（万苗/亩）	最高苗数（万苗/亩）	分蘖率（%）	有效穗数（万穗/亩）	成穗率（%）	株高（厘米）	穗长（厘米）	总粒数（粒/穗）	实粒数（粒/穗）	结实率（%）	千粒重（克）	抗倒情况（试点数）（个）直	斜	倒
感温中熟组（A组）	五优 098（复试）	112	5.7	27.2	402.6	16.7	62.9	111.7	21.5	151	118	78.1	24.8	7	1	0
	裕优 086（复试）	113	5.4	27.8	439.6	17.8	65.0	109.4	21.6	140	108	76.8	25.0	8	0	0
	星优 135（复试）	114	6.1	27.6	383.8	18.3	67.1	114.5	22.5	140	106	75.9	25.2	8	0	0
	五优 1704（复试）	114	5.8	29.6	440.8	18.2	61.6	109.6	21.4	141	107	75.9	25.1	8	0	0
	野香优莉丝	116	5.6	31.1	481.8	19.3	62.1	121.9	22.5	142	113	79.4	21.5	8	0	0
	裕优 083	114	5.6	27.2	401.4	17.3	64.4	114.6	22.1	161	112	71.4	25.0	8	0	0
	金隆优 075	116	5.7	26.6	389.5	17.1	66.1	117.5	23.0	163	124	76.6	23.3	6	1	1
	耕香优 178	116	5.9	28.8	415.1	17.7	62.4	107.9	21.7	164	114	70.7	21.7	8	0	0
	胜优 088	114	5.5	28.5	455.2	17.5	62.2	109.5	22.3	165	118	71.7	24.1	7	0	1
	粒粒优香丝苗	114	5.5	31.8	502.0	20.4	65.0	117.1	22.8	135	102	76.2	21.9	5	2	1
	丛两优 6100（复试）	115	5.3	29.5	483.1	17.8	61.6	104.9	21.4	141	110	78.0	24.5	8	0	0
	深优 9708（CK）	112	5.6	26.9	417.0	16.4	62.3	115.4	24.4	153	125	81.6	25.0	8	0	0
感温中熟组（B组）	诚优 5305（复试）	115	5.8	29.7	435.5	18.9	63.6	106.7	22.0	133	104	78.0	24.6	7	0	1
	粤禾优 226（复试）	113	5.6	26.7	399.2	16.6	62.7	103.2	21.7	139	110	78.6	25.4	8	0	0
	天弘优福农占（复试）	115	5.2	26.7	432.5	17.3	65.3	105.9	22.6	158	129	82.6	20.9	8	0	0
	粤创优珍丝苗（复试）	113	5.7	27.1	395.3	17.8	65.7	102.2	21.1	147	116	79.9	23.0	8	0	0
	中丝优银粘	115	5.3	27.8	437.7	17.3	62.5	112.4	22.0	165	130	78.9	21.6	8	0	0
	泰丰优 1132	112	5.5	27.3	422.7	17.6	65.1	108.8	21.5	136	103	76.0	24.8	7	1	1
	深香优 9374	117	5.4	28.0	436.4	17.4	62.7	120.2	22.6	143	110	76.6	24.7	8	0	0
	峰软优天弘油占	114	5.1	26.8	449.6	17.5	65.6	108.1	20.6	160	124	76.8	21.6	8	0	0
	青香 028	115	5.3	26.1	408.7	17.6	67.7	111.6	22.7	151	123	81.6	22.7	8	0	0
	航 93 两优 212	115	5.2	26.6	430.3	15.9	60.4	110.9	21.9	160	125	77.8	22.9	8	0	0
	青香 086（复试）	115	5.7	25.6	378.0	16.8	66.1	109.7	22.1	151	121	80.8	22.8	8	0	0
	深优 9708（CK）	112	5.3	26.5	437.6	15.8	60.3	114.1	24.7	147	122	82.5	25.0	8	0	0

表4-29 感温中熟组（C组）和感温迟熟组（A组）品种主要农艺性状综合表

组别	品种	全生育期（天）	基本苗数（万苗/亩）	最高苗数（万苗/亩）	分蘖率（%）	有效穗数（万穗/亩）	成穗率（%）	株高（厘米）	穗长（厘米）	总粒数（粒/穗）	实粒数（粒/穗）	结实率（%）	千粒重（克）	抗倒情况（试点数）（个）直	斜	倒
感温中熟组（C组）	发两优粤美占（复试）	115	5.7	27.3	397.0	18.1	66.8	112.9	20.7	136	104	77.0	25.2	7	1	0
	诚优5378（复试）	108	5.6	25.3	379.3	16.6	65.5	104.8	22.3	129	106	81.7	24.3	8	0	0
	台两优451（复试）	115	5.8	27.0	390.1	17.9	66.5	112.0	22.4	138	109	79.0	25.3	8	0	0
	两优香丝苗（复试）	117	5.4	27.0	428.3	16.9	63.3	111.2	22.7	160	117	73.2	21.3	7	1	0
	金香351	115	5.8	26.9	394.9	17.5	65.5	113.8	22.0	155	116	74.5	23.7	8	0	0
	胜两优油香	118	5.7	28.5	425.5	17.6	62.3	113.6	22.5	159	116	73.7	22.3	7	1	0
	贵优76	116	5.8	26.5	378.0	17.4	66.2	114.7	22.8	168	125	74.5	22.9	6	1	1
	五乡优1055	113	5.8	27.8	411.8	18.2	65.8	108.6	21.7	145	112	76.7	24.0	8	0	0
	诚优305	114	5.4	27.8	452.6	18.5	66.9	106.3	22.2	126	101	80.8	25.2	6	1	1
	中银优金丝苗	109	5.2	25.3	417.5	16.5	65.9	108.8	21.9	139	110	79.4	24.7	7	1	0
	纳优6388（复试）	115	5.2	25.4	419.2	16.7	66.5	109.1	22.0	167	131	78.8	22.0	7	1	0
	深优9708（CK）	112	4.8	25.5	468.6	16.0	63.4	114.0	24.3	151	124	82.1	24.8	8	0	0
感温迟熟组（A组）	隆两优305（复试）	112	5.9	29.7	426.3	17.5	60.0	112.6	22.3	143	121	84.2	24.8	11	2	0
	粤秀优文古（复试）	108	6.0	28.3	381.9	17.4	62.6	109.8	22.9	133	112	84.7	24.5	7	4	2
	野优珍丝苗（复试）	108	5.9	30.6	435.2	18.3	60.1	110.0	21.6	148	125	84.5	20.7	13	0	0
	广8优源美丝苗	110	6.5	30.3	391.6	18.4	61.7	111.7	22.2	151	128	84.8	21.0	12	1	0
	臻两优785	114	5.9	30.3	439.0	17.0	56.2	112.6	22.9	150	126	84.3	24.1	13	0	0
	中恒优玉丝苗	111	6.0	29.6	409.7	17.4	58.9	109.6	24.5	141	108	76.8	25.4	11	1	0
	春两优30	114	5.6	28.9	437.6	16.5	57.9	112.1	22.7	159	131	82.9	24.3	13	0	0
	隆两优902	115	6.0	26.5	359.1	15.3	58.5	126.1	24.7	157	124	78.8	25.7	13	0	0
	耕两优852	111	5.9	28.4	400.4	17.0	60.0	109.3	23.2	178	137	77.4	20.6	11	1	1
	皓两优146	110	5.6	28.2	426.0	17.0	61.0	121.2	23.6	169	136	80.4	20.1	11	0	2
	南两优918	114	5.7	28.0	404.4	16.7	60.3	115.2	21.7	132	111	83.6	26.7	11	1	1
	广8优2168（CK）	113	6.0	28.5	394.7	17.3	61.5	115.0	23.6	144	120	83.2	24.9	11	0	2

表 4-30　感温迟熟组（B组）和感温迟熟组（C组）品种主要农艺性状综合表

组别	品种	全生育期（天）	基本苗数（万苗/亩）	最高苗数（万苗/亩）	分蘖率（%）	有效穗数（万穗/亩）	成穗率（%）	株高（厘米）	穗长（厘米）	总粒数（粒/穗）	实粒数（粒/穗）	结实率（%）	千粒重（克）	抗倒情况（试点数）（个）直	斜	倒
感温迟熟组（B组）	金隆优078（复试）	110	5.7	25.7	368.1	16.4	64.2	108.6	25.0	159	130	82.1	22.5	11	0	2
	C两优9815（复试）	108	5.8	29.7	425.9	16.6	56.2	105.2	22.6	152	128	84.1	23.5	9	2	2
	胜优078	110	5.8	28.7	409.1	17.3	60.7	108.4	23.1	155	122	79.7	23.2	12	0	1
	金龙优520	113	5.9	29.1	412.3	17.9	61.8	108.1	22.8	147	114	78.0	24.6	12	0	1
	贵优2168	112	5.7	27.9	406.9	15.6	56.4	112.1	24.0	151	122	81.1	24.8	11	0	2
	深香优9261	117	5.8	28.7	412.1	15.8	55.5	113.8	23.7	156	126	80.2	26.0	13	0	0
	峰软优49	110	5.8	27.1	388.5	17.2	64.2	109.2	20.1	155	126	80.9	22.4	12	0	1
	荃广优银泰香占	114	6.0	30.6	433.1	18.0	58.8	111.9	24.3	152	117	77.1	21.6	10	1	2
	韶优2101	112	5.7	29.5	432.6	16.5	56.1	111.2	24.6	173	127	73.4	22.2	11	1	1
	晶两优1441（复试）	114	5.9	29.5	422.5	16.7	57.0	108.5	22.7	139	121	87.0	23.9	13	0	0
	广8优2168（CK）	113	6.1	29.9	408.0	17.1	57.8	114.2	23.7	141	118	84.3	25.1	12	0	1
感温迟熟组（C组）	晶两优3888（复试）	114	5.7	28.4	417.3	16.7	59.3	108.3	23.8	150	125	83.5	24.5	13	0	0
	广8优864（复试）	111	5.9	31.4	453.8	18.7	59.9	107.0	22.0	154	125	82.0	20.6	12	1	0
	胜优083	109	5.7	27.6	400.0	16.6	60.6	108.0	22.3	158	128	81.2	23.1	7	4	2
	金隆优088	110	5.7	26.9	392.6	16.2	60.6	110.2	24.1	164	132	81.0	23.1	9	3	1
	航1两优212	111	5.7	31.0	459.7	17.9	58.2	106.7	21.7	148	118	80.4	21.7	13	0	0
	金龙优345	115	5.8	28.6	402.7	17.8	63.2	107.8	22.2	154	118	75.8	24.4	13	0	0
	贵优117	111	6.1	31.4	436.6	18.3	58.4	108.0	23.1	158	128	81.3	20.2	8	2	3
	珍野优粤福占	108	5.7	28.5	411.8	17.5	62.0	107.9	22.6	157	131	83.3	21.4	11	1	1
	贵优313	111	5.8	29.4	419.8	17.0	58.5	109.8	23.3	162	134	82.9	20.9	10	2	1
	又美优金苗	112	5.9	31.1	452.0	18.9	61.2	106.5	22.7	152	120	78.8	21.5	10	1	2
	金龙优260（复试）	112	5.8	30.1	429.3	17.8	59.3	112.5	22.2	154	117	76.3	23.9	11	1	1
	广8优2168（CK）	113	5.9	29.9	418.6	17.5	58.8	113.3	23.5	140	118	84.0	24.7	12	0	1

表4-31 弱感光组（A组）和弱感光组（B组）品种主要农艺性状综合表

组别	品种	全生育期（天）	基本苗数（万苗/亩）	最高苗数（万苗/亩）	分蘖率（%）	有效穗数（万穗/亩）	成穗率（%）	株高（厘米）	穗长（厘米）	总粒数（粒/穗）	实粒数（粒/穗）	结实率（%）	千粒重（克）	直	斜	倒
弱感光组（A组）	弱优9157	118	5.7	30.0	439.9	17.6	59.6	110.0	24.2	132	109	82.4	25.6	11	1	0
	粤禾优981	116	5.7	30.2	442.1	16.8	56.0	105.6	19.6	150	129	86.0	24.3	12	0	0
	金象优579	115	5.3	30.0	487.3	17.5	59.2	104.9	23.0	144	120	83.5	23.0	12	0	0
	长优9336	101	5.7	23.0	311.6	14.1	62.3	94.5	19.8	147	118	80.5	25.7	11	0	1
	庆香优珍丝苗	115	5.6	28.9	433.7	17.8	62.2	111.8	24.0	137	117	85.4	23.6	11	1	0
	信两优新象牙占	115	5.7	30.0	433.4	17.0	57.3	114.0	23.1	161	131	81.6	22.6	11	1	0
	765两优1597	109	5.7	29.6	436.5	17.8	61.0	110.5	23.5	127	108	86.4	25.5	12	0	0
	琪两优1352	107	5.6	30.7	462.1	18.3	60.2	100.1	20.8	143	123	85.8	21.2	12	0	0
	秋银优8860	116	5.7	27.6	398.6	16.6	60.6	110.2	24.6	151	127	84.4	24.1	12	0	0
	弱优9531	108	5.7	30.1	434.5	17.4	58.6	102.5	23.1	128	104	81.5	24.1	12	0	0
	吉优5522（复试）	117	5.9	30.6	425.2	17.5	57.5	107.6	20.9	133	109	81.8	28.0	12	0	0
	吉丰优1002（CK）	118	5.7	29.1	413.9	17.1	59.7	105.0	21.1	140	117	83.8	26.7	12	0	0
弱感光组（B组）	秋软优1255	114	5.8	31.9	465.8	17.6	55.2	110.3	24.2	143	123	86.1	22.7	10	1	1
	峰软优天弘丝苗	114	5.2	26.0	427.2	16.3	63.5	116.6	22.1	166	141	84.6	21.4	12	0	0
	航5优212	121	5.4	30.1	474.9	16.9	56.4	106.8	22.8	147	109	74.7	25.9	12	0	0
	金龙优292	110	5.4	28.4	451.3	16.7	59.3	109.2	22.7	144	120	82.7	24.5	11	1	0
	广星优金晶占	120	5.2	26.5	418.1	15.7	59.7	104.2	22.2	162	118	74.1	25.8	11	0	1
	南新优698	117	5.4	29.0	443.0	17.6	61.6	109.7	22.8	146	124	85.6	23.0	12	0	0
	贵优55	117	5.4	30.9	490.0	18.0	58.6	105.2	22.7	153	126	82.4	22.3	11	0	1
	诚优莉占	113	5.6	31.8	482.7	18.3	58.1	108.3	21.7	141	115	82.2	23.4	12	0	0
	Ⅱ优5522	118	5.6	28.4	427.5	16.4	58.1	109.4	23.1	153	125	82.3	26.3	12	0	0
	金恒优5522	118	5.3	29.4	478.2	17.7	60.5	107.5	23.9	149	114	76.5	26.4	12	0	0
	南两优6号（复试）	117	5.6	27.7	397.9	15.6	56.8	113.8	22.3	134	111	83.5	27.9	12	0	0
	吉丰优1002（CK）	118	5.7	29.8	431.3	17.1	57.9	103.6	21.3	142	118	83.0	26.5	12	0	0

抗倒情况（试点数）（个）：直 斜 倒

有效穗数 16.7 万～18.9 万穗，穗长 20.9～21.5 厘米，每穗总粒数 124～151 粒，结实率 78.1%～82.5%，千粒重 24.8～27.0 克。中抗稻瘟病，全群抗性频率 91.1%～100%，病圃鉴定叶瘟 1.0～1.25 级、穗瘟 2.3～4.5 级（单点最高 7 级）；中抗白叶枯病（Ⅳ型菌 3 级、Ⅴ型菌 3 级、Ⅸ型菌 1 级）。米质鉴定达部标优质 3 级，整精米率 53.6%～61.0%，垩白度 1.1%～1.9%，透明度 1.0 级，碱消值 4.8～6.2 级，胶稠度 48.0～59.0 毫米，直链淀粉 16.8%～20.0%，粒型（长宽比）3.0～3.3。2017 年晚造参加省区试，平均亩产量 483.41 千克，比对照种深优 9708（CK）增产 1.63%，增产未达显著水平。2020 年晚造参加省区试，平均亩产量为 449.19 千克，比对照种深优 9708（CK）增产 0.21%，增产未达显著水平。2020 年晚造生产试验平均亩产量 486.36 千克，比对照种增产 4.20%，日产量 4.01～4.36 千克。

该品种经过两年区试和一年生产试验，产量与对照相当，米质达部标优质 3 级，中抗稻瘟病，中抗白叶枯病，耐寒性中等。建议粤北稻作区和中北稻作区早、晚造种植。栽培上注意防治稻瘟病。推荐省品种审定。

（2）星优 135（复试） 全生育期 111～114 天，比对照种深优 9708（CK）长 1～2 天。株型中集，分蘖力中等，株高适中，抗倒性强，耐寒性中等。株高 107.2～114.5 厘米，亩有效穗数 16.9 万～18.3 万穗，穗长 22.5～22.9 厘米，每穗总粒数 140～146 粒，结实率 75.9%～82.8%，千粒重 25.1～25.2 克。中抗稻瘟病，全群抗性频率 88.9%～100.0%，病圃鉴定叶瘟 1.6～2.25 级、穗瘟 3.8～4.0 级（单点最高 7 级）；高感白叶枯病（Ⅳ型菌 7 级、Ⅴ型菌 9 级、Ⅸ型菌 9 级）。米质鉴定达部标优质 2 级，整精米率 45.0%～59.2%，垩白度 1.1%～1.8%，透明度 1.0 级，碱消值 7.0 级，胶稠度 64.0 毫米，直链淀粉 17.1%～17.8%，粒型（长宽比）3.5。2019 年晚造参加省区试，平均亩产量为 501.46 千克，比对照种深优 9708（CK）减产 1.49%，减产未达显著水平。2020 年晚造参加省区试，平均亩产量为 444.63 千克，比对照种深优 9708（CK）减产 0.8%，减产未达显著水平。2020 年晚造生产试验平均亩产量 459.72 千克，比深优 9708（CK）减产 1.51%，日产量 3.90～4.52 千克。

该品种经过两年区试和一年生产试验，产量与对照相当，米质达部标优质 2 级，中抗稻瘟病，高感白叶枯病，耐寒性中等。建议粤北稻作区和中北稻作区早、晚造种植。栽培上注意防治稻瘟病和白叶枯病。推荐省品种审定。

（3）丛两优 6100（复试） 全生育期 114～115 天，比对照种深优 9708（CK）长 3～4 天。株型中集，分蘖力较强，株高适中，抗倒性强，耐寒性中强。株高 97.2～104.9 厘米，亩有效穗数 17.8 万～18.4 万穗，穗长 21.4～21.7 厘米，每穗总粒数 130～141 粒，结实率 78.0%～85.2%，千粒重 24.5～25.7 克。抗稻瘟病，全群抗性频率 92.9%～97.8%，病圃鉴定叶瘟 1.25～1.40 级、穗瘟 2.2～3.0 级（单点最高 5 级）；高感白叶枯病（Ⅳ型菌 5 级、Ⅴ型菌 9 级、Ⅸ型菌 9 级）。米质鉴定达部标优质 2 级，整精米率 53.9%～62.5%，垩白度 1.4%～1.9%，透明度 1.0 级，碱消值 6.3～6.7 级，胶稠度 68～81 毫米，直链淀粉 16.9%～17.1%，粒型（长宽比）2.9～3.2。2018 年晚造参加省区试，平均亩产量 477.54 千克，比对照种深优 9708（CK）减产 1.80%，减产未达显著水平。2020 年晚造参加省区试，平均亩产量为 438.69 千克，比对照种深优 9708（CK）

减产 2.13%，减产未达显著水平。2020 年晚造生产试验平均亩产量 476.20 千克，比深优 9708（CK）增产 2.02%，日产量 3.81～4.19 千克。

该品种经过两年区试和一年生产试验，产量与对照相当，米质达部标优质 3 级，抗稻瘟病，高感白叶枯病，耐寒性中强。建议粤北稻作区和中北稻作区早、晚造种植。栽培上特别注意防治白叶枯病。推荐省品种审定。

（4）裕优 086（复试）　全生育期 112～113 天，比对照种深优 9708（CK）长 1～2 天。株型中集，分蘖力中等，株高适中，抗倒性强，耐寒性中弱。株高 101.9～109.4 厘米，亩有效穗数 17.3 万～17.8 万穗，穗长 21.2～21.6 厘米，每穗总粒数 140～151 粒，结实率 76.8%～80.0%，千粒重 24.8～25.0 克。中抗稻瘟病，全群抗性频率 88.9%～100.0%，病圃鉴定叶瘟 1.25～1.4 级、穗瘟 3.8～4.0 级（单点最高 7 级）；中抗白叶枯病（Ⅳ型菌 3 级、Ⅴ型菌 3 级、Ⅸ型菌 1 级）。米质鉴定未达部标优质级，整精米率 54.8%～61.1%，垩白度 0.5%～0.9%，透明度 1.0 级，碱消值 4.2～4.4 级，胶稠度 74.0～81.0 毫米，直链淀粉 15.4%～16.9%，粒型（长宽比）3.2～3.3。2019 年晚造参加省区试，平均亩产量为 501.77 千克，比对照种深优 9708（CK）减产 1.43%，减产未达显著水平。2020 年晚造参加省区试，平均亩产量为 434.40 千克，比对照种深优 9708（CK）减产 3.09%，减产未达显著水平。2020 年晚造生产试验平均亩产量 483.46 千克，比深优 9708（CK）增产 3.58%，日产量 3.84～4.48 千克。

该品种经过两年区试和一年生产试验，产量与对照相当，米质未达部标优质等级，中抗稻瘟病，中抗白叶枯病，耐寒性中弱。建议广东省中北稻作区的平原地区早、晚造种植。栽培上注意防治稻瘟病。推荐省品种审定。

（5）诚优 5305（复试）　全生育期 112～115 天，比对照种深优 9708（CK）长 2～3 天。株型中集，分蘖力中等，株高适中，抗倒性中等，耐寒性中等。株高 96.8～106.7 厘米，亩有效穗数 18.8 万～18.9 万穗，穗长 22.0～22.5 厘米，每穗总粒数 133～141 粒，结实率 78.0%～78.5%，千粒重 24.6～25.3 克。中感稻瘟病，全群抗性频率 75.8%～88.9%，病圃鉴定叶瘟 1.2～3.0 级、穗瘟 3.0～6.0 级（单点最高 7 级）；中抗白叶枯病（Ⅳ型菌 3 级、Ⅴ型菌 3 级、Ⅸ型菌 1 级）。米质鉴定达部标优质 1 级，整精米率 41.1%～58.6%，垩白度 0.8%～0.9%，透明度 1.0～2.0 级，碱消值 6.9～7.0 级，胶稠度 50.0～71.0 毫米，直链淀粉 17.5%～17.6%，粒型（长宽比）3.5～3.6。2019 年晚造参加省区试，平均亩产量为 482.98 千克，比对照种深优 9708（CK）减产 5.12%，减产未达显著水平。2020 年晚造参加省区试，平均亩产量为 456.54 千克，比对照种深优 9708（CK）增产 1.35%，增产未达显著水平。2020 年晚造生产试验平均亩产量 484.60 千克，比深优 9708（CK）增产 3.82%，日产量 3.97～4.31 千克。

该品种经过两年区试和一年生产试验，产量与对照相当，米质达部标优质 1 级，中感稻瘟病，中抗白叶枯病，耐寒性中等。建议粤北稻作区和中北稻作区早、晚造种植。栽培上特别注意防治稻瘟病。推荐省品种审定。

（6）青香优 086（复试）　全生育期 113～115 天，比对照种深优 9708（CK）长 3 天。株型中集，分蘖力中等，株高适中，抗倒性强，耐寒性中弱。株高 101.0～109.7 厘米，亩有效穗数 16.8 万～17.6 万穗，穗长 22.1～23.1 厘米，每穗总粒数 151～157 粒，结实率80.8%～84.0%，千粒重22.6～22.8克。抗稻瘟病，全群抗性频率78.8%～84.4%，病圃鉴定叶瘟1.6～1.75级、穗瘟2.2～3.5级（单点最高5级）；抗白叶枯病（Ⅳ型菌1级、Ⅴ型菌3级、Ⅸ型菌1级）。米质鉴定达部标优质3级，整精米率40.6%～55.4%，垩白度0.0%～2.0%，透明度1.0级，碱消值5.3～6.5级，胶稠度71.0～76.0毫米，直链淀粉15.3%～18.0%，粒型（长宽比）3.6。2019年晚造参加省区试，平均亩产量为483.81千克，比对照种深优9708（CK）减产4.96%，减产未达显著水平。2020年晚造参加省区试，平均亩产量为455.63千克，比对照种深优9708（CK）增产1.14%，增产未达显著水平。2020年晚造生产试验平均亩产量467.18千克，比深优9708（CK）增产0.09%，日产量3.96～4.28千克。

该品种经过两年区试和一年生产试验，产量与对照相当，米质达部标优质3级，抗稻瘟病，抗白叶枯病，耐寒性中弱。建议广东省中北稻作区的平原地区早、晚造种植。推荐省品种审定。

（7）天弘优福农占（复试）　全生育期113～115天，比对照种深优9708（CK）长3天。株型中集，分蘖力中等，株高适中，抗倒性强，耐寒性中强。株高95.4～105.9厘米，亩有效穗数17.3万～17.6万穗，穗长22.6～22.7厘米，每穗总粒数151～158粒，结实率82.6%，千粒重20.9～21.6克。抗稻瘟病，全群抗性频率91.1%～97.0%，病圃鉴定叶瘟1.2～2.0级、穗瘟2.2～3.0级（单点最高5级）；高感白叶枯病（Ⅳ型菌5级、Ⅴ型菌9级、Ⅸ型菌9级）。米质鉴定达部标优质1级，整精米率46.5%～61.2%，垩白度0.0%～0.4%，透明度1.0级，碱消值7.0级，胶稠度62.0毫米，直链淀粉16.2%～17.4%，粒型（长宽比）3.8～3.9。2019年晚造参加省区试，平均亩产量为491.79千克，比对照种深优9708（CK）减产0.19%，减产未达显著水平。2020年晚造参加省区试，平均亩产量为453.92千克，比对照种深优9708（CK）增产0.76%，增产未达显著水平。2020年晚造生产试验平均亩产量461.23千克，比深优9708（CK）减产1.18%，日产量3.95～4.35千克。

该品种经过两年区试和一年生产试验，产量与对照相当，米质达部标优质1级，抗稻瘟病，高感白叶枯病，耐寒性中强。建议粤北稻作区和中北稻作区早、晚造种植。栽培上特别注意防治白叶枯病。推荐省品种审定。

（8）粤创优珍丝苗（复试）　全生育期111～113天，比对照种深优9708（CK）长1天。株型中集，分蘖力中等，株高适中，抗倒性强，耐寒性中等。株高95.2～102.2厘米，亩有效穗数17.8万～18.5万穗，穗长21.1～21.4厘米，每穗总粒数139～147粒，结实率79.9%～85.1%，千粒重23.0～23.3克。高抗稻瘟病，全群抗性频率100.0%，病圃鉴定叶瘟1.5～1.8级、穗瘟2.5～2.6级（单点最高5级）；中抗白叶枯病（Ⅳ型菌3级、Ⅴ型菌3级、Ⅸ型菌3级）。米质鉴定达部标优质2级，整精米率57.6%～61.2%，垩白度0.9%～1.1%，透明度1.0级，碱消值5.0～6.2级，胶稠度68.0～81.0毫米，直链淀粉16.3%～17.9%，粒型（长宽比）2.8～3.0。2019年晚造参加省区试，平均亩产量为529.23千克，比对照种深优9708（CK）增产2.76%，增产未达显著水平。2020年晚造参加省区试，平均亩产量为438.65千克，比对照种深优9708（CK）减产2.63%，减产未达显著水平。2020年晚造生产试验平均亩产量481.02千克，比深优9708（CK）

增产 3.06％，日产量 3.88～4.77 千克。

该品种经过两年区试和一年生产试验，产量与对照相当，米质达部标优质 2 级，高抗稻瘟病，中抗白叶枯病，耐寒性中等。建议粤北稻作区和中北稻作区早、晚造种植。推荐省品种审定。

（9）粤禾优 226（复试）　全生育期 110～113 天，比对照种深优 9708（CK）长 1 天。株型中集，分蘖力中等，株高适中，抗倒性强，耐寒性中等。株高 93.7～103.2 厘米，亩有效穗数 16.6 万～16.9 万穗，穗长 21.7～22.0 厘米，每穗总粒数 139～148 粒，结实率 78.6％～83.0％，千粒重 25.2～25.4 克。高抗稻瘟病，全群抗性频率 95.6％～97.0％，病圃鉴定叶瘟 1.0～1.75 级、穗瘟 2.5～2.6 级（单点最高 5 级）；高感白叶枯病（Ⅳ型菌 5 级、Ⅴ型菌 9 级、Ⅸ型菌 9 级）。米质鉴定达部标优质 2 级，整精米率 55.8％～61.5％，垩白度 0.8％～1.1％，透明度 1.0 级，碱消值 5.0～6.2 级，胶稠度 74.0～75.0 毫米，直链淀粉 16.9％～18.0％，粒型（长宽比）3.2～3.3。2019 年晚造参加省区试，平均亩产量为 494.92 千克，比对照种深优 9708（CK）增产 0.45％，增产未达显著水平。2020 年晚造参加省区试，平均亩产量为 434.50 千克，比对照种深优 9708（CK）减产 3.55％，减产未达显著水平。2020 年晚造生产试验平均亩产量 471.98 千克，比深优 9708（CK）增产 1.12％，日产量 3.85～4.50 千克。

该品种经过两年区试和一年生产试验，产量与对照相当，米质达部标优质 2 级，高抗稻瘟病，高感白叶枯病，耐寒性中等。建议粤北稻作区和中北稻作区早、晚造种植。栽培特别上注意防治白叶枯病。推荐省品种审定。

（10）纳优 6388（复试）　全生育期 113～115 天，比对照种深优 9708（CK）长 3 天。株型中集，分蘖力中等，株高适中，抗倒性中强，耐寒性中等。株高 98.1～109.1 厘米，亩有效穗数 16.7 万～18.1 万穗，穗长 22.0～22.2 厘米，每穗总粒数 162～167 粒，结实率 78.8％～82.2％，千粒重 22.0 克。高抗稻瘟病，全群抗性频率 95.8％～100.0％，病圃鉴定叶瘟 1.0～1.2 级、穗瘟 1.8～2.0 级（单点最高 3 级）；高感白叶枯病（Ⅳ型菌 5 级、Ⅴ型菌 9 级、Ⅸ型菌 9 级）。米质鉴定达部标优质 3 级，整精米率 54.4％～64.1％，垩白度 0.9％～1.1％，透明度 1.0～2.0 级，碱消值 4.1～5.7 级，胶稠度 76.0～80.0 毫米，直链淀粉 15.1％～17.0％，粒型（长宽比）3.5。2019 年晚造参加省区试，平均亩产量为 526.19 千克，比对照种深优 9708（CK）增产 2.17％，增产未达显著水平。2020 年晚造参加省区试，平均亩产量为 473.87 千克，比对照种深优 9708（CK）增产 0.69％，增产未达显著水平。2020 年晚造生产试验平均亩产量 423.44 千克，比深优 9708（CK）减产 9.28％，日产量 4.12～4.66 千克。

该品种经过两年区试和一年生产试验，产量与对照相当，米质达部标优质 3 级，高抗稻瘟病，高感白叶枯病，耐寒性中等。建议粤北稻作区和中北稻作区早、晚造种植。栽培上特别注意防治白叶枯病。推荐省品种审定。

（11）台两优 451（复试）　全生育期 112～115 天，比对照种深优 9708（CK）长 2～3 天。株型中集，分蘖力中等，株高适中，抗倒性强，耐寒性中强。株高 101.9～112.0 厘米，亩有效穗数 17.8 万～17.9 万穗，穗长 22.4～23.1 厘米，每穗总粒数 138～145 粒，结实率 77.5％～79.0％，千粒重 25.3～25.5 克。抗稻瘟病，全群抗性频率 84.8％～

86.7%、病圃鉴定叶瘟 1.0～1.2 级、穗瘟 3.0 级（单点最高 7 级）；抗白叶枯病（Ⅳ型菌 1 级、Ⅴ型菌 3 级、Ⅸ型菌 1 级）。米质鉴定达部标优质 3 级，整精米率 51.0%～57.3%、垩白度 0.6%～2.0%、透明度 1.0 级、碱消值 5.5～6.8 级、胶稠度 53.0～80.0 毫米、直链淀粉 21.8%～22.4%、粒型（长宽比）3.2～3.4。2019 年晚造参加省区试，平均亩产量为 503.60 千克，比对照种深优 9708（CK）减产 2.22%，减产未达显著水平。2020 年晚造参加省区试，平均亩产量为 467.96 千克，比对照种深优 9708（CK）减产 0.56%，减产未达显著水平。2020 年晚造生产试验平均亩产量 472.87 千克，比深优 9708（CK）增产 1.31%，日产量 4.07～4.50 千克。

该品种经过两年区试和一年生产试验，产量与对照相当，米质达部标优质 3 级，抗稻瘟病，抗白叶枯病，耐寒性中强。建议粤北稻作区和中北稻作区早、晚造种植。推荐省品种审定。

（12）发两优粤美占（复试）　全生育期 111～115 天，比对照种深优 9708（CK）长 1～3 天。株型中集，分蘖力中等，株高适中，抗倒性中强，耐寒性中等。株高 98.7～112.9 厘米，亩有效穗数 17.3 万～18.1 万穗，穗长 20.5～20.7 厘米，每穗总粒数 136～139 粒，结实率 77.0%～82.0%，千粒重 25.0～25.2 克。抗稻瘟病，全群抗性频率 91.1%～93.9%、病圃鉴定叶瘟 1.0～1.25 级、穗瘟 2.2～3.5 级（单点最高 7 级）；感白叶枯病（Ⅳ型菌 5 级、Ⅴ型菌 7 级、Ⅸ型菌 7 级）。米质鉴定达部标优质 3 级，整精米率 44.3%～61.3%、垩白度 1.6%～2.2%、透明度 1.0 级、碱消值 5.3～6.2 级、胶稠度 67.0～74.0 毫米、直链淀粉 17.0%～18.7%、粒型（长宽比）3.0。2019 年晚造参加省区试，平均亩产量为 510.94 千克，比对照种深优 9708（CK）减产 0.79%，减产未达显著水平。2020 年晚造参加省区试，平均亩产量为 466.96 千克，比对照种深优 9708（CK）减产 0.77%，减产未达显著水平。2020 年晚造生产试验平均亩产量 479.61 千克，比深优 9708（CK）增产 2.75%，日产量 4.06～4.60 千克。

该品种经过两年区试和一年生产试验，产量与对照相当，米质未达部标优质等级，抗稻瘟病，感白叶枯病，耐寒性中等。建议粤北稻作区和中北稻作区早、晚造种植。栽培上注意防治白叶枯病。推荐省品种审定。

（13）野香优莉丝（复试）　全生育期 113～116 天，比对照种深优 9708（CK）长 3～4 天。株型中集，分蘖力较强，株高适中，抗倒性强，耐寒性中等。株高 111.3～121.9 厘米，亩有效穗数 19.3 万～19.4 万穗，穗长 22.5～22.6 厘米，每穗总粒数 142～146 粒，结实率 79.4%～83.1%，千粒重 21.4～21.5 克。中抗稻瘟病，全群抗性频率 97.0%～97.8%、病圃鉴定叶瘟 2.0～2.2 级、穗瘟 3.0～5.0 级（单点最高 9 级）；高感白叶枯病（Ⅳ型菌 7 级、Ⅴ型菌 9 级、Ⅸ型菌 9 级）。米质鉴定达部标优质 1 级，整精米率 37.4%～61.3%、垩白度 0.0%～0.3%、透明度 1.0 级、碱消值 7.0 级、胶稠度 61.0～62.0 毫米、直链淀粉 16.9%～18.8%、粒型（长宽比）3.9～4.0。2019 年晚造参加省区试，平均亩产量为 487.69 千克，比对照种深优 9708（CK）减产 4.19%，减产未达显著水平。2020 年晚造参加省区试，平均亩产量为 448.35 千克，比对照种深优 9708（CK）增产 0.03%，增产未达显著水平。2020 年晚造生产试验平均亩产量 469.30 千克，比深优 9708（CK）增产 0.55%，日产量 3.87～4.32 千克。

该品种经过两年区试和一年生产试验，产量与对照相当，米质达部标优质1级，中抗稻瘟病，单点最高穗瘟9级，高感白叶枯病，耐寒性中等。建议粤北稻作区和中北稻作区早、晚造种植。栽培上特别注意防治稻瘟病和白叶枯病。

（14）五优1704（复试）　全生育期113～114天，比对照种深优9708（CK）长2～3天。株型中集，分蘖力中等，株高适中，抗倒性强，耐寒性中等。株高101.0～109.6厘米，亩有效穗数17.7万～18.2万穗，穗长21.2～21.4厘米，每穗总粒数141～144粒，结实率75.9%～84.2%，千粒重25.0～25.1克。中抗稻瘟病，全群抗性频率90.9%～95.6%，病圃鉴定叶瘟2.4～2.5级、穗瘟2.6～5.0级（单点最高9级）；中抗白叶枯病（Ⅳ型菌3级、Ⅴ型菌3级、Ⅸ型菌1级）。米质鉴定未达部标优质级，整精米率55.4%～63.2%，垩白度1.0%～1.6%，透明度1.0～2.0级，碱消值4.0～4.6级，胶稠度68.0～80.0毫米，直链淀粉16.0%～17.1%，粒型（长宽比）2.7～2.8。2019年晚造参加省区试，平均亩产量为490.58千克，比对照种深优9708（CK）减产3.63%，减产未达显著水平。2020年晚造参加省区试，平均亩产量为439.40千克，比对照种深优9708（CK）减产1.97%，减产未达显著水平。2020年晚造生产试验平均亩产量440.12千克，比深优9708（CK）减产5.71%，日产量3.85～4.34千克。

该品种经过两年区试和一年生产试验，产量与对照相当，米质未达部标优质等级，中抗稻瘟病，单点最高穗瘟9级，中抗白叶枯病，耐寒性中等。建议粤北稻作区和中北稻作区早、晚造种植。栽培上注意防治稻瘟病。

（15）诚优5378（复试）　全生育期108～112天，与对照种深优9708（CK）相当。株型中集，分蘖力中等，株高适中，抗倒性强，耐寒性中等。株高96.4～104.8厘米，亩有效穗数16.6万～19.1万穗，穗长21.7～22.3厘米，每穗总粒数129～136粒，结实率81.7%～83.4%，千粒重24.3～25.8克。中感稻瘟病，全群抗性频率48.5%～80.0%，病圃鉴定叶瘟2.25～2.4级、穗瘟2.2～6.5级（单点最高9级）；中抗白叶枯病（Ⅳ型菌3级、Ⅴ型菌3级、Ⅸ型菌1级）。米质鉴定达部标优质3级，整精米率47.9%～63.2%，垩白度1.2%～3.4%，透明度1.0级，碱消值5.3～6.3级，胶稠度45.0～79.0毫米，直链淀粉17.1%～19.5%，粒型（长宽比）3.1～3.5。2019年晚造参加省区试，平均亩产量为507.04千克，比对照种深优9708（CK）减产1.55%，减产未达显著水平。2020年晚造参加省区试，平均亩产量为437.62千克，比对照种深优9708（CK）减产7.01%，减产达显著水平。2020年晚造生产试验平均亩产量439.65千克，比深优9708（CK）减产5.81%，日产量4.05～4.53千克。

该品种经过两年区试和一年生产试验，丰产性较差，米质未达部标优质级，中感稻瘟病，单点最高穗瘟9级，中抗白叶枯病，耐寒性中等。建议粤北稻作区和中北稻作区早、晚造种植。栽培上特别注意防治稻瘟病。

（16）两优香丝苗（复试）　全生育期113～117天，比对照种深优9708（CK）长4～5天。株型中集，分蘖力中等，株高适中，抗倒性中强，耐寒性中强。株高100.8～111.2厘米，亩有效穗数16.9万～18.1万穗，穗长22.7～24.2厘米，每穗总粒数151～160粒，结实率73.2%～76.7%，千粒重21.3～22.3克。中感稻瘟病，全群抗性频率91.1%，病圃鉴定叶瘟1.2～2.0级、穗瘟2.6～6.5级（单点最高9级）；高感白叶枯病

（Ⅳ型菌 5 级、Ⅴ型菌 7 级、Ⅸ型菌 9 级）。米质鉴定达部标优质 2 级，整精米率 28.3%～55.2%，垩白度 0.3%～1.0%，透明度 1.0 级，碱消值 6.1～6.4 级，胶稠度 49.0～61.0 毫米，直链淀粉 18.8%～21.8%，粒型（长宽比）4.0～4.1。2019 年晚造参加省区试，平均亩产量为 488.15 千克，比对照种深优 9708（CK）减产 0.93%，减产未达显著水平。2020 年晚造参加省区试，平均亩产量为 428.06 千克，比对照种深优 9708（CK）减产 9.04%，减产达极显著水平。2020 年晚造生产试验平均亩产量 454.86 千克，比深优 9708（CK）减产 2.55%，日产量 3.66～4.32 千克。

该品种经过两年区试和一年生产试验，丰产性差，米质达部标优质 2 级，中感稻瘟病，单点最高穗瘟 9 级，高感白叶枯病，耐寒性中强。建议粤北稻作区和中北稻作区早、晚造种植。栽培上特别注意防治稻瘟病和白叶枯病。

2. 感温迟熟组（A 组、B 组、C 组）

（1）隆两优 305（复试）　全生育期 112～113 天，与对照种广 8 优 2168（CK）相当。株型中集，分蘖力中等，株高适中，抗倒性中强，耐寒性中等。株高 107.6～112.6 厘米，亩有效穗数 17.5 万～17.8 万穗，穗长 22.3～23.1 厘米，每穗总粒数 143～155 粒，结实率 82.4%～84.2%，千粒重 24.8～25.2 克。抗稻瘟病，全群抗性频率 82.2%～90.9%，病圃鉴定叶瘟 1.0～1.5 级、穗瘟 1.4～1.5 级（单点最高 3 级）；高感白叶枯病（Ⅳ型菌 5 级、Ⅴ型菌 7 级、Ⅸ型菌 9 级）。米质鉴定未达部标优质等级，整精米率 63.6%～63.9%，垩白度 0.3%～1.2%，透明度 2.0 级，碱消值 3.8～4.1 级，胶稠度 76.0～80.0 毫米，直链淀粉 14.5%～15.8%，粒型（长宽比）3.2～3.4。2019 年晚造参加省区试，平均亩产量为 527.49 千克，比对照种广 8 优 2168（CK）增产 2.19%，增产未达显著水平。2020 年晚造参加省区试，平均亩产量为 479.76 千克，比对照种广 8 优 2168（CK）增产 3.99%，增产未达显著水平。2020 年晚造生产试验平均亩产量 478.12 千克，比广 8 优 2168（CK）增产 7.79%，日产量 4.28～4.67 千克。

该品种经过两年区试和一年生产试验，产量与对照相当，米质未达部标优质等级，抗稻瘟病，高感白叶枯病，耐寒性中等。建议粤北以外稻作区早、晚造种植。栽培上特别注意防治白叶枯病。推荐省品种审定。

（2）南两优 918（复试）　全生育期 114～115 天，比对照种广 8 优 2168（CK）长 1～2 天。株型中集，分蘖力中等，株高适中，抗倒性中等，耐寒性中等。株高 110.6～115.2 厘米，亩有效穗数 16.7 万～17.0 万穗，穗长 21.7～22.1 厘米，每穗总粒数 132～147 粒，结实率 83.6%～87.6%，千粒重 26.1～26.7 克。抗稻瘟病，全群抗性频率 88.9%～90.9%，病圃鉴定叶瘟 1.0～1.8 级、穗瘟 1.0～2.0 级（单点最高 3 级）；感白叶枯病（Ⅳ型菌 5 级、Ⅴ型菌 7 级、Ⅸ型菌 7 级）。米质鉴定达部标优质 2 级，整精米率 52.4%～57.0%，垩白度 0.4%，透明度 1.0 级，碱消值 5.5～6.6 级，胶稠度 75.0 毫米，直链淀粉 15.2%～15.9%，粒型（长宽比）3.2～3.4。2019 年晚造参加省区试，平均亩产量为 533.64 千克，比对照种广 8 优 2168（CK）增产 3.38%，增产未达显著水平。2020 年晚造参加省区试，平均亩产量为 472.68 千克，比对照种广 8 优 2168（CK）增产 2.46%，增产未达显著水平。2020 年晚造生产试验平均亩产量 470.24 千克，比广 8 优 2168（CK）增产 6.01%，日产量 4.15～4.64 千克。

该品种经过两年区试和一年生产试验,产量与对照相当,米质达部标优质2级,抗稻瘟病,感白叶枯病,耐寒性中等。建议粤北以外稻作区早、晚造种植。栽培上注意防治白叶枯病。推荐省品种审定。

(3)粤秀优文占(复试) 全生育期107~108天,比对照种广8优2168(CK)短5~6天。株型中集,分蘖力中等,株高适中,抗倒性中弱,耐寒性中等。株高102.7~109.8厘米,亩有效穗数17.4万~18.1万穗,穗长22.9~23.2厘米,每穗总粒数133~136粒,结实率84.7%~88.4%,千粒重24.5~25.0克。中抗稻瘟病,全群抗性频率80.0%~87.9%,病圃鉴定叶瘟1.25~1.6级、穗瘟1.4~4.5级(单点最高7级);高感白叶枯病(Ⅳ型菌7级、Ⅴ型菌9级、Ⅸ型菌9级)。米质鉴定达部标优质2级,整精米率53.0%~57.4%,垩白度0.2%~0.3%,透明度1.0级,碱消值6.8~7.0级,胶稠度67.0~72.0毫米,直链淀粉16.5%~16.6%,粒型(长宽比)3.6。2019年晚造参加省区试,平均亩产量为510.88千克,比对照种广8优2168(CK)减产1.03%,减产未达显著水平。2020年晚造参加省区试,平均亩产量为452.65千克,比对照种广8优2168(CK)减产1.88%,减产未达显著水平。2020年晚造生产试验平均亩产量454.29千克,比广8优2168(CK)增产2.41%,日产量4.19~4.77千克。

该品种经过两年区试和一年生产试验,产量与对照相当,米质达部标优质2级,中抗稻瘟病,高感白叶枯病,耐寒性中等。建议粤北以外稻作区早、晚造种植。栽培上特别注意防治白叶枯病。推荐省品种审定。

(4)野优珍丝苗(复试) 全生育期108天,比对照种广8优2168(CK)短5天。株型中集,分蘖力中等,株高适中,抗倒性强,耐寒性中等。株高101.4~110.0厘米,亩有效穗数18.3万~18.7万穗,穗长21.6~21.8厘米,每穗总粒数148~151粒,结实率84.5%~88.0%,千粒重20.7~21.0克。中抗稻瘟病,全群抗性频率100.0%,病圃鉴定叶瘟1.5~2.0级、穗瘟2.6~4.0级(单点最高7级);感白叶枯病(Ⅳ型菌1级、Ⅴ型菌3级、Ⅸ型菌7级)。米质鉴定达部标优质2级,整精米率61.5%~68.7%,垩白度0.2%~0.4%,透明度2.0级,碱消值5.2~6.3级,胶稠度74.0毫米,直链淀粉15.4%~16.0%,粒型(长宽比)3.5~3.6。2019年晚造参加省区试,平均亩产量为501.55千克,比对照种广8优2168(CK)减产2.84%,减产未达显著水平。2020年晚造参加省区试,平均亩产量为442.5千克,比对照种广8优2168(CK)减产4.09%,减产未达显著水平。2020年晚造生产试验平均亩产量443.93千克,比广8优2168(CK)增产0.08%,日产量4.10~4.64千克。

该品种经过两年区试和一年生产试验,产量与对照相当,米质达部标优质2级,中抗稻瘟病,感白叶枯病,耐寒性中等。建议粤北以外稻作区早、晚造种植。栽培上注意防治稻瘟病和白叶枯病。推荐省品种审定。

(5)C两优9815(复试) 全生育期108~110天,比对照种广8优2168(CK)短3~5天。株型中集,分蘖力中等,株高适中,抗倒性中等,耐寒性中等。株高98.3~105.2厘米,亩有效穗数16.6万~17.6万穗,穗长22.6厘米,每穗总粒数145~152粒,结实率84.1%~85.3%,千粒重23.5~25.1克。抗稻瘟病,全群抗性频率75.8%~86.7%,病圃鉴定叶瘟1.2~2.5级、穗瘟1.8~2.5级(单点最高5级);高感白叶枯病

（Ⅳ型菌1级、Ⅴ型菌3级、Ⅸ型菌9级）。米质鉴定达部标优质3级，整精米率55.4%～61.3%，垩白度1.0%～1.2%，透明度2.0级，碱消值4.7～5.3级，胶稠度74.0～79.0毫米，直链淀粉14.8%～15.8%，粒型（长宽比）3.2～3.3。2019年晚造参加省区试，平均亩产量为521.54千克，比对照种广8优2168（CK）增产0.36%，增产未达显著水平。2020年晚造参加省区试，平均亩产量为484.53千克，比对照种广8优2168（CK）增产6.42%，增产达极显著水平。2020年晚造生产试验平均亩产量493.27千克，比广8优2168（CK）增产11.20%，日产量4.49～4.74千克。

该品种经过两年区试和一年生产试验，丰产性较好，米质达部标优质3级，抗稻瘟病，高感白叶枯病，耐寒性中等。建议粤北以外稻作区早、晚造种植。栽培上特别注意防治白叶枯病。推荐省品种审定。

（6）金隆优078（复试） 全生育期110～111天，比对照种广8优2168（CK）短2～3天。株型中集，分蘖力中等，株高适中，抗倒性中等，耐寒性中等。株高101.0～108.6厘米，亩有效穗数16.3万～16.4万穗，穗长25.0～25.2厘米，每穗总粒数159～169粒，结实率82.1%～84.1%，千粒重22.5～22.7克。抗稻瘟病，全群抗性频率91.1%～97.0%，病圃鉴定叶瘟1.0～1.2级、穗瘟2.0～3.0级（单点最高5级）；高感白叶枯病（Ⅳ型菌7级、Ⅴ型菌9级、Ⅸ型菌9级）。米质鉴定达部标优质1级，整精米率53.8%～59.8%，垩白度0.4%～1.0%，透明度1.0级，碱消值6.8～7.0级，胶稠度71.0～72.0毫米，直链淀粉15.3%～15.9%，粒型（长宽比）3.7～3.8。2019年晚造参加省区试，平均亩产量为495.88千克，比对照种广8优2168（CK）减产3.53%，减产未达显著水平。2020年晚造参加省区试，平均亩产量为463.9千克，比对照种广8优2168（CK）增产1.89%，增产未达显著水平。2020年晚造生产试验平均亩产量463.51千克，比广8优2168（CK）增产4.49%，日产量4.22～4.47千克。

该品种经过两年区试和一年生产试验，产量与对照相当，米质达部标优质1级，抗稻瘟病，高感白叶枯病，耐寒性中等。建议粤北以外稻作区早、晚造种植。栽培上特别注意防治白叶枯病。推荐省品种审定。

（7）金龙优260（复试） 全生育期112～114天，与对照种广8优2168（CK）相当。株型中集，分蘖力中等，株高适中，抗倒性中等，耐寒性中等。株高103.1～112.5厘米，亩有效穗数17.8万穗，穗长22.2厘米，每穗总粒数154～163粒，结实率76.3%～77.5%，千粒重23.9～24.5克。中抗稻瘟病，全群抗性频率84.8%～93.3%，病圃鉴定叶瘟1.4～2.5级、穗瘟3.0～5.0级（单点最高7级）；高感白叶枯病（Ⅳ型菌5级、Ⅴ型菌7级、Ⅸ型菌9级）。米质鉴定达部标优质2级，整精米率56.6%～60.6%，垩白度0.2%～0.3%，透明度1.0级，碱消值7.0级，胶稠度75.0～78.0毫米，直链淀粉17.4%～18.7%，粒型（长宽比）3.3～3.4。2019年晚造参加省区试，平均亩产量为517.50千克，比对照种广8优2168（CK）减产0.42%，减产未达显著水平。2020年晚造参加省区试，平均亩产量为472.31千克，比对照种广8优2168（CK）增产3.38%，增产未达显著水平。2020年晚造生产试验平均亩产量474.98千克，比广8优2168（CK）增产7.08%，日产量4.22～4.54千克。

该品种经过两年区试和一年生产试验，产量与对照相当，米质达部标优质2级，中抗稻瘟病，高感白叶枯病，耐寒性中等。建议粤北以外稻作区早、晚造种植。栽培上特别注意防治白叶枯病。推荐省品种审定。

（8）广8优864（复试）　全生育期111～112天，比对照种广8优2168（CK）短1～2天。株型中集，分蘖力中强，株高适中，抗倒性中强，耐寒性中等。株高100.5～107.0厘米，亩有效穗数18.3万～18.7万穗，穗长22.0～22.4厘米，每穗总粒数154～161粒，结实率80.4%～82.0%，千粒重20.6～21.7克。中感稻瘟病，全群抗性频率78.8%～91.1%，病圃鉴定叶瘟1.0～2.0级、穗瘟1.8～6.0级（单点最高7级）；感白叶枯病（Ⅳ型菌5级、Ⅴ型菌7级、Ⅸ型菌7级）。米质鉴定达部标优质1级，整精米率59.8%，垩白度0.2%～0.4%，透明度1.0级，碱消值7.0级，胶稠度70.0～72.0毫米，直链淀粉15.7%～17.1%，粒型（长宽比）3.5～3.6。2019年晚造参加省区试，平均亩产量为505.05千克，比对照种广8优2168（CK）减产2.82%，减产未达显著水平。2020年晚造参加省区试，平均亩产量为466.09千克，比对照种广8优2168（CK）增产2.02%，增产未达显著水平。2020年晚造生产试验平均亩产量474.19千克，比广8优2168（CK）增产6.90%，日产量4.20～4.51千克。

该品种经过两年区试和一年生产试验，产量与对照相当，米质达部标优质1级，中感稻瘟病，感白叶枯病，耐寒性中等。建议粤北以外稻作区早、晚造种植。栽培上注意防治稻瘟病和白叶枯病。推荐省品种审定。

（9）晶两优3888（复试）　全生育期113～114天，与对照种广8优2168（CK）相当。株型中集，分蘖力中等，株高适中，抗倒性强，耐寒性中等。株高103.0～108.3厘米，亩有效穗数16.7万～17.2万穗，穗长23.6～23.8厘米，每穗总粒数150～153粒，结实率83.5%～84.3%，千粒重24.5～24.8克。抗稻瘟病，全群抗性频率84.4%～87.9%，病圃鉴定叶瘟1.25～1.4级、穗瘟1.4～3.0级（单点最高5级）；高感白叶枯病（Ⅳ型菌7级、Ⅴ型菌7级、Ⅸ型菌9级）。米质鉴定达部标优质1级，整精米率63.8%～64.0%，垩白度0.9%～1.0%，透明度1.0～2.0级，碱消值6.8～7.0级，胶稠度73.0～76.0毫米，直链淀粉15.0%～15.2%，粒型（长宽比）3.0～3.1。2019年晚造参加省区试，平均亩产量为515.64千克，比对照种广8优2168（CK）减产0.78%，减产未达显著水平。2020年晚造参加省区试，平均亩产量为457.68千克，比对照种广8优2168（CK）增产0.18%，增产未达显著水平。2020年晚造生产试验平均亩产量497.09千克，比广8优2168（CK）增产12.06%，日产量4.01～4.56千克。

该品种经过两年区试和一年生产试验，产量与对照相当，米质达部标优质1级，抗稻瘟病，高感白叶枯病，耐寒性中等。建议粤北以外稻作区早、晚造种植。栽培上特别注意防治白叶枯病。推荐省品种审定。

（10）晶两优1441（复试）　全生育期114～115天，比对照种广8优2168（CK）长1～2天。株型中集，分蘖力中等，株高适中，抗倒性强，耐寒性中等。株高104.5～108.5厘米，亩有效穗数16.7万～17.2万穗，穗长22.7～23.1厘米，每穗总粒数139～158粒，结实率85.3%～87.0%，千粒重23.7～23.9克。中感稻瘟病，全群抗性频率51.5%～80.0%，病圃鉴定叶瘟1.4～2.5级、穗瘟2.2～6.0级（单点最高9级）；感白叶枯病（Ⅳ型菌1级、Ⅴ型菌1级、Ⅸ型菌7级）。米质鉴定达部标优质1级，整精米率

60.9%～61.8%，垩白度1.0%～1.3%，透明度1.0～2.0级，碱消值7.0级，胶稠度75.0～76.0毫米，直链淀粉16.1%～16.4%，粒型（长宽比）3.0～3.2。2019年晚造参加省区试，平均亩产量为519.96千克，比对照种广8优2168（CK）增产1.16%，增产未达显著水平。2020年晚造参加省区试，平均亩产量为452.28千克，比对照种广8优2168（CK）减产0.66%，减产未达显著水平。2020年晚造生产试验平均亩产量469.40千克，比广8优2168（CK）增产5.82%，日产量3.97～4.52千克。

该品种经过两年区试和一年生产试验，产量与对照相当，米质达部标优质1级，中感稻瘟病，单点最高穗瘟9级，感白叶枯病，耐寒性中等。建议粤北以外稻作区早、晚造种植。栽培上特别注意防治稻瘟病和白叶枯病。

3. 弱感光组（A组、B组）

（1）吉优5522（复试）　全生育期117～118天，与对照种吉丰优1002（CK）相当。株型中集，分蘖力中等，株高适中，抗倒性强，耐寒性中弱。株高105.3～107.6厘米，亩有效穗数17.4万～17.5万穗，穗长20.9～21.0厘米，每穗总粒数133～149粒，结实率79.1%～81.8%，千粒重28.0～28.1克。中抗稻瘟病，全群抗性频率97.8%～100.0%，病圃鉴定叶瘟1.5～1.8级、穗瘟1.0～4.5级（单点最高7级）；抗白叶枯病（Ⅳ型菌1级、Ⅴ型菌3级、Ⅸ型菌1级）。米质鉴定未达部标优质等级，整精米率44.3%～45.1%，垩白度1.6%～1.9%，透明度1.0～2.0级，碱消值5.0～5.7级，胶稠度44.0～76.0毫米，直链淀粉23.3%，粒型（长宽比）2.9。2019年晚造参加省区试，平均亩产量为527.03千克，比对照种吉丰优1002（CK）增产0.52%，增产未达显著水平。2020年晚造参加省区试，平均亩产量为498.21千克，比对照种吉丰优1002（CK）增产0.95%，增产未达显著水平。2020年晚造生产试验平均亩产量499.40千克，比吉丰优1002（CK）增产3.61%，日产量4.26～4.47千克。

该品种经过两年区试和一年生产试验，产量与对照相当，米质未达部标优质级，中抗稻瘟病，抗白叶枯病，耐寒性中弱。建议广东省中南和西南稻作区的平原地区晚造种植。推荐省品种审定。

（2）南两优6号（复试）　全生育期117～118天，比对照种吉丰优1002（CK）短1天。株型中集，分蘖力中等，株高适中，抗倒性强，耐寒性中等。株高113.8～114.7厘米，亩有效穗数15.6万～15.9万穗，穗长22.1～22.3厘米，每穗总粒数134～148粒，结实率83.5%～85.1%，千粒重27.3～27.9克。高抗稻瘟病，全群抗性频率93.9%～100.0%，病圃鉴定叶瘟1.5～1.6级、穗瘟1.4～1.5级（单点最高3级）；高感白叶枯病（Ⅳ型菌5级、Ⅴ型菌7级、Ⅸ型菌9级）。米质鉴定达部标优质3级，整精米率49.4%～53.6%，垩白度0.6%～1.5%，透明度1.0级，碱消值5.7～5.8级，胶稠度68.0～78.0毫米，直链淀粉16.9%～17.1%，粒型（长宽比）3.2～3.3。2019年晚造参加省区试，平均亩产量为499.61千克，比对照种吉丰优1002（CK）减产4.03%，减产未达显著水平。2020年晚造参加省区试，平均亩产量为458.06千克，比对照种吉丰优1002（CK）减产4.37%，减产未达显著水平。2020年晚造生产试验平均亩产量474.02千克，比吉丰优1002（CK）减产1.65%，日产量3.92～4.23千克。

该品种经过两年区试和一年生产试验，产量与对照相当，米质达部标优质3级，高抗稻瘟病，高感白叶枯病，耐寒性中等。建议粤北以外稻作区晚造种植。栽培上特别注意防治白叶枯病。推荐省品种审定。

（二）新参试品种

1. 感温中熟组（A 组、B 组、C 组）

（1）**金隆优 075** 全生育期 116 天，比对照种深优 9708（CK）长 4 天。株型中集，分蘖力中等，株高适中，抗倒性中等。株高 117.5 厘米，亩有效穗数 17.1 万穗，穗长 23.0 厘米，每穗总粒数 163 粒，结实率 76.6%，千粒重 23.3 克。米质鉴定未达部标优质等级，糙米率 82.5%，整精米率 44.3%，垩白度 1.6%，透明度 1.0 级，碱消值 6.5 级，胶稠度 65.0 毫米，直链淀粉 17.4%，粒型（长宽比）3.5。中抗稻瘟病，全群抗性频率 95.6%，病圃鉴定叶瘟 2.75 级、穗瘟 5.0 级（单点最高 7 级）；抗白叶枯病（Ⅸ 型菌 1 级）。2020 年晚造参加省区试，平均亩产量 452.54 千克，比对照种深优 9708（CK）增产 0.96%，增产未达显著水平，日产量 3.90 千克。

该品种产量与对照相当，米质未达部标优质等级，中抗稻瘟病，抗白叶枯病，2021 年安排复试并进行生产试验。

（2）**裕优 083** 全生育期 114 天，比对照种深优 9708（CK）长 2 天。株型中集，分蘖力中等，株高适中，抗倒性强。株高 114.6 厘米，亩有效穗数 17.3 万穗，穗长 22.1 厘米，每穗总粒数 161 粒，结实率 71.4%，千粒重 25.0 克。米质鉴定未达部标优质等级，糙米率 82.7%，整精米率 50.9%，垩白度 2.1%，透明度 1.0 级，碱消值 6.2 级，胶稠度 74.0 毫米，直链淀粉 17.1%，粒型（长宽比）3.5。抗稻瘟病，全群抗性频率 88.9%，病圃鉴定叶瘟 1.5 级、穗瘟 2.0 级（单点最高 3 级）；抗白叶枯病（Ⅸ 型菌 1 级）。2020 年晚造参加省区试，平均亩产量 444.37 千克，比对照种深优 9708（CK）减产 0.86%，减产未达显著水平，日产量 3.90 千克。

该品种产量与对照相当，米质未达部标优质等级，抗稻瘟病，抗白叶枯病，2021 年安排复试并进行生产试验。

（3）**胜优 088** 全生育期 114 天，比对照种深优 9708（CK）长 2 天。株型中集，分蘖力中等，株高适中，抗倒性中等。株高 109.5 厘米，亩有效穗数 17.5 万穗，穗长 22.3 厘米，每穗总粒数 165 粒，结实率 71.7%，千粒重 24.1 克。米质鉴定未达部标优质等级，糙米率 83.1%，整精米率 48.2%，垩白度 1.3%，透明度 1.0 级，碱消值 7.0 级，胶稠度 64.0 毫米，直链淀粉 17.0%，粒型（长宽比）3.3。中抗稻瘟病，全群抗性频率 86.7%，病圃鉴定叶瘟 2.0 级、穗瘟 4.0 级（单点最高 7 级）；感白叶枯病（Ⅸ 型菌 7 级）。2020 年晚造参加省区试，平均亩产量 434.13 千克，比对照种深优 9708（CK）减产 3.15%，减产未达显著水平，日产量 3.81 千克。

该品种产量与对照相当，米质未达部标优质等级，中抗稻瘟病，感白叶枯病，2021 年安排复试并进行生产试验。

（4）**峰软优天弘油占** 全生育期 114 天，比对照种深优 9708（CK）长 2 天。株型中集，分蘖力中等，株高适中，抗倒性强。株高 108.1 厘米，亩有效穗数 17.5 万穗，穗长 20.6 厘米，每穗总粒数 160 粒，结实率 76.8%，千粒重 21.6 克。米质鉴定达部标优质 1

级，糙米率83.0%，整精米率58.2%，垩白度0.6%，透明度1.0级，碱消值7.0级，胶稠度61.0毫米，直链淀粉17.5%，粒型（长宽比）3.4。高抗稻瘟病，全群抗性频率95.1%，病圃鉴定叶瘟1.25级、穗瘟2.0级（单点最高3级）；感白叶枯病（Ⅸ型菌7级）。2020年晚造参加省区试，平均亩产量458.10千克，比对照种深优9708（CK）增产1.69%，增产未达显著水平，日产量4.02千克。

该品种产量与对照相当，米质达部标优质1级，高抗稻瘟病，2021年安排复试并进行生产试验。

（5）中丝优银粘　全生育期115天，比对照种深优9708（CK）长3天。株型中集，分蘖力中等，株高适中，抗倒性强。株高112.4厘米，亩有效穗数17.3万穗，穗长22.0厘米，每穗总粒数165粒，结实率78.9%，千粒重21.6克。米质鉴定未达部标优质等级，糙米率82.8%，整精米率52.2%，垩白度0.2%，透明度1.0级，碱消值6.8级，胶稠度46.0毫米，直链淀粉16.9%，粒型（长宽比）3.4。高抗稻瘟病，全群抗性频率97.7%，病圃鉴定叶瘟1.0级、穗瘟2.5级（单点最高3级）；抗白叶枯病（Ⅸ型菌1级）。2020年晚造参加省区试，平均亩产量455.87千克，比对照种深优9708（CK）增产1.20%，增产未达显著水平，日产量3.96千克。

该品种产量与对照相当，高抗稻瘟病，抗白叶枯病，2021年安排复试并进行生产试验。

（6）航93两优212　全生育期115天，比对照种深优9708（CK）长3天。株型中集，分蘖力中等，株高适中，抗倒性强。株高110.9厘米，亩有效穗数15.9万穗，穗长21.9厘米，每穗总粒数160粒，结实率77.8%，千粒重22.9克。米质鉴定达部标优质3级，糙米率82.5%，整精米率53.0%，垩白度2.0%，透明度1.0级，碱消值6.1级，胶稠度72.0毫米，直链淀粉17.2%，粒型（长宽比）3.4。中抗稻瘟病，全群抗性频率88.9%，病圃鉴定叶瘟1.75级、穗瘟4.5级（单点最高7级）；高感白叶枯病（Ⅸ型菌9级）。2020年晚造参加省区试，平均亩产量452.42千克，比对照种深优9708（CK）增产0.43%，增产未达显著水平，日产量3.93千克。

该品种产量与对照相当，米质达部标优质3级，中抗稻瘟病，2021年安排复试并进行生产试验。

（7）青香优028　全生育期115天，比对照种深优9708（CK）长3天。株型中集，分蘖力中等，株高适中，抗倒性强。株高111.6厘米，亩有效穗数17.6万穗，穗长22.7厘米，每穗总粒数151粒，结实率81.6%，千粒重22.7克。米质鉴定未达部标优质等级，糙米率82.5%，整精米率47.2%，垩白度2.0%，透明度1.0级，碱消值6.4级，胶稠度74.0毫米，直链淀粉17.3%，粒型（长宽比）3.5。中抗稻瘟病，全群抗性频率88.9%，病圃鉴定叶瘟2.0级、穗瘟4.0级（单点最高5级）；抗白叶枯病（Ⅸ型菌1级）。2020年晚造参加省区试，平均亩产量451.87千克，比对照种深优9708（CK）增产0.31%，增产未达显著水平，日产量3.93千克。

该品种产量与对照相当，中抗稻瘟病，抗白叶枯病，2021年安排复试并进行生产试验。

（8）泰丰优1132　全生育期112天，与对照种深优9708（CK）相当。株型中集，分蘖力中等，株高适中，抗倒性中等。株高108.8厘米，亩有效穗数17.6万穗，穗长21.5厘米，每穗总粒数136粒，结实率76.0%，千粒重24.8克。米质鉴定达部标优质3级，糙米率83.0%，整精米率54.2%，垩白度0.4%，透明度1.0级，碱消值6.8级，胶稠度68.0毫米，直链淀粉16.9%，粒型（长宽比）3.7。抗稻瘟病，全群抗性频率91.1%，病圃鉴定叶瘟1.25级、穗瘟3.5级（单点最高5级）；高感白叶枯病（IX型菌9级）。2020年晚造参加省区试，平均亩产量423.63千克，比对照种深优9708（CK）减产5.96%，减产未达显著水平，日产量3.78千克。

该品种产量与对照相当，米质达部标优质3级，抗稻瘟病，2021年安排复试并进行生产试验。

（9）诚优305 全生育期114天，比对照种深优9708（CK）长2天。株型中集，分蘖力中等，株高适中，抗倒性中等。株高106.3厘米，亩有效穗数18.5万穗，穗长22.2厘米，每穗总粒数126粒，结实率80.8%，千粒重25.2克。米质鉴定未达部标优质等级，糙米率84.2%，整精米率46.6%，垩白度1.0%，透明度1.0级，碱消值6.3级，胶稠度65.0毫米，直链淀粉16.7%，粒型（长宽比）3.9。抗稻瘟病，全群抗性频率84.4%，病圃鉴定叶瘟1.75级、穗瘟3.5级（单点最高7级）；高感白叶枯病（IX型菌9级）。2020年晚造参加省区试，平均亩产量474.88千克，比对照种深优9708（CK）增产0.91%，增产未达显著水平，日产量4.17千克。

该品种产量与对照相当，米质未达部标优质等级，抗稻瘟病，2021年安排复试并进行生产试验。

（10）贵优76 全生育期116天，比对照种深优9708（CK）长4天。株型中集，分蘖力中等，株高适中，抗倒性中等。株高114.7厘米，亩有效穗数17.4万穗，穗长22.8厘米，每穗总粒数168粒，结实率74.5%，千粒重22.9克。米质鉴定未达部标优质等级，糙米率83.8%，整精米率47.7%，垩白度0.3%，透明度1.0级，碱消值6.5级，胶稠度68.0毫米，直链淀粉17.6%，粒型（长宽比）3.6。抗稻瘟病，全群抗性频率82.2%，病圃鉴定叶瘟1.25级、穗瘟3.0级（单点最高7级）；感白叶枯病（IX型菌7级）。2020年晚造参加省区试，平均亩产量460.27千克，比对照种深优9708（CK）减产2.2%，减产未达显著水平，日产量3.97千克。

该品种产量与对照相当，米质未达部标优质等级，抗稻瘟病，2021年安排复试并进行生产试验。

（11）金香优351 全生育期115天，比对照种深优9708（CK）长3天。株型中集，分蘖力中等，株高适中，抗倒性强。株高113.8厘米，亩有效穗数17.5万穗，穗长22.0厘米，每穗总粒数155粒，结实率74.5%，千粒重23.7克。米质鉴定达部标优质3级，糙米率83.1%，整精米率53.2%，垩白度0.7%，透明度1.0级，碱消值7.0级，胶稠度50.0毫米，直链淀粉17.4%，粒型（长宽比）3.3。高抗稻瘟病，全群抗性频率100.0%，病圃鉴定叶瘟1.5级、穗瘟2.5级（单点最高3级）；高感白叶枯病（IX型菌9级）。2020年晚造参加省区试，平均亩产量454.92千克，比对照种深优9708（CK）减产3.33%，减产未达显著水平，日产量3.96千克。

该品种产量与对照相当，米质达部标优质3级，高抗稻瘟病，2021年安排复试并进行生产试验。

（12）粒粒优香丝苗　全生育期 114 天，比对照种深优 9708（CK）长 2 天。株型中集，分蘖力较强，株高适中，抗倒性中等。株高 117.1 厘米，亩有效穗数 20.4 万穗，穗长 22.8 厘米，每穗总粒数 135 粒，结实率 76.2%，千粒重 21.9 克。米质鉴定未达部标优质等级，糙米率 81.9%，整精米率 48.8%，垩白度 0.6%，透明度 1.0 级，碱消值 6.5 级，胶稠度 64.0 毫米，直链淀粉 16.6%，粒型（长宽比）3.7。高感稻瘟病，全群抗性频率 57.8%，病圃鉴定叶瘟 4.5 级、穗瘟 7.0 级（单点最高 9 级）；感白叶枯病（Ⅸ型菌 7 级）。2020 年晚造参加省区试，平均亩产量 454.35 千克，比对照种深优 9708（CK）增产 1.37%，增产未达显著水平，日产量 3.99 千克。

该品种产量与对照相当，米质未达部标优质等级，高感稻瘟病，感白叶枯病，建议终止试验。

（13）耕香优 178　全生育期 116 天，比对照种深优 9708（CK）长 4 天。株型中集，分蘖力中等，株高适中，抗倒性强。株高 107.9 厘米，亩有效穗数 17.7 万穗，穗长 21.7 厘米，每穗总粒数 164 粒，结实率 70.7%，千粒重 21.7 克。米质鉴定未达部标优质等级，糙米率 82.3%，整精米率 55.4%，垩白度 0.6%，透明度 1.0 级，碱消值 6.9 级，胶稠度 48.0 毫米，直链淀粉 16.2%，粒型（长宽比）3.3。中抗稻瘟病，全群抗性频率 84.4%，病圃鉴定叶瘟 1.0 级、穗瘟 4.0 级（单点最高 5 级）；高感白叶枯病（Ⅸ型菌 9 级）。2020 年晚造参加省区试，平均亩产量 409.00 千克，比对照种深优 9708（CK）减产 8.75%，减产达极显著水平，日产量 3.53 千克。

该品种丰产性差，米质未达部标优质等级，中抗稻瘟病，高感白叶枯病，建议终止试验。

（14）深香优 9374　全生育期 117 天，比对照种深优 9708（CK）长 5 天。株型中集，分蘖力中等，株高适中，抗倒性强。株高 120.2 厘米，亩有效穗数 17.4 万穗，穗长 22.6 厘米，每穗总粒数 143 粒，结实率 76.6%，千粒重 24.7 克。米质鉴定未达部标优质等级，糙米率 81.7%，整精米率 19.8%，垩白度 0.2%，透明度 1.0 级，碱消值 7.0 级，胶稠度 44.0 毫米，直链淀粉 17.7%，粒型（长宽比）3.7。高抗稻瘟病，全群抗性频率 95.6%，病圃鉴定叶瘟 1.25 级、穗瘟 2.0 级（单点最高 3 级）；高感白叶枯病（Ⅸ型菌 9 级）。2020 年晚造参加省区试，平均亩产量 445.19 千克，比对照种深优 9708（CK）减产 1.17%，减产未达显著水平，日产量 3.81 千克。

该品种全生育期比对照种深优 9708（CK）长 5 天，建议终止试验。

（15）五乡优 1055　全生育期 113 天，比对照种深优 9708（CK）长 1 天。株型中集，分蘖力中等，株高适中，抗倒性强。株高 108.6 厘米，亩有效穗数 18.2 万穗，穗长 21.7 厘米，每穗总粒数 145 粒，结实率 76.7%，千粒重 24.0 克。米质鉴定未达部标优质等级，糙米率 83.5%，整精米率 36.2%，垩白度 2.5%，透明度 1.0 级，碱消值 5.5 级，胶稠度 84.0 毫米，直链淀粉 17.8%，粒型（长宽比）3.8。中抗稻瘟病，全群抗性频率 93.3%，病圃鉴定叶瘟 1.5 级、穗瘟 5.0 级（单点最高 7 级）；感白叶枯病（Ⅸ型菌 7 级）。2020 年晚造参加省区试，平均亩产量 449.23 千克，比对照种深优 9708（CK）减产 4.54%，减产未达显著水平，日产量 3.98 千克。

该品种产量与对照相当，米质未达部标优质等级，中抗稻瘟病，感白叶枯病，建议终止试验。

（16）胜优油香　全生育期118天，比对照种深优9708（CK）长6天。株型中集，分蘖力中等，株高适中，抗倒性中强。株高113.6厘米，亩有效穗数17.6万穗，穗长22.5厘米，每穗总粒数159粒，结实率73.7%，千粒重22.3克。米质鉴定未达部标优质等级，糙米率83.3%，整精米率33.8%，垩白度0.7%，透明度1.0级，碱消值7.0级，胶稠度49.0毫米，直链淀粉17.3%，粒型（长宽比）3.8。抗稻瘟病，全群抗性频率82.2%，病圃鉴定叶瘟1.5级、穗瘟3.5级（单点最高7级）；高感白叶枯病（Ⅸ型菌9级）。2020年晚造参加省区试，平均亩产量438.29千克，比对照种深优9708（CK）减产6.87%，减产达显著水平，日产量3.71千克。

该品种全生育期比对照种深优9708（CK）长6天，建议终止试验。

（17）中银优金丝苗　全生育期109天，比对照种深优9708（CK）短3天。株型中集，分蘖力中等，株高适中，抗倒性中强。株高108.8厘米，亩有效穗数16.5万穗，穗长21.9厘米，每穗总粒数139粒，结实率79.4%，千粒重24.7克。米质鉴定达部标优质3级，糙米率83.0%，整精米率54.8%，垩白度1.2%，透明度1.0级，碱消值5.6级，胶稠度82.0毫米，直链淀粉17.5%，粒型（长宽比）3.5。抗稻瘟病，全群抗性频率82.2%，病圃鉴定叶瘟2.0级、穗瘟3.5级（单点最高7级）；抗白叶枯病（Ⅸ型菌1级）。2020年晚造参加省区试，平均亩产量417.29千克，比对照种深优9708（CK）减产11.33%，减产达极显著水平，日产量3.83千克。

该品种丰产性差，米质鉴定达部标优质3级，建议终止试验。

2. 感温迟熟组（A组、B组、C组）

（1）春两优30　全生育期114天，比对照种广8优2168（CK）长1天。株型中集，分蘖力中等，株高适中，抗倒性强。株高112.1厘米，亩有效穗数16.5万穗，穗长22.7厘米，每穗总粒数159粒，结实率82.9%，千粒重24.3克。米质鉴定未达部标优质等级，糙米率80.7%，整精米率58.8%，垩白度2.0%，透明度1.0级，碱消值6.4级，胶稠度74.0毫米，直链淀粉23.7%，粒型（长宽比）3.4。抗稻瘟病，全群抗性频率82.2%，病圃鉴定叶瘟2.5级、穗瘟2.0级（单点最高3级）；高感白叶枯病（Ⅸ型菌9级）。2020年晚造参加省区试，平均亩产量490.71千克，比对照种广8优2168（CK）增产6.36%，增产达极显著水平，日产量4.30千克。

该品种丰产性好，抗稻瘟病，2021年安排复试并进行生产试验。

（2）广8优源美丝苗　全生育期110天，比对照种广8优2168（CK）短3天。株型中集，分蘖力中等，株高适中，抗倒性中强。株高111.7厘米，亩有效穗数18.4万穗，穗长22.2厘米，每穗总粒数151粒，结实率84.8%，千粒重21.0克。米质鉴定达部标优质2级，糙米率81.5%，整精米率58.8%，垩白度0.2%，透明度2.0级，碱消值7.0级，胶稠度74.0毫米，直链淀粉16.1%，粒型（长宽比）3.6。高抗稻瘟病，全群抗性频率95.6%，病圃鉴定叶瘟1.5级、穗瘟1.5级（单点最高3级）；感白叶枯病（Ⅸ型菌7级）。2020年晚造参加省区试，平均亩产量480.17千克，比对照种广8优2168（CK）增产4.08%，增产未达显著水平，日产量4.37千克。

该品种产量与对照相当，米质达部标优质 2 级，高抗稻瘟病，2021 年安排复试并进行生产试验。

（3）臻两优 785　全生育期 114 天，比对照种广 8 优 2168（CK）长 1 天。株型中集，分蘖力中等，株高适中，抗倒性强。株高 112.6 厘米，亩有效穗数 17.0 万穗，穗长 22.9 厘米，每穗总粒数 150 粒，结实率 84.3%，千粒重 24.1 克。米质鉴定达部标优质 2 级，糙米率 80.4%，整精米率 62.3%，垩白度 1.7%，透明度 2.0 级，碱消值 6.2 级，胶稠度 77.0 毫米，直链淀粉 15.1%，粒型（长宽比）3.2。高抗稻瘟病，全群抗性频率 100.0%，病圃鉴定叶瘟 1.25 级、穗瘟 2.5 级（单点最高 5 级）；高感白叶枯病（Ⅸ 型菌 9 级）。2020 年晚造参加省区试，平均亩产量 475.81 千克，比对照种广 8 优 2168（CK）增产 3.14%，增产未达显著水平，日产量 4.17 千克。

该品种产量与对照相当，米质达部标优质 2 级，高抗稻瘟病，2021 年安排复试并进行生产试验。

（4）中恒优玉丝苗　全生育期 111 天，比对照种广 8 优 2168（CK）短 2 天。株型中集，分蘖力中等，株高适中，抗倒性中等。株高 109.6 厘米，亩有效穗数 17.4 万穗，穗长 24.5 厘米，每穗总粒数 141 粒，结实率 76.8%，千粒重 25.4 克。米质鉴定未达部标优质等级，糙米率 81.4%，整精米率 51.6%，垩白度 0.4%，透明度 1.0 级，碱消值 6.8 级，胶稠度 74.0 毫米，直链淀粉 15.6%，粒型（长宽比）3.8。中感稻瘟病，全群抗性频率 77.8%，病圃鉴定叶瘟 2.75 级、穗瘟 5.5 级（单点最高 7 级）；高感白叶枯病（Ⅸ 型菌 9 级）。2020 年晚造参加省区试，平均亩产量 442.47 千克，比对照种广 8 优 2168（CK）减产 4.09%，减产未达显著水平，日产量 3.99 千克。

该品种产量与对照相当，米质未达部标优质等级，中感稻瘟病，高感白叶枯病，建议终止试验。

（5）金龙优 520　全生育期 113 天，与对照种广 8 优 2168（CK）相当。株型中集，分蘖力中等，株高适中，抗倒性中等。株高 108.1 厘米，亩有效穗数 17.9 万穗，穗长 22.8 厘米，每穗总粒数 147 粒，结实率 78.0%，千粒重 24.6 克。米质鉴定达部标优质 2 级，糙米率 81.3%，整精米率 57.8%，垩白度 0.1%，透明度 1.0 级，碱消值 7.0 级，胶稠度 76.0 毫米，直链淀粉 17.1%，粒型（长宽比）3.3。高抗稻瘟病，全群抗性频率 100.0%，病圃鉴定叶瘟 1.5 级、穗瘟 1.5 级（单点最高 3 级）；高感白叶枯病（Ⅸ 型菌 9 级）。2020 年晚造参加省区试，平均亩产量 474.47 千克，比对照种广 8 优 2168（CK）增产 4.21%，增产未达显著水平，日产量 4.20 千克。

该品种产量与对照相当，米质达部标优质 2 级，高抗稻瘟病，2021 年安排复试并进行生产试验。

（6）峰软优 49　全生育期 110 天，比对照种广 8 优 2168（CK）短 3 天。株型中集，分蘖力中等，株高适中，抗倒性中等。株高 109.2 厘米，亩有效穗数 17.2 万穗，穗长 20.1 厘米，每穗总粒数 155 粒，结实率 80.9%，千粒重 22.4 克。米质鉴定达部标优质 3 级，糙米率 81.8%，整精米率 61.5%，垩白度 0.1%，透明度 1.0 级，碱消值 5.5 级，胶稠度 80.0 毫米，直链淀粉 15.7%，粒型（长宽比）3.3。高抗稻瘟病，全群抗性频率 91.1%，病圃鉴定叶瘟 1.5 级、穗瘟 2.5 级（单点最高 5 级）；感白叶枯病（Ⅸ 型菌 7

级）。2020年晚造参加省区试，平均亩产量471.58千克，比对照种广8优2168（CK）增产3.58%，增产未达显著水平，日产量4.29千克。

该品种产量与对照相当，米质达部标优质3级，高抗稻瘟病，2021年安排复试并进行生产试验。

（7）深香优9261 全生育期117天，比对照种广8优2168（CK）长4天。株型中集，分蘖力中等，株高适中，抗倒性强。株高113.8厘米，亩有效穗数15.8万穗，穗长23.7厘米，每穗总粒数156粒，结实率80.2%，千粒重26.0克。米质鉴定未达部标优质等级，糙米率81.2%，整精米率50.0%，垩白度0.2%，透明度1.0级，碱消值7.0级，胶稠度75.0毫米，直链淀粉17.7%，粒型（长宽比）3.8。抗稻瘟病，全群抗性频率88.9%，病圃鉴定叶瘟1.5级、穗瘟2.0级（单点最高3级）；高感白叶枯病（Ⅸ型菌9级）。2020年晚造参加省区试，平均亩产量465.87千克，比对照种广8优2168（CK）增产2.32%，增产未达显著水平，日产量3.98千克。

该品种产量与对照相当，抗稻瘟病，2021年安排复试并进行生产试验。

（8）又美优金丝苗 全生育期112天，比对照种广8优2168（CK）短1天。株型中集，分蘖力中等，株高适中，抗倒性中等。株高106.5厘米，亩有效穗数18.9万穗，穗长22.7厘米，每穗总粒数152粒，结实率78.8%，千粒重21.5克。米质鉴定达部标优质3级，糙米率81.3%，整精米率54.6%，垩白度1.0%，透明度2.0级，碱消值6.4级，胶稠度82.0毫米，直链淀粉17.9%，粒型（长宽比）3.7。抗稻瘟病，全群抗性频率88.9%，病圃鉴定叶瘟1.5级、穗瘟3.5级（单点最高7级）；感白叶枯病（Ⅸ型菌7级）。2020年晚造参加省区试，平均亩产量475.96千克，比对照种广8优2168（CK）增产4.18%，增产未达显著水平，日产量4.25千克。

该品种产量与对照相当，米质达部标优质3级，抗稻瘟病，2021年安排复试并进行生产试验。

（9）金龙优345 全生育期115天，比对照种广8优2168（CK）长2天。株型中集，分蘖力中等，株高适中，抗倒性强。株高107.8厘米，亩有效穗数17.8万穗，穗长22.2厘米，每穗总粒数154粒，结实率75.8%，千粒重24.4克。米质鉴定达部标优质2级，糙米率79.9%，整精米率55.7%，垩白度0.3%，透明度1.0级，碱消值7.0级，胶稠度75.0毫米，直链淀粉16.8%，粒型（长宽比）3.4。抗稻瘟病，全群抗性频率91.1%，病圃鉴定叶瘟2.0级、穗瘟3.0级（单点最高7级）；高感白叶枯病（Ⅸ型菌9级）。2020年晚造参加省区试，平均亩产量471.64千克，比对照种广8优2168（CK）增产3.24%，增产未达显著水平，日产量4.10千克。

该品种产量与对照相当，米质达部标优质2级，抗稻瘟病，2021年安排复试并进行生产试验。

（10）珍野优粤福占 全生育期108天，比对照种广8优2168（CK）短5天。株型中集，分蘖力中等，株高适中，抗倒性中等。株高107.9厘米，亩有效穗数17.5万穗，穗长22.6厘米，每穗总粒数157粒，结实率83.3%，千粒重21.4克。米质鉴定达部标优质1级，糙米率81.5%，整精米率61.4%，垩白度0.6%，透明度1.0级，碱消值7.0级，胶稠度70.0毫米，直链淀粉16.1%，粒型（长宽比）3.4。抗稻瘟病，全群抗性频率88.9%，病圃鉴定叶瘟1.25级、穗瘟2.5级（单点最高3级）；高感白叶枯病（Ⅸ型菌9级）。2020年晚造参加省区试，平均亩产量467.27千克，比对照种广8优2168（CK）增产2.28%，增产未达显著水平，日产量4.33千克。

该品种产量与对照相当，米质达部标优质1级，抗稻瘟病，2021年安排复试并进行生产试验。

（11）贵优313 全生育期111天，比对照种广8优2168（CK）短2天。株型中集，分蘖力中等，株高适中，抗倒性中等。株高109.8厘米，亩有效穗数17.0万穗，穗长23.3厘米，每穗总粒数162粒，结实率82.9%，千粒重20.9克。米质鉴定达部标优质1级，糙米率81.3%，整精米率60.2%，垩白度0.1%，透明度1.0级，碱消值7.0级，胶稠度74.0毫米，直链淀粉16.7%，粒型（长宽比）3.8。抗稻瘟病，全群抗性频率86.7%，病圃鉴定叶瘟1.5级、穗瘟3.0级（单点最高5级）；感白叶枯病（Ⅸ型菌7级）。2020年晚造参加省区试，平均亩产量456.05千克，比对照种广8优2168（CK）减产0.17%，减产未达显著水平，日产量4.11千克。

该品种产量与对照相当，米质达部标优质1级，抗稻瘟病，2021年安排复试并进行生产试验。

（12）胜优083 全生育期109天，比对照种广8优2168（CK）短4天。株型中集，分蘖力中等，株高适中，抗倒性中弱。株高108.0厘米，亩有效穗数16.6万穗，穗长22.3厘米，每穗总粒数158粒，结实率81.2%，千粒重23.1克。米质鉴定达部标优质2级，糙米率80.2%，整精米率56.9%，垩白度1.2%，透明度2.0级，碱消值7.0级，胶稠度74.0毫米，直链淀粉13.7%，粒型（长宽比）3.5。抗稻瘟病，全群抗性频率82.2%，病圃鉴定叶瘟1.75级、穗瘟3.5级（单点最高5级）；抗白叶枯病（Ⅸ型菌1级）。2020年晚造参加省区试，平均亩产量456.03千克，比对照种广8优2168（CK）减产0.18%，减产未达显著水平，日产量4.18千克。

该品种产量与对照相当，米质达部标优质2级，抗稻瘟病，抗白叶枯病，2021年安排复试并进行生产试验。

（13）贵优117 全生育期111天，比对照种广8优2168（CK）短2天。株型中集，分蘖力中等，株高适中，抗倒性中弱。株高108.0厘米，亩有效穗数18.3万穗，穗长23.1厘米，每穗总粒数158粒，结实率81.3%，千粒重20.2克。米质鉴定达部标优质2级，糙米率80.8%，整精米率57.7%，垩白度0.7%，透明度2.0级，碱消值6.2级，胶稠度78.0毫米，直链淀粉15.9%，粒型（长宽比）3.7。抗稻瘟病，全群抗性频率91.1%，病圃鉴定叶瘟1.25级、穗瘟3.0级（单点最高5级）；高感白叶枯病（Ⅸ型菌9级）。2020年晚造参加省区试，平均亩产量454.87千克，比对照种广8优2168（CK）减产0.43%，减产未达显著水平，日产量4.10千克。

该品种产量与对照相当，米质达部标优质2级，抗稻瘟病，2021年安排复试并进行生产试验。

（14）隆两优902 全生育期115天，比对照种广8优2168（CK）长2天。株型中集，分蘖力中弱，植株较高，抗倒性强。株高126.1厘米，亩有效穗数15.3万穗，穗长24.7厘米，每穗总粒数157粒，结实率78.8%，千粒重25.7克。米质鉴定未达部标优质等级，糙米率79.8％，整精米率56.7％，垩白度0.8％，透明度2.0级，碱消值3.5级，胶稠度83.0毫米，直链淀粉13.8％，粒型（长宽比）3.2。感稻瘟病，全群抗性频率57.8％，病圃鉴定叶瘟4.5级、穗瘟6.0级（单点最高9级）；高感白叶枯病（Ⅸ型菌9级）。2020年晚造参加省区试，平均亩产量450.26千克，比对照种广8优2168（CK）减产2.4％，减产未达显著水平，日产量3.92千克。

该品种产量与对照相当，米质未达部标优质等级，感稻瘟病，单点最高穗瘟9级，高感白叶枯病，建议终止试验。

（15）耕香优852　全生育期111天，比对照种广8优2168（CK）短2天。株型中集，分蘖力中等，株高适中，抗倒性中等。株高109.3厘米，亩有效穗数17.0万穗，穗长23.2厘米，每穗总粒数178粒，结实率77.4％，千粒重20.6克。米质鉴定达部标优质3级，糙米率80.2％，整精米率58.7％，垩白度1.0％，透明度2.0级，碱消值5.1级，胶稠度74.0毫米，直链淀粉14.1％，粒型（长宽比）3.5。中抗稻瘟病，全群抗性频率93.3％，病圃鉴定叶瘟1.75级、穗瘟4.5级（单点最高7级）；高感白叶枯病（Ⅸ型菌9级）。2020年晚造参加省区试，平均亩产量445.46千克，比对照种广8优2168（CK）减产3.44％，减产未达显著水平，日产量4.01千克。

该品种产量与对照相当，米质达部标优质3级，中抗稻瘟病，高感白叶枯病，建议终止试验。

（16）皓两优146　全生育期110天，比对照种广8优2168（CK）短3天。株型中集，分蘖力中等，植株较高，抗倒性中等。株高121.2厘米，亩有效穗数17.0万穗，穗长23.6厘米，每穗总粒数169粒，结实率80.4％，千粒重20.1克。米质鉴定未达部标优质等级，糙米率81.8％，整精米率54.3％，垩白度1.8％，透明度1.0级，碱消值7.0级，胶稠度72.0毫米，直链淀粉22.6％，粒型（长宽比）4.0。中抗稻瘟病，全群抗性频率82.2％，病圃鉴定叶瘟2.75级、穗瘟5.5级（单点最高9级）；感白叶枯病（Ⅸ型菌7级）。2020年晚造参加省区试，平均亩产量436.59千克，比对照种广8优2168（CK）减产5.37％，减产达显著水平，日产量3.97千克。

该品种丰产性差，米质未达部标优质等级，中抗稻瘟病，单点最高穗瘟9级，感白叶枯病，建议终止试验。

（17）贵优2168　全生育期112天，比对照种广8优2168（CK）短1天。株型中集，分蘖力中等，株高适中，抗倒性中等。株高112.1厘米，亩有效穗数15.6万穗，穗长24.0厘米，每穗总粒数151粒，结实率81.1％，千粒重24.8克。米质鉴定达部标优质3级，糙米率81.3％，整精米率54.1％，垩白度1.9％，透明度2.0级，碱消值5.6级，胶稠度74.0毫米，直链淀粉14.5％，粒型（长宽比）3.6。感稻瘟病，全群抗性频率75.6％，病圃鉴定叶瘟2.5级、穗瘟6.5级（单点最高9级）；高感白叶枯病（Ⅸ型菌9级）。2020年晚造参加省区试，平均亩产量470.67千克，比对照种广8优2168（CK）增产3.38％，增产未达显著水平，日产量4.20千克。

该品种产量与对照相当，感稻瘟病，单点最高穗瘟9级，高感白叶枯病，建议终止试验。

(18) 胜优 078 全生育期 110 天，比对照种广 8 优 2168（CK）短 3 天。株型中集，分蘖力中等，株高适中，抗倒性中等。株高 108.4 厘米，亩有效穗数 17.3 万穗，穗长 23.1 厘米，每穗总粒数 155 粒，结实率 79.7%，千粒重 23.2 克。米质鉴定达部标优质 3 级，糙米率 80.1%，整精米率 54.8%，垩白度 1.2%，透明度 1.0 级，碱消值 7.0 级，胶稠度 67.0 毫米，直链淀粉 14.5%，粒型（长宽比）3.6。中感稻瘟病，全群抗性频率 77.8%，病圃鉴定叶瘟 2.75 级、穗瘟 5.5 级（单点最高 7 级）；感白叶枯病（Ⅸ型菌 7 级）。2020 年晚造参加省区试，平均亩产量 461.51 千克，比对照种广 8 优 2168（CK）增产 1.37%，增产未达显著水平，日产量 4.20 千克。

该品种产量与对照相当，米质达部标优质 3 级，中感稻瘟病，感白叶枯病，建议终止试验。

(19) 荃广优银泰香占 全生育期 114 天，比对照种广 8 优 2168（CK）长 1 天。株型中集，分蘖力中等，株高适中，抗倒性中等。株高 111.9 厘米，亩有效穗数 18.0 万穗，穗长 24.3 厘米，每穗总粒数 152 粒，结实率 77.1%，千粒重 21.6 克。米质鉴定未达部标优质等级，糙米率 80.2%，整精米率 50.8%，垩白度 1.0%，透明度 1.0 级，碱消值 7.0 级，胶稠度 83.0 毫米，直链淀粉 17.1%，粒型（长宽比）3.9。高感稻瘟病，全群抗性频率 57.8%，病圃鉴定叶瘟 4.5 级、穗瘟 8.0 级（单点最高 9 级）；高感白叶枯病（Ⅸ型菌 9 级）。2020 年晚造参加省区试，平均亩产量 423.27 千克，比对照种广 8 优 2168（CK）减产 7.03%，减产达极显著水平，日产量 3.71 千克。

该品种丰产性差，米质鉴定未达部标优质等级，高感稻瘟病，高感白叶枯病，建议终止试验。

(20) 韶优 2101 全生育期 112 天，比对照种广 8 优 2168（CK）短 1 天。株型中集，分蘖力中等，株高适中，抗倒性中等。株高 111.2 厘米，亩有效穗数 16.5 万穗，穗长 24.6 厘米，每穗总粒数 173 粒，结实率 73.4%，千粒重 22.2 克。米质鉴定达部标优质 2 级，糙米率 82.3%，整精米率 55.9%，垩白度 0.8%，透明度 1.0 级，碱消值 7.0 级，胶稠度 77.0 毫米，直链淀粉 17.7%，粒型（长宽比）3.8。感稻瘟病，全群抗性频率 81.8%，病圃鉴定叶瘟 3.0 级、穗瘟 7.0 级（单点最高 9 级）；高感白叶枯病（Ⅸ型菌 9 级）。2020 年晚造参加省区试，平均亩产量 416.81 千克，比对照种广 8 优 2168（CK）减产 8.45%，减产达极显著水平，日产量 3.72 千克。

该品种丰产性差，感稻瘟病，单点最高穗瘟 9 级，高感白叶枯病，建议终止试验。

(21) 金隆优 088 全生育期 110 天，比对照种广 8 优 2168（CK）短 3 天。株型中集，分蘖力中等，株高适中，抗倒性中等。株高 110.2 厘米，亩有效穗数 16.2 万穗，穗长 24.1 厘米，每穗总粒数 164 粒，结实率 81.0%，千粒重 23.1 克。米质鉴定达部标优质 3 级，糙米率 80.2%，整精米率 53.3%，垩白度 0.1%，透明度 1.0 级，碱消值 6.8 级，胶稠度 75.0 毫米，直链淀粉 16.4%，粒型（长宽比）3.8。中感稻瘟病，全群抗性频率 86.7%，病圃鉴定叶瘟 1.75 级、穗瘟 6.0 级（单点最高 7 级）；中抗白叶枯病（Ⅸ

型菌3级）。2020年晚造参加省区试，平均亩产量457.13千克，比对照种广8优2168（CK）增产0.06％，增产未达显著水平，日产量4.16千克。

该品种产量与对照相当，米质达部标优质3级，中感稻瘟病，建议终止试验。

（22）航1两优212　全生育期111天，比对照种广8优2168（CK）短2天。株型中集，分蘖力中等，株高适中，抗倒性强。株高106.7厘米，亩有效穗数17.9万穗，穗长21.7厘米，每穗总粒数148粒，结实率80.4％，千粒重21.7克。米质鉴定达部标优质3级，糙米率80.7％，整精米率59.6％，垩白度0.9％，透明度2.0级，碱消值5.6级，胶稠度81.0毫米，直链淀粉14.5％，粒型（长宽比）3.3。中感稻瘟病，全群抗性频率73.3％，病圃鉴定叶瘟2.0级、穗瘟4.0级（单点最高7级）；感白叶枯病（Ⅸ型菌7级）。2020年晚造参加省区试，平均亩产量403.32千克，比对照种广8优2168（CK）减产11.72％，减产达极显著水平，日产量3.63千克。

该品种丰产性差，米质达部标优质3级，中感稻瘟病，感白叶枯病，建议终止试验。

3. 弱感光组（A组、B组、C组）

（1）金象优579　全生育期115天，比对照种吉丰优1002（CK）短3天。株型中集，分蘖力中强，株高适中，抗倒性强。株高104.9厘米，亩有效穗数17.5万穗，穗长23.0厘米，每穗总粒数144粒，结实率83.5％，千粒重23.0克。米质鉴定达部标优质2级，糙米率80.4％，整精米率56.9％，垩白度0.6％，透明度1.0级，碱消值7.0级，胶稠度74.0毫米，直链淀粉16.2％，粒型（长宽比）3.4。抗稻瘟病，全群抗性频率86.7％，病圃鉴定叶瘟1.25级、穗瘟2.0级（单点最高3级）；中抗白叶枯病（Ⅸ型菌3级）。2020年晚造参加省区试，平均亩产量466.97千克，比对照种吉丰优1002（CK）减产5.38％，减产未达显著水平，日产量4.06千克。

该品种产量与对照相当，米质达部标优质2级，抗稻瘟病，中抗白叶枯病，2021年安排复试并进行生产试验。

（2）Ⅱ优5522　全生育期118天，与对照种吉丰优1002（CK）相当。株型中集，分蘖力中等，株高适中，抗倒性强。株高109.4厘米，亩有效穗数16.4万穗，穗长23.1厘米，每穗总粒数153粒，结实率82.3％，千粒重26.3克。米质鉴定未达部标优质等级，糙米率81.7％，整精米率46.7％，垩白度5.4％，透明度2.0级，碱消值5.1级，胶稠度60.0毫米，直链淀粉23.5％，粒型（长宽比）2.5。抗稻瘟病，全群抗性频率84.4％，病圃鉴定叶瘟1.0级、穗瘟1.5级（单点最高3级）；中抗白叶枯病（Ⅸ型菌3级）。2020年晚造参加省区试，平均亩产量485.22千克，比对照种吉丰优1002（CK）增产1.30％，增产未达显著水平，日产量4.11千克。

该品种产量、米质与对照相当，抗稻瘟病，中抗白叶枯病，2021年安排复试并进行生产试验。

（3）贵优55　全生育期117天，比对照种吉丰优1002（CK）短1天。株型中集，分蘖力较强，株高适中，抗倒性中等。株高105.2厘米，亩有效穗数18.0万穗，穗长22.7

厘米，每穗总粒数153粒，结实率82.4%，千粒重22.3克。米质鉴定达部标优质2级，糙米率81.6%，整精米率59.9%，垩白度1.6%，透明度1.0级，碱消值7.0级，胶稠度76.0毫米，直链淀粉17.0%，粒型（长宽比）3.4。中抗稻瘟病，全群抗性频率80.0%，病圃鉴定叶瘟2.0级、穗瘟5.0级（单点最高7级）；中感白叶枯病（Ⅸ型菌5级）。2020年晚造参加省区试，平均亩产量479.33千克，比对照种吉丰优1002（CK）增产0.07%，增产未达显著水平，日产量4.10千克。

该品种产量与对照相当，米质达部标优质2级，中抗稻瘟病，中感白叶枯病，2021年安排复试并进行生产试验。

（4）峰软优天弘丝苗　全生育期114天，比对照种吉丰优1002（CK）短4天。株型中集，分蘖力中等，株高适中，抗倒性强。株高116.6厘米，亩有效穗数16.3万穗，穗长22.1厘米，每穗总粒数166粒，结实率84.6%，千粒重21.4克。米质鉴定达部标优质1级，糙米率81.7%，整精米率64.5%，垩白度0.9%，透明度1.0级，碱消值7.0级，胶稠度76.0毫米，直链淀粉15.8%，粒型（长宽比）3.4。抗稻瘟病，全群抗性频率84.4%，病圃鉴定叶瘟1.5级、穗瘟3.5级（单点最高7级）；感白叶枯病（Ⅸ型菌7级）。2020年晚造参加省区试，平均亩产量469.32千克，比对照种吉丰优1002（CK）减产2.02%，减产未达显著水平，日产量4.12千克。

该品种产量与对照相当，米质达部标优质1级，抗稻瘟病，2021年安排复试并进行生产试验。

（5）诚优荀占　全生育期113天，比对照种吉丰优1002（CK）短5天。株型中集，分蘖力中强，株高适中，抗倒性强。株高108.3厘米，亩有效穗数18.3万穗，穗长21.7厘米，每穗总粒数141粒，结实率82.2%，千粒重23.4克。米质鉴定达部标优质2级，糙米率81.6%，整精米率57.0%，垩白度2.0%，透明度1.0级，碱消值7.0级，胶稠度76.0毫米，直链淀粉17.4%，粒型（长宽比）3.8。抗稻瘟病，全群抗性频率88.9%，病圃鉴定叶瘟1.25级、穗瘟1.5级（单点最高3级）；高感白叶枯病（Ⅸ型菌9级）。2020年晚造参加省区试，平均亩产量469.32千克，比对照种吉丰优1002（CK）减产2.02%，减产未达显著水平，日产量4.15千克。

该品种产量与对照相当，米质达部标优质2级，抗稻瘟病，2021年安排复试并进行生产试验。

（6）金恒优5522　全生育期118天，与对照种吉丰优1002（CK）相当。株型中集，分蘖力中强，株高适中，抗倒性强。株高107.5厘米，亩有效穗数17.7万穗，穗长23.9厘米，每穗总粒数149粒，结实率76.5%，千粒重26.4克。米质鉴定未达部标优质等级，糙米率80.6%，整精米率35.2%，垩白度2.1%，透明度1.0级，碱消值4.0级，胶稠度84.0毫米，直链淀粉17.1%，粒型（长宽比）3.3。抗稻瘟病，全群抗性频率86.7%，病圃鉴定叶瘟1.0级、穗瘟2.0级（单点最高3级）；抗白叶枯病（Ⅸ型菌1级）。2020年晚造参加省区试，平均亩产量467.75千克，比对照种吉丰优1002（CK）减产 2.35%，减产未达显著水平，日产量 3.96 千克。

该品种产量与对照相当，米质未达部标优质等级，抗稻瘟病，抗白叶枯病，2021 年安排复试并进行生产试验。

（7）南新优 698　全生育期 117 天，比对照种吉丰优 1002（CK）短 1 天。株型中集，分蘖力中等，株高适中，抗倒性强。株高 109.7 厘米，亩有效穗数 17.6 万穗，穗长 22.8 厘米，每穗总粒数 146 粒，结实率 85.6%，千粒重 23.0。米质鉴定达部标优质 2 级，糙米率 81.9%，整精米率 61.7%，垩白度 2.5%，透明度 1.0 级，碱消值 7.0 级，胶稠度 76.0 毫米，直链淀粉 17.3%，粒型（长宽比）2.9。高抗稻瘟病，全群抗性频率 91.1%，病圃鉴定叶瘟 1.25 级、穗瘟 2.0 级（单点最高 3 级）；中抗白叶枯病（Ⅸ型菌 3 级）。2020 年晚造参加省区试，平均亩产量 465.75 千克，比对照种吉丰优 1002（CK）减产 2.76%，减产未达显著水平，日产量 3.98 千克。

该品种产量与对照相当，米质达部标优质 2 级，高抗稻瘟病，中抗白叶枯病，2021 年安排复试并进行生产试验。

（8）秋香优 1255　全生育期 114 天，比对照种吉丰优 1002（CK）短 4 天。株型中集，分蘖力中等，株高适中，抗倒性中等。株高 110.3 厘米，亩有效穗数 17.6 万穗，穗长 24.2 厘米，每穗总粒数 143 粒，结实率 86.1%，千粒重 22.7 克。米质鉴定达部标优质 2 级，糙米率 80.5%，整精米率 61.5%，垩白度 0.1%，透明度 2.0 级，碱消值 6.2 级，胶稠度 76.0 毫米，直链淀粉 15.3%，粒型（长宽比）3.5。抗稻瘟病，全群抗性频率 86.7%，病圃鉴定叶瘟 1.5 级、穗瘟 1.5 级（单点最高 3 级）；高感白叶枯病（Ⅸ型菌 9 级）。2020 年晚造参加省区试，平均亩产量 463.85 千克，比对照种吉丰优 1002（CK）减产 3.16%，减产未达显著水平，日产量 4.07 千克。

该品种产量与对照相当，米质达部标优质 2 级，抗稻瘟病，2021 年安排复试并进行生产试验。

（9）粤禾优 981　全生育期 116 天，比对照种吉丰优 1002（CK）短 2 天。株型中集，分蘖力中等，株高适中，抗倒性强。株高 105.6 厘米，亩有效穗数 16.8 万穗，穗长 19.6 厘米，每穗总粒数 150 粒，结实率 86.0%，千粒重 24.3 克。米质鉴定未达部标优质等级，糙米率 81.5%，整精米率 58.7%，垩白度 0.9%，透明度 2.0 级，碱消值 4.6 级，胶稠度 80.0 毫米，直链淀粉 14.6%，粒型（长宽比）2.9。中抗稻瘟病，全群抗性频率 93.3%，病圃鉴定叶瘟 2.5 级、穗瘟 4.5 级（单点最高 9 级）；高感白叶枯病（Ⅸ型菌 9 级）。2020 年晚造参加省区试，平均亩产量 501.49 千克，比对照种吉丰优 1002（CK）增产 1.62%，增产未达显著水平，日产量 4.32 千克。

该品种产量与对照相当，米质未达部标优质等级，中抗稻瘟病，单点最高穗瘟 9 级，高感白叶枯病，建议终止试验。

（10）庆香优珍丝苗　全生育期 115 天，比对照种吉丰优 1002（CK）短 3 天。株型中集，分蘖力中等，株高适中，抗倒性中强。株高 111.8 厘米，亩有效穗数 17.8 万穗，穗长24.0厘米，每穗总粒数137粒，结实率85.4％，千粒重23.6克。米质鉴定达部标优质3级，糙米率80.6％，整精米率52.0％，垩白度0.4％，透明度1.0级，碱消值5.8级，胶稠度85.0毫米，直链淀粉16.2％，粒型（长宽比）4.0。抗稻瘟病，全群抗性频率88.9％，病圃鉴定叶瘟1.25级、穗瘟3.0级（单点最高5级）；高感白叶枯病（Ⅸ型菌9级）。2020年晚造参加省区试，平均亩产量468.87千克，比对照种吉丰优1002（CK）减产4.99％，减产未达显著水平，日产量4.08千克。

该品种产量与对照相当，米质达部标优质3级，抗性差于对照，建议终止试验。

（11）秋银优8860　全生育期116天，比对照种吉丰优1002（CK）短2天。株型中集，分蘖力中等，株高适中，抗倒性强。株高110.2厘米，亩有效穗数16.6万穗，穗长24.6厘米，每穗总粒数151粒，结实率84.4％，千粒重24.1克。米质鉴定未达部标优质等级，糙米率80.5％，整精米率52.1％，垩白度1.3％，透明度1.0级，碱消值4.1级，胶稠度81.0毫米，直链淀粉15.7％，粒型（长宽比）3.8。抗稻瘟病，全群抗性频率86.7％，病圃鉴定叶瘟3.25级、穗瘟3.0级（单点最高7级）；高感白叶枯病（Ⅸ型菌9级）。2020年晚造参加省区试，平均亩产量466.40千克，比对照种吉丰优1002（CK）减产5.49％，减产未达显著水平，日产量4.02千克。

该品种产量、米质与对照相当，抗性差于对照，建议终止试验。

（12）765两优1597　全生育期109天，比对照种吉丰优1002（CK）短9天。株型中集，分蘖力中等，株高适中，抗倒性强。株高110.5厘米，亩有效穗数17.8万穗，穗长23.5厘米，每穗总粒数127粒，结实率86.4％，千粒重25.5克。米质鉴定达部标优质3级，糙米率80.8％，整精米率61.6％，垩白度0.1％，透明度2.0级，碱消值5.7级，胶稠度76.0毫米，直链淀粉15.8％，粒型（长宽比）3.7。抗稻瘟病，全群抗性频率91.1％，病圃鉴定叶瘟1.75级、穗瘟3.5级（单点最高7级）；高感白叶枯病（Ⅸ型菌9级）。2020年晚造参加省区试，平均亩产量463.50千克，比对照种吉丰优1002（CK）减产6.08％，减产未达显著水平，日产量4.25千克。

该品种为感温品种，生育期短，丰产性较差，建议终止试验。

（13）金龙优292　全生育期110天，比对照种吉丰优1002（CK）短8天。株型中集，分蘖力中强，株高适中，抗倒性中强。株高109.2厘米，亩有效穗数16.7万穗，穗长22.7厘米，每穗总粒数144粒，结实率82.7％，千粒重24.5克。米质鉴定达部标优质2级，糙米率80.9％，整精米率62.4％，垩白度0.5％，透明度2.0级，碱消值6.4级，胶稠度74.0毫米，直链淀粉15.6％，粒型（长宽比）3.4。高抗稻瘟病，全群抗性频率100.0％，病圃鉴定叶瘟1.25级、穗瘟2.5级（单点最高3级）；感白叶枯病（Ⅸ型菌7级）。2020年晚造参加省区试，平均亩产量448.13千克，比对照种吉丰优1002（CK）减产6.44％，减产达显著水平，日产量4.07千克。

该品种为感温型品种，生育期短，丰产性差，建议终止试验。

（14）信两优新象牙占　全生育期115天，比对照种吉丰优1002（CK）短3天。株型中集，分蘖力中等，株高适中，抗倒性中强。株高114.0厘米，亩有效穗数17.0万穗，穗长23.1厘米，每穗总粒数161粒，结实率81.6％，千粒重22.6克。米质鉴定未达部标优质等级，糙米率82.0％，整精米率52.3％，垩白度0.8％，透明度1.0级，碱消值6.7级，胶稠度80.0毫米，直链淀粉24.6％，粒型（长宽比）3.9。中抗稻瘟病，全群抗性频率93.3％，病圃鉴定叶瘟1.25级、穗瘟4.5级（单点最高7级）；高感白叶枯病（Ⅸ型菌9级）。2020年晚造参加省区试，平均亩产量462.31千克，比对照种吉丰优1002（CK）减产6.32％，减产未达显著水平，日产量4.02千克。

该品种产量、米质与对照相当，中抗稻瘟病，高感白叶枯病，建议终止试验。

（15）琪两优1352　全生育期107天，比对照种吉丰优1002（CK）短11天。株型中集，分蘖力中等，株高适中，抗倒性强。株高100.1厘米，亩有效穗数18.3万穗，穗长20.8厘米，每穗总粒数143粒，结实率85.8％，千粒重21.2克。米质鉴定达部标优质3级，糙米率81.1％，整精米率65.6％，垩白度0.4％，透明度2.0级，碱消值5.6级，胶稠度78.0毫米，直链淀粉15.7％，粒型（长宽比）3.3。中抗稻瘟病，全群抗性频率86.7％，病圃鉴定叶瘟2.25级、穗瘟4.0级（单点最高7级）；感白叶枯病（Ⅸ型菌7级）。2020年晚造参加省区试，平均亩产量456.74千克，比对照种吉丰优1002（CK）减产7.45％，减产达显著水平，日产量4.27千克。

该品种为感温型品种，生育期短，丰产性差，中抗稻瘟病，感白叶枯病，建议终止试验。

（16）泷优9157　全生育期118天，与对照种吉丰优1002（CK）相当。株型中集，分蘖力中等，株高适中，抗倒性中强。株高110.0厘米，亩有效穗数17.6万穗，穗长24.2厘米，每穗总粒数132粒，结实率82.4％，千粒重25.6克。米质鉴定未达部标优质等级，糙米率80.3％，整精米率33.9％，垩白度0.3％，透明度1.0级，碱消值6.0级，胶稠度81.0毫米，直链淀粉19.3％，粒型（长宽比）4.1。中感稻瘟病，全群抗性频率80.0％，病圃鉴定叶瘟2.25级、穗瘟6.0级（单点最高7级）；高感白叶枯病（Ⅸ型菌9级）。2020年晚造参加省区试，平均亩产量431.46千克，比对照种吉丰优1002（CK）减产12.57％，减产达极显著水平，日产量3.66千克。

该品种丰产性差，米质未达部标优质等级，中感稻瘟病，高感白叶枯病，建议终止试验。

（17）泷优9531　全生育期108天，比对照种吉丰优1002（CK）短10天。株型中集，分蘖力中等，株高适中，抗倒性强。株高102.5厘米，亩有效穗数17.4万穗，穗长23.1厘米，每穗总粒数128粒，结实率81.5％，千粒重24.1克。米质鉴定达部标优质3级，糙米率81.8％，整精米率52.4％，垩白度0.2％，透明度1.0级，碱消值5.0级，胶稠度80.0毫米，直链淀粉18.0％，粒型（长宽比）4.0。中感稻瘟病，全群抗性频率82.2％，病圃鉴定叶瘟2.25级、穗瘟6.5级（单点最高7级）；高感白叶枯病（Ⅸ型菌9级）。2020年晚造参加省区试，平均亩产量409.12千克，比对照种吉丰优1002（CK）减产 17.1％，减产达极显著水平，日产量 3.79 千克。

该品种为感温型品种，生育期短，丰产性差，中感稻瘟病，高感白叶枯病，建议终止试验。

（18）长优 9336 全生育期 101 天，比对照种吉丰优 1002（CK）短 17 天。株型中集，分蘖力中等，株高适中，抗倒性中等。株高 94.5 厘米，亩有效穗数 14.1 万穗，穗长 19.8 厘米，每穗总粒数 147 粒，结实率 80.5％，千粒重 25.7 克。米质鉴定达部标优质 2 级，糙米率 81.7％，整精米率 56.8％，垩白度 1.6％，透明度 1.0 级，碱消值 6.7 级，胶稠度 80.0 毫米，直链淀粉 16.2％，粒型（长宽比）3.2。中抗稻瘟病，全群抗性频率 93.3％，病圃鉴定叶瘟 2.25 级、穗瘟 5.0 级（单点最高 7 级）；高感白叶枯病（Ⅸ型菌 9 级）。2020 年晚造参加省区试，平均亩产量 371.86 千克，比对照种吉丰优 1002（CK）减产 24.65％，减产达极显著水平，日产量 3.68 千克。

该品种为感温型品种，生育期短，丰产性差，中抗稻瘟病，高感白叶枯病，建议终止试验。

（19）广星优金晶占 全生育期 120 天，比对照种吉丰优 1002（CK）长 2 天。株型中集，分蘖力中等，株高适中，抗倒性中等。株高 104.2 厘米，亩有效穗数 15.7 万穗，穗长 22.2 厘米，每穗总粒数 162 粒，结实率 74.1％，千粒重 25.8 克。米质鉴定未达部标优质等级，糙米率 82.0％，整精米率 54.7％，垩白度 2.4％，透明度 1.0 级，碱消值 6.7 级，胶稠度 64.0 毫米，直链淀粉 24.0％，粒型（长宽比）3.2。抗稻瘟病，全群抗性频率 91.1％，病圃鉴定叶瘟 2.25 级、穗瘟 3.0 级（单点最高 7 级）；感白叶枯病（Ⅸ型菌 7 级）。2020 年晚造参加省区试，平均亩产量 449.97 千克，比对照种吉丰优 1002（CK）减产 6.06％，减产达显著水平，日产量 3.75 千克。

该品种丰产性差，米质未达部标优质等级，抗性差于对照，建议终止试验。

（20）航 5 优 212 全生育期 121 天，比对照种吉丰优 1002（CK）长 3 天。株型中集，分蘖力中强，株高适中，抗倒性强。株高 106.8 厘米，亩有效穗数 16.9 万穗，穗长 22.8 厘米，每穗总粒数 147 粒，结实率 74.7％，千粒重 25.9 克。米质鉴定未达部标优质等级，糙米率 81.5％，整精米率 56.9％，垩白度 0.9％，透明度 1.0 级，碱消值 6.4 级，胶稠度 86.0 毫米，直链淀粉 23.2％，粒型（长宽比）3.1。抗稻瘟病，全群抗性频率 88.9％，病圃鉴定叶瘟 1.0 级、穗瘟 3.0 级（单点最高 7 级）；高感白叶枯病（Ⅸ型菌 9 级）。2020 年晚造参加省区试，平均亩产量 425.57 千克，比对照种吉丰优 1002（CK）减产 11.15％，减产达极显著水平，日产量 3.52 千克。

该品种丰产性差，米质未达部标优质等级，抗性差于对照，建议终止试验。

晚造杂交水稻各试点小区平均产量及生产试验产量见表 4-32 至表 4-35。

表 4-32 感温中熟组各试点小区平均产量（千克）

组别	品　种	和平	蕉岭	乐昌	连山	梅州	南雄	韶关	英德	平均值
A组	胜优 088	9.416 7	8.916 7	8.326 7	8.216 7	8.840 0	8.300 0	10.100 0	7.343 3	8.682 5
	耕香优 178	8.640 0	8.333 3	9.766 7	7.450 0	8.813 3	8.233 3	8.183 3	6.020 0	8.180 0
	金隆优 075	9.380 0	9.266 7	8.696 7	9.350 0	9.640 0	9.400 0	8.950 0	7.723 3	9.050 8
	裕优 083	9.663 3	9.350 0	8.326 7	8.600 0	9.206 7	8.933 3	9.466 7	7.553 3	8.887 5
	野香优莉丝（复试）	9.976 7	9.450 0	9.120 0	8.566 7	9.030 0	8.700 0	9.166 7	7.726 7	8.967 1
	五优 1704（复试）	9.210 0	9.933 3	8.933 3	8.466 7	8.566 7	8.900 0	9.033 3	7.260 0	8.787 9
	星优 135（复试）	8.763 3	9.666 7	9.083 3	9.183 3	9.400 0	9.600 0	8.333 3	7.110 0	8.892 5
	裕优 086（复试）	9.516 7	9.316 7	7.930 0	8.383 3	8.946 7	9.216 7	9.350 0	6.843 3	8.687 9
	丛两优 6100（复试）	9.636 7	9.600 0	8.546 7	7.763 3	8.233 3	9.800 0	9.516 7	7.093 3	8.773 8
	粒粒优香丝苗	9.320 0	9.300 0	11.116 7	8.050 0	7.753 3	9.066 7	10.250 0	7.840 0	9.087 1
	五优 098（复试）	10.006 7	9.616 7	9.350 0	8.150 0	8.673 3	9.000 0	9.316 7	7.756 7	8.983 8
	深优 9708（CK）	9.040 0	9.200 0	9.680 0	8.216 7	8.433 3	9.833 3	9.150 0	8.163 3	8.964 6
B组	青香优 028	9.350 0	9.950 0	9.050 0	8.866 7	8.593 3	9.800 0	9.233 3	7.456 7	9.037 5
	峰软优天弘油占	9.830 0	9.666 7	10.500 0	8.666 7	8.826 7	8.883 3	9.450 0	7.473 3	9.162 1
	深香优 9374	9.420 0	9.583 3	9.866 7	8.166 7	8.480 0	9.500 0	8.950 0	7.263 3	8.903 8
	泰丰优 1132	8.973 3	8.900 0	6.750 0	8.150 0	8.260 0	8.500 0	10.066 7	8.180 0	8.472 5
	中丝优银粘	9.536 7	9.783 3	9.823 3	7.916 7	9.033 3	8.900 0	10.183 3	7.763 3	9.117 5
	粤创优珍丝苗（复试）	8.920 0	9.716 7	9.016 7	9.383 3	7.673 3	8.333 3	9.166 7	7.973 3	8.772 9
	天弘优福农占（复试）	9.646 7	9.400 0	10.850 0	8.300 0	8.566 7	9.000 0	9.750 0	7.113 3	9.078 3
	粤禾优 226（复试）	9.280 0	10.050 0	8.283 3	8.133 3	8.080 0	8.766 7	9.133 3	7.793 3	8.690 0
	青香优 086（复试）	9.766 7	9.833 3	10.816 7	9.166 7	8.286 7	9.166 7	8.983 3	6.880 0	9.112 5
	航 93 两优 212	9.396 7	9.683 3	10.283 3	8.413 3	8.246 7	9.300 0	9.666 7	7.396 7	9.048 3
	诚优 5305（复试）	8.850 0	9.650 0	10.483 3	8.983 3	8.480 0	9.100 0	9.833 3	7.666 7	9.130 8
	深优 9708（CK）	9.006 7	9.633 3	10.150 0	8.233 3	8.280 0	9.400 0	9.450 0	7.923 3	9.009 6
C组	诚优 305	9.490 0	10.733 3	8.226 7	9.186 7	9.700 0	9.700 0	10.816 7	8.126 7	9.497 5
	五乡优 1055	9.253 3	11.050 0	7.623 3	8.550 0	9.486 7	8.000 0	9.783 3	8.130 0	8.984 6
	贵优 76	9.710 0	9.916 7	9.383 3	8.903 3	9.560 0	8.933 3	9.816 7	7.420 0	9.205 4
	胜优油香	9.436 7	9.466 7	9.023 3	8.083 3	8.533 3	8.500 0	9.416 7	7.666 7	8.765 8
	金香优 351	9.840 0	10.300 0	7.030 0	8.846 7	9.613 3	9.233 3	9.700 0	8.223 3	9.098 3
	两优香丝苗（复试）	9.666 7	9.966 7	7.550 0	8.300 0	8.426 7	8.333 3	9.000 0	7.246 7	8.561 3
	台两优 451（复试）	9.370 0	10.500 0	9.580 0	8.716 7	9.093 3	9.833 3	9.633 3	8.146 7	9.359 2
	诚优 5378（复试）	8.356 7	11.233 3	7.083 3	8.750 0	8.713 3	8.133 3	10.316 7	7.433 3	8.752 5
	纳优 6388（复试）	9.596 7	11.100 0	8.883 3	9.283 3	9.520 0	8.966 7	9.650 0	8.820 0	9.477 5
	中银优金丝苗	8.470 0	10.083 3	7.983 3	8.083 3	8.246 7	7.700 0	9.183 3	7.016 7	8.345 8
	发两优粤美占（复试）	9.296 7	10.333 3	9.016 7	9.600 0	9.000 0	9.266 7	10.033 3	8.166 7	9.339 2
	深优 9708（CK）	8.983 3	9.933 3	9.666 7	8.833 3	9.320 0	9.666 7	10.233 3	8.660 0	9.412 1

表 4-33　感温迟熟组各试点小区平均产量（千克）

组别	品种	潮州	高州	广州	惠来	惠州	龙川	罗定	梅州	清远	新会	阳江	湛江	肇庆	平均值
A组	耕香优852	8.386 7	8.293 3	9.253 3	10.720 0	11.070 0	7.950 0	8.196 7	8.926 7	9.000 0	8.483 3	9.106 7	7.900 0	8.533 3	8.909 2
	隆两优902	9.130 0	7.976 7	11.553 3	10.586 7	10.953 3	5.966 7	8.953 3	8.600 0	8.783 3	8.283 3	9.093 3	8.153 3	9.033 3	9.005 1
	春两优30	8.950 0	8.956 7	11.353 3	11.400 0	11.833 3	7.900 0	9.400 0	9.880 0	9.716 7	8.916 7	10.473 3	8.986 7	9.816 7	9.814 1
	中恒优玉丝苗	8.623 3	7.720 0	10.856 7	10.063 3	11.530 0	7.066 7	8.216 7	9.180 0	9.150 0	8.083 3	8.923 3	7.626 7	8.003 3	8.849 5
	臻两优785	8.313 3	8.870 0	11.820 0	10.820 0	12.180 0	8.316 7	8.660 0	9.473 3	9.733 3	8.700 0	9.120 0	8.786 7	8.916 7	9.516 2
	广8优源美丝苗	7.896 7	8.830 0	11.163 3	10.206 7	11.466 7	8.800 0	9.146 7	10.206 7	9.750 0	9.516 7	10.176 7	8.800 0	8.883 3	9.603 3
	野优珍丝苗（复试）	8.056 7	7.940 0	11.223 3	9.906 7	11.306 7	7.566 7	7.226 7	8.320 0	8.716 7	8.350 0	9.026 7	8.793 3	8.616 7	8.850 0
	粤秀优文占（复试）	8.413 3	8.966 7	10.696 7	9.693 3	11.300 0	7.416 7	6.766 7	9.666 7	9.566 7	9.200 0	9.640 0	8.610 0	7.753 3	9.053 1
	南两优918（复试）	8.883 3	8.503 3	12.073 3	10.986 7	11.586 7	8.126 7	7.893 3	9.600 0	9.183 3	8.766 7	9.663 3	8.346 7	9.283 3	9.453 6
	皓两优146	8.553 3	7.656 7	9.593 3	10.056 7	11.283 3	7.166 7	8.276 7	9.153 3	8.333 3	8.250 0	9.446 7	7.876 7	7.866 7	8.731 8
	隆两优305（复试）	9.620 0	9.213 3	10.383 3	11.270 0	11.546 7	7.916 7	8.740 0	9.346 7	10.083 3	8.683 3	9.693 3	8.723 3	9.516 7	9.595 1
	广8优2168（CK）	8.646 7	8.623 3	11.550 0	10.700 0	11.386 7	8.093 3	8.786 7	9.593 3	9.383 3	8.166 7	7.430 0	8.223 3	9.366 7	9.226 9
B组	荃广优银泰香占	7.993 3	8.076 7	9.730 0	9.840 0	11.246 7	7.350 0	8.670 0	8.496 7	8.150 0	8.916 7	6.606 7	6.956 7	8.016 7	8.465 4
	峰软优49	9.180 0	8.403 3	10.266 7	11.220 0	11.556 7	7.683 3	9.753 3	9.020 0	9.050 0	9.016 7	9.200 0	8.776 7	9.483 3	9.431 5
	深香优9261	8.540 0	9.186 7	12.013 3	10.016 7	11.963 3	8.580 0	8.700 0	8.920 0	6.866 7	8.983 3	9.830 0	7.910 0	8.616 7	9.317 4
	贵优2168	8.510 0	8.933 3	11.906 7	11.153 3	11.830 0	8.670 0	9.276 7	9.880 0	7.866 7	8.750 0	8.980 0	7.800 0	8.816 7	9.413 3
	金龙优520	8.553 3	8.300 0	11.740 0	10.646 7	11.566 7	8.616 7	10.393 3	9.853 3	7.516 7	9.883 3	9.800 0	8.043 3	8.450 0	9.489 5
	胜优078	8.343 3	8.593 3	10.763 3	10.760 0	10.930 0	7.903 3	9.663 3	9.046 7	8.066 7	8.983 3	9.396 7	8.593 3	8.950 0	9.230 3
	C两优9815（复试）	8.003 3	9.070 0	11.533 3	10.780 0	12.230 0	7.516 7	9.950 0	9.753 3	9.466 7	9.566 7	10.333 3	9.273 3	8.500 0	9.690 5
	晶两优1441（复试）	8.236 7	8.570 0	10.736 7	11.066 7	11.676 7	7.486 7	8.006 7	8.726 7	8.216 7	9.050 0	8.703 3	8.466 7	8.650 0	9.045 6
	韶优2101	7.640 0	7.860 0	9.030 0	9.400 0	10.426 7	6.083 3	9.506 7	8.346 7	7.550 0	8.300 0	8.266 7	7.360 0	8.600 0	8.336 2

（续）

组别	品 种	潮州	高州	广州	惠来	惠州	龙川	罗定	梅州	清远	新会	阳江	湛江	肇庆	平均值
	金隆优078（复试）	8.300 0	9.216 7	10.226 7	11.093 3	11.526 7	7.800 0	9.256 7	9.286 7	8.666 7	9.250 0	9.800 0	7.956 7	8.233 3	9.277 9
B组	广8优2168（CK）	8.016 7	8.840 0	11.670 0	10.673 3	11.416 7	8.233 3	8.673 3	9.353 3	8.750 0	8.350 0	7.076 7	7.840 0	9.483 3	9.105 9
	茎广优银泰香占	7.993 3	8.076 7	9.730 0	9.840 0	11.246 7	7.350 0	8.670 0	8.496 7	8.150 0	8.916 7	6.606 7	6.956 7	8.016 7	8.465 4
	贵优313	8.386 7	7.673 3	10.220 0	10.673 3	11.076 7	8.940 0	10.190 0	9.266 7	8.483 3	8.183 3	8.666 7	8.430 0	8.383 3	9.121 0
	珍野优粤福占	7.726 7	8.553 3	9.810 0	10.460 0	11.693 3	9.333 3	9.440 0	9.160 0	9.400 0	8.133 3	9.576 7	9.053 3	9.150 0	9.345 4
	贵优117	8.426 7	8.076 7	10.613 3	10.730 0	10.980 0	8.230 0	9.120 0	8.700 0	8.766 7	8.800 0	8.380 0	8.593 3	8.850 0	9.097 4
	金龙优345	8.590 0	8.286 7	11.203 3	10.736 7	11.703 3	8.966 7	10.763 3	8.560 0	8.533 3	9.066 7	8.170 0	8.426 7	9.620 0	9.432 8
	航1两优212	7.623 3	7.583 3	9.030 0	10.273 3	9.090 0	7.846 7	7.830 0	7.326 7	6.900 0	8.450 0	7.110 0	7.333 3	8.466 7	8.066 4
	金隆优088	7.720 0	8.120 0	9.663 3	10.740 0	11.416 7	8.883 3	9.176 7	9.060 0	9.200 0	8.400 0	8.933 3	8.140 0	9.400 0	9.142 6
C组	胜优083	8.943 3	8.056 7	9.663 3	10.523 3	11.196 7	7.803 3	9.683 3	9.373 3	8.133 3	8.550 0	8.333 3	8.686 7	9.433 3	9.120 5
	广8优864（复试）	8.576 7	8.846 7	12.060 0	10.476 7	11.730 0	8.400 0	9.290 0	8.580 0	9.266 7	8.300 0	8.646 7	8.310 0	8.700 0	9.321 8
	金龙优260（复试）	8.650 0	8.426 7	10.550 0	10.433 3	11.970 0	9.900 0	11.066 7	8.933 3	9.116 7	8.800 0	8.336 7	7.966 7	8.650 0	9.446 2
	又美优金丝苗	9.056 7	8.996 7	11.000 0	10.346 7	12.316 7	8.933 3	10.326 7	8.946 7	9.300 0	8.816 7	9.190 0	8.020 0	8.500 0	9.519 2
	晶两优3888（复试）	7.693 3	7.963 3	11.746 7	11.413 3	11.293 3	8.316 7	9.623 3	8.846 7	8.066 7	8.566 7	8.653 3	8.413 3	8.400 0	9.153 6
	广8优2168（CK）	8.153 3	8.213 3	11.470 0	10.660 0	11.636 7	8.750 0	9.786 7	8.806 7	9.083 3	8.150 0	6.503 3	8.150 0	9.416 7	9.136 9

表 4-34　弱感光组各试点小区平均产量（千克）

组别	品 种	潮州	高州	广州	惠来	惠州	龙川	罗定	清远	新会	阳江	湛江	肇庆	平均值
	秋银优8860	8.160 0	8.776 7	11.543 3	9.933 3	12.550 0	9.050 0	7.456 7	8.683 3	9.433 3	9.436 7	8.400 0	8.513 3	9.328 1
A组	珈两优1352	8.406 7	7.830 0	10.510 0	10.076 7	10.830 0	9.580 0	9.150 0	9.300 0	9.450 0	8.043 3	7.040 0	9.400 0	9.134 7
	765两优1597	8.310 0	8.693 3	10.310 0	10.113 3	11.386 7	9.150 0	10.093 3	7.483 3	9.800 0	9.403 3	7.246 7	9.250 0	9.270 0
	信两优新象牙占	8.780 0	8.336 7	10.440 0	10.406 7	10.243 3	9.733 3	8.943 3	9.800 0	9.016 7	8.273 3	8.210 0	8.770 0	9.246 1

（续）

组别	品种	潮州	高州	广州	惠来	惠州	龙川	罗定	清远	新会	阳江	湛江	肇庆	平均值
A组	庆香优珍丝苗	8.603 3	8.903 3	10.913 3	10.446 7	11.726 7	6.966 7	8.650 0	9.850 0	9.950 0	9.276 7	8.676 7	8.566 7	9.377 5
	长优 9336	7.200 0	7.490 0	6.326 7	9.450 0	8.876 7	8.783 3	3.760 0	7.616 7	8.166 7	7.203 3	6.906 7	7.466 7	7.437 2
	金象优 579	8.486 7	8.420 0	10.836 7	11.246 7	11.376 7	6.566 7	8.783 3	9.333 3	9.816 7	10.070 0	8.720 0	8.416 7	9.339 4
	粤禾优 981	8.836 7	9.586 7	12.453 3	11.390 0	12.296 7	9.130 0	9.086 7	8.733 3	10.250 0	10.136 7	9.323 3	9.133 3	10.029 7
	吉优 5522（复试）	8.500 0	9.753 3	11.850 0	10.820 0	11.913 3	9.790 0	9.343 3	9.916 7	10.150 0	9.466 7	9.266 7	8.800 0	9.964 2
	婆优 9531	7.796 7	7.600 0	10.026 7	8.610 0	10.533 3	8.583 3	4.583 3	6.433 3	8.950 0	8.673 3	7.950 0	8.450 0	8.182 5
	婆优 9157	7.936 7	7.836 7	9.593 3	9.086 7	11.003 3	8.766 7	9.386 7	8.850 0	8.133 3	8.013 3	7.326 7	7.616 7	8.629 2
	吉丰优 1002（CK）	9.096 7	9.463 3	11.666 7	11.240 0	12.026 7	9.183 3	9.933 3	9.833 3	9.416 7	8.950 0	8.733 3	8.896 7	9.870 0
B组	Ⅱ优 5522	8.970 0	9.416 7	9.706 7	10.880 0	11.720 0	9.636 7	9.640 0	9.800 0	9.533 3	9.406 7	7.976 7	9.766 7	9.704 4
	诚优菊占	8.123 3	8.293 3	10.710 0	11.406 7	11.886 7	8.283 3	8.310 0	9.883 3	9.466 7	9.000 0	8.923 3	8.350 0	9.386 4
	贵优 55	8.370 0	9.190 0	11.036 7	11.286 7	11.450 0	9.800 0	9.176 7	9.516 7	8.916 7	8.826 7	8.953 3	8.516 7	9.586 7
	南新优 698	8.576 7	8.906 7	9.933 3	11.300 0	11.523 3	9.046 7	7.310 0	9.616 7	8.750 0	9.226 7	8.240 0	9.350 0	9.315 0
	广星优金晶占	7.956 7	8.543 3	11.200 0	10.500 0	11.113 3	9.063 3	8.356 7	8.250 0	8.116 7	8.280 0	7.876 7	8.736 7	8.999 4
	金龙优 292	8.056 7	8.330 0	9.416 7	11.500 0	11.206 7	4.846 7	8.376 7	10.033 3	9.550 0	8.806 7	8.010 0	9.416 7	8.962 5
	航 5 优 212	8.020 0	8.280 0	9.766 7	9.800 0	9.643 3	8.716 7	8.093 3	8.233 3	8.416 7	7.766 7	7.000 0	8.400 0	8.511 4
	峰软优天弘丝苗	7.933 3	9.243 3	10.810 0	11.506 7	11.326 7	7.540 0	9.600 0	8.766 7	9.433 3	9.620 0	8.053 3	8.803 3	9.386 4
	南两优 6 号（复试）	8.110 0	8.193 3	12.253 3	10.713 3	12.006 7	9.433 3	7.170 0	6.883 3	8.433 3	9.520 0	7.960 0	9.256 7	9.161 1
	金恒优 5522	8.493 3	9.443 3	11.293 3	11.060 0	11.053 3	8.916 7	8.666 7	9.316 7	8.533 3	7.903 3	8.730 0	8.850 0	9.355 0
	秋香优 1255	8.330 0	9.376 7	11.166 7	11.106 7	10.883 3	7.463 3	8.093 3	9.716 7	9.300 0	8.656 7	8.413 3	8.816 7	9.276 9
	吉丰优 1002（CK）	8.853 3	9.380 0	11.233 3	11.200 0	11.850 0	9.040 0	8.836 7	9.433 3	9.350 0	8.833 3	8.380 0	8.566 7	9.579 7

表 4-35 生产试验产量

组 别	品 种	平均亩产量（千克）	较 CK 变化百分比（%）
感温中熟组	五优 098（复试）	486.36	4.20
	诚优 5305（复试）	484.60	3.82
	裕优 086（复试）	483.46	3.58
	粤创优珍丝苗（复试）	481.02	3.06
	发两优粤美占（复试）	479.61	2.75
	丛两优 6100（复试）	476.20	2.02
	台两优 451（复试）	472.87	1.31
	粤禾优 226（复试）	471.98	1.12
	野香优莉丝（复试）	469.30	0.55
	青香优 086（复试）	467.18	0.09
	深优 9708（CK）	466.75	—
	天弘优福农占（复试）	461.23	-1.18
	星优 135（复试）	459.72	-1.51
	两优香丝苗（复试）	454.86	-2.55
	五优 1704（复试）	440.12	-5.71
	诚优 5378（复试）	439.65	-5.81
	纳优 6388（复试）	423.44	-9.28
感温迟熟组	晶两优 3888（复试）	497.09	12.06
	C 两优 9815（复试）	493.27	11.20
	隆两优 305（复试）	478.12	7.79
	金龙优 260（复试）	474.98	7.08
	广 8 优 864（复试）	474.19	6.90
	南两优 918（复试）	470.24	6.01
	晶两优 1441（复试）	469.40	5.82
	金隆优 078（复试）	463.51	4.49
	粤秀优文占（复试）	454.29	2.41
	野优珍丝苗（复试）	443.93	0.08
	广 8 优 2168（CK）	443.58	—
弱感光组	吉优 5522（复试）	499.40	3.61
	吉丰优 1002（CK）	481.99	—
	南两优 6 号（复试）	474.02	-1.65

第五章　广东省 2020 年粤北单季稻品种表证试验总结

一、试验概况

(一) 参试品种

参试品种均为近年通过审定或已参加复试的水稻品种。2020 年安排参试的品种共 4 个，分别为群优 766、万丰优丝占、荃优 466、荃优丝苗。试验不设重复，以深两优 870 (CK) 作对照。

(二) 承试单位

承试单位 4 个，分别是韶关市农业科技推广中心、南雄市农业科学研究院、乐昌市农业科学研究所和连山县农业科学研究所。

(三) 试验方法

各试点统一按《广东省农作物品种试验办法》进行试验和记载。采用小区随机排列，不设重复，小区面积 0.03 亩。栽培管理按当地的生产水平进行，试验期间防虫不防病，在各个生育阶段对品种的生长特征、经济性状进行田间调查记载和室内考种。

二、试验结果

粤北单季稻品种表证试验品种综合性状见表 5-1。

表 5-1　粤北单季稻品种表证试验参试品种综合性状

品　　种	平均亩产量 (千克)	较 CK 变化百分比 (%)	全生育期 (天)	稻瘟病抗性表现	白叶枯病抗性表现	抗倒性
群优 766	585.83	5.71	114	无	轻	一般
万丰优丝占	560.42	1.13	107	无	中	好
荃优 466	557.08	0.53	115	无	轻	好
荃优丝苗	555.00	0.15	115	无	轻	好
深两优 870 (CK)	554.17	—	116	无	中	好

（一）产量

群优 766、万丰优丝占、荃优 466、荃优丝苗分别比对照种深两优 870（CK）增产 5.71％、1.13％、0.53％、0.15％。

（二）生育期

参试品种生育期为 107～115 天，万丰优丝占比对照种短 9 天，群优 766 比对照种短 2 天，荃优 466 和荃优丝苗比对照种短 1 天。

（三）抗病性田间表现

稻瘟病抗性表现：所有参试品种均无明显发生。白叶枯病抗性表现：参试品种有轻度和中度发生。

（四）抗倒性

群优 766 在乐昌试点有倒伏发生，其余参试品种在各试点均无明显倒伏发生。

三、品种评述

（1）群优 766　2020 年群优 766 参加粤北单季稻品种表证试验，平均亩产量 585.83 千克，比对照种深两优 870（CK）增产 5.71％。全生育期 114 天，比深两优 870（CK）短 2 天。田间无稻瘟病，轻度白叶枯病，抗倒性一般。推荐在粤北稻作区进行单季稻种植。

（2）万丰优丝占　2020 年万丰优丝占参加粤北单季稻品种表证试验，平均亩产量 560.42 千克，比对照种深两优 870（CK）增产 1.13％。全生育期 107 天，比深两优 870（CK）短 9 天。田间无稻瘟病，中度白叶枯病，抗倒性好。推荐在粤北稻作区进行单季稻种植。

（3）荃优 466　2020 年荃优 466 参加粤北单季稻品种表证试验，平均亩产量 557.08 千克，比对照种深两优 870（CK）增产 0.53％。全生育期 115 天，比深两优 870（CK）短 1 天。田间无稻瘟病，轻度白叶枯病，抗倒性好。推荐在粤北稻作区进行单季稻种植。

（4）荃优丝苗　2020 年荃优丝苗参加粤北单季稻品种表证试验，平均亩产量 555.00 千克，比对照种深两优 870（CK）增产 0.15％。全生育期 115 天，比深两优 870（CK）短 1 天。田间无稻瘟病，轻度白叶枯病，抗倒性好。推荐在粤北稻作区进行单季稻种植。

第六章　广东省 2020 年春植甜玉米 新品种区域试验总结

2020 年春季，广东省农业技术推广中心对广东省选育及引进的 21 个甜玉米新品种进行试验，分为 2 组，在全省多个不同类型区设点进行区域试验，以粤甜 16 号（CK1）和粤甜 13 号（CK2）分别为高产对照和优质对照，对参试品种的产量、品质、抗病性、适应性与稳定性等主要性状进行鉴定和分析。

一、试验概况

（一）参试品种

春植甜玉米参试品种见表 6-1。

表 6-1　参试品种

序号	甜玉米（A组）	甜玉米（B组）
1	珍甜 38 号	珍甜 32 号
2	佛甜 8 号	清科甜 1 号
3	新美甜 658	华旺甜 9 号
4	广良甜 21 号	仲甜 9 号
5	泰美甜 3 号	广甜 12 号
6	华美甜 26 号	华美甜 12 号
7	华美甜 33 号	粤甜 405
8	粤甜 415	先甜 11 号
9	先蜜甜 609	粤甜黑珍珠 2 号
10	粤甜 39 号	粤白甜 2 号
11	粤甜高维 E2 号	粤甜 16 号（CK1）
12	粤甜 16 号（CK1）	粤甜 13 号（CK2）
13	粤甜 13 号（CK2）	

（二）承试单位

在广东省主要甜玉米种植类型区设置试点7个（表6-2）。

表6-2 试验地点及承试单位

试 点	承试单位	试 点	承试单位
广州	广州市农业科学研究院	清远	英德市农业科学研究所
韶关	乐昌市现代农业产业发展中心	阳江	阳江市农作物技术推广站
河源	东源县农业科学研究所	肇庆	肇庆市农业科学研究所
潮州	潮安市潮安区农业工作总站	—	—

（三）试验方法

各试点试验方法统一，并在试验区周围设置保护行。采用随机区组排列，长6.4米，宽3.9米，按三畦六行一小区安排，每小区面积0.037 5亩（25米²）。3次重复。每畦按1.3米（包沟）起畦，双行开沟移栽，畦面行距50厘米，每行22株，每小区132株，折合亩株数3 520株。各试点均选用能代表当地生产条件的田块安排试验。各试点均按方案要求安排在3月上、中旬育苗移栽。按当地当前较高的生产水平进行栽培管理，全期除虫不防病。

（四）产量分析

各试点均在各生育时期对各品种的主要性状进行田间调查和登记，适收期每小区收获中间四行的鲜苞计算产量和室内考种，并对产量进行方差分析。产量结果综合分析采用一造多点的联合方差分析，产量差异显著性和稳定性分析采用Shukla稳定性方差分析。

（五）品质分析

品质测定分析及抗病性鉴定委托广东省农业科学院作物研究所种植测定（鉴定），还原糖和总糖含量委托农业农村部蔬菜水果质量监督检验测试中心（广州）测定，同时组织专家对各品种套袋授粉果穗进行品鉴食味评价，组织专业人员进行品质品尝评价。

（六）其他影响

今年各试点加强了田间管理，使试验能顺利进行，各品种生长发育和产量结果基本正常。

二、试验结果

（一）产量

对各品种产量进行联合方差分析，结果表明，地点间F值、品种间F值、品种与地点互作F值均达极显著水平。表明品种间产量存在极显著差异，同品种在不同地点的产量也存在极显著差异，不同品种在不同地点的产量同样存在极显著差异（表 6-3、表 6-4）。

表 6-3　甜玉米（A 组）产量方差分析

变异来源	df	SS	MS	F 值
地点内区组	14	42.35	3.03	1.47
地点	6	1 836.43	306.07	22.59**
品种	12	1 102.82	91.90	6.78**
品种×地点	72	975.50	13.55	6.58**
试验误差	168	346.01	2.06	—
总变异	272	4 303.11	—	—

表 6-4　甜玉米（B 组）产量方差分析

变异来源	df	SS	MS	F 值
地点内区组	14	44.027 6	3.144 8	2.004 6
地点	6	2 091.393 2	348.565 5	29.005 4**
品种	11	1 393.983 2	126.725 7	10.545 3**
品种×地点	66	793.139 7	12.017 3	7.660 2**
试验误差	154	241.595 2	1.568 8	—
总变异	251	4 564.138 8	—	—

甜玉米（A 组）参试品种的鲜苞平均亩产量为 993.10～1 264.68 千克，高产对照粤甜 16 号（CK1）平均亩产鲜苞 1 067.33 千克，优质对照粤甜 13 号（CK2）平均亩产鲜苞 993.10 千克。比粤甜 16 号（CK1）增产的品种有 10 个，增产幅度 2.66%～18.49%，增产达极显著水平的有 5 个，剩余品种增产达显著水平的有 1 个。增幅名列前 3 位的华美甜 33 号、华美甜 26 号、广良甜 21 号分别比粤甜 16 号（CK1）增产 18.49%、17.38%、15.84%。粤甜 39 号比对照粤甜 16 号（CK1）减产 3.17%，减产未达显著水平（表 6-5）。

表 6-5　甜玉米（A 组）参试品种产量及稳定性分析

品　　种	折合亩产量（千克）	较 CK1 变化百分比（%）	较 CK2 变化百分比（%）	差异显著性 0.05	差异显著性 0.01	Shukla 变异系数（%）	增产试点数（个）	增产试点率（%）
华美甜 33 号	1 264.68	18.49	27.35	a	A	8.561 9	7	100.00
华美甜 26 号	1 252.82	17.38	26.15	a	A	5.530 0	7	100.00
广良甜 21 号	1 236.38	15.84	24.50	a	AB	6.968 0	7	100.00
新美甜 658	1 206.12	13.00	21.45	ab	ABC	5.090 0	6	85.71
珍甜 38 号	1 190.23	11.51	19.85	ab	ABC	5.662 7	6	85.71
泰美甜 3 号	1 152.72	8.00	16.07	bc	BCD	8.732 2	6	85.71
先蜜甜 609	1 146.48	7.42	15.44	bcd	BCD	4.568 2	5	71.43
佛甜 8 号	1 144.59	7.24	15.25	bcd	BCD	8.160 7	5	71.43

（续）

品　　种	折合亩产量（千克）	较 CK1 变化百分比（%）	较 CK2 变化百分比（%）	差异显著性 0.05	差异显著性 0.01	Shukla 变异系数（%）	增产试点数（个）	增产试点率（%）
粤甜高维 E2 号	1 140.23	6.83	14.82	bcd	CD	12.798 5	6	85.71
粤甜 415	1 095.70	2.66	10.33	cde	DE	7.143 3	5	71.43
粤甜 16 号（CK1）	1 067.33	—	7.47	def	DEF	6.805 4	—	—
粤甜 39 号	1 033.47	−3.17	4.06	ef	EF	7.870 5	4	57.14
粤甜 13 号（CK2）	993.10	−6.95	—	f	F	2.784 2	—	—

甜玉米（B 组）参试品种的鲜苞平均亩产量为 850.08～1 208.67 千克，对照粤甜16 号（CK1）平均亩产鲜苞 1 055.79 千克，优质对照粤甜 13 号（CK2）平均亩产鲜苞990.76 千克。比粤甜 16 号（CK1）增产的品种有 8 个，增产幅度 3.86%～14.48%，增产达极显著水平的有 5 个。增幅名列前 3 位的清科甜 1 号、先甜 11 号、华旺甜 9 号分别比粤甜 16 号（CK1）增产 14.48%、11.90%、10.93%。广甜 12 号、粤白甜 2 号比粤甜 16 号（CK1）减产，粤白甜 2 号减产达极显著水平，比高产对照减产 19.48%（表 6-6）。

表 6-6　甜玉米（B 组）参试品种产量及稳定性分析

品　　种	折合亩产量（千克）	较 CK1 变化百分比（%）	较 CK2 变化百分比（%）	差异显著性 0.05	差异显著性 0.01	Shukla 变异系数（%）	增产试点数（个）	增产试点率（%）
清科甜 1 号	1 208.67	14.48	21.99	a	A	5.254 6	6	85.71
先甜 11 号	1 181.39	11.90	19.24	ab	AB	7.264 9	6	85.71
华旺甜 9 号	1 171.14	10.93	18.21	ab	ABC	5.417 1	6	85.71
华美甜 12 号	1 151.22	9.04	16.20	abc	ABC	9.472 6	5	71.43
粤甜黑珍珠 2 号	1 137.58	7.75	14.82	bc	ABC	9.781 0	5	71.43
粤甜 405	1 117.30	5.83	12.77	bcd	BCD	3.499 5	6	85.71
珍甜 32 号	1 115.30	5.64	12.57	bcd	BCD	5.022 5	6	85.71
仲甜 9 号	1 096.59	3.86	10.68	cd	CD	8.441 2	5	71.43
粤甜 16 号（CK1）	1 055.79	—	6.56	de	DE	6.498 5	—	—
广甜 12 号	1 053.03	−0.26	6.28	de	DE	8.911 1	4	57.14
粤甜 13 号（CK2）	990.76	−6.16	—	e	E	7.277 2	1	14.29
粤白甜 2 号	850.08	−19.48	−14.20	f	F	8.537 8	—	—

（二）主要性状

春植甜玉米参试品种主要性状见表 6-7、表 6-8。

表 6-7　甜玉米（A 组）参试品种主要性状综合表

品种	生育期（天）	株高（厘米）	穗位高（厘米）	茎粗（厘米）	株型	植株整齐度	穗长（厘米）	穗粗（厘米）	秃顶长（厘米）	粒色	粒型	穗行数（行）	穗粒数（粒）	抗病性 纹枯病	茎腐病、大斑病、小斑病	接种鉴定 纹枯病	小斑病	倒伏率（%）	倒折率（%）	单苞鲜重（克）	单穗净重（克）	单穗鲜粒重（克）	干粒重（克）	出籽率（%）	一级果穗率（%）	可溶性糖含量（%）	果皮厚度测定值（微米）	品鉴食味分（分）	甜性	皮厚性	适口性	品质综合评价
华美甜 33 号	86	256	95	2.3	半紧凑	好	19.9	5.4	2.2	黄	筒	18	595	高抗	抗	中抗	高抗	6.21	0.00	406	291	201	345	68.72	75	32.5	71.86	87.6	AB	AB	B	AB
华美甜 26 号	84	241	96	2.1	半紧凑	好	19.0	5.4	2.1	黄白	筒	14	501	高抗	抗	中抗	高抗	3.90	0.62	399	291	209	426	71.92	74	41.2	67.22	86.3	B	B	B	B
广良甜 21 号	86	250	94	2.2	半紧凑	好	19.9	5.3	1.3	黄	筒	16~18	570	高抗	抗	中抗	高抗	0.34	0.00	421	308	210	379	68.11	80	37.9	63.11	88.4	B	B	A	AB
新美甜 658	85	246	105	2.2	半紧凑	好	19.6	5.4	0.8	黄	筒	16~18	595	高抗	抗	中抗	高抗	4.91	0.43	399	315	222	374	70.42	85	34.3	64.01	87.2	AB	AB	AB	AB
珍甜 38 号	82	212	67	2.1	半紧凑	好	19.6	5.3	1.9	黄白	筒	16	586	抗	抗	中抗	高抗	0.61	0.07	397	308	224	397	72.62	72	36.1	61.00	88.1	AB	AB	AB	AB
泰美甜 3 号	83	206	76	1.9	半紧凑	好	19.3	5.4	1.7	黄	筒	18	606	高抗	高抗	中抗	高抗	0.13	0.09	374	296	206	358	69.39	83	31.0	62.65	89.1	A	AB	A	A
先蜜甜 609	86	269	107	2.1	半紧凑	好	18.8	5.1	0.6	黄白	筒	16	559	抗	抗	中抗	高抗	1.45	0.00	373	285	199	377	69.94	83	37.4	69.50	88.5	A	A	A	A
佛甜 8 号	84	226	85	2.0	半紧凑	好	20.2	5.1	1.4	黄	筒	16	695	高抗	高抗	抗	高抗	0.23	0.91	365	300	219	314	72.79	78	38.1	57.60	89.4	AB	AB	AB	AB
粤甜高维 E2 号	81	214	66	2.1	半紧凑	好	19.3	5.1	0.9	黄	筒	16	595	高抗	抗	中抗	高抗	0.84	0.14	382	280	195	335	69.38	79	25.8	60.11	87.0	B	AB	B	B
粤甜 415	84	231	79	2.1	半紧凑	好	19.8	5.0	0.4	黄	筒	16~18	646	高抗	高抗	中抗	高抗	1.39	0.16	343	264	196	325	74.00	82	46.0	60.48	90.2	A	AB	A	B
粤甜 16 号（CK1）	81	217	85	1.9	半紧凑	好	18.2	5.1	1.2	黄	筒	16	589	抗	抗	中抗	高抗	9.41	0.13	330	261	197	354	74.11	75	24.5	66.90	85.0	B	B	B	B
粤甜 39 号	82	188	66	2.1	半紧凑	好	19.0	5.0	0.7	黄白	筒	16	568	高抗	高抗	中抗	高抗	0.00	0.43	335	267	201	379	75.02	88	40.1	60.74	89.4	A	A	AB	A
粤甜 13 号（CK2）	81	209	74	2.0	半紧凑	好	19.0	4.8	0.4	黄	筒	16	583	高抗	高抗	中抗	高抗	0.14	0.06	331	249	183	335	73.62	81	34.5	61.30	88.0	A	A	AB	A

表 6-8　甜玉米（B 组）参试品种主要性状综合表

品种	生育期（天）	株高（厘米）	穗位高（厘米）	茎粗（厘米）	株型	植株整齐度	穗长（厘米）	穗粗（厘米）	秃顶长（厘米）	粒色	粒型	穗行数（行）	穗粒数（粒）	抗病性 纹枯病	茎腐病、大斑病、小斑病	接种鉴定 纹枯病	小斑病	倒伏率（%）	倒折率（%）	单苞鲜重（克）	单穗净重（克）	单穗鲜粒重（克）	干粒重（克）	出籽率（%）	一级果穗率（%）	可溶性糖含量（%）	果皮厚度测定值（微米）	品鉴食味分（分）	甜性	皮厚性	适口性	品质综合评价
清科甜 1 号	85	241	91	2.0	半紧凑	好	21.9	5.3	1.3	黄白	筒	16~18	676	抗	抗	中抗	高抗	7.91	0.29	415	330	225	353	68.1	80	38.4	74.24	87.4	B	AB	AB	AB
先甜 11 号	85	241	88	2.2	半紧凑	好	18.6	5.0	0.4	黄	筒	16~18	588	抗	抗	中抗	高抗	3.77	0.34	393	277	185	325	66.2	80	22.8	56.42	86.7	AB	B	B	B
华旺甜 12 号	85	239	99	2.0	半紧凑	好	18.9	5.3	1.8	黄白	筒	16	568	抗	抗	中抗	高抗	1.48	0.26	400	281	195	365	69.5	73	34.5	56.29	89.8	B	AB	B	B
华美甜 12 号	86	245	102	2.1	半紧凑	好	18.9	5.3	1.5	黄白	筒	16	583	抗	抗	抗	高抗	0.69	0.61	376	293	205	367	70.0	81	35.7	56.05	88.5	AB	AB	B	B
粤甜黑珍珠 2 号	82	217	70	2.1	半紧凑	好	19.7	5.2	1.3	紫	筒	16~18	564	抗	抗	中抗	高抗	0.30	0.44	357	291	202	364	69.5	84	28.9	66.02	89.0	A	AB	A	A
粤甜 405	85	224	84	2.1	半紧凑	好	19.6	5.0	1.1	黄	筒	16~18	619	抗	抗	抗	高抗	3.14	1.07	353	265	191	341	72.4	80	42.1	56.18	89.8	AB	AB	B	B
珍甜 32 号	85	215	76	2.0	半紧凑	好	17.6	5.2	0.5	黄白	筒	16	545	抗	抗	抗	高抗	0.46	0.57	353	268	189	373	70.7	71	40.1	67.62	89.6	AB	AB	B	B
仲甜 8 号	86	248	93	2.1	半紧凑	好	18.4	5.1	0.4	黄	筒	16	568	抗	抗	中抗	高抗	1.04	0.23	374	269	191	351	71.5	79	30.5	56.17	86.1	AB	B	AB	B
粤甜 16 号（CK1）	81	209	81	1.9	半紧凑	好	18.1	5.1	0.1	黄	筒	16~18	587	抗	抗	感	高抗	8.46	0.16	339	264	196	336	73.8	77	24.5	66.24	85.0	AB	B	B	AB
广甜 12 号	80	177	51	1.9	半紧凑	好	15.8	5.1	0.1	黄白	筒	14	473	抗	抗	感	高抗	3.71	1.24	348	243	172	376	70.7	55	29.2	60.46	86.1	B	AB	A	A
粤甜 13 号（CK2）	81	207	70	2.0	半紧凑	好	19.0	4.9	0.2	黄白	筒	16~18	595	抗	抗	中抗	高抗	0.21	0.21	328	247	180	318	72.4	82	34.5	63.02	88.0	A	A	A	A
粤白甜 2 号	75	149	40	1.8	半紧凑	好	16.9	4.4	0.1	白	筒	12~14	434	抗	中抗	中抗	抗	0.71	0.21	262	188	130	323	69.3	54	40.7	64.76	89.3	A	A	A	A

注：表中英文字母表示品尝品质打分，A 为优，B 为良，C 为一般，AB 介于优良中间。下同。

1. 品质

根据各品种籽粒的可溶性糖含量和果皮厚度测定结果，同时结合各试点品鉴食味分和各点品尝评价结果综合分析，品鉴食味分≥88 分的优质品种有 13 个，分别是珍甜 38 号、佛甜 8 号、广良甜 21 号、泰美甜 3 号、粤甜 415、先蜜甜 609、粤甜 39 号、珍甜 32 号、华旺甜 9 号、华美甜 12 号、粤甜 405、粤甜黑珍珠 2 号、粤白甜 2 号。其他品种未达优质标准。

2. 抗病性

对各品种进行纹枯病和小斑病接种鉴定，各试点对各品种进行纹枯病、茎腐病和大斑病、小斑病进行田间调查鉴定。

小斑病接种鉴定结果：甜玉米（A 组）品种均为高抗，甜玉米（B 组）除粤白甜 2 号为抗外，其他品种均为高抗。

纹枯病接种鉴定结果：甜玉米（A 组）粤甜高维 E2 号鉴定为抗，其他品种均为中抗。甜玉米（B 组）广甜 12 号、粤甜 16 号（CK1）为感，珍甜 32 号、华美甜 12 号、粤甜 405 为抗，其他品种为中抗。

3. 全生育期

甜玉米（A 组）品种的生育期为 81～86 天，对照粤甜 16 号（CK1）和粤甜 13 号（CK2）生育期均为 81 天，华美甜 33 号、广良甜 21 号、先蜜甜 609 的生育期最长，均为 86 天，粤甜高维 E2 号生育期最短，为 81 天。

甜玉米（B 组）品种的生育期为 75～86 天，对照粤甜 16 号（CK1）和粤甜 13 号（CK2）生育期均为 81 天，华美甜 12 号、仲甜 9 号生育期最长，均为 86 天，粤白甜 2 号生育期最短，为 75 天。

三、品种评述

根据参试品种产量情况、品质评分、品尝评价和抗病性鉴定结果，以及各农艺性状综合分析，对各参试品种评述如下。

（1）华美甜 33 号 2020 年早造参加省区试，华美甜 33 号平均亩产鲜苞 1 264.68 千克，比高产对照粤甜 16 号（CK1）增产 18.49%，增产达极显著水平。7 个试点均比对照增产，增产试点率 100%。生育期 86 天，比对照粤甜 16 号（CK1）迟熟 5 天。植株壮旺，整齐度好，株型半紧凑，前、中期生长势强，后期保绿度好。株高 256 厘米，穗位高 95 厘米，穗长 19.9 厘米，穗粗 5.4 厘米，秃顶长 2.2 厘米。单苞鲜重 406 克，单穗净重 291 克，千粒重 345 克，出籽率 68.72%，一级果穗率 75%，果穗筒形，籽粒黄色，倒伏率 6.21%，无倒折，7 个试点中有 1 个试点倒伏率和倒折率之和超过 20%，抗倒性差。可溶性糖含量 32.5%，果皮厚度测定值 71.86 微米，果皮薄，品鉴食味分 87.6 分，品质良。抗病性接种鉴定中抗纹枯病，高抗小斑病；田间表现高抗纹枯病，抗茎腐病，抗大斑病、小斑病。该品种达到高产、抗病标准，抗倒性达到标准*，建议复试并进行生产试验。

---

* 每年平均倒伏率、倒折率之和≤15%，且倒伏率和倒折率之和≥20% 的试点比例不超过 20%，即抗倒性达到标准。

（2）华美甜 26 号　2020 年早造参加省区试，华美甜 26 号平均亩产鲜苞 1 252.82 千克，比对照种粤甜 16 号（CK1）增产 17.38％，增产达极显著水平。7 个试点均比对照增产，增产试点率 100％。生育期 84 天，比对照种粤甜 16 号（CK1）迟熟 3 天。植株壮旺，整齐度好，株型半紧凑，前、中期生长势强，后期保绿度好。株高 241 厘米，穗位高 96 厘米，穗长 19.0 厘米，穗粗 5.4 厘米，秃顶长 2.1 厘米。单苞鲜重 399 克，单穗净重 291 克，千粒重 426 克，出籽率 71.92％，一级果穗率 74％，果穗筒形，籽粒黄白色，倒伏率 3.90％，倒折率 0.62％，7 个试点中有 1 个试点的倒伏率和倒折率之和超过 15％，抗倒性中等。可溶性糖含量 41.2％，果皮厚度测定值 67.22 微米，果皮薄，品鉴食味分 86.3 分，品质良。抗病性接种鉴定中抗纹枯病，高抗小斑病；田间表现高抗纹枯病，抗茎腐病和大斑病、小斑病。该品种达高产和抗病标准，抗倒性达到标准，建议复试并进行生产试验。

（3）广良甜 21 号　2020 年早造参加省区试，广良甜 21 号平均亩产鲜苞 1 236.38 千克，比对照种粤甜 16 号（CK1）增产 15.84％，增产达极显著水平。7 个试点均比对照增产，增产试点率 100％。生育期 86 天，比对照种粤甜 16 号（CK1）迟熟 5 天。植株壮旺，整齐度好，株型半紧凑，前、中期生长势强，后期保绿度好。株高 250 厘米，穗位高 94 厘米，穗长 19.9 厘米，穗粗 5.3 厘米，秃顶长 1.3 厘米。单苞鲜重 421 克，单穗净重 308 克，千粒重 379 克，出籽率 68.11％，一级果穗率 80％，果穗筒形，籽粒黄色，倒伏率 0.34％，无倒折。可溶性糖含量 37.9％，果皮厚度测定值 68.11 微米，果皮薄，品鉴食味分 88.4 分，品质优。抗病性接种鉴定中抗纹枯病，高抗小斑病；田间表现高抗纹枯病和大斑病、小斑病，抗茎腐病。该品种达高产、抗病和优质标准，抗倒性达到标准，建议复试并进行生产试验。

（4）新美甜 658　2020 年早造参加省区试，新美甜 658 平均亩产鲜苞 1 206.12 千克，比对照种粤甜 16 号（CK1）增产 13.00％，增产达极显著水平。7 个试点有 6 个比对照增产，增产试点率 85.71％。生育期 85 天，比对照种粤甜 16 号（CK1）迟熟 4 天。植株壮旺，整齐度好，株型半紧凑，前、中期生长势强，后期保绿度好。株高 246 厘米，穗位高 105 厘米，穗长 19.6 厘米，穗粗 5.4 厘米，秃顶长 0.8 厘米。单苞鲜重 399 克，单穗净重 315 克，千粒重 374 克，出籽率 70.42％，一级果穗率 85％，果穗筒形，籽粒黄色，倒伏率 4.91％，倒折率 0.43％。可溶性糖含量 34.3％，果皮厚度测定值 64.01 微米，果皮薄，品鉴食味分 87.2 分，品质良。抗病性接种鉴定中抗纹枯病，高抗小斑病；田间表现高抗纹枯病，抗茎腐病和大斑病、小斑病。该品种达到高产和抗病标准，抗倒性达到标准，建议复试并进行生产试验。

（5）珍甜 38 号　2020 年早造参加省区试，珍甜 38 号平均亩产鲜苞 1 190.23 千克，比对照种粤甜 16 号（CK1）增产 11.51％，增产达极显著水平。7 个试点有 6 个试点比对照增产，增产试点率 85.71％。生育期 82 天，比对照种粤甜 16 号（CK1）迟熟 1 天。植株壮旺，整齐度好，株型半紧凑，前、中期生长势强，后期保绿度好。株高 212 厘米，穗位高 67 厘米，穗长 19.64 厘米，穗粗 5.3 厘米，秃顶长 1.9 厘米。单苞鲜重 397 克，单穗净重 308 克，千粒重 397 克，出籽率 72.62％，一级果穗率 72％，果穗筒形，籽粒黄白色，倒伏率 0.61％，倒折率 0.07％。可溶性糖含量 36.1％，果皮厚度测定值 61.00 微米，果皮薄，品鉴食味分 88.1 分，品质优。抗病性接种鉴定中抗纹枯病，高抗小斑病；田间表现抗纹枯病、茎腐病和大斑病、小斑病。该品种达优质、高产、抗病标准，抗倒性达到标准，建议复试并进行生产试验。

（6）泰美甜 3 号　2020 年早造参加省区试，泰美甜 3 号平均亩产鲜苞 1 152.72 千克，比对照种粤甜 16 号（CK1）增产 8.00％，增产达显著水平。7 个试点有 6 个试点比对照增产，增产试点率 85.71％。生育期 83 天，比对照种粤甜 16 号（CK1）迟熟 2 天。植株壮旺，整齐度好，株型半紧凑，前、中期生长势强，后期保绿度好。株高 206 厘米，穗位高 76 厘米，穗长 19.3 厘米，穗粗 5.4 厘米，秃顶长 1.7 厘米。单苞鲜重 374 克，单穗净重 296 克，千粒重 358 克，出籽率 69.39％，一级果穗率 83％，果穗筒形，籽粒黄色，倒伏率 0.13％，倒折率 0.09％。可溶性糖含量 31.0％，果皮厚度测定值 62.65 微米，果皮薄，品鉴食味分 89.1 分，品质优。抗病性接种鉴定中抗纹枯病，高抗小斑病；田间表现高抗纹枯病和大斑病、小斑病，抗茎腐病。该品种达优质、高产、抗病标准，抗倒性达到标准，建议复试并进行生产试验。

（7）先蜜甜 609　2020 年早造参加省区试，先蜜甜 609 平均亩产鲜苞 1 146.48 千克，比对照种粤甜 16 号（CK1）增产 7.42％，增产未达显著水平。7 个试点中有 5 个比对照增产，增产试点率 71.43％，生育期 86 天，比对照种粤甜 16 号（CK1）迟熟 5 天。植株壮旺，整齐度好，株型半紧凑，前、中期生长势强，后期保绿度好。株高 269 厘米，穗位高 107 厘米，穗长 18.8 厘米，穗粗 5.1 厘米，秃顶长 0.6 厘米。单苞鲜重 373 克，单穗净重 285 克，千粒重 377 克，出籽率 69.94％，一级果穗率 83％，果穗筒形，籽粒黄白色，倒伏率 1.45％，无倒折。可溶性糖含量 37.4％，果皮厚度测定值 69.50 微米，果皮薄，品鉴食味分 88.5 分，品质优。抗病性接种鉴定中抗纹枯病，高抗小斑病；田间表现高抗纹枯病，抗茎腐病和大斑病、小斑病。该品种达优质和抗病标准，抗倒性达到标准，建议复试并进行生产试验。

（8）佛甜 8 号　2020 年早造参加省区试，佛甜 8 号平均亩产鲜苞 1 144.59 千克，比对照种粤甜 16 号（CK1）增产 7.24％，增产未达显著水平。7 个试点中有 5 个比对照增产，增产试点率 71.43％。生育期 84 天，比对照种粤甜 16 号（CK1）迟熟 3 天。植株壮旺，整齐度好，株型半紧凑，前、中期生长势强，后期保绿度好。株高 226 厘米，穗位高 85 厘米，穗长 20.2 厘米，穗粗 5.1 厘米，秃顶长 1.4 厘米。单苞鲜重 365 克，单穗净重 300 克，千粒重 314 克，出籽率 72.79％，一级果穗率 78％，果穗筒形，籽粒黄色，倒伏率 0.23％，倒折率 0.91％。可溶性糖含量 38.1％，果皮厚度测定值 57.60 微米，果皮薄，品鉴食味分 89.4 分，品质优。抗病性接种鉴定中抗纹枯病，高抗小斑病；田间表现抗纹枯病和茎腐病，高抗大斑病、小斑病。该品种达优质和抗病标准，抗倒性达到标准，建议复试并进行生产试验。

（9）粤甜 415　2020 年早造参加省区试，粤甜 415 平均亩产鲜苞 1 095.70 千克，比对照种粤甜 16 号（CK1）增产 2.66％，增产未达显著水平。7 个试点有 5 个试点比对照增产，增产试点率 71.43％。生育期 84 天，比对照种粤甜 16 号（CK1）迟熟 3 天。植株壮旺，整齐度好，株型半紧凑，前、中期生长势强，后期保绿度好。株高 231 厘米，穗位高 79 厘米，穗长 19.8 厘米，穗粗 5.0 厘米，秃顶长 0.4 厘米。单苞鲜重 343 克，单穗净重 264 克，千粒重 325 克，出籽率 74%，一级果穗率 82%，果穗筒形，籽粒黄色，倒伏率 1.39%，倒折率 0.16%。可溶性糖含量 46.0%，果皮厚度测定值 60.48 微米，果皮薄，品鉴食味分 90.2 分，品质优。抗病性接种鉴定中抗纹枯病，高抗小斑病；田间表现高抗茎腐病和纹枯病，抗大斑病、小斑病。该品种达优质、抗病标准，抗倒性达到标准，建议复试并进行生产试验。

（10）粤甜 39 号　2020 年早造参加省区试，粤甜 39 号平均亩产鲜苞 1 033.47 千克，比对照种粤甜 16 号（CK1）减产 3.17%，减产未达显著水平。7 个试点中有 4 个试点比对照增产，增产试点率 57.14%。生育期 82 天，比对照种粤甜 16 号（CK1）迟熟 1 天。植株壮旺，整齐度好，株型半紧凑，前、中期生长势强，后期保绿度好。株高 188 厘米，穗位高 66 厘米，穗长 19.0 厘米，穗粗 5.0 厘米，秃顶长 0.7 厘米。单苞鲜重 335 克，单穗净重 267 克，千粒重 379 克，出籽率 75.02%，一级果穗率 88%，果穗筒形，籽粒黄白色，无倒伏，倒折率 0.43%。可溶性糖含量 40.1%，果皮厚度测定值 60.74 微米，果皮薄，品鉴食味分 89.4 分，品质优。抗病性接种鉴定中抗纹枯病，高抗小斑病；田间表现抗纹枯病和茎腐病，高抗大斑病、小斑病。该品种达优质和抗病标准，抗倒性达到标准，建议复试并进行生产试验。

（11）粤甜高维 E2 号　2020 年早造参加省区试，粤甜高维 E2 号平均亩产鲜苞 1 140.23 千克，比对照种粤甜 16 号（CK1）增产 6.83%，增产未达显著水平。7 个试点中有 6 个比对照增产，增产试点率 85.71%。生育期 81 天，与对照种粤甜 16 号（CK1）相当。植株壮旺，整齐度好，株型半紧凑，前、中期生长势强，后期保绿度好。株高 214 厘米，穗位高 66 厘米，穗长 19.3 厘米，穗粗 5.1 厘米，秃顶长 0.9 厘米。单苞鲜重 382 克，单穗净重 280 克，千粒重 335 克，出籽率 72.79%，一级果穗率 78%，果穗筒形，籽粒黄白色，倒伏率 0.84%，倒折率 0.14%。可溶性糖含量 25.8%，果皮厚度测定值 60.11 微米，果皮薄，品鉴食味分 87.0 分，品质良。抗病性接种鉴定抗纹枯病，高抗小斑病；田间表现高抗纹枯病，抗茎腐病和大斑病、小斑病。该品种达抗病标准，抗倒性达到标准，建议复试并进行生产试验。

（12）清科甜 1 号　2020 年早造参加省区试，清科甜 1 号平均亩产鲜苞 1 208.67 千克，比对照种粤甜 16 号（CK1）增产 14.48%，增产达极显著水平。7 个试点中有 6 个试点比对照增产，增产试点率 85.71%。生育期 85 天，比对照种粤甜 16 号（CK1）迟熟 4 天。植株壮旺，整齐度好，株型半紧凑，前、中期生长势强，后期保绿度好。株高 241 厘米，穗位高 91 厘米，穗长 21.9 厘米，穗粗 5.3 厘米，秃顶长 1.3 厘米。单苞鲜重 415 克，单穗净重 330 克，千粒重 353 克，出籽率 68.1%，一级果穗率 80%，果穗筒形，籽粒黄白色，倒伏率 7.91%，倒折率 0.29%。可溶性糖含量 38.4%，果皮厚度测定值 74.24 微米，果皮薄，品鉴食味分 87.4 分，品质良。抗病性接种鉴定中抗纹枯病，高抗小斑病；田间表现抗纹枯病、茎腐病和大斑病、小斑病。该品种达高产和抗病标准，抗倒性达到标准，建议复试并进行生产试验。

（13）先甜 11 号　2020 年早造参加省区试，先甜 11 号平均亩产鲜苞 1 181.39 千克，比对照种粤甜16号（CK1）增产11.90％，增产达极显著水平。7个试点中有6个试点比对照增产，增产试点率85.71％。生育期85天，比对照种粤甜16号（CK1）迟熟4天。植株壮旺，整齐度好，株型半紧凑，前、中期生长势强，后期保绿度好。株高241厘米，穗位高88厘米，穗长18.6厘米，穗粗5.0厘米，秃顶长0.4厘米。单苞鲜重393克，单穗净重277克，千粒重325克，出籽率66.2％，一级果穗率80％，果穗筒形，籽粒黄色，倒伏率3.77％，倒折率0.34％。可溶性糖含量22.8％，果皮厚度测定值56.42微米，果皮薄，品鉴食味分86.7分，品质良。抗病性接种鉴定中抗纹枯病，高抗小斑病；田间表现抗纹枯病、茎腐病和大斑病、小斑病。该品种达高产和抗病标准，抗倒性达到标准，建议复试并进行生产试验。

（14）华旺甜9号　2020年早造参加省区试，华旺甜9号平均亩产鲜苞1 171.14千克，比对照种粤甜16号（CK1）增产10.93％，增产达极显著水平。7个试点中有6个试点比对照增产，增产试点率85.71％。生育期85天，比对照种粤甜16号（CK1）迟熟4天。植株壮旺，整齐度好，株型半紧凑，前、中期生长势强，后期保绿度好。株高239厘米，穗位高99厘米，穗长18.9厘米，穗粗5.3厘米，秃顶长1.8厘米。单苞鲜重400克，单穗净重281克，千粒重365克，出籽率69.5％，一级果穗率73％，果穗筒形，籽粒黄白色，倒伏率1.48％，倒折率0.26％。可溶性糖含量34.5％，果皮厚度测定值56.29微米，果皮薄，品鉴食味分89.8分，品质优。抗病性接种鉴定中抗纹枯病，高抗小斑病；田间表现抗纹枯病、茎腐病和大斑病、小斑病。该品种达优质、高产和抗病标准，抗倒性达到标准，建议复试并进行生产试验。

（15）华美甜12号　2020年早造参加省区试，华美甜12号平均亩产鲜苞1 151.22千克，比对照种粤甜16号（CK1）增产9.04％，增产达极显著水平。7个试点中有5个试点比对照增产，增产试点率71.43％。生育期86天，比对照种粤甜16号（CK1）迟熟5天。植株壮旺，整齐度好，株型半紧凑，前、中期生长势强，后期保绿度好。株高245厘米，穗位高102厘米，穗长18.9厘米，穗粗5.3厘米，秃顶长1.5厘米。单苞鲜重376克，单穗净重293克，千粒重367克，出籽率70.0％，一级果穗率81％，果穗筒形，籽粒黄白色，倒伏率0.69％，倒折率0.61％。可溶性糖含量35.7％，果皮厚度测定值56.05微米，果皮薄，品鉴食味分89.8分，品质优。抗病性接种鉴定抗纹枯病，高抗小斑病；田间表现抗纹枯病、茎腐病和大斑病、小斑病。该品种达优质、高产和抗病标准，抗倒性达到标准，建议复试并进行生产试验。

（16）粤甜黑珍珠2号　2020年早造参加省区试，粤甜黑珍珠2号平均亩产鲜苞1 137.58千克，比对照种粤甜16号（CK1）增产7.75％，增产达极显著水平。7个试点中有5个试点比对照增产，增产试点率71.43％。生育期82天，比对照粤甜16号（CK1）迟熟1天。植株壮旺，整齐度好，株型半紧凑，前、中期生长势强，后期保绿度好。株高217厘米，穗位高70厘米，穗长19.7厘米，穗粗5.2厘米，秃顶长1.3厘米。单苞鲜重357克，单穗净重291克，千粒重364克，出籽率69.5％，一级果穗率84％，果穗筒形，籽粒紫色，倒伏率0.30％，倒折率0.44％。可溶性糖含量28.9％，果皮厚度测定值66.02微米，果皮薄，品鉴食味分89.0分，品质优。抗病性接种鉴定中抗纹枯病，高抗小斑病；田间表现抗纹枯病、茎腐病和大斑病、小斑病。该品种达优质、高产和抗病标准，抗倒性达到标准，建议复试并进行生产试验。

（17）粤甜 405　2020 年早造参加省区试，粤甜 405 平均亩产鲜苞 1 117.30 千克，比对照种粤甜 16 号（CK1）增产 5.83％，增产未达显著水平。7 个试点中有 6 个试点比对照增产，增产试点率 85.71％。生育期 85 天，比对照粤甜 16 号（CK1）迟熟 4 天。植株壮旺，整齐度好，株型半紧凑，前、中期生长势强，后期保绿度好。株高 234 厘米，穗位高 84 厘米，穗长 19.6 厘米，穗粗 5.0 厘米，秃顶长 1.1 厘米。单苞鲜重 353 克，单穗净重 265 克，千粒重 341 克，出籽率 72.4％，一级果穗率 80％，果穗筒形，籽粒黄色，倒伏率 3.14％，倒折率 1.07％。可溶性糖含量 42.1％，果皮厚度测定值 56.18 微米，果皮薄，品鉴食味分 89.8 分，品质优。抗病性接种鉴定抗纹枯病，高抗小斑病；田间表现抗纹枯病，抗茎腐病，抗大斑病、小斑病。该品种达优质、抗病标准，抗倒性达到标准，建议复试并进行生产试验。

（18）珍甜 32 号　2020 年早造参加省区试，珍甜 32 号平均亩产鲜苞 1 115.30 千克，比对照种粤甜 16 号（CK1）增产 5.64％，增产未达显著水平。7 个试点中有 6 个试点比对照增产，增产试点率 85.71％，生育期 85 天，比对照种粤甜 16 号（CK1）迟熟 4 天。植株壮旺，整齐度好，株型半紧凑，前、中期生长势强，后期保绿度好。株高 215 厘米，穗位高 76 厘米，穗长 17.6 厘米，穗粗 5.2 厘米，秃顶长 0.5 厘米。单苞鲜重 353 克，单穗净重 268 克，千粒重 373 克，出籽率 70.7％，一级果穗率 71％，果穗筒形，籽粒黄白色，倒伏率 0.46％，倒折率 0.57％。可溶性糖含量 40.1％，果皮厚度测定值 67.62 微米，果皮薄，品鉴食味分 89.6 分，品质优。抗病性接种鉴定抗纹枯病，高抗小斑病；田间表现抗纹枯病，抗茎腐病，抗大斑病、小斑病。该品种达优质、抗病标准，抗倒性达到标准，建议复试并进行生产试验。

（19）粤白甜 2 号　2020 年早造参加省区试，粤白甜 2 号平均亩产鲜苞 850.08 千克，比对照种粤甜 16 号（CK1）减产 19.48％，减产达极显著水平；比对照种粤甜 13 号（CK2）减产 14.20％。7 个试点均比对照减产。生育期 75 天，比对照种粤甜 16 号（CK1）和粤甜 13 号（CK2）均早熟 6 天。植株壮旺，整齐度好，株型半紧凑，前、中期生长势强，后期保绿度好。株高 149 厘米，穗位高 40 厘米，穗长 16.9 厘米，穗粗 4.4 厘米，秃顶长 0.1 厘米。单苞鲜重 262 克，单穗净重 188 克，千粒重 323 克，出籽率 69.3％，一级果穗率 54％，果穗筒形，籽粒白色，倒伏率 0.71％，倒折率 0.21％。可溶性糖含量 40.7％，果皮厚度测定值 64.76 微米，果皮薄，品鉴食味分 89.3 分，品质优。抗病性接种鉴定中抗纹枯病，抗小斑病；田间表现抗纹枯病和茎腐病，中抗大斑病、小斑病。该品种达优质、抗病标准，抗倒性达到标准，建议复试并进行生产试验。

（20）仲甜 9 号　2020 年早造参加省区试，仲甜 9 号平均亩产鲜苞 1 096.59 千克，比对照种粤甜 16 号（CK1）增产 3.86％，增产未达显著水平。7 个试点中有 5 个试点比对照增产，增产试点率 71.43％。生育期 86 天，比对照种粤甜 16 号（CK1）迟熟 5 天。植株壮旺，整齐度好，前、中期生长势强，后期保绿度好。株高 248 厘米，穗位高 93 厘米，穗长 18.4 厘米，穗粗 5.1 厘米，秃顶长 0.4 厘米。单苞鲜重 374 克，单穗净重 269 克，千粒重 351 克，出籽率 71.5％，一级果穗率 79％，果穗筒形，籽粒黄色，倒伏率 1.04％，倒折率 0.23％。可溶性糖含量 30.5％，果皮厚度测定值 56.17 微米，果皮薄，品鉴食味分 86.1 分，品质良。抗病性接种鉴定中抗纹枯病，高抗小斑病；田间表现抗纹枯病、茎腐病和大斑病、小斑病。该品种达抗病标准，抗倒性达到标准，建议复试并进行生产试验。

（21）广甜 12 号 2020 年早造参加省区试，广甜 12 号平均亩产鲜苞 1 053.03 千克，比对照种粤甜 16 号（CK1）减产 0.26％，减产未达显著水平。7 个试点中有 4 个试点比对照增产，增产试点率 57.14％。生育期 80 天，比对照种粤甜 16 号（CK1）和粤甜 13 号（CK2）均早熟 1 天。植株壮旺，整齐度好，株型半紧凑，前、中期生长势强，后期保绿度好。株高 177 厘米，穗位高 51 厘米，穗长 15.8 厘米，穗粗 5.1 厘米，秃顶长 0.1 厘米。单苞鲜重 348 克，单穗净重 243 克，千粒重 376 克，出籽率 70.7％，一级果穗率 55％，果穗筒形，籽粒黄白色，倒伏率 3.71％，倒折率 1.24％。可溶性糖含量 29.2％，果皮厚度测定值 60.46 微米，果皮薄，品鉴食味分 86.1 分，品质良。抗病性接种鉴定感纹枯病，高抗小斑病；田间表现为抗纹枯病，抗茎腐病，抗大斑病、小斑病。该品种的品质、产量、抗病性均未达到标准，建议终止试验。

春植甜玉米参试品种各试点小区平均产量见表 6-9、表 6-10。

表 6-9 甜玉米（A 组）参试品种各试点小区平均产量（千克）

品　　种	英德	潮安	东源	阳江	广州	肇庆	乐昌	试点平均值
华美甜 33 号	33.91	34.40	24.53	37.20	33.22	31.05	27.00	31.62
华美甜 26 号	35.11	32.08	25.07	35.13	33.38	31.33	27.13	31.32
广良甜 21 号	31.02	31.96	26.10	32.73	30.37	37.08	27.10	30.91
新美甜 658	33.21	30.55	22.80	32.60	32.80	31.65	27.47	30.15
珍甜 38 号	32.63	26.65	25.67	31.80	32.81	34.03	24.70	29.76
泰美甜 3 号	32.71	23.58	26.50	29.77	31.02	32.25	25.90	28.82
先蜜甜 609	31.32	26.10	25.80	32.03	28.93	30.55	25.90	28.66
佛甜 8 号	34.32	27.38	21.30	31.37	30.17	29.17	26.60	28.61
粤甜高维 E2 号	23.91	31.38	27.30	30.00	28.48	32.13	26.33	28.51
粤甜 415	30.65	26.00	25.53	26.07	29.58	29.52	24.40	27.39
粤甜 16 号（CK1）	30.24	28.81	23.77	27.57	27.34	27.97	21.10	26.68
粤甜 39 号	23.83	24.60	21.50	29.07	29.28	29.12	23.47	25.84
粤甜 13 号（CK2）	25.83	24.30	22.27	26.77	26.63	27.43	20.57	24.83
品种平均值	30.67	28.29	24.47	30.93	30.31	31.02	25.21	28.70

注：试点平均值指同一品种不同试点产量的平均值，品种平均值指同一试点不同品种产量的平均值。下同。

表 6-10 甜玉米（B 组）参试品种各试点小区平均产量（千克）

品　种	英德	潮安	东源	阳江	广州	肇庆	乐昌	试点平均值
清科甜 1 号	31.41	27.08	25.03	34.73	32.45	33.82	27.00	30.22
先甜 11 号	25.52	28.10	26.73	34.00	32.05	36.60	23.73	29.53
华旺甜 9 号	29.79	28.75	23.80	32.83	32.02	34.28	23.47	29.28
华美甜 12 号	31.00	23.70	23.30	33.70	30.36	35.57	23.83	28.78
粤甜黑珍珠 2 号	26.60	31.35	26.27	31.83	26.54	30.98	25.50	28.44
粤甜 405	28.99	26.60	25.23	29.50	29.69	31.15	24.37	27.93
珍甜 32 号	27.69	27.70	25.77	31.90	30.47	29.82	21.83	27.88
仲甜 9 号	26.20	22.80	24.73	30.00	29.08	35.82	23.27	27.41
粤甜 16 号（CK1）	26.83	27.50	24.07	29.17	27.54	27.80	21.87	26.39
广甜 12 号	25.38	22.00	27.10	27.37	30.45	29.78	22.20	26.33
粤甜 13 号（CK2）	22.99	23.80	22.53	28.37	25.96	26.17	23.57	24.77
粤白甜 2 号	17.73	19.40	20.77	23.23	24.93	24.87	17.83	21.25
品种平均值	26.68	25.73	24.61	30.55	29.30	31.39	23.21	27.35

第七章 广东省 2020 年秋植甜玉米新品种区域试验总结

2020 年秋季，广东省农业技术推广中心对进入复试的 16 个甜玉米新品种在全省多个试点进行区域试验和生产试验。以粤甜 16 号（CK1）为高产对照、粤甜 13 号（CK2）为优质对照，对参试品种的产量、品质、抗病性、适应性与稳定性等主要性状进行鉴定和分析。

一、试验概况

（一）参试品种

参试品种均为复试品种，分为甜玉米（A 组）和甜玉米（B 组）。甜玉米（A 组）品种为广良甜 11 号、汕甜 7 号、江甜 33 号、粤双色 5 号、仲甜 6 号、华美甜 48 号、粤甜 36 号和新美甜 514，甜玉米（B 组）品种为新美甜 814、华美甜 32 号、圳甜 6 号、先甜 18、粤甜 37 号、创甜 1 号、甜蜜 785 和华福甜 844。

（二）承试单位

在广东省主要甜玉米种植类型区设置区域试点 7 个，生产试点 8 个（表 7-1）。

表 7-1 试点及承试单位

试 点	区域试验承试单位	试 点	生产试验承试单位
乐昌	乐昌市现代农业产业发展中心	英德	英德市农业科学研究所
英德	英德市农业科学研究所	惠州	惠州市农业科学研究所
潮州	潮州市潮安区农业工作总站	云浮	云浮市农业科学及技术推广中心
东源	东源县农业科学研究所	蕉岭	蕉岭县农业科学研究所
阳江	阳江市农作物技术推广站	江门	江门市农业科学研究所
广州	广州市农业科学研究院	阳春	阳春市农业技术推广中心
肇庆	肇庆市农业科学研究所	茂名	茂名市农作物技术推广站
—	—	中山	中山市农业科技推广中心

（三）试验方法

各区域试点试验方法统一，并在试验区周围设置保护行。采用随机区组排列，长 6.4 米，宽 3.9 米，分三畦六行一小区安排，每小区面积 0.037 5 亩（小区计产面积 0.025 亩）。试验设 3 次重复。每畦按 1.3 米（包沟）起畦，双行开沟移栽种植，每小区 132 株，折合每亩 3 520 株。各生产试点每个品种种植面积 300 米^2，种植密度为每亩 3 500 株。各试点均选用能代表当地生产条件的田块安排试验。各试点均按方案要求安排在 8 月中、下旬育苗移栽。按当地目前较高的生产水平进行栽培管理，区域试验防虫不防病，生产试验防虫防病。

（四）产量分析

各试点均在各生育时期对各品种的主要性状进行田间调查和登记，适收期每小区收获中间四行的鲜苞计算产量和室内考种，并对产量进行方差分析。产量结果综合分析采用一造多点的联合方差分析。产量差异显著性和稳定性分析采用 Shukla 稳定性方差分析。

（五）品质分析

品质测定分析委托广东省农业科学院作物研究所对各品种进行田间种植，适时采收后组织专家对各品种套袋授粉果穗进行适口性品鉴食味评价及其他品质性状测定，其中籽粒可溶性糖含量送农业农村部蔬菜水果质量监督检验测试中心（广州）测定，组织专业人员进行品质品尝评价。

（六）抗性鉴定

抗病性接种鉴定委托广东省农业科学院作物研究所于田间种植接种鉴定，各区试点对参试品种的田间自然发病情况调查记载。

（七）影响因素

今年秋植天气情况较好，潮安试点除外，各试点玉米生长发育良好，各参试品种性状和产量结果表现正常。潮安试点前期发生涝害，苗势不齐，植株长势弱，影响参试品种表现，该试点数据未列入统计分析。

二、试验结果

（一）产量

对各品种产量进行联合方差分析，结果表明，品种间 F 值、品种与地点互作 F 值均达极显著水平。表明品种间产量存在极显著差异，不同品种在不同地点的产量同样存在极显著差异（表 7-2、表 7-3）。

表 7-2　甜玉米（A 组）产量方差分析

变异来源	df	SS	MS	F 值
地点内区组	12	17.884 2	1.490 3	2.820 9
地点	5	1 064.884 5	212.976 9	23.791 2**
品种	9	1 555.886 4	172.876 3	19.311 7**
品种×地点	45	402.836 0	8.951 9	16.944 3**
试验误差	108	57.058 0	0.528 3	
总变异	179	3 098.549 0	—	

表 7-3　甜玉米（B 组）产量方差分析

变异来源	df	SS	MS	F 值
地点内区组	12	10.330 3	0.860 9	1.473 9
地点	5	982.890 8	196.578 2	26.143 0**
品种	9	1 624.999 5	180.555 5	24.012 1**
品种×地点	45	338.371 0	7.519 4	12.873 7**
试验误差	108	63.081 1	0.584 1	
总变异	179	3 019.672 7	—	

甜玉米（A 组）参试品种的鲜苞平均亩产量为 1 065.60～1 408.76 千克，对照种粤甜 13 号（CK2）平均亩产鲜苞 1 065.98 千克，对照种粤甜 16 号（CK1）平均亩产鲜苞 1 159.36 千克。除粤甜 36 号、新美甜 514 比对照种粤甜 16 号（CK1）减产外，其余参试品种均比对照种粤甜 16 号（CK1）增产，增产幅度为 0.18%～21.51%，其中广良甜 11 号、汕甜 7 号、江甜 033、粤双色 5 号达极显著水平，仲甜 6 号达显著水平，华美甜 48 号增产不显著（表 7-4）。

表 7-4　甜玉米（A 组）参试品种产量及稳定性分析

品　　种	折合亩产量（千克）	较 CK1 变化百分比（%）	较 CK2 变化百分比（%）	差异显著性 0.05	差异显著性 0.01	Shukla 变异系数（%）	增产试点数（个）	增产试点率（%）
广良甜 11 号	1 408.76	21.51	32.16	a	A	7.489	6	100.00
汕甜 7 号	1 368.58	18.05	28.39	ab	AB	5.264	6	100.00
江甜 033	1 299.09	12.05	21.87	bc	BC	4.986	6	100.00
粤双色 5 号	1 273.13	9.81	19.43	c	BC	4.733	5	83.33
仲甜 6 号	1 228.44	5.96	15.24	c	CD	4.865	4	66.67
华美甜 48 号	1 161.40	0.18	8.95	de	DE	6.184	2	33.33
粤甜 16（CK1）	1 159.36	0.00	8.76	de	DE	4.474	—	—
粤甜 36 号	1 087.93	−6.16	2.06	ef	E	7.966	1	16.67
粤甜 13（CK2）	1 065.98	−8.05	0.00	f	E	4.986	0	0
新美甜 514	1 065.60	−8.09	−0.04	f	E	4.019	1	16.67

甜玉米（B 组）参试品种的鲜苞平均亩产量为 1 021.97～1 395.00 千克，对照种粤甜 13 号（CK2）平均亩产鲜苞 1 064.06 千克，对照种粤甜 16 号（CK1）平均亩产鲜苞 1 133.45 千克。除甜蜜 785、华福甜 844 比对照种粤甜 16 号（CK1）减产外，其余参试品种均比对照种粤甜 16 号（CK1）增产，增产幅度为 4.13％～23.08％，其中新美甜 814、华美甜 32 号、圳甜 6 号、先甜 18、粤甜 37 号达极显著水平，华福甜 844 减产达极显著水平（表 7-5）。

表 7-5　甜玉米（B 组）参试品种产量及稳定性分析

品　　种	折合亩产量（千克）	较 CK1 变化百分比（％）	较 CK2 变化百分比（％）	差异显著性		Shukla 变异系数（％）	增产试点数（个）	增产试点率（％）
				0.05	0.01			
新美甜 814	1 395.00	23.08	31.10	a	A	6.418	6	100.00
华美甜 32 号	1 339.08	18.14	25.85	ab	AB	2.047	6	100.00
圳甜 6 号	1 333.55	17.65	25.33	ab	AB	7.657	6	100.00
先甜 18	1 288.82	13.71	21.12	b	B	5.910	6	100.00
粤甜 37 号	1 272.94	12.31	19.63	b	BC	4.433	6	100.00
创甜 1 号	1 180.28	4.13	10.92	c	CD	6.923	5	83.33
粤甜 16（CK1）	1 133.45	0.00	6.52	cd	DE	1.936	—	—
甜蜜 785	1 124.25	−0.81	5.66	cd	DEF	3.859	4	66.67
粤甜 13（CK2）	1 064.06	−6.12	0.00	de	EF	3.195	0	0.00
华福甜 844	1 021.97	−9.84	−3.96	e	F	4.037	0	0.00

（二）主要性状

秋植甜玉米参试品种主要性状见表 7-6、表 7-7。

1. 品质分析

根据各品种籽粒的可溶性糖含量和果皮厚度测定结果，并结合各试点的品鉴食味分和品尝评价结果综合分析，品鉴食味分≥88 分的品种有 7 个，分别为粤双色 5 号、华美甜 48 号、新美甜 514、先甜 18、创甜 1 号、甜蜜 785、华福甜 844，品质均优于优质对照种粤甜 13 号（CK1）。

综合 2019 年春、2020 年秋区试专家品鉴食味分结果，按照品质从优原则，参试品种品鉴食味分≥88 分的品种有 10 个：广良甜 11 号、汕甜 7 号、粤双色 5 号、新美甜 514、新美甜 814、先甜 18、粤甜 37 号、创甜 1 号、甜蜜 785、华福甜 844。

2. 抗病性

对各品种进行纹枯病和小斑病接种鉴定，各试点对纹枯病、茎腐病和大斑病、小斑病进行田间调查鉴定。

（1）接种鉴定

①纹枯病。根据接种鉴定结果，按抗病性从差原则，仲甜 6 号、新美甜 514、创甜 1 号、甜蜜 785、华福甜 844 为感；广良甜 11 号、汕甜 7 号、粤双色 5 号、华美甜 48 号、粤甜 36 号、新美甜 814、华美甜 32 号、圳甜 6 号、先甜 18、粤甜 37 号为中抗；江甜 033 为抗。

表 7-6　甜玉米（A 组）参试品种主要性状综合表

品种	生育期(天)	株高(厘米)	穗位高(厘米)	茎粗(厘米)	株型	植株整齐度	穗长(厘米)	穗粗(厘米)	秃顶长(厘米)	穗型	粒色	穗行数(行)	穗粒数(粒)	抗病性纹枯病	抗病性大斑病小斑病	茎腐病	接种鉴定纹枯病	接种鉴定小斑病	倒伏率(%)	单苞鲜重(克)	单穗净重(克)	单穗鲜粒重(克)	千粒重(克)	出籽率(%)	一级果穗率(%)	可溶性糖含量(%)	果皮厚度测定值(微米)	品鉴食味分(分)	甜性	皮厚性	适口性	品质综合评价
广良甜11号	76	260	90	1.9	半紧凑	好	19.1	5.4	0.3	筒	黄	16~18	562	抗	高抗	抗	抗	高抗	0	415	327	228	402	68.72	86.32	41.4	66.13	86.3	B	A	A	A
汕甜7号	76	251	81	2.2	半紧凑	好	19.4	5.5	1.3	筒	黄	16	569	抗	高抗	抗	抗	高抗	0	420	330	235	420	71.27	80.6	36.6	59.97	87.5	B	B	A	A
江甜033	76	240	83	2.0	半紧凑	好	19.6	5.5	2.2	筒	黄	16	565	抗	高抗	抗	抗	高抗	0	403	337	244	422	70.60	78.86	34.5	68.66	86.2	B	B	B	B
粤双色5号	76	251	93	2.0	半紧凑	好	20.0	5.0	1.1	筒	黄白	14~16	593	抗	高抗	中抗	抗	高抗	1.33	360	297	215	356	72.39	82.5	45.7	59.06	90.3	A	A	B	A
仲甜6号	75	246	86	1.8	半紧凑	好	21.9	4.9	1.0	筒	黄白	14~16	647	抗	高抗	抗	中抗	高抗	0	349	330	226	334	71.59	85.78	32.4	68.72	84.9	A	B	B	B
华美甜48号（CK1）	74	243	96	2.0	半紧凑	好	17.3	5.3	0.6	筒	黄白	14	509	抗	高抗	抗	抗	高抗	1.83	349	286	197	398	68.33	78.1	35.2	60.42	88.9	B	B	B	B
粤甜16号（CK1）	73	237	96	1.8	半紧凑	好	17.3	5.3	0.5	筒	黄	16~18	556	抗	高抗	中抗	抗	高抗	2.5	352	283	210	351	73.37	83.84	31.2	66.61	85.0	A	B	B	A
粤甜36号	74	216	81	2.0	半紧凑	好	18.3	5.1	0.5	筒	黄	16	592	抗	高抗	抗	抗	高抗	0	335	283	204	343	70.63	84.08	43.2	64.89	87.3	A	A	A	A
粤甜13号（CK2）	74	224	73	2.0	半紧凑	好	18.9	4.9	0.2	筒	黄白	16	566	抗	高抗	中抗	抗	高抗	0	334	270	195	347	71.92	81.5	36.8	57.82	88.0	A	A	A	A
新美甜514	69	185	49	1.9	平展	中	19.2	4.9	0.6	筒	黄白	16	590	抗	高抗	中抗	中抗	高抗	0.13	325	269	191	317	69.45	83.76	35.1	58.29	91.9	B	A	A	A

表 7-7　甜玉米（B 组）参试品种主要性状综合表

品种	生育期(天)	株高(厘米)	穗位高(厘米)	茎粗(厘米)	株型	植株整齐度	穗长(厘米)	穗粗(厘米)	秃顶长(厘米)	穗型	粒色	穗行数(行)	穗粒数(粒)	抗病性纹枯病	抗病性大斑病小斑病	茎腐病	接种鉴定纹枯病	接种鉴定小斑病	倒伏率(%)	单苞鲜重(克)	单穗净重(克)	单穗鲜粒重(克)	千粒重(克)	出籽率(%)	一级果穗率(%)	可溶性糖含量(%)	果皮厚度测定值(微米)	品鉴食味分(分)	甜性	皮厚性	适口性	品质综合评价
新美甜814	76	259	93	2.1	半紧凑	好	19.5	5.4	1.2	筒	黄	16~18	614	抗	高抗	抗	抗	高抗	1.67	409	323	212	380	64.85	84.7	40.0	67.92	86.8	B	B	B	B
华美甜32号	75	243	87	2.1	半紧凑	好	18.8	5.3	1.8	筒	黄	16	581	抗	高抗	抗	抗	高抗	0.42	404	284	187	352	65.80	82.4	31.9	68.93	85.3	B	B	B	B
圳甜6号	75	245	86	2.0	半紧凑	好	19.2	5.2	0.8	筒	黄	14	541	抗	高抗	中抗	中抗	高抗	0.7	411	296	198	397	65.98	84.5	31.3	68.22	84.9	B	A	B	B
先甜18	77	259	89	2.1	半紧凑	好	19.6	5.2	0.6	筒	黄	16~18	644	抗	高抗	中抗	中抗	高抗	0	413	312	212	343	67.48	85.6	40.0	63.84	88.0	A	A	A	A
粤甜37号	75	237	81	2.0	半紧凑	好	19.1	5.0	0.9	筒	黄	14~16	592	抗	高抗	抗	中抗	高抗	0.6	373	283	194	348	68.82	86.7	33.6	67.51	86.1	B	B	B	B
创甜1号	72	193	60	1.9	半紧凑	好	19.8	5.4	1.0	筒	黄白	16	605	抗	高抗	抗	抗	高抗	0.83	374	314	216	379	68.83	84.6	38.8	54.76	91.8	B	B	A	A
粤甜16号（CK1）	72	228	91	1.8	半紧凑	好	17.7	5.2	0.5	筒	黄	16	590	高抗	高抗	抗	中抗	高抗	5.33	344	261	185	336	72.20	84.6	36.2	65.61	85.0	B	B	B	B
甜蜜785	73	188	65	2.0	半紧凑	好	18.3	5.1	0.3	筒	黄白	14~16	545	抗	高抗	中抗	抗	高抗	0	351	268	189	367	71.02	85.2	45.1	62.72	89.3	A	A	B	A
粤甜13号（CK2）	72	219	67	2.0	半紧凑	好	18.7	4.9	0.2	筒	黄白	16	553	抗	高抗	抗	抗	高抗	0.5	328	249	176	344	70.68	82.5	40.5	58.02	88.0	A	B	A	A
华福甜844	69	205	55	1.9	半紧凑	中	17.7	5.1	0.5	筒	黄白	16	525	抗	高抗	中抗	中抗	抗	0.58	317	254	183	369	72.90	75.9	43.0	53.98	93.8	A	A	A	A

②小斑病。根据接种鉴定结果，按抗病性从差原则，广良甜 11 号、汕甜 7 号、粤双色 5 号、仲甜 6 号、粤甜 36 号、新美甜 514、创甜 1 号、甜蜜 785、华福甜 844 为抗；江甜 033、华美甜 48 号、新美甜 814、华美甜 32 号、圳甜 6 号、先甜 18、粤甜 37 号为高抗。

（2）田间调查

①纹枯病。根据调查结果，按抗病性从差原则，所有品种均为抗。

②茎腐病。根据调查结果，按抗病性从差原则，粤双色 5 号、粤甜 36 号、新美甜 514、华福甜 844 为中抗，其余均为抗。

③大斑病、小斑病。根据两年调查结果，按抗病性从差原则，粤双色 5 号、华福甜 844 为中抗，广良甜 11 号、仲甜 6 号、华美甜 48 号、粤甜 36 号、新美甜 514、新美甜 814、华美甜 32 号、创甜 1 号为抗，其余品种为高抗。

3. 生育期

参试各品种的生育期为 69～77 天，品种间生育期相差 8 天。生育期最长的品种是先甜 18，为 77 天；生育期最短的是新美甜 514、华福甜 844，为 69 天；对照种粤甜 13 号（CK2）生育期为 72～74 天，对照种粤甜 16 号（CK1）生育期为 72～73 天。

（三）生产试验农艺性状

秋植甜玉米参试品种生产试验农艺性状见表 7-8。

三、品种评述

参试品种均为复试品种，根据参试品种产量情况、品质评分、品尝评价和抗病性鉴定结果，以及各农艺性状综合分析，对各参试品种评述如下。

（1）广良甜 11 号 广良甜 11 号春植生育期 78 天，比对照种粤甜 16 号（CK1）迟熟 2 天；秋植生育期 76 天，比对照种粤甜 16 号（CK1）迟熟 3 天。株型半紧凑，整齐度好，前、中期生长势强，后期保绿度好。株高 226～260 厘米，穗位高 67～90 厘米，茎粗 1.8～1.9 厘米，穗长 19.1 厘米，穗粗 5.1～5.4 厘米，秃顶长 0.3～0.9 厘米。单苞鲜重 323～415 克，单穗净重 249～327 克，千粒重 335～402 克，出籽率 63.98%～68.72%，一级果穗率 86.32%～88.0%，果穗筒形，籽粒黄色。可溶性糖含量 41.4%～43.5%，果皮厚度测定值 52.48～66.13 微米，果皮较薄，专家品鉴食味分 87.3～88.0 分，品质优。抗病性接种鉴定抗小斑病，中抗纹枯病。田间表现抗茎腐病、纹枯病和大斑病、小斑病，无倒伏倒折。生产试验田间表现高抗茎腐病和南方锈病，抗纹枯病和大斑病、小斑病，无倒伏倒折。2019 年春区试，平均亩产鲜苞 1 093.07 千克，比对照种粤甜 16 号（CK1）增产 7.53%，增产达显著水平，增产试点率 83.3%。2020 年秋区试，平均亩产鲜苞 1 408.76 千克，比对照种粤甜 16 号（CK1）增产 21.51%，增产达极显著水平，增产试点率 100%。2020 年秋生产试验，平均亩产鲜苞 1 174.17 千克，比对照种粤甜 16 号（CK1）增产 20.64%。

表 7-8 甜玉米生产试验主要性状综合表

| 品种 | 生育期（天） | 植株整齐度 | 倒伏率（%） | 倒折率（%） | 抗病性 | | | | 空秆率（%） | 双穗率（%） | 鲜苞产量（千克） | 较 CK1 变化百分比（%） | 较 CK2 变化百分比（%） |
					纹枯病	大斑病、小斑病	茎腐病	南方锈病					
华美甜 32 号	76	好	0	0	抗	高抗	高抗	抗	1.46	0.28	1 175.67	20.80	21.80
新美甜 814	76	好	0	0	抗	抗	抗	抗	1.95	0.75	1 175.40	20.77	21.77
广良甜 11 号	77	好	0	0	抗	抗	高抗	高抗	1.99	0.51	1 174.17	20.64	21.64
汕甜 7 号	77	好	0	0	抗	高抗	高抗	抗	3.36	1.10	1 172.88	20.51	21.51
圳甜 6 号	76	好	0	0	抗	抗	高抗	高抗	4.13	0.59	1 150.79	18.24	19.22
先甜 18	77	好	0	0	抗	抗	高抗	高抗	2.16	0.40	1 133.15	16.43	17.39
粤甜 37 号	75	好	0	0	抗	抗	高抗	抗	1.79	0.84	1 117.89	14.86	15.81
江甜 033	75	好	0	0	高抗	高抗	高抗	高抗	3.60	0.56	1 096.86	12.70	13.63
粤双色 5 号	75	好	0	0	抗	抗	高抗	抗	1.43	1.01	1 075.77	10.53	11.45
仲甜 6 号	75	好	0	0	抗	抗	高抗	抗	2.85	1.08	1 069.92	9.93	10.84
创甜 1 号	72	好	0	0	抗	抗	高抗	抗	1.96	1.14	1 046.21	7.49	8.38
华美甜 48 号	74	好	0	0	高抗	高抗	高抗	抗	2.35	0.05	1 015.79	4.37	5.23
甜蜜 785	73	好	0	0	抗	抗	高抗	中抗	1.45	0.99	1 009.59	3.73	4.59
粤甜 36 号	72	好	0	0	抗	抗	高抗	抗	1.94	0.30	986.71	1.38	2.22
粤甜 16 号（CK1）	72	好	0	0	抗	抗	高抗	抗	3.00	0.38	973.26	—	0.83
粤甜 13 号（CK2）	73	好	0	0	抗	抗	抗	抗	1.81	0.56	965.28	−0.82	—
新美甜 514	72	好	0	0	抗	抗	高抗	中抗	1.36	1.48	954.90	−1.89	−1.07
华福甜 844	71	好	0	0	抗	抗	抗	中抗	1.15	0.14	904.97	−7.02	−6.25

该品种经过两年区试和一年生产试验,株型半紧凑,整齐度好,丰产稳产性好,品质优,抗小斑病,中抗纹枯病,抗倒伏性强。达到优质、高产、抗病品种省甜玉米审定标准,推荐省品种审定。

(2) 汕甜 7 号　汕甜 7 号春植生育期 79 天,比对照种粤甜 16 号(CK1)迟熟 3 天;秋植生育期 76 天,比对照种粤甜 16 号(CK1)迟熟 3 天。株型半紧凑,整齐度好,前、中期生长势强,后期保绿度好。株高 231～251 厘米,穗位高 70～81 厘米,茎粗 2.1～2.2 厘米,穗长 19.4～19.8 厘米,穗粗 5.3～5.5 厘米,秃顶长 1.3～1.8 厘米。单苞鲜重 367～420 克,单穗净重 289～330 克,千粒重 396～420 克,出籽率 66.98%～71.27%,一级果穗率 80.6%～84.0%,果穗筒形,籽粒黄色。可溶性糖含量 36.6%～42.5%,果皮厚度测定值 59.97～67.6 微米,果皮较薄,专家品鉴食味分 87.5～88.2 分,品质优。抗病性接种鉴定抗小斑病,中抗纹枯病。田间表现抗茎腐病和纹枯病、高抗大斑病、小斑病,倒伏率 0%～1.00%,无倒折。生产试验高抗茎腐病和大斑病、小斑病,抗纹枯病和南方锈病,无倒伏倒折。2019 年春区试,平均亩产鲜苞 1 135.49 千克,比对照种粤甜 16 号(CK1)增产 11.70%,增产达极显著水平,增产试点率 100%。2020 年秋区试,平均亩产鲜苞 1 368.58 千克,比对照种粤甜 16 号(CK1)增产 18.05%,增产达极显著水平,增产试点率 100%。2020 年秋生产试验,平均亩产鲜苞 1 172.88 千克,比对照种粤甜 16 号(CK1)增产 20.51%。

该品种经过两年区试和一年生产试验,株型半紧凑,整齐度好,丰产稳产性好,品质优,抗小斑病,中抗纹枯病,抗倒伏性强。达到优质、高产、抗病品种省甜玉米审定标准,推荐省品种审定。

(3) 江甜 033　江甜 033 春植生育期 78 天,比对照种粤甜 16 号(CK1)迟熟 2 天;秋植生育期 76 天,比对照种粤甜 16 号(CK1)迟熟 3 天。株型半紧凑,整齐度好,前、中期生长势强,后期保绿度好。株高 211～240 厘米,穗位高 65～83 厘米,茎粗 1.9～2.0 厘米,穗长 19.6～20.2 厘米,穗粗 5.3～5.5 厘米,秃顶长 2.2～2.5 厘米。单苞鲜重 346～403 克,单穗净重 280～337 克,千粒重 356～422 克,出籽率 66.71%～70.60%,一级果穗率 78.00%～78.86%,果穗筒形,籽粒黄色。可溶性糖含量 34.5%～36.9%,果皮厚度测定值 59.33～68.66 微米,果皮较薄,专家品鉴食味分 86.2～86.3 分,品质良。抗病性接种鉴定高抗小斑病,抗纹枯病。田间表现高抗大斑病、小斑病,抗纹枯病和茎腐病,倒伏率 0%～0.33%,无倒折。生产试验高抗茎腐病、南方锈病和大斑病、小斑病,抗纹枯病,无倒伏倒折。2019 年春区试,平均亩产鲜苞 1 110.71 千克,比对照种粤甜 16 号(CK1)增产 9.27%,增产达显著水平,增产试点率 83.3%。2020 年秋区试,平均亩产鲜苞 1 299.09 千克,比对照种粤甜 16 号(CK1)增产 12.05%,增产达极显著水平,增产试点率 100%。2020 年秋生产试验,平均亩产鲜苞 1 096.86 千克,比对照种粤甜 16 号(CK1)增产 12.70%。

该品种经过两年区试和一年生产试验,株型半紧凑,整齐度好,丰产稳产性好,品质良,高抗小斑病,抗纹枯病,抗倒伏性强。达到高产、抗病品种省甜玉米审定标准,推荐省品种审定。

(4) 粤双色 5 号　粤双色 5 号春植生育期 78 天,比对照种粤甜 16 号(CK1)迟熟 2

天；秋植生育期76天，比对照种粤甜16号（CK1）迟熟3天。植株壮旺，株型半紧凑，整齐度好，前、中期生长势强，后期保绿度好。株高231～251厘米，穗位高81～93厘米，茎粗1.9～2.0厘米，穗长19.7～20.0厘米，穗粗5.0厘米，秃顶长0.8～1.1厘米。单苞鲜重324～360克，单穗净重253～297克，千粒重322～356克，出籽率72.39%～72.64%，一级果穗率81.0%～82.5%，果穗筒形，籽粒黄白色。可溶性糖含量33.9%～45.7%，果皮厚度测定值59.06～69.43微米，果皮较薄，专家品鉴食味分89.8～90.3分，品质优。抗病性接种鉴定抗小斑病，中抗纹枯病。田间表现抗纹枯病，中抗茎腐病和大斑病、小斑病，倒伏率0.83%～1.33%，无倒折。生产试验高抗茎腐病，抗纹枯病、南方锈病和大斑病、小斑病，无倒伏倒折。2019年春区试，平均亩产鲜苞1 040.73千克，比对照种粤甜16号（CK1）增产2.38%，增产未达显著水平，增产试点率83.33%。2020年秋区试，平均亩产鲜苞1 273.13千克，比对照种粤甜16号（CK1）增产9.81%，增产达极显著水平，增产试点率83.33%。2020年秋生产试验，平均亩产鲜苞1 075.77千克，比对照种粤甜16号（CK1）增产10.53%。

该品种经过两年区试和一年生产试验，株型半紧凑，整齐度好，丰产性较好，品质特优，抗小斑病，中抗纹枯病，抗倒伏性中等。达到特优质、抗病品种省甜玉米审定标准，推荐省品种审定。

（5）仲甜6号　仲甜6号春植生育期78天，比对照种粤甜16号（CK1）迟熟2天；秋植生育期75天，比对照粤甜16号（CK1）迟熟2天。株型半紧凑，整齐度好，前、中期生长势强，后期保绿度好。株高215～246厘米，穗位高66～86厘米，茎粗1.8厘米，穗长20.4～21.9厘米，穗粗4.9厘米，秃顶长1.0～1.2厘米。单苞鲜重316～349克，单穗净重251～330克，千粒重294～334克，出籽率67.03%～71.59%，一级果穗率85.0%～85.78%，果穗筒形，籽粒黄白色。可溶性糖含量32.4%～34.1%，果皮厚度测定值66.81～68.72微米，果皮较薄，专家品鉴食味分84.9～86.3分，品质良。抗病性接种鉴定抗小斑病，感抗纹枯病。田间表现抗茎腐病、纹枯病和大斑病、小斑病，倒伏率0%～0.37%，无倒折。生产试验高抗茎腐病，抗纹枯病、南方锈病和大斑病、小斑病，无倒伏倒折。2019年春区试，平均亩产鲜苞1 098.13千克，比对照种粤甜16号（CK1）增产8.03%，增产达显著水平，增产试点率100%。2020年秋区试，平均亩产鲜苞1 228.44千克，比对照种粤甜16号（CK1）增产5.96%，增产达显著水平，增产试点率66.67%。2020年秋生产试验，平均亩产鲜苞1 069.92千克，比对照种粤甜16号（CK1）增产9.93%。

该品种经过两年区试和一年生产试验，株型半紧凑，整齐度好，丰产稳产性好，品质良，抗小斑病，感纹枯病，抗倒伏性强。达到高产品种省甜玉米审定标准，推荐省品种审定。

（6）华美甜48号　华美甜48号春植生育期78天，比对照种粤甜16号（CK1）迟熟2天；秋植生育期74天，比对照种粤甜16号（CK2）迟熟1天。株型半紧凑，整齐度好，前、中期生长势强，后期保绿度好。株高210～243厘米，穗位高75～96厘米，茎粗1.9～2.0厘米，穗长16.8～17.3厘米，穗粗5.0～5.3厘米，秃顶长0.6～1.0厘米。单苞鲜重308～349克，单穗净重233～286克，千粒重383～398克，出籽率68.33%～

68.40%，一级果穗率74.0%～78.1%，果穗筒形，籽粒黄白色。可溶性糖含量34.6%～35.2%，果皮厚度测定值60.42%～74.51微米，果皮较薄，专家品鉴食味分86.5～88.9分，品质优。抗病性接种鉴定高抗小斑病，中抗纹枯病。田间表现抗茎腐病、纹枯病和大斑病、小斑病，倒伏率0%～1.83%，无倒折。生产试验高抗茎腐病、纹枯病和大斑病、小斑病，抗南方锈病，无倒伏倒折。2019年春区试，平均亩产鲜苞1 020.78千克，比对照种粤甜16号（CK1）增产0.42%，增产未达显著水平，增产试点率66.67%。2020年秋区试，平均亩产鲜苞1 161.40千克，比对照种粤甜16号（CK1）增产0.18%，增产未达显著水平，增产试点率33.33%。2020年秋生产试验，平均亩产鲜苞1 015.79千克，比对照种粤甜16号（CK1）增产4.37%。

该品种经过两年区试和一年生产试验，株型半紧凑，整齐度好，产量与对照相当，品质优，高抗小斑病，中抗纹枯病，抗倒性中等。达到优质、抗病品种省甜玉米审定标准，推荐省品种审定。

（7）粤甜36号　粤甜36号春植生育期77天，比对照种粤甜16号（CK1）迟熟1天；秋植生育期74天，比对照种粤甜16号（CK1）迟熟1天。植株壮旺，株型半紧凑，整齐度好，前、中期生长势强，后期保绿度好。株高190～216厘米，穗位高67～81厘米，茎粗2.0厘米，穗长18.3厘米，穗粗5.1厘米，秃顶长0.5～0.7厘米。单苞鲜重306～335克，单穗净重246～283克，千粒重318～343克，出籽率69.55%～70.63%，一级果穗率80.0%～84.08%，果穗筒形，籽粒黄色。可溶性糖含量35.2%～43.2%，果皮厚度测定值60.9～64.89微米，果皮薄，专家品鉴食味分86.9～87.3分，品质良。抗病性接种鉴定抗小斑病，中抗纹枯病。田间表现抗纹枯病和大斑病、小斑病，中抗茎腐病，无倒伏倒折。生产试验高抗茎腐病，抗南方锈病、纹枯病和大斑病、小斑病，无倒伏倒折。2019年春区试，平均亩产鲜苞1 016.76千克，比对照种粤甜16号（CK1）增产0.02%，增产未达显著水平，增产试点率50%。2020年秋区试，平均亩产鲜苞1 087.93千克，比对照种粤甜16号（CK1）减产6.16%，减产未达显著水平。2020年秋生产试验，平均亩产鲜苞986.71千克，比对照种粤甜16号（CK1）增产1.38%。

该品种经过两年区试和一年生产试验，株型半紧凑，整齐度好，产量与对照相当，品质良，抗小斑病，中抗纹枯病，抗倒性强。达到抗病品种省甜玉米审定标准，推荐省品种审定。

（8）新美甜514　新美甜514春植生育期74天，比对照种粤甜16号（CK1）早熟2天；秋植生育期69天，比对照种粤甜16号（CK1）早熟4天。株型平展，整齐度中，前、中期生长势较弱。株高167～185厘米，穗位高37～49厘米，茎粗1.8～1.9厘米，穗长19.2厘米，穗粗4.9～5.0厘米，秃顶长0.6～1.4厘米。单苞鲜重291～325克，单穗净重238～269克，千粒重317克，出籽率68.52%～69.45%，一级果穗率78.0%～83.76%，果穗筒形，籽粒黄白色。可溶性糖含量32.0%～35.1%，果皮厚度测定值58.29～72.33微米，果皮较薄，专家品鉴食味分89.1～91.9分，品质优。抗病性接种鉴定抗小斑病，感纹枯病。田间表现抗纹枯病和大斑病、小斑病，中抗茎腐病，倒伏率0%～0.13%，无倒折。生产试验高抗茎腐病，抗纹枯病和大斑病、小斑病，中抗南方锈病，无倒伏倒折。2019年春区试，平均亩产鲜苞996.98千克，比对照种粤甜16号

（CK1）减产 1.92％，减产未达显著水平。2020 年秋区试，平均亩产鲜苞 1 065.60 千克，比对照种粤甜 16 号（CK1）减产 8.09％，减产达显著水平。2020 年秋生产试验，平均亩产鲜苞 954.90 千克，比对照种粤甜 16 号（CK1）减产 1.89％。

该品种经过两年区试和一年生产试验，株型平展，整齐度中，丰产稳产性较差，品质优，抗小斑病，感纹枯病，抗倒伏性强。达到优质品种省甜玉米审定标准，推荐省品种审定。

（9）新美甜 814　新美甜 814 春植生育期 79 天，比对照种粤甜 16 号（CK1）迟熟 4 天；秋植生育期 76 天，比对照种粤甜 16 号（CK1）迟熟 4 天。株型半紧凑，整齐度好，前、中期生长势强，后期保绿度好。株高 237～259 厘米，穗位高 86～93 厘米，茎粗 2.1 厘米，穗长 19.5～19.8 厘米，穗粗 5.3～5.4 厘米，秃顶长 1.0～1.2 厘米。单苞鲜重 359～409 克，单穗净重 275～323 克，千粒重 333～380 克，出籽率 62.71％～64.85％，一级果穗率 84.7％～86.0％，果穗筒形，籽粒黄色。可溶性糖含量 40.0％～46.4％，果皮厚度测定值 58.35～67.92 微米，果皮较薄，专家品鉴食味分 86.8～88.8 分，品质优。抗病性接种鉴定高抗小斑病，中抗纹枯病。田间表现抗茎腐病、纹枯病和大斑病、小斑病，倒伏率 1.67％～1.92％，无倒折。生产试验抗茎腐病、南方锈病、纹枯病和大斑病、小斑病，无倒伏倒折。2019 年春区试，平均亩产鲜苞 1 189.84 千克，比对照种粤甜 16 号（CK1）增产 16.23％，增产达极显著水平，增产试点率 100％。2020 年秋区试，平均亩产鲜苞 1 395.00 千克，比对照种粤甜 16 号（CK1）增产 23.08％，增产达极显著水平，增产试点率 100％。2020 年秋生产试验，平均亩产鲜苞 1 175.40 千克，比对照种粤甜 16 号（CK1）增产 20.77％。

该品种经过两年区试和一年生产试验，株型半紧凑，整齐度好，丰产稳产性好，品质优，高抗小斑病，中抗纹枯病，抗倒伏性中等。达到优质、高产、抗病品种省甜玉米审定标准，推荐省品种审定。

（10）华美甜 32 号　华美甜 32 号春植生育期 77 天，比对照种粤甜 16 号（CK1）迟熟 2 天；秋植生育期 75 天，比对照种粤甜 16 号（CK1）迟熟 3 天。植株壮旺，株型半紧凑，整齐度好，前、中期生长势强，后期保绿度好。株高 217～243 厘米，穗位高 75～87 厘米，茎粗 2.1 厘米，穗长 18.8～20.8 厘米，穗粗 5.3～5.5 厘米，秃顶长 1.8～2.6 厘米。单苞鲜重 359～404 克，单穗净重 276～284 克，千粒重 323～352 克，出籽率 63.26％～65.80％，一级果穗率 77.0％～82.4％，果穗筒形，籽粒黄色。可溶性糖含量 31.9％～35.2％，果皮厚度测定值 68.93～71.99 微米，果皮较薄，专家品鉴食味分 85.3～87.0 分，品质良。抗病性接种鉴定高抗小斑病，中抗纹枯病。田间表现抗茎腐病、纹枯病和大斑病、小斑病，倒伏率 0.42％～0.83％，无倒折。生产试验高抗茎腐病和大斑病、小斑病，抗纹枯病和南方锈病，无倒伏倒折。2019 年春区试，平均亩产鲜苞 1 178.44 千克，比对照种粤甜 16 号（CK1）增产 15.12％，增产达极显著水平，增产试点率 100％。2020 年秋区试，平均亩产鲜苞 1 339.08 千克，比对照种粤甜 16 号（CK1）增产 18.14％，增产达极显著水平，增产试点率 100％。2020 年秋生产试验，平均亩产鲜苞 1 175.67 千克，比对照种粤甜 16 号（CK1）增产 20.80％。

该品种经过两年区试和一年生产试验，株型半紧凑，整齐度好，丰产稳产性好，品质良，高抗小斑病，中抗纹枯病，抗倒伏性强。达到高产、抗病品种省甜玉米审定标准，推荐省品种审定。

（11）圳甜 6 号　圳甜 6 号春植生育期 78 天，比对照种粤甜 16 号（CK1）迟熟 3 天；秋植生育期 75 天，比对照种粤甜 16 号（CK1）迟熟 3 天。株型半紧凑，整齐度好，前、中期生长势强，后期保绿度好。株高 214～245 厘米，穗位高 70～86 厘米，茎粗 2.0 厘米，穗长 19.2～19.8 厘米，穗粗 5.2～5.3 厘米，秃顶长 0.8～1.5 厘米。单苞鲜重 366～411 克，单穗净重 261～296 克，千粒重 326～397 克，出籽率 61.90%～65.98%，一级果穗率 81.0%～84.5%，果穗筒形，籽粒黄色。可溶性糖含量 31.3%～36.0%，果皮厚度测定值 62.58～68.22 微米，果皮较薄，专家品鉴食味分 84.9～87.6 分，品质良。抗病性接种鉴定高抗小斑病，中抗纹枯病。田间表现抗纹枯病、茎腐病，高抗大斑病、小斑病，倒伏率 0%～0.70%，无倒折。生产试验高抗茎腐病和南方锈病，抗纹枯病和大斑病、小斑病，无倒伏倒折。2019 年春区试，平均亩产鲜苞 1 173.29 千克，比对照种粤甜 16 号（CK1）增产 14.61%，增产达极显著水平，增产试点率 100%。2020 年秋区试，平均亩产鲜苞 1 333.55 千克，比对照种粤甜 16 号（CK1）增产 17.65%，增产达极显著水平，增产试点率 100%。2020 年秋生产试验，平均亩产鲜苞 1 150.79 千克，比对照种粤甜 16 号（CK1）增产 18.24%。

该品种经过两年区试和一年生产试验，株型半紧凑，整齐度好，丰产稳产性好，品质良，高抗小斑病，中抗纹枯病，抗倒伏性强。达到高产、抗病品种省甜玉米审定标准，推荐省品种审定。

（12）先甜 18　先甜 18 春植生育期 80 天，比对照种粤甜 16 号（CK1）迟熟 5 天；秋植生育期 77 天，比对照种粤甜 16 号（CK1）迟熟 5 天。株型半紧凑，整齐度好，前、中期生长势强，后期保绿度好。株高 232～259 厘米，穗位高 72～89 厘米，茎粗 2.1 厘米，穗长 19.6～20.5 厘米，穗粗 5.1～5.2 厘米，秃顶长 0.6～0.8 厘米。单苞鲜重 365～413 克，单穗净重 271～312 克，千粒重 305～343 克，出籽率 62.27%～67.48%，一级果穗率 85.6%～88%，果穗筒形，籽粒黄色。可溶性糖含量 40.0%～41.8%，果皮厚度测定值 61.13～63.84 微米，果皮薄，专家品鉴食味分 88.0～89.5 分，品质优。抗病性接种鉴定高抗小斑病，中抗纹枯病。田间表现抗纹枯病、茎腐病，高抗大斑病、小斑病，无倒伏倒折。生产试验高抗茎腐病和南方锈病，抗纹枯病和大斑病、小斑病，无倒伏倒折。2019 年春区试，平均亩产鲜苞 1 155.02 千克，比对照种粤甜 16 号（CK1）增产 12.83%，增产达极显著水平，增产试点率 100%。2020 年秋区试，平均亩产鲜苞 1 288.82 千克，比对照种粤甜 16 号（CK1）增产 13.71%，增产达极显著水平，增产试点率 100%。2020 年秋生产试验，平均亩产鲜苞 1 133.15 千克，比对照种粤甜 16 号（CK1）增产 16.43%。

该品种经过两年区试和一年生产试验，株型半紧凑，整齐度好，丰产稳产性好，品质优，高抗小斑病，中抗纹枯病，抗倒伏性强。达到优质、高产、抗病品种省甜玉米审定标准，推荐省品种审定。

（13）粤甜 37 号　粤甜 37 号春植生育期 77 天，比对照种粤甜 16 号（CK1）迟熟 2 天；秋植生育期 75 天，比对照种粤甜 16 号（CK1）迟熟 3 天。株型半紧凑，整齐度好，前、中期生长势强，后期保绿度好。株高 213～237 厘米，穗位高 69～81 厘米，茎粗 2.0

厘米，穗长 19.1～20.2 厘米，穗粗 5.0～5.2 厘米，秃顶长 0.9～1.4 厘米。单苞鲜重 339～373 克，单穗净重 247～283 克，千粒重 294～348 克，出籽率 66.02%～68.82%，一级果穗率 84.0%～86.7%，果穗筒形，籽粒黄色。可溶性糖含量 33.6%～41.6%，果皮厚度测定值 51.52～67.51 微米，果皮较薄，专家品鉴食味分 86.1～88.2 分，品质优。抗病性接种鉴定高抗小斑病，中抗纹枯病。田间表现抗纹枯病和茎腐病，高抗大斑病、小斑病，倒伏率 0%～0.6%，倒折率 0%～0.17%。生产试验高抗茎腐病，抗纹枯病、南方锈病和大斑病、小斑病，无倒伏倒折。2019 年春区试，平均亩产鲜苞 1 089.44 千克，比对照种粤甜 16 号（CK1）增产 6.42%，增产未达显著水平，增产试点率 100%。2020 年秋区试，平均亩产鲜苞 1 272.94 千克，比对照种粤甜 16 号（CK1）增产 12.31%，增产达极显著水平，增产试点率 100%。2020 年秋生产试验，平均亩产鲜苞 1 117.89 千克，比对照种粤甜 16 号（CK1）增产 14.86%。

该品种经过两年区试和一年生产试验，株型半紧凑，整齐度好，丰产性较好，品质优，高抗小斑病，抗纹枯病，抗倒伏性强。达到优质、抗病品种省甜玉米审定标准，推荐省品种审定。

（14）创甜 1 号　创甜 1 号春植生育期 75 天，与对照种粤甜 16 号（CK1）相当；秋植生育期 72 天，与对照种粤甜 16 号（CK1）相当。株型半紧凑，整齐度好，前、中期生长势强，后期保绿度好。株高 175～193 厘米，穗位高 52～60 厘米，茎粗 1.9～2.0 厘米，穗长 19.6～19.8 厘米，穗粗 5.2～5.4 厘米，秃顶长 1.0～2.1 厘米。单苞鲜重 310～374 克，单穗净重 258～314 克，千粒重 337～379 克，出籽率 66.09%～68.83%，一级果穗率 76%～84.6%，果穗筒形，籽粒黄白色。可溶性糖含量 35.6%～38.8%，果皮厚度测定值 54.76%～74.66 微米，果皮较薄，专家品鉴食味分 88.9～91.8 分，品质优。抗病性接种鉴定抗小斑病，感纹枯病。田间表现抗纹枯病、茎腐病和大斑病、小斑病，倒伏率 0.83%，无倒折。生产试验高抗茎腐病，抗纹枯病、南方锈病和大斑病、小斑病，无倒伏倒折。2019 年春区试，平均亩产鲜苞 1 032.89 千克，比对照种粤甜 16 号（CK1）增产 0.90%，增产未达显著水平，增产试点率 50.0%。2020 年秋区试，平均亩产鲜苞 1 180.28 千克，比对照种粤甜 16 号（CK1）增产 4.13%，增产未达显著水平，增产试点率 83.33%。2020 年秋生产试验，平均亩产鲜苞 1 046.21 千克，比对照种粤甜 16 号（CK1）增产 7.49%。

该品种经过两年区试和一年生产试验，株型半紧凑，整齐度较好，产量与对照相当，品质优，抗小斑病，感纹枯病，抗倒伏性强。达到优质品种省甜玉米审定标准，推荐省品种审定。

（15）甜蜜 785　甜蜜 785 春植生育期 76 天，比对照种粤甜 16 号（CK1）迟熟 1 天；秋植生育期 73 天，比对照种粤甜 16 号（CK1）迟熟 1 天。株型半紧凑，整齐度较好，前、中期生长势较强，后期保绿度好。株高 165～188 厘米，穗位高 42～65 厘米，茎粗 1.9～2.0 厘米，穗长 18.3～18.5 厘米，穗粗 5.0～5.1 厘米，秃顶长 0.3～1.0 厘米。单苞鲜重 282～351 克，单穗净重 235～268 克，千粒重 333～367 克，出籽率 68.16%～71.02%，一级果穗率 77.0%～85.2%，果穗筒形，籽粒黄白色。可溶性糖含量 35.0%～45.1%，果皮厚度测定值 62.72～69.76 微米，果皮较薄，专家品鉴食味分 88.3～89.3 分，品质优。抗病性接种鉴定抗小斑病，感纹枯病。田间表现抗纹枯病和茎腐病，高抗大斑病、小斑病，无倒伏倒折。生产试验高抗茎腐病，抗纹枯病和大斑病、小斑病，中抗南方锈病，无倒伏倒折。2019年春区试，平均亩产鲜苞969.73千克，比对照种粤甜16号（CK1）减产5.27%，减产未达显著水平，增产试点率33.33%。2020年秋区试，平均亩产鲜苞1 124.25千克，比对照种粤甜16号（CK1）减产0.81%，减产未达显著水平，增产试点率66.67%。2020年秋生产试验，平均亩产鲜苞1 009.59千克，比对照种粤甜16号（CK1）增产3.73%。

该品种经过两年区试和一年生产试验，株型半紧凑，整齐度较好，产量与对照相当，品质优，抗小斑病，感纹枯病，抗倒伏性强。达到优质品种省甜玉米审定标准，推荐省品种审定。

（16）华福甜844　华福甜844春植生育期74天，比对照种粤甜16号（CK1）早熟2天；秋植生育期69天，比对照种粤甜16号（CK1）早熟3天。株型半紧凑，整齐度中，前、中期生长势较弱。株高186～205厘米，穗位高44～55厘米，茎粗1.8～1.9厘米，穗长17.7～18.0厘米，穗粗4.9～5.1厘米，秃顶长0.5～0.7厘米。单苞鲜重227～317克，单穗净重216～254克，千粒重336～369克，出籽率69.71%～72.90%，一级果穗率75.9%～82.0%，果穗筒形，籽粒黄白色。可溶性糖含量37.5%～43.0%，果皮厚度测定值53.98～61.94微米，果皮薄，专家品鉴食味分90.6～93.8分，品质优。抗病性接种鉴定抗小斑病，感纹枯病。田间表现抗纹枯病，中抗茎腐病和大斑病、小斑病，倒伏率0%～0.58%，无倒折。生产试验抗茎腐病、纹枯病和大斑病、小斑病，中抗南方锈病，无倒伏倒折。2019年春区试，平均亩产鲜苞913.44千克，比对照种粤甜16号（CK1）减产10.14%，减产达极显著水平。2020年秋区试，平均亩产鲜苞1 021.97千克，比对照种粤甜16号（CK1）减产9.84%，减产达极显著水平。2020年秋生产试验，平均亩产鲜苞904.97千克，比对照种粤甜16号（CK1）减产7.02%。

该品种经过两年区试和一年生产试验，株型半紧凑，整齐度中，丰产稳产性差，品质优，抗小斑病，感纹枯病，抗倒伏性强。达到优质品种省甜玉米审定标准，推荐省品种审定。

秋植甜玉米参试品种各试点小区平均产量见表7-9、表7-10。

表7-9　甜玉米（A组）参试品种各试点小区平均产量（千克）

品　　　种	东源	广州	梅州	阳江	英德	肇庆	地点平均值
粤双色5号	29.066 7	28.600 0	28.300 0	35.066 7	32.460 0	37.476 7	31.828 3
华美甜48号	28.270 0	25.183 3	28.266 7	30.633 3	31.090 0	30.766 7	29.035 0
粤甜36号	27.750 0	23.350 0	20.766 7	30.100 0	29.790 0	31.433 3	27.198 3
新美甜514	26.716 7	22.983 3	22.400 0	28.800 0	28.340 0	30.600 0	26.640 0
汕甜7号	34.500 0	33.366 7	31.733 3	37.800 0	33.220 0	34.666 7	34.214 4
江甜033	31.233 3	30.366 7	31.800 0	34.033 3	33.530 0	33.900 0	32.477 2
仲甜6号	28.216 7	27.733 3	25.966 7	34.800 0	32.100 0	35.450 0	30.711 1
广良甜11号	33.266 7	34.783 3	34.900 0	38.866 7	31.780 0	37.716 7	35.218 9
粤甜16（CK1）	28.283 3	28.766 7	25.233 3	31.766 7	27.670 0	32.183 3	28.983 9
粤甜13	27.600 0	23.200 0	21.800 0	29.466 7	26.680 0	31.150 0	26.649 4
品种平均值	29.490 3	27.833 3	27.116 7	33.133 3	30.666 0	33.534 3	30.296 0

表 7-10 甜玉米（B组）参试品种各试点小区平均产量（千克）

品　　种	东源	广州	梅州	阳江	英德	肇庆	地点平均值
粤甜 37 号	33.416 7	28.816 7	27.133 3	33.466 7	30.740 0	36.733 3	31.717 8
创甜 1 号	27.466 7	26.266 7	28.166 7	31.833 3	32.470 0	31.666 7	29.645 0
甜蜜 785	26.583 3	25.976 7	24.100 0	31.433 3	29.380 0	31.066 7	28.090 0
华福甜 844	25.700 0	23.550 0	20.333 3	28.233 3	27.060 0	29.016 7	25.648 9
新美甜 814	37.233 3	31.950 0	34.233 3	34.433 3	33.860 0	37.450 0	34.860 0
华美甜 32 号	34.666 7	31.056 7	30.866 7	34.700 0	33.050 0	36.233 3	33.428 9
圳甜 6 号	36.150 0	30.283 3	26.033 3	37.700 0	32.770 0	36.916 7	33.308 9
先甜 18	30.050 0	30.466 7	31.633 3	33.366 7	32.590 0	35.233 3	32.223 3
粤甜 16 （CK1）	28.933 3	25.783 3	25.633 3	31.266 7	27.820 0	30.450 0	28.314 4
粤甜 13	26.433 3	24.183 3	21.933 3	30.366 7	26.550 0	29.800 0	26.544 4
品种平均值	30.663 3	27.833 3	27.006 7	32.680 0	30.6290	33.456 7	30.378 0

第八章 广东省 2020 年春植糯玉米 新品种区域试验总结

2020 年春季，广东省农业技术推广中心在广东省多个不同类型糯玉米种植区设点，对广东省选育及外地引进的 13 个糯玉米新品种进行区域试验。以粤彩糯 2 号（CK）作对照，对参试品种的产量、品质、抗病性、适应性与稳定性等主要性状进行鉴定和分析。

一、试验概况

（一）参试品种

春植糯玉米新品种区域试验参试品种见表 8-1。

表 8-1 糯玉米参试品种

糯玉米区试品种	糯玉米生产试验品种
粤白甜糯 5 号（复试）	粤白甜糯 5 号
粤白甜糯 6 号（复试）	粤白甜糯 6 号
广甜糯 2 号（复试）	广甜糯 2 号
白甜糯 1623（复试）	白甜糯 1623
广良糯 6 号（复试）	广良糯 6 号
珠玉糯 3 号	粤彩糯 2 号（CK）
新美彩糯 500	
仲糯 8 号	
广良糯 7 号	
广彩糯 10 号	
世糯 7 号	
华甜糯 10 号	
粤白甜糯 8 号	
粤彩糯 2 号（CK）	

（二）承试单位

小区试验及生产试验在广东省主要糯玉米种植区各设置试点 7 个（表 8-2、表 8-3）。

表 8-2　糯玉米小区试验试点与承试单位

试　点	承试单位	试　点	承试单位
梅州	梅州市农林科学院粮油研究所	肇庆	肇庆市农业科学研究所
英德	英德市农业科学研究所	阳江	阳江市农作物技术推广站
惠州	惠州市农业科学研究所	潮州	潮安市潮安区农业工作总站
广州	广州市农业科学研究院	—	—

表 8-3　糯玉米生产试验试点与承试单位

试　点	承试单位	试　点	承试单位
梅州	蕉岭县农业科学研究所	云浮	云浮市农业科学及技术推广中心
英德	英德市农业科学研究所	阳江	阳春市农业技术推广中心
惠州	惠州市农业科学研究所	茂名	茂名市良种繁育场
江门	江门市农业科学研究所	—	—

（三）试验方法

各试点试验方法统一，并在试验区周围设置保护行。采用随机区组排列，长 6.4 米，宽 3.9 米，分三畦六行一小区，每小区面积 0.037 5 亩（25 米²）。试验设 3 次重复。每畦按 1.3 米（包沟）起畦，双行开沟移栽，畦面行距 50 厘米，每畦移栽 44 株，每小区移栽 132 株，折合每亩 3 520 株。各试点均选用能代表当地生产条件的田块安排试验。各试点均按方案要求安排在 3 月上、中旬育苗移栽。

按当地当前较高的生产水平进行栽培管理，全生育期除虫不防病。

（四）产量分析

各试点在各生育时期对各品种的主要农艺性状进行田间调查和登记，适收期每小区收获中间四行的鲜苞，计算产量和室内考种，并对产量进行方差分析。产量结果综合分析采用一造多点的联合方差分析。产量差异显著性和稳定性分析采用 Shukla 稳定性方差分析。

（五）品质分析

品质测定分析及抗病性鉴定委托广东省农业科学院作物研究所种植测定（鉴定），直链淀粉含量（占总淀粉）委托扬州大学农学院测定，同时组织专业人员对各品种果穗进行适口性品尝评价和品鉴食味评价，并结合各试点结果综合分析。

（六）其他影响

今年各试点均加强田间管理，使试验能顺利进行，各品种生长发育和产量结果基本正常。

二、试验结果

（一）产量

对产量进行联合方差分析，结果表明，地点间 F 值、品种间 F 值、品种与地点互作 F 值均达极显著水平。表明品种间产量存在极显著差异，同时品种在不同地点的产量也存在极显著差异，不同品种在不同地点的产量同样存在极显著差异（表 8-4）。

表 8-4　糯玉米参试品种方差分析

变异来源	df	SS	MS	F 值	P 值
地点内区组	14	29.554 9	2.111 1	1.760 3	0.047 6
地点	6	1 186.057 3	197.676 2	24.599 7	0
品种	13	1 594.705 1	122.669 6	15.265 5	0
品种×地点	78	626.786 8	8.035 7	6.700 7	0
试验误差	182	218.262 0	1.199 2	—	—
总变异	293	3 655.366			

参试品种的鲜苞平均亩产量为 954.57～1 255.39 千克，对照粤彩糯 2 号（CK）亩产鲜苞 954.57 千克。比对照粤彩糯 2 号（CK）增产的品种有 13 个，增产幅度 3.84%～31.51%，增产达极显著水平的有 11 个。增幅名列前 3 位的广良糯 7 号、广良糯 6 号（复试）、珠玉糯 3 号分别比对照增产 31.51%、29.59%、26.90%（表 8-5）。

表 8-5　糯玉米参试品种区试产量及稳定性分析

品　　种	折合亩产量（千克）	较 CK 变化百分比（%）	差异显著性 0.05	差异显著性 0.01	Shukla 变异系数（%）	增产试点数（个）	增产试点率（%）
广良糯 7 号	1 255.39	31.51	a	A	4.30	7	100.00
广良糯 6 号（复试）	1 237.03	29.59	a	AB	3.49	7	100.00
珠玉糯 3 号	1 211.32	26.90	ab	ABC	7.37	7	100.00
新美彩糯 500	1 209.64	26.72	abc	ABC	10.60	7	100.00
广彩糯 10 号	1 165.88	22.14	bcd	BCD	3.77	7	100.00
广甜糯 2 号（复试）	1 149.24	20.39	bcde	CD	1.67	7	100.00
白甜糯 1623（复试）	1 145.18	19.97	cde	CD	2.41	7	100.00
粤白甜糯 5 号（复试）	1 132.40	18.63	de	D	8.55	7	100.00
世糯 7 号	1 100.34	15.27	e	DE	4.91	7	100.00
粤白甜糯 6 号（复试）	1 099.96	15.23	e	DE	6.81	7	100.00
华甜糯 10 号	1 029.83	7.88	f	EF	6.91	7	100.00
仲糯 8 号	991.58	3.88	fg	FG	5.28	5	71.43
粤白甜糯 8 号	991.24	3.84	fg	FG	3.03	5	71.43
粤彩糯 2 号（CK）	954.57	—	g	G	3.50	—	—

（二）主要性状

春植糯玉米区域试验参试品种主要性状见表 8-6。

表 8-6 糯玉米区域试验参试品种主要性状综合表

品种	生育期(天)	株高(厘米)	穗位高(厘米)	茎粗(厘米)	株型	植株整齐度	穗长(厘米)	穗粗(厘米)	秃尖长(厘米)	穗型	粒色	穗行数(行)	穗粒数(粒)	抗病性 纹枯病	抗病性 茎腐病	抗病性 大斑病小斑病	接种鉴定 纹枯病	接种鉴定 小斑病	倒伏率(%)	倒折率(%)	单苞鲜重(克)	单穗净重(克)	单穗鲜粒重(克)	干粒重(克)	出籽率(%)	一级果穗率(%)	直链淀粉含量(%)	果皮厚度测定值(微米)	品鉴食味分(分)	各点品尝评价 糯性	各点品尝评价 皮厚性	各点品尝评价 适口性	品质综合评价
广良糯7号	84	222	84	1.9	紧凑	好	21.6	4.9	1.6	锥	白	14	541	高抗	高抗	抗	中抗	高抗	1.26	0.00	380	277	174	341	63.11	66	2.3	72.39	87.2	A	A	B	A
广良糯6号（复试）	83	224	88	1.9	紧凑	好	21.3	4.9	1.2	锥	紫白	14~16	579	高抗	高抗	抗	抗	高抗	0.00	0.00	375	282	187	327	66.04	75	3.0	70.28	87.9	A	A	A	A
珠玉糯3号	80	209	69	2.0	半紧凑	好	20.5	4.9	1.1	锥	白	14	470	高抗	高抗	高抗	抗	高抗	0.00	0.00	357	265	177	389	65.92	76	3.0	63.15	88.9	A	A	B	A
新美彩糯500	85	270	114	1.9	半紧凑	好	21.0	4.7	1.2	锥	紫白	14	583	高抗	高抗	抗	中抗	高抗	1.18	0.01	389	272	178	301	64.01	81	2.5	71.23	87.5	A	A	B	A
广彩糯10号	81	235	99	2.0	半紧凑	好	20.4	4.8	0.7	筒	紫白	12	449	高抗	高抗	抗	中抗	高抗	14.61	0.14	357	262	172	407	65.11	82	2.8	62.9	87.1	A	A	A	A
广甜糯2号（复试）	80	194	62	2.1	半紧凑	好	18.6	5.0	0.8	锥	黄白	14	509	高抗	高抗	高抗	感	高抗	0.87	0.87	350	264	181	368	68.39	76	3.9	58.42	87.8	A	A	B	A
白甜糯1623（复试）	80	211	75	2.0	半紧凑	好	19.6	5.0	1.1	锥	白	14~16	506	高抗	高抗	高抗	中抗	高抗	0.01	0.00	362	252	161	338	63.54	67	2.7	60.24	85.8	A	A	B	B
粤白甜糯5号（复试）	82	214	100	1.9	半紧凑	好	19.9	4.9	0.4	锥	白	14	541	高抗	高抗	抗	中抗	高抗	5.03	0.00	340	267	180	340	67.16	80	3.7	59.12	87.1	A	A	B	B
世糯7号	80	197	68	2.0	半紧凑	好	19.8	5.0	0.5	锥	紫白	14~16	524	高抗	高抗	高抗	感	高抗	1.09	0.00	356	282	190	370	67.20	79	13.8	63.79	84.4	A	A	B	B
粤白甜糯6号（复试）	81	196	63	1.9	紧凑	好	17.1	4.8	0.1	筒	白	12~14	443	高抗	高抗	高抗	中抗	高抗	2.30	0.87	323	234	167	396	71.66	60	2.8	61.48	89.2	A	A	A	A
华糯10号	82	198	87	2.1	半紧凑	好	18.8	4.7	0.4	锥	白	12~14	491	高抗	抗	高抗	中抗	高抗	2.73	0.54	340	236	154	347	67.34	72	9.5	57.13	83.4	A	A	B	B
仲糯8号	79	187	64	2.0	半紧凑	好	17.4	4.6	1.9	锥	白	14	431	高抗	高抗	高抗	中抗	高抗	0.00	0.00	323	200	123	303	61.27	58	2.4	57.22	85.6	A	A	B	B
粤白甜糯8号	82	196	85	1.9	半紧凑	好	18.8	4.9	1.2	锥	白	14	499	高抗	高抗	高抗	中抗	高抗	6.29	0.90	303	238	161	337	67.09	77	3.4	67.87	88	A	A	B	A
粤彩糯2号（CK）	82	216	92	2.0	半紧凑	好	17.4	4.4	1.2	锥	紫白	12	435	高抗	高抗	高抗	中抗	高抗	0.00	0.00	286	195	131	317	66.99	60	2.3	69.49	85	A	A	B	A

1. 品质分析

根据对各品种直链淀粉含量（占总淀粉）和果皮厚度测定的结果，以及组织专家对各品种进行品鉴食味评价，同时结合各试点品尝评价结果综合分析，品鉴食味分＞85 分的优质品种有 11 个，分别是广良糯 7 号、广良糯 6 号（复试）、珠玉糯 3 号、新美彩糯 500、广彩糯 10 号、广甜糯 2 号（复试）、白甜糯 1623（复试）、粤白甜糯 5 号（复试）、粤白甜糯 6 号（复试）、仲糯 8 号、粤白甜糯 8 号；其他品种未达优质标准。

2. 抗病性

对各品种进行纹枯病和小斑病接种鉴定。其中，小斑病接种鉴定结果为所有品种均为高抗。纹枯病接种鉴定结果为，广良糯 6 号（复试）、珠玉糯 3 号为抗，广甜糯 2 号（复试）、世糯 7 号为感，其他品种为中抗。各试验点对纹枯病、茎腐病和大斑病、小斑病进行田间调查结果分析，所有品种对纹枯病均表现为高抗，对茎腐病和大斑病、小斑病均表现为抗以上。

3. 生育期

各品种的生育期为 79～85 天，对照粤彩糯 2 号（CK）生育期为 82 天。

（三）生产试验农艺性状

春植糯玉米参试品种生产试验农艺性状见表 8-7、表 8-8。

表 8-7 糯玉米参试品种生产试验主要性状综合表

品　种	生育期（天）	植株整齐度	倒伏率（%）	倒折率（%）	抗病性 纹枯病	抗病性 大斑病、小斑病	抗病性 茎腐病	抗病性 南方锈病	空秆率（%）	双穗率（%）	亩鲜苞产量（千克）	较CK变化百分比（%）
广良糯 6 号（复试）	81	好	0.98	0.08	抗	抗	高抗	抗	0.63	0.37	1 202.06	25.40
粤白甜糯 5 号（复试）	78	好	16.81	1.91	抗	高抗	抗	抗	1.24	2.45	1 106.69	15.63
白甜糯 1623（复试）	78	好	6.04	0.84	抗	抗	高抗	抗	0.59	1.01	1 096.12	14.22
广甜糯 2 号（复试）	77	好	0.94	0.11	抗	抗	高抗	抗	0.75	2.82	1 091.34	13.69
粤白甜糯 6 号（复试）	78	好	1.33	0.14	抗	抗	高抗	抗	0.59	2.02	1 023.76	7.31
粤彩糯 2 号（CK）	81	好	0.24	0.21	抗	抗	高抗	抗	0.44	0.12	957.25	—

表 8-8 糯玉米生产试验参试品种主要性状调查登记表

品　种	试点	生育期（天）	植株整齐度	倒伏率（%）	倒折率（%）	抗病性 纹枯病	抗病性 大斑病、小斑病	抗病性 茎腐病	抗病性 南方锈病	空秆率（%）	双穗率（%）	亩鲜苞产量（千克）	较CK变化百分比（%）
广良糯 6 号（复试）	英德	81	好	0.00	0.00	抗	抗	高抗	高抗	0.00	0.00	1 111.25	13.60
	惠州	85	好	0.00	0.00	抗	抗	抗	抗	1.72	0.00	1 357.60	33.94
	云浮	83	好	0.00	0.00	抗	抗	高抗	中抗	0.00	1.00	1 266.00	33.50
	蕉岭	79	好	0.87	0.55	抗	抗	高抗	抗	0.00	0.00	1 079.90	26.54
	江门	88	好	3.00	0.00	抗	中抗	抗	抗	2.70	1.60	1 131.00	21.98
	阳春	75	好	3.00	0.00	高抗	中感	高抗	中感	0.00	0.00	1 042.20	19.68

（续）

品　　　种	试点	生育期（天）	植株整齐度	倒伏率（%）	倒折率（%）	抗病性				空秆率（%）	双穗率（%）	亩鲜苞产量（千克）	较CK变化百分比（%）
						纹枯病	大斑病、小斑病	茎腐病	南方锈病				
广良糯 6 号（复试）	茂名	75	好	0.00	0.00	高抗	高抗	抗	抗	0.00	0.00	1 426.50	28.57
	平均	81	好	0.98	0.08	抗	抗	高抗	抗	0.63	0.37	1 202.06	25.40
粤白甜糯 5 号（复试）	英德	79	好	0.00	0.00	抗	抗	抗	高抗	0.00	0.00	1 100.75	12.52
	惠州	81	好	0.90	0.00	抗	抗	抗	抗	4.31	0.86	1 256.90	24.00
	云浮	78	好	0.00	0.00	高抗	高抗	高抗	抗	0.00	8.00	1 291.00	36.20
	蕉岭	77	好	81.80	9.40	抗	高抗	高抗	抗	0.00	0.00	965.80	13.17
	江门	83	好	8.00	0.00	抗	抗	抗	抗	1.40	5.40	1 021.60	10.17
	阳春	79	较好	35.00	4.00	高抗	高抗	高抗	高抗	3.50	0.00	884.70	1.60
	茂名	73	好	0.00	0.00	高抗	高抗	高抗	高抗	0.00	0.00	1 157.10	4.29
	平均	79	好	17.96	1.91	抗	高抗	高抗	抗	1.32	2.04	1 096.84	14.56
白甜糯 1623（复试）	英德	79	好	0.00	0.00	抗	抗	高抗	高抗	0.00	0.00	1 100.75	12.52
	惠州	78	好	0.00	0.00	抗	抗	抗	抗	0.86	0.00	1 329.20	31.14
	云浮	81	好	0.00	0.00	抗	抗	抗	抗	2.00	4.00	1 134.00	19.60
	蕉岭	78	好	42.30	5.90	抗	抗	高抗	抗	0.00	0.00	928.60	8.81
	江门	83	好	5.00	0.00	抗	抗	抗	抗	3.00	0.00	993.80	7.18
	阳春	73	较好	0.00	0.00	抗	抗	高抗	中感	0.00	0.00	949.50	9.04
	茂名	73	好	0.00	0.00	高抗	高抗	高抗	抗	0.00	0.00	1 252.20	12.86
	平均	78	好	6.76	0.84	抗	抗	高抗	抗	0.84	0.57	1 098.29	14.45
广甜糯 2 号（复试）	英德	79	好	0.00	0.00	中抗	中感	高抗	高抗	0.00	0.00	1 001.00	2.33
	惠州	79	好	0.00	0.00	中抗	抗	抗	中抗	1.72	1.72	1 285.80	26.86
	云浮	78	好	0.00	0.00	抗	抗	高抗	中抗	0.50	18.00	1 141.00	20.40
	蕉岭	74	好	1.57	0.74	抗	高抗	中抗	抗	0.00	0.00	869.30	1.86
	江门	81	好	0.00	0.00	抗	抗	中抗	抗	0.90	8.30	1 090.60	17.62
	阳春	74	好	0.00	0.00	高抗	中抗	高抗	感	0.00	0.00	1 032.90	18.62
	茂名	72	好	0.00	0.00	高抗	高抗	抗	抗	0.00	0.00	1 315.60	18.57
	平均	77	好	0.22	0.11	抗	抗	抗	抗	0.45	4.00	1 105.17	15.18
粤白甜糯 6 号（复试）	英德	79	好	0.00	0.00	中抗	中抗	高抗	高抗	0.00	0.00	929.25	−5.01
	惠州	80	好	0.00	0.00	抗	抗	抗	抗	1.72	1.72	1 164.50	14.88
	云浮	79	好	0.00	0.00	抗	抗	高抗	中抗	0.00	4.00	1 137.00	19.90
	蕉岭	77	好	1.30	0.95	抗	抗	高抗	抗	0.00	0.00	878.60	2.95
	江门	81	好	0.00	0.00	抗	中抗	抗	抗	1.30	3.10	978.60	5.54
	阳春	73	好	0.00	0.00	抗	高抗	抗	中抗	0.00	0.00	1 005.10	15.43
	茂名	72	好	0.00	0.00	高抗	高抗	高抗	抗	1.00	3.00	1 030.30	−7.13
	平均	77	好	0.19	0.14	抗	抗	高抗	抗	0.57	1.69	1 017.62	6.65

（续）

品　种	试点	生育期（天）	植株整齐度	倒伏率（%）	倒折率（%）	抗病性				空秆率（%）	双穗率（%）	亩鲜苞产量（千克）	较CK变化百分比（%）
						纹枯病	大斑病、小斑病	茎腐病	南方锈病				
粤彩糯2号（CK）	英德	81	好	0.00	0.00	中抗	中感	抗	高抗	0.00	0.00	978.25	—
	惠州	85	好	0.00	0.00	中抗	抗	抗	抗	0.86	0.86	1 013.60	—
	云浮	83	好	0.00	0.00	中抗	中抗	高抗	抗	0.00	0.00	948.00	—
	蕉岭	78	好	1.65	1.47	抗	高抗	高抗	抗	0.00	0.00	853.40	—
	江门	86	好	0.00	0.00	抗	中抗	抗	抗	2.20	0.00	927.20	—
	阳春	79	较好	0.00	0.00	抗	高抗	高抗	感	0.00	0.00	870.80	—
	茂名	73	好	0.00	0.00	高抗	高抗	高抗	抗	0.00	0.00	1 109.50	—
	平均	81	好	0.24	0.21	抗	抗	高抗	抗	0.44	0.12	957.25	—

三、品种评述

根据参试品种产量情况、品质测定评价和抗病性鉴定结果以及各项农艺性状综合分析，对各参试品种作出如下评述。

（一）复试品种

（1）广良糯 6 号（复试）　2019 年早造参加省区试，平均亩产鲜苞 1 111.30 千克，比对照种粤彩糯 2 号（CK）增产 21.91%，增产达极显著水平，7 个试点均比对照种增产，增产试点率 100%。2020 年早造参加省区试，平均亩产鲜苞 1 237.03 千克，比对照种粤彩糯 2 号（CK）增产 29.59%，增产达极显著水平，7 个试点均比对照种增产，增产试点率 100%。生育期 80～83 天，比对照种粤彩糯 2 号（CK）迟熟 1 天。植株壮旺，整齐度好，前、中期生长势强，后期保绿度好。株高 197～224 厘米，穗位高 66～88 厘米，穗长 21.1～21.3 厘米，穗粗 4.9～5.0 厘米，秃顶长 1.2～2.3 厘米。单苞鲜重 338～375 克，单穗净重 265～282 克，单穗鲜粒重 169～187 克，千粒重 327～332 克，出籽率 63.28%～66.04%，一级果穗率 75%～76%。果穗锥形，籽粒紫白色，倒伏率 0%～1.14%，倒折率 0%～0.43%。直链淀粉含量 3.0%，果皮厚度测定值 70.3～75.5 微米，果皮薄，品鉴食味分 86.3～87.9 分，品质优。抗病性接种鉴定抗小斑病，感纹枯病；田间调查高抗纹枯病、茎腐病，抗大斑病、小斑病。同期参加省糯玉米生产试验，平均亩产鲜苞 1 202.06 千克，比对照种粤彩糯 2 号（CK）增产 25.40%；倒伏率 0.98%，倒折率 0.08%，7 个试点均比对照种增产，田间表现抗纹枯病、南方锈病和大斑病、小斑病，高抗茎腐病。

该品种表现生育期 80～83 天，比对照粤彩糯 2 号（CK）迟熟 1 天，丰产性好，抗小斑病，感纹枯病，抗倒性中等。纯糯类型，直链淀粉含量 3.0%，糯性好，果皮薄，品质优。适宜我省各地春、秋季种植。该品种达优质标准，抗倒性达标准，推荐省品种审定。

（2）广甜糯 2 号（复试）　2019 年春造参加省区试，平均亩产鲜苞 1 026.52 千克，比对照种粤彩糯 2 号（CK）增产 12.61％，增产达极显著水平，7 个试点均比对照种增产，增产试点率 100％。2020 年春造参加省区试，平均亩产鲜苞 1 149.24 千克，比对照种粤彩糯 2 号（CK）增产 20.39％，增产达极显著水平，7 个试点均比对照种增产，增产试点率 100％。生育期 76～80 天，比对照种粤彩糯 2 号（CK）早熟 2～3 天。植株壮旺，整齐度好，前、中期生长势强，后期保绿度好。株高 181～194 厘米，穗位高 57～62 厘米，穗长 18～18.6 厘米，穗粗 5.0～5.1 厘米，秃顶长 0.8～2.3 厘米。单苞鲜重 301～350 克，单穗净重 236～264 克，单穗鲜粒重 157～181 克，千粒重 333～368 克，出籽率 65.79％～68.39％，一级果穗率 71％～76％。果穗锥形，籽粒黄白色，倒伏率 0％～0.87％，倒折率 0％～0.87％。直链淀粉含量 3.9％～4.8％，果皮厚度测定值 58.42～68.10 微米，果皮薄，品鉴食味分 87.8～89 分，品质优。抗病性接种鉴定抗小斑病，感纹枯病；田间调查高抗纹枯病和大斑病、小斑病，抗茎腐病。同期参加省糯玉米生产试验，平均亩产鲜苞 1 091.34 千克，比对照种粤彩糯 2 号（CK）增产 15.18％；倒伏率 0.94％，倒折率 0.11％，7 个试点均比对照种增产，田间表现抗纹枯病、南方锈病、茎腐病和大斑病、小斑病。

该品种表现生育期 76～80 天，比对照种粤彩糯 2 号（CK）早熟 2～3 天，丰产性好，抗小斑病，感纹枯病，抗倒性中等。甜糯类型，直链淀粉含量 3.9％～4.8％，糯性好，果皮薄，品质优。适宜广东省各地春、秋季种植。该品种达优质标准，抗倒性达标准，推荐省品种审定。

（3）白甜糯 1623（复试）　2019 年春造参加省区试，平均亩产鲜苞 1 016.32 千克，比对照种粤彩糯 2 号（CK）增产 11.50％，增产达极显著水平，7 个试点中有 5 个比对照种增产，增产试点率 71.4％。2020 年春造参加省区试，平均亩产鲜苞 1 145.18 千克，比对照种粤彩糯 2 号（CK）增产 19.97％，增产达极显著水平，7 个试点均比对照种增产，增产试点率 100％。生育期 77～80 天，比对照种粤彩糯 2 号（CK）早熟 2 天。植株壮旺，整齐度好，前、中期生长势强，后期保绿度好。株高 198～211 厘米，穗位高 60～75 厘米，穗长 19.6～19.7 厘米，穗粗 5.0～5.2 厘米，秃顶长 1.1～1.9 厘米。单苞鲜重 300～362 克，单穗净重 231～252 克，单穗鲜粒重 138～161 克，千粒重 305～338 克，出籽率 60.49％～63.54％，一级果穗率 67％～73％。果穗锥形，籽粒白色，倒伏率 0％～0.01％，无倒折。直链淀粉含量 2.5％～2.7％，果皮厚度测定值 59.3～60.2 微米，果皮薄，品鉴食味分 85.8～87.6 分，品质优。抗病性接种鉴定抗小斑病，中抗纹枯病；田间调查高抗纹枯病、茎腐病和大斑病、小斑病。同期参加省糯玉米生产试验，平均亩产鲜苞 1 096.12 千克，比对照种粤彩糯 2 号（CK）增产 14.45％；倒伏率 6.76％，倒折率 0.84％，7 个试点中有 1 个试点倒伏率和倒折率之和超过 20％（蕉岭点倒伏率和倒折率之和为 48.20％），抗倒性差，田间表现抗纹枯病、南方锈病和大斑病、小斑病，高抗茎腐病。

该品种表现生育期 77～80 天，比对照种粤彩糯 2 号（CK）早熟 2 天，丰产性好，抗小斑病，中抗纹枯病，抗倒性差。甜糯类型，直链淀粉含量 2.5％～2.7％，糯性好，果皮薄，品质优。适宜广东省各地春、秋季种植。该品种达优质、抗病标准，抗倒性达标准，推荐省品种审定。

（4）粤白甜糯 6 号（复试）　2019 年春造参加省区试，平均亩产鲜苞 939.96 千克，比对照种粤彩糯 2 号（CK）增产 3.12%，增产未达显著水平，7 个试点中有 6 个比对照种增产，增产试点率 85.7%。2020 年春造参加省区试，平均亩产鲜苞 1 099.96 千克，比对照种粤彩糯 2 号（CK）增产 15.23%，增产达极显著水平，7 个试点均比对照种增产，增产试点率 100%。生育期 77～81 天，比对照种粤彩糯 2 号（CK）早熟 1～2 天。植株壮旺，整齐度好，前、中期生长势强，后期保绿度好，适应性较好。株高 190～196 厘米，穗位高 54～63 厘米，穗长 16.8～17.1 厘米，穗粗 4.8～4.9 厘米，秃顶长 0.1～0.6 厘米。单苞鲜重 286～323 克，单穗净重 213～234 克，单穗鲜粒重 142～167 克，千粒重 337～396 克，出籽率 66.78%～71.66%，一级果穗率 60%～75%。果穗筒形，籽粒白色，倒伏率 0%～2.30%，倒折率 0%～0.87%，抗倒性中等。直链淀粉含量 2.8%～3.6%，果皮厚度测定值 57.7～61.5 微米，果皮薄，品鉴食味分 88.2～89.2 分，品质优。抗病性接种鉴定抗小斑病，中抗纹枯病；田间调查高抗纹枯病、茎腐病和大斑病、小斑病。同期参加省糯玉米生产试验，平均亩产鲜苞 1 023.76 千克，比对照种粤彩糯 2 号（CK）增产 6.65%；倒伏率 1.33%，倒折率 0.14%，7 个试点中有 5 个比对照种增产，田间表现高抗茎腐病、抗纹枯病、南方锈病和大斑病、小斑病。

该品种表现生育期 77～81 天，比对照种粤彩糯 2 号（CK）早熟 1～2 天，丰产性较好，抗小斑病，中抗纹枯病，抗倒性中等。甜糯类型，直链淀粉含量 2.8%～3.6%，糯性好，果皮薄，品质优。适宜广东省各地春、秋季种植。该品种达优质和抗病标准，抗倒性达标准，推荐省品种审定。

（5）粤白甜糯 5 号（复试）　2019 年春造参加省区试，平均亩产鲜苞 1 072.28 千克，比对照种粤彩糯 2 号（CK）增产 17.63%，增产达极显著水平，7 个试点中有 6 个比对照种增产，增产试点率 85.7%。2020 年春造参加省区试，平均亩产鲜苞 1 132.40 千克，比对照种粤彩糯 2 号（CK）增产 18.63%，增产达极显著水平，7 个试点均比对照种增产，增产试点率 100%。生育期 78～82 天，比对照种粤彩糯 2 号（CK）早熟 0～1 天。植株壮旺，整齐度好，前、中期生长势强，后期保绿度好。株高 205～214 厘米，穗位高 79～100 厘米，穗长 19.9～20.7 厘米，穗粗 4.9～5.0 厘米，秃顶长 0.4～1.3 厘米。单苞鲜重 318～340 克，单穗净重 255～267 克，单穗鲜粒重 163～180 克，千粒重 317～340 克，出籽率 62.89%～67.16%，一级果穗率 80%～87%。果穗锥形，籽粒白色，倒伏率 1.43%～5.03%，无倒折，抗倒性差。直链淀粉含量 3.0%～3.7%，果皮厚度测定值 59.12～61.8 微米，果皮薄，品鉴食味分 87.1～87.3 分，品质优。抗病性接种鉴定抗小斑病，感纹枯病；田间调查高抗纹枯病、茎腐病，抗大斑病、小斑病。同期参加省糯玉米生产试验，平均亩产鲜苞 1 106.69 千克，比对照种粤彩糯 2 号（CK）增产 14.56%；倒伏率 17.96%，倒折率 1.91%，7 个试点中有 2 个试点的倒伏率和倒折率之和超 20%（蕉岭点倒伏率和倒折率之和为 91.20%，阳春点倒伏率和倒折率之和为 39.00%），抗倒性不达标准，7 个试点均比对照种增产，田间表现抗纹枯病、南方锈病和茎腐病、高抗大斑病、小斑病。

该品种表现生育期 78～82 天，与对照种粤彩糯 2 号（CK）相当，丰产性好，抗小斑病，感纹枯病，抗倒性不达标准。甜糯类型，直链淀粉含量 3.0%～3.7%，糯性好，果皮薄，品质优。

（二）新参试品种

（1）广良糯7号 2020年春造参加省区试，平均亩产鲜苞1 255.39千克，比对照种粤彩糯2号（CK）增产31.51%，增产达极显著水平；7个试点均比对照种增产，增产试点率100%。生育期84天，比对照粤彩糯2号（CK）迟熟2天。植株壮旺，整齐度好，前、中期生长势强，后期保绿度好。株高224厘米，穗位高84厘米，穗长21.6厘米，穗粗4.9厘米，秃顶长1.6厘米。单苞鲜重380克，单穗净重277克，单穗鲜粒重174克，千粒重341克，出籽率63.11%，一级果穗率66%。果穗锥形，籽粒白色，倒伏率1.26%，无倒折，抗倒性中等。直链淀粉含量2.3%，果皮厚度测定值72.39微米，果皮薄，品鉴食味分87.2分，品质优。抗病性接种鉴定高抗小斑病，中抗纹枯病；田间调查高抗纹枯病、茎腐病，抗大斑病、小斑病。该品种达优质、高产、抗病标准，抗倒性达标准，推荐复试并进行生产试验。

（2）珠玉糯3号 2020年春造参加省区试，平均亩产鲜苞1 211.32千克，比对照种粤彩糯2号（CK）增产26.90%，增产达极显著水平；7个试点均比对照种增产，增产试点率100%。生育期80天，比对照种粤彩糯2号（CK）早熟2天。植株壮旺，整齐度好，前、中期生长势强，后期保绿度好。株高209厘米，穗位高69厘米，穗长20.5厘米，穗粗4.9厘米，秃顶长1.1厘米。单苞鲜重357克，单穗净重265克，单穗鲜粒重177克，千粒重389克，出籽率65.92%，一级果穗率76%。果穗锥形，籽粒白色，无倒伏倒折，抗倒性强。直链淀粉含量3.0%，果皮厚度测定值63.15微米，果皮薄，品鉴食味分88.9分，品质优。抗病性接种鉴定高抗小斑病，抗纹枯病；田间调查高抗纹枯病、茎腐病和大斑病、小斑病。该品种达优质、高产和抗病标准，抗倒性达标准，推荐复试并进行生产试验。

（3）新美彩糯500 2020年春造参加省区试，平均亩产鲜苞1 209.64千克，比对照种粤彩糯2号（CK）增产26.72%，增产达极显著水平；7个试点均比对照种增产，增产试点率100%。生育期85天，比对照种粤彩糯2号（CK）迟熟3天。植株壮旺，整齐度好，前、中期生长势强，后期保绿度好。株高270厘米，穗位高114厘米，穗长21.0厘米，穗粗4.7厘米，秃顶长1.2厘米。单苞鲜重389克，单穗净重272克，单穗鲜粒重178克，千粒重301克，出籽率64.01%，一级果穗率81%。果穗锥形，籽粒紫白色，倒伏率1.18%，倒折率0.01%，抗倒性中等。直链淀粉含量2.5%，果皮厚度测定值71.23微米，果皮薄，品鉴食味分87.5分，品质优。抗病性接种鉴定高抗小斑病，中抗纹枯病；田间调查高抗纹枯病和茎腐病，抗大斑病、小斑病。该品种达优质、高产和抗病标准，抗倒性达标准，推荐复试并进行生产试验。

（4）广彩糯10号 2020年春造参加省区试，平均亩产鲜苞1 165.88千克，比对照种粤彩糯2号（CK）增产22.14%，增产达极显著水平；7个试点均比对照种增产，增产试点率100%。生育期81天，比对照种粤彩糯2号（CK）早熟1天。植株壮旺，整齐度好，前、中期生长势强，后期保绿度好。株高235厘米，穗位高99厘米，穗长20.4厘米，穗粗4.8厘米，秃顶长0.7厘米。单苞鲜重357克，单穗净重262克，单穗鲜粒重172克，千粒重407克，出籽率65.11％，一级果穗率82％。果穗筒形，籽粒紫白色，倒伏率14.61％，倒折率0.14％，7个试点有1个试点的倒伏率和倒折率之和超20％（惠州点的倒伏率和倒折率之和是100％），抗倒性差。直链淀粉含量2.8％，果皮厚度测定值62.9微米，果皮薄，品鉴食味分87.1分，品质优。抗病性接种鉴定高抗小斑病，中抗纹枯病；田间调查高抗纹枯病、茎腐病，抗大斑病、小斑病。该品种达优质、高产和抗病标准，抗倒性达标准，推荐复试并进行生产试验。

（5）华甜糯10号 2020年春造参加省区试，平均亩产鲜苞1 029.83千克，比对照种粤彩糯2号（CK）增产7.88％，增产达极显著水平；7个试点均比对照种增产，增产试点率100％。生育期82天，与对照种粤彩糯2号（CK）相当。植株壮旺，整齐度好，前、中期生长势强，后期保绿度好，适应性较好。株高198厘米，穗位高87厘米，穗长18.8厘米，穗粗4.7厘米，秃顶长0.4厘米。单苞鲜重340克，单穗净重236克，单穗鲜粒重154克，千粒重347克，出籽率67.34％，一级果穗率72％。果穗锥形，籽粒白色，无倒伏倒折，抗倒性强。直链淀粉含量9.5％，果皮厚度测定值57.13微米，果皮薄，品鉴食味分83.4分，品质良。抗病性接种鉴定高抗小斑病，中抗纹枯病；田间调查高抗纹枯病和大斑病、小斑病，抗茎腐病。该品种达高产、抗病标准，抗倒性达标准，推荐复试并进行生产试验。

（6）仲糯8号 2020年春造参加省区试，平均亩产鲜苞991.58千克，比对照种粤彩糯2号（CK）增产3.88％，增产未达显著水平；7个试点中有5个比对照种增产，增产试点率71.4％。生育期79天，比对照种粤彩糯2号（CK）早熟3天。植株壮旺，整齐度好，前、中期生长势强，后期保绿度好，适应性较好。株高187厘米，穗位高64厘米，穗长17.4厘米，穗粗4.6厘米，秃顶长1.9厘米。单苞鲜重323克，单穗净重200克，单穗鲜粒重123克，千粒重303克，出籽率61.27％，一级果穗率58％。果穗锥形，籽粒白色，倒伏率2.73％，倒折率0.54％，抗倒性中等。直链淀粉含量2.4％，果皮厚度测定值57.22微米，果皮薄，品鉴食味分85.6分，品质优。抗病性接种鉴定高抗小斑病，中抗纹枯病；田间调查高抗纹枯病、茎腐病和大斑病、小斑病。该品种达优质、抗病标准，抗倒性达标准，推荐复试并进行生产试验。

（7）粤白甜糯8号 2020年春造参加省区试，平均亩产鲜苞991.24千克，比对照种粤彩糯2号（CK）增产3.84％，增产未达显著水平；7个试点中有5个比对照种增产，增产试点率71.4％。生育期82天，与对照种粤彩糯2号（CK）相当。植株壮旺，整齐度好，前、中期生长势强，后期保绿度好，适应性较好。株高196厘米，穗位高85厘米，穗长18.8厘米，穗粗4.9厘米，秃顶长1.2厘米。单苞鲜重303克，单穗净重238克，单穗鲜粒重161克，千粒重337克，出籽率67.09％，一级果穗率77％。果穗锥形，籽粒白色，倒伏率6.29％，倒折率0.90％，7个试点中有1个试点的倒伏率和倒折率之和大于20％（肇庆点的倒伏率和倒折率之和是22.0％），抗倒性差。直链淀粉含量3.4％，果皮厚度测定值67.87微米，果皮薄，品鉴食味分88.0分，品质优。抗病性接种鉴定高抗小斑病，中抗纹枯病；田间调查高抗纹枯病、茎腐病和大斑病、小斑病。该品种达优质、抗病标准，抗倒性达标准，推荐复试并进行生产试验。

（8）世糯7号 2020年春造参加省区试，平均亩产鲜苞1 100.34千克，比对照种粤彩糯2号（CK）增产15.27％，增产达极显著水平；7个试点均比对照种增产，增产试点率100％。生育期80天，比对照种粤彩糯2号（CK）早熟2天。植株壮旺，整齐度好，前、中期生长势强，后期保绿度好，适应性较好。株高197厘米，穗位高68厘米，穗长19.8厘米，穗粗5.0厘米，秃顶长0.5厘米。单苞鲜重356克，单穗净重282克，单穗鲜粒重190克，千粒重370克，出籽率67.20％，一级果穗率79％。果穗锥形，籽粒紫白色，倒伏率1.09％，无倒折，抗倒性中等。直链淀粉含量13.8％，果皮厚度测定值63.79微米，果皮薄，品鉴食味分84.4分，品质良。抗病性接种鉴定高抗小斑病，感纹枯病；田间调查高抗纹枯病和大斑病、小斑病，抗茎腐病。该品种不符合优质、高产、抗病类型，建议终止试验。

春植糯玉米参试品种各试点小区平均产量见表8-9。

表8-9　糯玉米参试品种各试点小区平均产量（千克）

品　　种	梅州	英德	潮安	阳江	广州	肇庆	惠州	试点平均值
广良糯7号	37.26	29.92	27.95	30.37	32.03	32.05	30.11	31.38
广良糯6号（复试）	36.81	28.73	29.26	27.87	31.80	31.92	30.09	30.93
珠玉糯3号	32.70	25.52	31.65	27.70	32.62	33.30	28.49	30.28
新美彩糯500	35.63	24.67	27.63	26.40	30.16	32.44	34.75	30.24
广彩糯10号	33.07	28.45	26.45	28.00	31.94	29.40	26.72	29.15
广甜糯2号（复试）	33.59	26.90	26.85	26.20	31.08	28.95	27.54	28.73
白甜糯1623（复试）	31.99	27.27	27.90	27.37	30.02	27.85	28.02	28.63
粤白甜糯5号（复试）	29.75	27.97	29.92	28.67	28.10	27.35	26.42	28.31
世糯7号	31.17	27.33	25.10	23.63	30.84	27.38	27.10	27.51
粤白甜糯6号（复试）	29.55	24.78	29.42	26.57	27.90	27.65	26.64	27.50
华甜糯10号	27.83	24.77	22.03	25.67	29.83	25.97	24.13	25.75
仲糯8号	29.11	21.83	20.90	22.84	27.59	26.90	24.35	24.79
粤白甜糯8号	29.12	23.08	23.05	21.63	27.59	24.40	24.59	24.78
粤彩糯2号（CK）	26.93	23.31	21.10	22.60	26.04	23.72	23.35	23.86
品种平均值	31.75	26.04	26.37	26.11	29.82	28.52	27.31	27.99

第九章　广东省 2020 年春植普通玉米新品种区域试验总结

2020 年春季，广东省农业技术推广中心在全省多个不同类型区设点，对广东省选育及引进的 3 个普通玉米新品种进行区域试验，以华玉 8 号（CK）为对照，对参试品种的产量、品质、抗病性、适应性与稳定性等主要性状进行鉴定和分析。

一、试验概况

（一）参试品种

区域试验参试品种共 4 个（含对照），对照种为华玉 8 号（CK）。生产试验参试品种共 2 个（含对照），对照种为华玉 8 号（CK）（表 9-1）。

表 9-1　普通玉米参试品种

序号	普通玉米区试品种	普通玉米生产试验品种
1	华穗 1 号（复试）	华穗 1 号（复试）
2	华穗 2 号	华玉 8 号（CK）
3	华玉 1502	
4	华玉 8 号（CK）	

（二）承试单位

在广东省主要普通玉米种植类型区设置试点 6 个，品质测定分析及抗病性鉴定点 1 个，生产试验试点 5 个（表 9-2、表 9-3）。

表 9-2　区域试验地点及承试单位

试　点	承试单位	试　点	承试单位
茂名	信宜市农业技术推广中心	清远	英德市农业科学研究所
韶关	乐昌市农业科学研究所	云浮	云浮市农业科学及技术推广中心
河源	东源县农业科学研究所	肇庆	肇庆市农业科学研究所
品质测定分析及抗病性鉴定		广东省农业科学院作物研究所	

表 9-3　生产试验地点及承试单位

试　点	承试单位	试　点	承试单位
茂名	信宜市农业技术推广中心	清远	英德市农业科学研究所
韶关	乐昌市农业科学研究所	云浮	云浮市农业科学及技术推广中心
河源	东源县农业科学研究所	—	—

（三）试验方法

各试点试验方法统一，并在试验区周围设置保护行。采用随机区组排列，长6.4米，宽3.9米，分三畦六行一小区，每小区面积0.037 5亩（25米²）。试验设3次重复。每畦按1.3米（包沟）起畦，双行开沟点播，畦面行距50厘米，每行22株，每小区132株，折合亩株数3 520株。各试点均选用能代表当地生产条件的田块安排试验。各试点均按方案要求安排在3月上、中旬育苗移栽。

按当地当前较高的生产水平进行栽培管理，全生育期除虫不防病。

（四）产量分析

各试点均在各生育时期对各品种的主要农艺性状进行田间调查和登记，成熟期全区实收计产，同时进行室内考种，并对产量进行方差分析。产量结果综合分析采用一造多点的联合方差分析。产量差异显著性和稳定性分析采用 Shukla 稳定性方差分析。

（五）天气影响

今年各试点加强了田间管理，使试验能顺利进行，各品种生长发育和产量结果基本正常。河源试点后期遇强风暴雨，对照种华玉8号（CK）倒伏严重。

二、试验结果

（一）产量

对各品种产量进行联合方差分析，结果表明，地点间 F 值、品种间 F 值、品种与地点互作 F 值均达极显著水平。表明品种间产量存在极显著差异，同品种在不同地点的产量也存在极显著差异，不同品种在不同地点的产量同样存在极显著差异（表9-4）。

表 9-4　普通玉米参试品种方差分析

变异来源	df	SS	MS	F 值
地点内区组	12	7.988 6	0.665 7	2.506 1
地点	5	165.990 1	33.198 0	10.635 9**
品种	3	105.731 3	35.243 8	11.291 3**
品种×地点	15	46.819 6	3.121 3	11.750 2**
试验误差	36	9.563 0	0.265 6	—
总变异	71	336.092 7	—	—

参试品种的平均亩产量为 483.20～592.40 千克，对照种华玉 8 号（CK）平均亩产量 483.20 千克。3 个参试品种均比对照种增产，增产幅度 0.40％～22.60％，华穗 2 号、华穗 1 号（复试）增产均达极显著水平（表 9-5）。

表 9-5　普通玉米参试品种区试产量及稳定性分析

品　　种	折合亩产量（千克）	较 CK 变化百分比（％）	差异显著性		Shukla 变异系数（％）	增产试点数（个）	增产试点率（％）
			0.05	0.01			
华穗 2 号	592.40	22.60	a	A	5.244 6	6	100.00
华穗 1 号（复试）	566.40	17.20	b	B	7.808 7	6	100.00
华玉 1502	485.20	0.40	c	C	11.167 6	4	66.67
华玉 8 号（CK）	483.20	0.00	c	C	5.868 9	—	—

（二）主要性状

春植普通玉米区域试验参试品种主要性状见表 9-6。

1. 品质分析

根据品质检测分析结果，参试品种的籽粒品质普遍较好。

参试品种华穗 1 号（复试）、华穗 2 号、华玉 1502 及对照种华玉 8 号（CK）容重均大于《农作物品种审定规范　玉米》（NY/T 1197）附录 B 中的 1 等级标准 710 克/升。华穗 2 号容重最大，为 808.1 克/升。

淀粉含量：参试品种华穗 1 号（复试）、华穗 2 号粗淀粉含量达到 3 等级标准 69％，华玉 1502 及对照种华玉 8 号（CK）淀粉含量略低于 3 等级标准。华穗 1 号（复试）淀粉含量最高，为 71.6％。

蛋白质含量：华穗 1 号（复试）、华穗 2 号、华玉 1502 及对照种华玉 8 号（CK）蛋白质含量均超过饲料用玉米 1 等级标准。华玉 1502 及对照种华玉 8 号（CK）蛋白质含量超过食用玉米 1 等级标准；华穗 1 号（复试）、华穗 2 号蛋白质含量超过食用玉米 2 等级标准。对照种华玉 8 号（CK）蛋白质含量最高，为 13.40％。

脂肪含量：华穗 1 号（复试）、华穗 2 号脂肪含量超过食用玉米 2 等级标准，明显好于对照种华玉 8 号（CK）；华玉 1502 及对照种华玉 8 号（CK）脂肪含量接近食用玉米 3 等级标准。对照种华玉 8 号（CK）脂肪含量最低。

2. 抗病性

对各品种进行纹枯病和小斑病接种鉴定。3 个品种均表现为高抗小斑病，抗纹枯病。各试点对纹枯病、茎腐病和小斑病进行田间调查鉴定，参试各品种对三种病害抗性表现均为抗以上。

3. 生育期

参试各品种的生育期为 103～108 天，比对照种晚熟 1～6 天。华穗 1 号（复试）生育期最长，为 108 天；对照种华玉 8 号（CK）生育期最短，为 102 天。

表 9-6 普通玉米参试品种主要性状综合表

品种	生育期（天）	株高（厘米）	穗位高（厘米）	茎粗（厘米）	株型	植株整齐度	穗长（厘米）	穗粗（厘米）	秃顶长（厘米）	粒型	粒色	穗行数（行）	穗粒数（粒）	抗病性 纹枯病	抗病性 茎腐病	抗病性 大斑病、小斑病	接种鉴定 纹枯病	接种鉴定 小斑病	倒伏率（%）	倒折率（%）	穗粒重（克）	千粒重（克）	出籽率（%）	淀粉含量（%）	脂肪含量（%）	蛋白质含量（%）	容重（克/升）
华穗 2 号	106	297	124	2.2	半紧凑	好	21.5	4.7	1.0	锥	半马齿	黄白	14~16	593	抗	高抗	抗	高抗	1.64	0.68	167	281	86.8	69.4	4.4	10.5	808.1
华穗 1 号（复试）	108	273	118	2.2	半紧凑	好	20.5	4.9	0.8	锥	半马齿	黄白	20	755	抗	高抗	抗	高抗	0.00	0.22	164	214	87.3	71.6	4.4	10.3	738.4
华玉 1502	103	261	99	2.2	半紧凑	好	17.6	4.9	1.6	筒	硬	黄	14~16	507	抗	高抗	抗	高抗	4.55	0.43	140	274	80.25	67.9	2.9	12.8	755.6
华玉 8 号（CK）	102	259	101	2.0	半紧凑	好	17.1	4.8	1.7	筒	硬	黄	14	466	抗	抗	抗	中抗	10.14	0.33	136	286	79.36	68.2	2.8	13.4	734.8

（三）生产试验农艺性状

春植普通玉米参试品种生产试验农艺性状见表 9-7、表 9-8。

表 9-7　普通玉米参试品种生产试验主要性状综合表

品　种	生育期（天）	植株整齐度	倒伏率（%）	倒折率（%）	抗病性				空秆率（%）	双穗率（%）	亩干粒产量（千克）	较 CK 变化百分比（%）
					纹枯病	大斑病小斑病	茎腐病	南方锈病				
华穗 1 号（复试）	109	好	0.00	0.30	抗	抗	高抗	抗	0.56	0.30	492.11	12.49
华玉 8 号（CK）	103	好	15.24	0.46	抗	抗	高抗	中抗	1.24	0.26	441.21	—

表 9-8　普通玉米生产试验参试品种主要性状调查登记表

品　种	试点	生育期（天）	植株整齐度	倒伏率（%）	倒折率（%）	抗病性				空秆率（%）	双穗率（%）	亩干粒产量（千克）	较 CK 变化百分比（%）
						纹枯病	大斑病、小斑病	茎腐病	南方锈病				
华穗 1 号（复试）	英德	109	好	0.00	0.00	抗	高抗	高抗	高抗	0.00	0.50	457.45	14.10
	东源	108	好	0.00	0.00	抗	抗	高抗	抗	1.80	0.00	453.70	7.50
	乐昌	115	好	0.00	0.00	高抗	高抗	高抗	高抗	0.00	0.00	584.00	11.00
	信宜	109	好	0.00	1.50	抗	中抗	高抗	抗	0.00	0.00	445.70	27.40
	云浮	103	好	0.00	0.00	抗	抗	高抗	中抗	1.00	1.00	519.70	2.44
	平均	109	好	0.00	0.30	抗	抗	高抗	抗	0.56	0.30	492.11	12.49
华玉 8 号（CK）	英德	103	好	0.00	0.30	抗	高抗	抗	高抗	0.00	0.30	400.93	—
	东源	103	好	76.20	0.00	抗	抗	高抗	中抗	4.20	0.00	422.00	—
	乐昌	104	好	0.00	0.00	高抗	高抗	高抗	高抗	0.00	0.00	526.00	—
	信宜	104	好	0.00	2.00	抗	中抗	抗	中抗	0.00	0.00	349.80	—
	云浮	101	好	0.00	0.00	抗	中抗	高抗	中抗	2.00	1.00	507.30	—
	平均	103	好	15.24	0.46	抗	抗	高抗	中抗	1.24	0.26	441.21	—

三、品种评述

根据参试品种产量情况、品质测定和抗病性鉴定结果，以及各农艺性状综合分析，对各参试品种评述如下。

（一）复试品种

华穗 1 号（复试）品种评述如下。

2019 年春参加省区试，平均亩产量 474.61 千克，比对照种华玉 8 号（CK）增产 15.37%，增产达极显著水平；参试 5 个试点均比对照种增产，增产试点率 100%。2020 年春参加省区试，平均亩产量 566.40 千克，比对照种华玉 8 号（CK）增产 17.20%，增产达极显著水平；参试 6 个试点均比对照种增产，增产试点率 100%。生育期 104～108 天，比对照种华玉 8 号（CK）长 4～6 天。植株壮旺，半紧凑，整齐度好，前、中期生长势强，适应性好。株高 242～273 厘米，穗位高 98～118 厘米，穗长 20.5～20.8 厘米，穗粗 4.9 厘米，秃顶长 0.6～0.8 厘米。果穗筒形，籽粒黄白色，半马齿型，无倒伏，倒折率 0.22%～0.24%。穗粒重 165 克,千粒重 214～253 克,出籽率 82.39%～87.34%。淀粉含量 71.6%～72.1%,脂肪含量 4.4%～4.8%,蛋白质含量 9.26%～10.3%,容重 696.3～738.4 克/升。抗病性接种鉴定高抗小斑病,抗纹枯病;田间表现高抗茎腐病,抗纹枯病和大斑病、小斑病。同期参加省普通玉米生产试验,平均亩产量 492.11 千克,比对照种华玉 8 号(CK)增产 12.49%;无倒伏,倒折率 0.30%,5 个试点均比对照种增产,田间表现高抗茎腐病,抗纹枯病、南方锈病和大斑病、小斑病。

该品种生育期 104～108 天,比对照种华玉 8 号(CK)迟熟 4～6 天,丰产性好,品质中等,高抗小斑病,抗纹枯病,抗倒性强。适宜广东省各地春、秋季种植。该品种的丰产性、稳产性、抗病性、抗倒性均达标准,推荐省品种审定。

(二)新参试品种

(1)华穗 2 号 2020 年春参加省区试,平均亩产量 592.40 千克,比对照种华玉 8 号(CK)增产 22.60%,增产达极显著水平;参试 6 个试点均比对照种增产,增产试点率 100%。生育期 106 天,比对照种华玉 8 号(CK)迟熟 4 天。植株壮旺,半紧凑,整齐度好,前、中期生长势强,适应性好。株高 297 厘米,穗位高 124 厘米,穗长 21.5 厘米,穗粗 4.7 厘米,秃顶长 1.0 厘米。果穗锥形,籽粒黄白色,半马齿型,倒伏率 1.64%,倒折率 0.68%。穗粒重 167 克,千粒重 281 克,出籽率 86.84%。淀粉含量 69.4%,脂肪含量 4.4%,蛋白质含量 10.5%,容重 808.1 克/升。抗病性接种鉴定高抗小斑病,抗纹枯病;田间表现高抗茎腐病,抗纹枯病和大斑病、小斑病。该品种的丰产性、稳产性、抗病性、抗倒性均达标准,建议复试并生产试验。

(2)华玉 1502 2020 年春参加省区试,平均亩产量 485.20 千克,比对照种华玉 8 号(CK)增产 0.40%,增产未达显著水平;参试 6 个试点中有 4 个比对照种增产,增产试点率 66.7%。生育期 103 天,比对照种华玉 8 号(CK)迟熟 1 天。植株壮旺,半紧凑,整齐度好,前、中期生长势强,适应性好。株高 261 厘米,穗位高 99 厘米,穗长 17.6 厘米,穗粗 4.9 厘米,秃顶长 1.6 厘米。果穗筒形,籽粒黄色,硬粒型,倒伏率 4.55%,倒折率 0.43%。穗粒重 140 克,千粒重 274 克,出籽率 80.25%。淀粉含量 67.9%,脂肪含量 2.9%,蛋白质含量 12.8%,容重 755.6 克/升。抗病性接种鉴定高抗小斑病,抗纹枯病;田间表现高抗茎腐病,抗纹枯病和大斑病、小斑病。该品种的丰产性未达标准,建议终止试验。

春植普通玉米参试品种各试点小区平均产量见表 9-9。

表 9-9 普通玉米参试品种各试点小区平均产量(千克)

品 种	英德	东源	肇庆	乐昌	信宜	云浮	试点平均值
华穗 2 号	16.91	12.40	14.44	16.33	13.43	15.33	14.81
华穗 1 号(复试)	16.83	11.77	15.18	15.22	12.57	13.37	14.16
华玉 1502	14.39	11.60	12.77	11.47	8.63	13.90	12.13
华玉 8 号(CK)	13.35	11.27	12.15	13.63	8.87	13.20	12.08
品种平均值	15.37	11.76	13.63	14.16	10.88	13.95	13.29